SOLIDWORKS® 公司官方指定培训教程
CSWP 全球专业认证考试培训教程

SOLIDWORKS®
高级曲面教程
（2020版）

[法] DS SOLIDWORKS®公司 著
胡其登 戴瑞华 主编
杭州新迪数字工程系统有限公司 编译

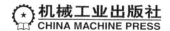

机械工业出版社
CHINA MACHINE PRESS

《SOLIDWORKS®高级曲面教程（2020版）》是根据DS SOLIDWORKS®公司发布的《SOLIDWORKS® 2020: Surface Modeling》编译而成的，着重介绍了使用SOLIDWORKS软件的曲面建模功能进行产品设计的方法、技术和技巧，主要包括混合建模技术的应用、外来数据的处理以及曲面高级功能的介绍等。本教程提供练习文件下载，详见“本书使用说明”。本教程提供3D模型和高清语音教学视频，扫描书中二维码即可免费观看。

本教程在保留了原版英文教程精华和风格的基础上，按照中国读者的阅读习惯进行编译，配套教学资料齐全，适合企业工程设计人员和大专院校、职业院校相关专业的师生使用。

北京市版权局著作权合同登记 图字：01-2020-3370号。

图书在版编目（CIP）数据

SOLIDWORKS®高级曲面教程：2020版/法国DS SOLIDWORKS®公司著；胡其登，戴瑞华主编. —北京：机械工业出版社，2020.6（2023.8重印）

SOLIDWORKS®公司官方指定培训教程 CSWP全球专业认证考试培训教程

ISBN 978-7-111-65951-8

Ⅰ.①S… Ⅱ.①法…②胡…③戴… Ⅲ.①曲面-机械设计-计算机辅助设计-应用软件-资格认证-教材 Ⅳ.①TH122

中国版本图书馆CIP数据核字（2020）第109943号

机械工业出版社（北京市百万庄大街22号 邮政编码100037）

策划编辑：张雁茹　　责任编辑：张雁茹　王　博

责任校对：李锦莉　刘丽华　封面设计：陈　沛

责任印制：常天培

北京机工印刷厂有限公司印刷

2023年8月第1版·第4次印刷

184mm×260mm·13印张·353千字

标准书号：ISBN 978-7-111-65951-8

定价：49.80元

电话服务	网络服务
客服电话：010-88361066	机　工　官　网：www.cmpbook.com
010-88379833	机　工　官　博：weibo.com/cmp1952
010-68326294	金　　书　　网：www.golden-book.com
封底无防伪标均为盗版	机工教育服务网：www.cmpedu.com

序

尊敬的中国 SOLIDWORKS 用户：

DS SOLIDWORKS®公司很高兴为您提供这套最新的 SOLIDWORKS®中文官方指定培训教程。我们对中国市场有着长期的承诺，自从 1996 年以来，我们就一直保持与北美地区同步发布 SOLIDWORKS 3D 设计软件的每一个中文版本。

我们感觉到 DS SOLIDWORKS®公司与中国用户之间有着一种特殊的关系，因此也有着一份特殊的责任。这种关系是基于我们共同的价值观——创造性、创新性、卓越的技术，以及世界级的竞争能力。这些价值观一部分是由公司的共同创始人之一李向荣（Tommy Li）所建立的。李向荣是一位华裔工程师，他在定义并实施我们公司的关键性突破技术以及在指导我们的组织开发方面起到了很大的作用。

作为一家软件公司，DS SOLIDWORKS®致力于带给用户世界一流水平的 3D 解决方案（包括设计、分析、产品数据管理、文档出版与发布），以帮助设计师和工程师开发出更好的产品。我们很荣幸地看到中国用户的数量在不断增长，大量杰出的工程师每天使用我们的软件来开发高质量、有竞争力的产品。

目前，中国正在经历一个迅猛发展的时期，从制造服务型经济转向创新驱动型经济。为了继续取得成功，中国需要相配套的软件工具。

SOLIDWORKS® 2020 是我们最新版本的软件，它在产品设计过程自动化及改进产品质量方面又提高了一步。该版本提供了许多新的功能和更多提高生产率的工具，可帮助机械设计师和工程师开发出更好的产品。

现在，我们提供了这套中文官方指定培训教程，体现出我们对中国用户长期持续的承诺。这套教程可以有效地帮助您把 SOLIDWORKS® 2020 软件在驱动设计创新和工程技术应用方面的强大威力全部释放出来。

我们为 SOLIDWORKS 能够帮助提升中国的产品设计和开发水平而感到自豪。现在您拥有了功能丰富的软件工具以及配套教程，我们期待看到您用这些工具开发出创新的产品。

Gian Paolo Bassi

DS SOLIDWORKS®公司首席执行官

2020 年 3 月

胡其登　现任 DS SOLIDWORKS®公司大中国区技术总监

胡其登先生毕业于北京航空航天大学，先后获得“计算机辅助设计与制造（CAD/CAM）”专业工学学士、工学硕士学位，毕业后一直从事 3D CAD/CAM/PDM/PLM 技术的研究与实践、软件开发、企业技术培训与支持、制造业企业信息化的深化应用与推广等工作，经验丰富，先后发表技术文章 20 余篇。在引进并消化吸收新技术的同时，注重理论与企业实际相结合。在给数以百计的企业进行技术交流、方案推介和顾问咨询等工作的过程中，对如何将 3D 技术成功应用到中国制造业企业的问题，形成了自己的独到见解，总结出了推广企业信息化与数字化的最佳实践方法，帮助众多企业从 2D 平滑地过渡到了 3D，并为企业推荐和引进了 PDM/PLM 管理平台。作为系统实施的专家与顾问，以自身的理论与实践的知识体系，帮助企业成为 3D 数字化企业。

胡其登先生作为中国较早使用 SOLIDWORKS 软件的工程师，酷爱 3D 技术，先后为 SOLIDWORKS 社群培训培养了数以百计的工程师，目前负责 SOLIDWORKS 解决方案在大中国区全渠道的技术培训、支持、实施、服务及推广等全面技术工作。

前言

DS SOLIDWORKS®公司是一家专业从事三维机械设计、工程分析、产品数据管理软件研发和销售的国际性公司。SOLIDWORKS 软件以其优异的性能、易用性和创新性，极大地提高了机械设计工程师的设计效率和设计质量，目前已成为主流 3D CAD 软件市场的标准，在全球拥有超过 600 万的用户。DS SOLIDWORKS®公司的宗旨是：to help customers design better products and be more successful——让您的设计更精彩。

“SOLIDWORKS®公司官方指定培训教程”是根据 DS SOLIDWORKS®公司最新发布的 SOLIDWORKS® 2020 软件的配套英文版培训教程编译而成的，也是 CSWP 全球专业认证考试培训教程。本套教程是 DS SOLIDWORKS®公司唯一正式授权在中国大陆出版的官方指定教程，也是迄今为止出版的最为完整的 SOLIDWORKS®公司官方指定培训教程。

本套教程详细介绍了 SOLIDWORKS® 2020 软件的功能，以及使用该软件进行三维产品设计、工程分析的方法、思路、技巧和步骤。值得一提的是，SOLIDWORKS® 2020 软件不仅在功能上进行了 400 多项改进，更加突出的是它在技术上的巨大进步与创新，从而可以更好地满足工程师的设计需求，带给新老用户更大的实惠！

《SOLIDWORKS®高级曲面教程（2020 版）》是根据 DS SOLIDWORKS®公司发布的《SOLIDWORKS® 2020：Surface Modeling》编译而成的，着重介绍了使用 SOLIDWORKS 软件的曲面建模功能进行产品设计的方法、技术和技巧，主要包括混合建模技术的应用、外来数据的处理以及曲面高级功能的介绍等。

戴瑞华　现任 DS SOLIDWORKS®公司大中国区 CAD 事业部高级技术经理

戴瑞华先生拥有 25 年以上机械行业从业经验，曾服务于多家企业，主要负责设备、产品、模具以及工装夹具的开发和设计。其本人酷爱 3D CAD 技术，从 2001 年开始接触三维设计软件，并成为主流 3D CAD SOLIDWORKS 的软件应用工程师，先后为企业和 SOLIDWORKS 社群培训了成百上千的工程师。同时，他利用自己多年的企业研发设计经验，总结出了在中国的制造业企业应用 3D CAD 技术的最佳实践方法，为企业的信息化与数字化建设奠定了扎实的基础。

戴瑞华先生于 2005 年 3 月加入 DS SOLIDWORKS®公司，现负责 SOLIDWORKS 解决方案在大中国区的技术培训、支持、实施、服务及推广等，实践经验丰富。其本人一直倡导企业构建以三维模型为中心的面向创新的研发设计管理平台，实现并普及数字化设计与数字化制造，为中国企业最终走向智能设计与智能制造进行着不懈的努力与奋斗。

本套教程在保留英文原版教程精华和风格的基础上，按照中国读者的阅读习惯进行了编译，使其变得直观、通俗，让初学者易上手，让高手的设计效率和质量更上一层楼！

本套教程由 DS SOLIDWORKS®公司大中国区技术总监胡其登先生和 CAD 事业部高级技术经理戴瑞华先生共同担任主编，由杭州新迪数字工程系统有限公司副总经理陈志杨负责审校。承担编译、校对和录入工作的有钟序人、唐伟、李鹏、叶伟等杭州新迪数字工程系统有限公司的技术人员。杭州新迪数字工程系统有限公司是 DS SOLIDWORKS®公司的密切合作伙伴，拥有一支完整的软件研发队伍和技术支持队伍，长期承担着 SOLIDWORKS 核心软件研发、客户技术支持、培训教程编译等方面的工作。本教程的操作视频由 SOLIDWORKS 高级咨询顾问李伟制作。在此，对参与本套教程编译和视频制作的工作人员表示诚挚的感谢。

由于时间仓促，书中难免存在疏漏和不足之处，恳请广大读者批评指正。

胡其登　戴瑞华

2020 年 3 月

本书使用说明

关于本书

本书的目的是让读者学习如何使用 SOLIDWORKS 软件的多种高级功能，着重介绍了使用 SOLIDWORKS 软件进行高级设计的技巧和相关技术。

SOLIDWORKS® 2020 是一款功能强大的机械设计软件，而书中章节有限，不可能覆盖软件的每一个细节和各个方面，所以，本书将重点给读者讲解应用 SOLIDWORKS® 2020 进行工作所必需的基本技能和主要概念。本书作为在线帮助系统的一个有益补充，不可能完全替代软件自带的在线帮助系统。读者在对 SOLIDWORKS® 2020 软件的基本使用技能有了较好的了解之后，就能够参考在线帮助系统获得其他常用命令的信息，进而提高应用水平。

前提条件

读者在学习本书前，应该具备如下经验：

- 机械设计经验。
- 已经学习了《SOLIDWORKS®高级零件教程（2018 版）》。
- 使用 Windows 操作系统的经验。

编写原则

本书是基于过程或任务的方法而设计的培训教程，并不专注于介绍单项特征和软件功能。本书强调的是完成一项特定任务所应遵循的过程和步骤。通过对每一个应用实例的学习来演示这些过程和步骤，读者将学会为了完成一项特定的设计任务应采取的方法，以及所需要的命令、选项和菜单。

知识卡片

除了每章的研究实例和练习外，书中还提供了可供读者参考的“知识卡片”。这些知识卡片提供了软件使用工具的简单介绍和操作方法，可供读者随时查阅。

使用方法

本书的目的是希望读者在有 SOLIDWORKS 使用经验的教师指导下，在培训课中进行学习；希望读者通过“教师现场演示本书所提供的实例，学生跟着练习”的交互式学习方法，掌握软件的功能。

读者可以使用练习题来应用和练习书中讲解的或教师演示的内容。本书设计的练习题代表了典型的设计和建模情况，读者完全能够在课堂上完成。应该注意到，人们的学习速度是不同的，因此，书中所列出的练习题比一般读者能在课堂上完成的要多，这确保了学习能力强的读者也有练习可做。

标准、名词术语及单位

SOLIDWORKS 软件支持多种标准，如中国国家标准（GB）、美国国家标准（ANSI）、国际标准（ISO）、德国国家标准（DIN）和日本国家标准（JIS）。本书中的例子和练习基本上采用了中国国家标准（除个别为体现软件多样性的选项外）。为与软件保持一致，本书中一些名词术语和计量单位未与中国国家标准保持一致，请读者使用时注意。

练习文件下载方式

读者可以从网络平台下载本教程的练习文件，具体方法是：微信扫描右侧或封底的“机械工人之家”微信公众号，关注后输入“2020GQ”即可获取下载地址。

机械工人之家

视频观看方式

扫描书中二维码可在线观看视频，二维码位于章节之中的“操作步骤”处。可使用手机或平板电脑扫码观看，也可复制手机或平板电脑扫码后的链接到计算机的浏览器中，用浏览器观看。

Windows 操作系统

本书所用的截屏图片是 SOLIDWORKS® 2020 运行在 Windows® 7 和 Windows® 10 时制作的。

格式约定

本书使用下表所列的格式约定：

约　定	含　义
【插入】/【凸台】	表示 SOLIDWORKS 软件命令和选项。例如，【插入】/【凸台】表示从菜单【插入】中选择【凸台】命令
提示	要点提示
技巧	软件使用技巧
注意	软件使用时应注意的问题
操作步骤 步骤 1 步骤 2 步骤 3	表示课程中实例设计过程的各个步骤

色彩问题

SOLIDWORKS® 2020 英文原版教程是采用彩色印刷的，而我们出版的中文版教程则采用黑白印刷，所以本书对英文原版教程中出现的颜色信息做了一定的调整，尽可能地方便读者理解书中的内容。

更多 SOLIDWORKS 培训资源

my. solidworks. com 提供了更多的 SOLIDWORKS 内容和服务，用户可以在任何时间、任何地点，使用任何设备查看。用户也可以访问 my. solidworks. com/training，按照自己的计划和节奏来学习，以提高使用 SOLIDWORKS 的技能。

用户组网络

SOLIDWORKS 用户组网络（SWUGN）有很多功能。通过访问 swugn. org，用户可以参加当地的会议，了解 SOLIDWORKS 相关工程技术主题的演讲以及更多的 SOLIDWORKS 产品，或者与其他用户通过网络进行交流。

目 录

第1章 理解曲面

学习目标

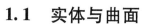

- 理解实体与曲面的异同点
- 创建拉伸曲面与平面
- 剪裁曲面与解除剪裁曲面
- 缝合曲面
- 由曲面生成实体
- 在实体或曲面中删除面
- 理解 NURBS 曲面和 ISO 参数(U-V)曲线的属性
- 熟悉常见的曲面类型
- 了解典型的曲面建模操作模式

1.1 实体与曲面

在 SOLIDWORKS 中，实体与曲面是非常相似甚至接近相同的，这也是为什么可以轻松地利用两者来进行高级建模的原因。理解实体与曲面两者的差异以及相似之处，将非常有利于正确地建立曲面或者实体。

实体和曲面中所包含的是两类不同的信息，或者可以用一个更恰当的词来描述它——包括两类“实体(entity)”：

1）几何信息：几何信息描述的是形状。3D 模型的几何信息可以通过其形状、大小以及点、线和平面等几何元素的位置来描述。例如，模型几何信息的元素可以是扁平的或翘曲的，直线的或弯曲的。点的特定且唯一的位置也是模型几何信息的元素，如图 1-1 所示。

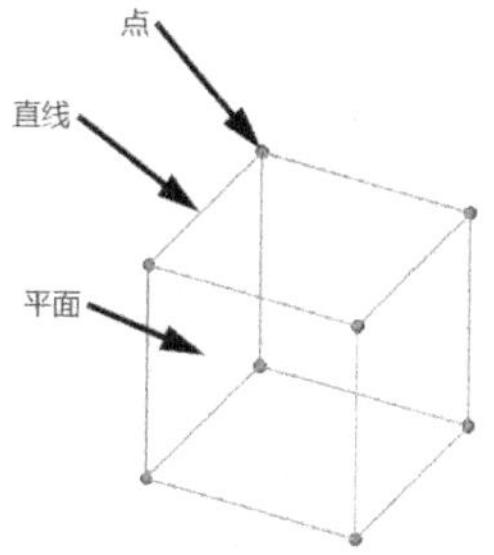

图 1-1 模型的几何信息

2）拓扑信息：拓扑信息描述的是关系。3D 模型的拓扑信息描述了如何限制几何元素（形成拓扑的元素）以及它们如何相互关联。拓扑信息由顶点、边和面组成，如图 1-2 所示。描述模型拓扑信息的一些示例包括：

- 实体的内部或者外部。
- 哪些边相交于哪些顶点。
- 哪些面的分界线形成哪些边线。
- 哪些边是两个相邻面的共同边线。

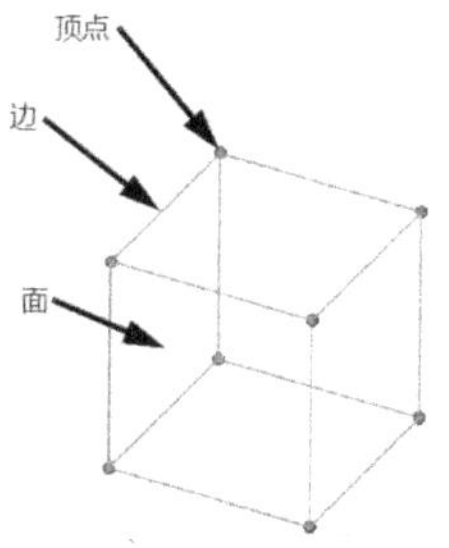

图 1-2 模型的拓扑信息

对于简单的立方体，其由空间中的 8 个点组成。这些点由 12 条直线连接，定义了 6 个平面。拓扑定义为 12 条边相交形成 6 个面，边定义了 8 个顶点。

用户可以更改实体模型的几何形状，同时保持其原始拓扑信息。图 1-3 所示实体均具有相同的拓扑信息（面、边和顶点之间的关系），但几何信息（形状）并不相同。

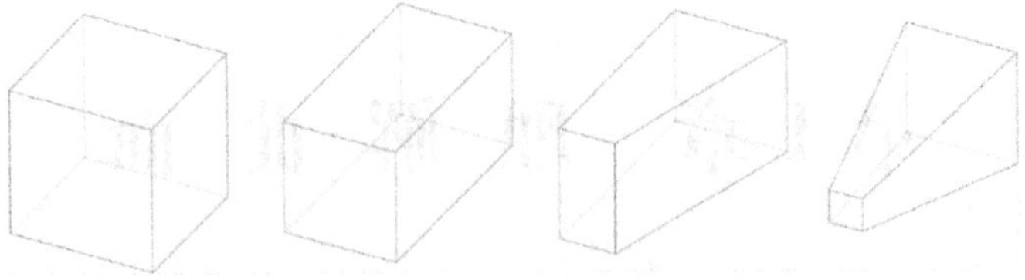

图 1-3　具有相同拓扑信息的不同几何体

对于图 1-4 所示的两个实体（用户可以从“Lesson01\Case Study”文件夹中将其打开），它们都是由 6 个面、12 条边线以及 8 个顶点组成的。从拓扑信息来看，它们都是相同的，但很明显它们的几何外形是完全不同的。左侧的实体完全由平面以及直线组成，右侧的实体则不是。

扫码看 3D

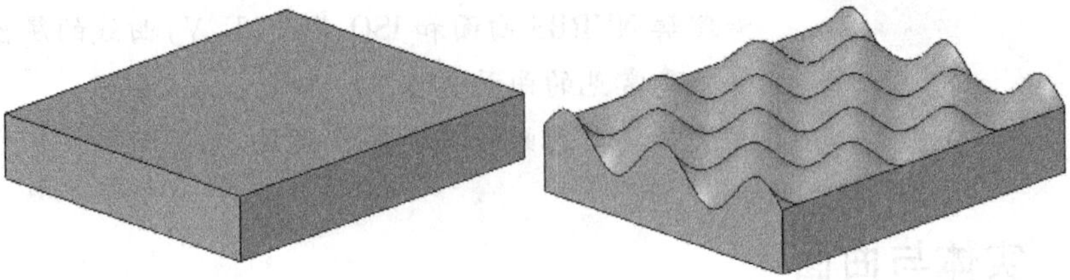

图 1-4　两个实体

两类信息间的对应关系见表 1-1。

表 1-1　几何信息和拓扑信息的对应关系

拓 扑 信 息	几 何 信 息	拓 扑 信 息	几 何 信 息
面	平面或表面	顶点	曲线的端点
边	曲线，如直线、圆弧或者样条曲线		

1.2　实体

用户可以通过下面的规则来区分实体或者曲面：对于实体而言，其中任意一条边线同时属于且只属于两个面。该规则意味着，曲面实体中的一条边线可以仅属于一个面。图 1-5 所示的曲面中含有 5 条边线，每条边线都仅属于一个单一的面。

此规则也是为什么在 SOLIDWORKS 中不能将图 1-6 所示的几何体创建为单一实体的原因，因为图中所指边线同时属于 4 个面。

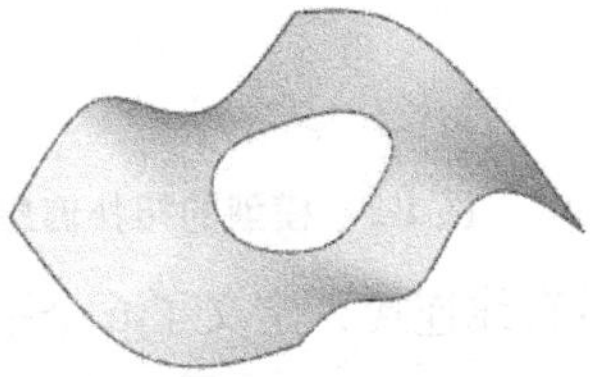

图 1-5　曲面示例

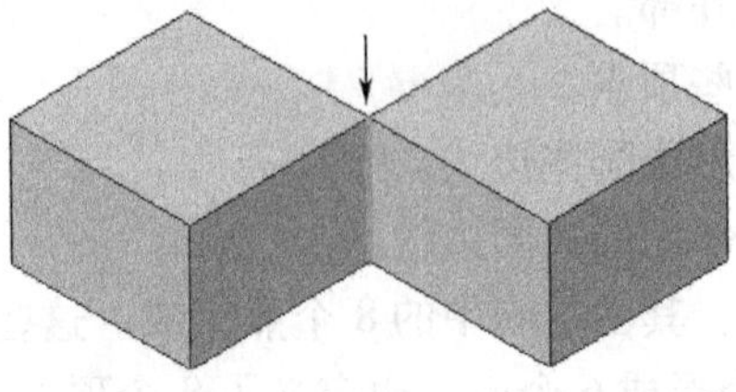

图 1-6　不能创建单一实体

扫码看视频

提示

上述模型可以在“Lesson01\Case Study”文件夹中找到。

● 欧拉公式　欧拉公式定义了实体的顶点、边和面的关系，即 $V-E+F=2$（其中 V 代表顶点的数量，E 代表边的数量，F 代表面的数量）。此方程式用于证明实体的拓扑正确性。为了使实体有效，其必须满足欧拉公式。

对于一个立方体，其有 8 个顶点，12 条边和 6 个面（$8-12+6=2$），满足欧拉公式，即该立方体是有效的实体。

1.3 SOLIDWORKS 的后台操作

当 SOLIDWORKS 生成实体模型时，其实际上是在后台自动执行多个曲面建模任务。其首先创建曲面实体，然后将这些曲面集合起来形成一个封闭的体积，进而生成实体特征。为使读者更好地掌握其原理，下面将手动完成这些操作。

下面以一个简单的圆柱（见图 1-7）为例来说明实体和曲面建模之间的关系，并介绍一些基本的曲面工具。

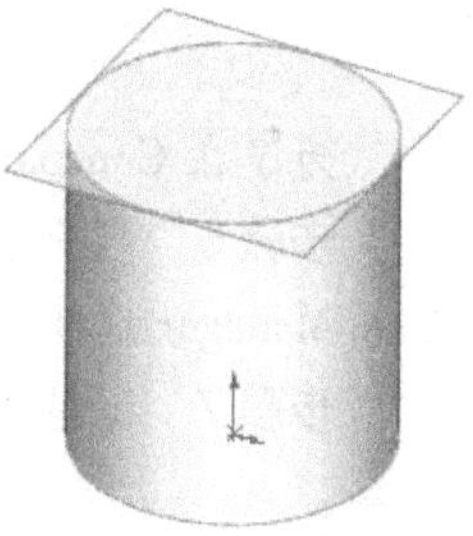

图 1-7　示例

1.3.1 调整 FeatureManager 设置

在开始操作之前，将对默认的 SOLIDWORKS FeatureManager 设置进行一些调整，以便于在示例中执行操作。

操作步骤

步骤 1　创建新零件　使用“Part_MM”模板创建一个新零件。

步骤 2　在 FeatureManager 设计树中显示文件夹　单击【选项】/【系统选项】/【FeatureManager】，在【隐藏/显示树项目】中将【实体】和【曲面实体】文件夹设置为【显示】，如图 1-8 所示。单击【确定】。

图 1-8　显示【实体】和【曲面实体】文件夹

步骤 3　查看结果　新文件夹出现在 FeatureManager 中，如图 1-9 所示。这些文件夹可指示模型内实体的类型，并使其易于选择。

步骤 4　拉伸形成圆柱体实体　在上视基准面上绘制一个圆形草图，直径为 ϕ25mm，圆心置于原点。单击【拉伸凸台/基体】并拉伸草图 25mm。

生成 3 个面，包括两个端平面以及一个连接它们的圆柱面，如图 1-10 所示。

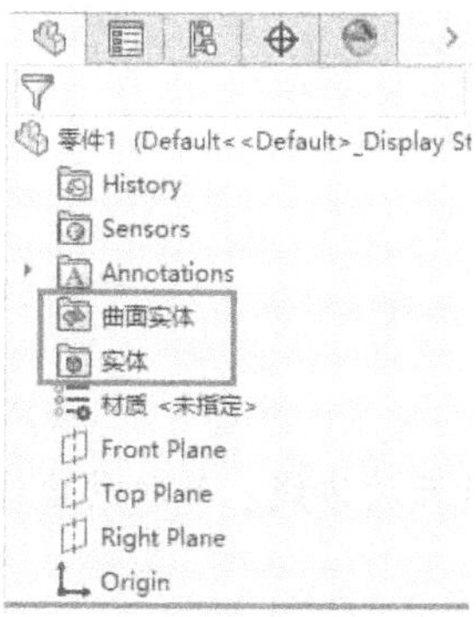

图 1-9　查看结果

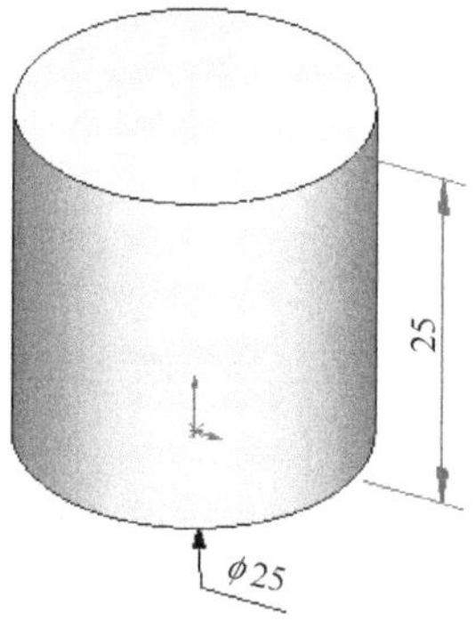

图 1-10　拉伸圆柱体实体

步骤 5　保存零件　保存零件并将文件命名为“Solid”。

1.3.2 拉伸曲面

启动拉伸凸台特征时，SOLIDWORKS 完成的第一步是将轮廓草图中的实体拉伸生成曲面。下面将使用【拉伸曲面】命令模拟此步骤。

知识卡片		
	拉伸曲面	【拉伸曲面】命令类似于【拉伸凸台/基体】，只不过它生成的是曲面而不是实体，它的端面不会被盖上，同时也不要求草图是闭合的。
	操作方法	• CommandManager：【曲面】/【拉伸曲面】。 • 菜单：【插入】/【曲面】/【拉伸曲面】。

为了在 CommandManager 中访问曲面建模命令，将启用【曲面】工具栏。

步骤 6 打开【曲面】工具栏 右键单击任意一个 CommandManager 选项卡，从可用的选项卡列表中选择【曲面】。

步骤 7 新建零件 使用“Part_MM”模板创建一个新零件。

步骤 8 拉伸曲面 在上视基准面上绘制一个圆形草图，直径为 ϕ25mm，圆心置于原点。单击【拉伸曲面】并拉伸草图 25mm，如图 1-11 所示。

步骤 9 保存零件 保存零件并将文件命名为“Surface”。

步骤 10 平铺窗口 单击【窗口】/【纵向平铺】，以同时显示实体模型窗口和曲面模型窗口，如图 1-12 所示。

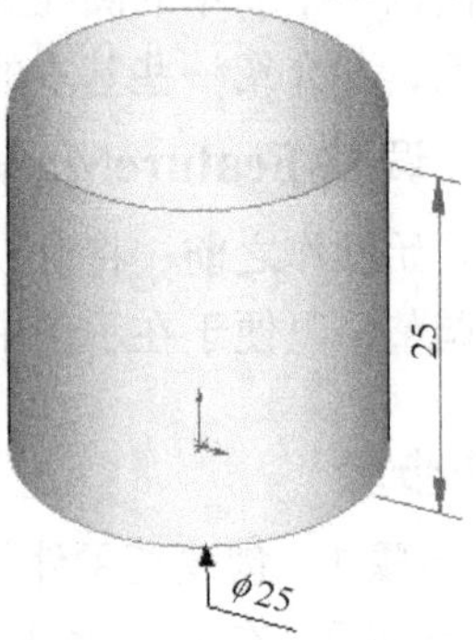

图 1-11 拉伸曲面

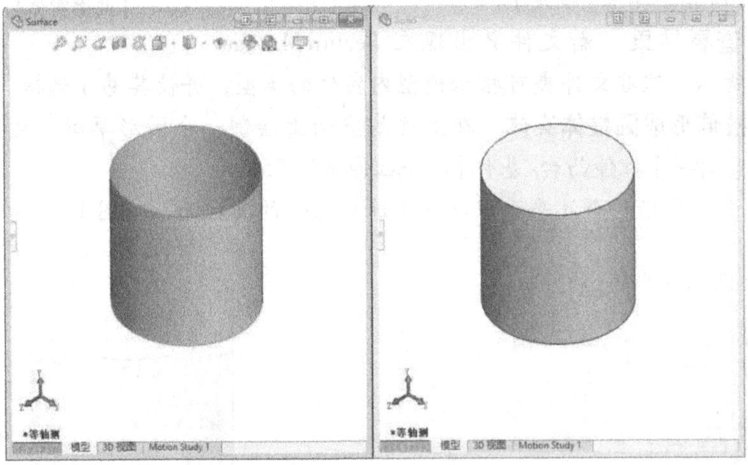

图 1-12 平铺窗口

零件的圆柱面是相同的，但“Surface”零件的边线是开放边线。开放的边线仅绑定一个面，默认情况下以蓝色显示。开放的边线表示曲面实体。

1.3.3 平面曲面

完成拉伸凸台特征的下一步是创建覆盖特征端部的曲面。有时 SOLIDWORKS 会为端盖创建四边曲面，然后对其进行剪裁以使其合适。四边曲面对于诸如抽壳和等距之类的后续操作更加有利(有关该项目的更多信息，请参考“1.3.7 曲面类型”)。下面将使用【平面区域】特征来模拟此步骤。

知识卡片

平面区域	用户可以利用一个不相交的封闭轮廓草图、一组封闭的边线、多条共有平面分型线或一对平面实体(如曲线或边线)来创建平面区域。
操作方法	• CommandManager：【曲面】/【平面】。 • 菜单：【插入】/【曲面】/【平面区域】。

步骤11 创建平面区域 在“Surface”零件的上视基准面上新建草图，创建四边【多边形】。在内切圆和拉伸曲面的边线之间添加【全等】关系，向草图中的直线添加【水平】或【竖直】关系以完全定义轮廓，如图1-13所示。

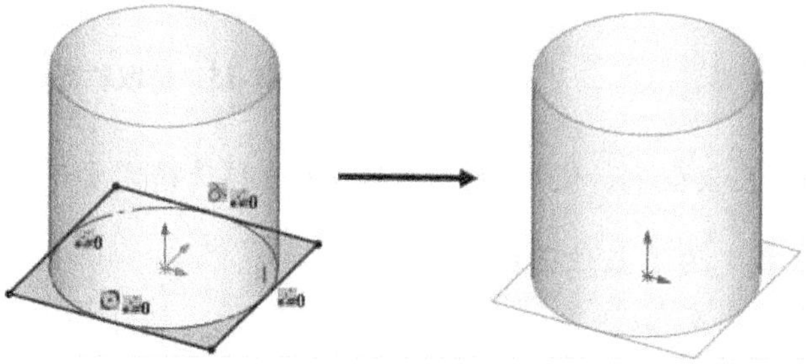

图1-13 创建平面区域

单击【平面区域】，单击【确定】。

1.3.4 剪裁曲面

为使曲面更适合圆柱体，下面将使用【剪裁曲面】命令。

知识卡片

剪裁曲面	【剪裁曲面】命令允许用户使用其他曲面、平面或者草图来剪裁曲面。在【剪裁类型】中有两个选项： 1)【标准】：使用曲面、平面或者草图作为剪裁工具。 2)【相互】：多个曲面之间相互剪裁。 【标准】剪裁生成的是分离的曲面实体，【相互】剪裁能将生成的曲面缝合。
操作方法	• CommandManager：【曲面】/【剪裁曲面】。 • 菜单：【插入】/【曲面】/【剪裁曲面】。

步骤12 剪裁曲面 单击【剪裁曲面】，在【剪裁类型】中选择【标准】，如图1-14所示。在【剪裁工具】中选择“曲面-拉伸1”，单击【保留选择】。

技巧 旋转视图以方便查看圆柱的底面。

选择图1-15所示的圆形平面，单击【确定】。

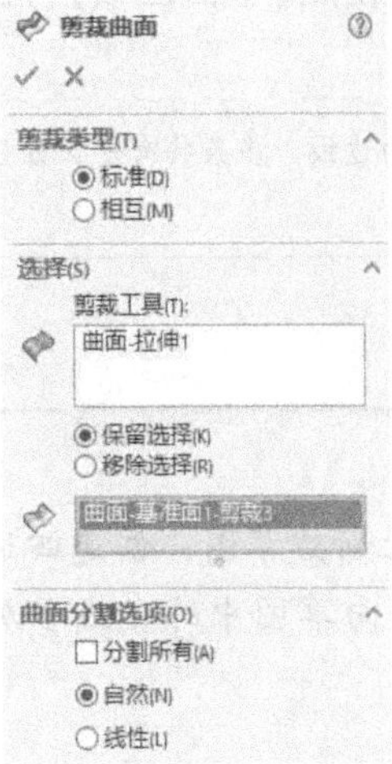

图 1-14　剪裁曲面

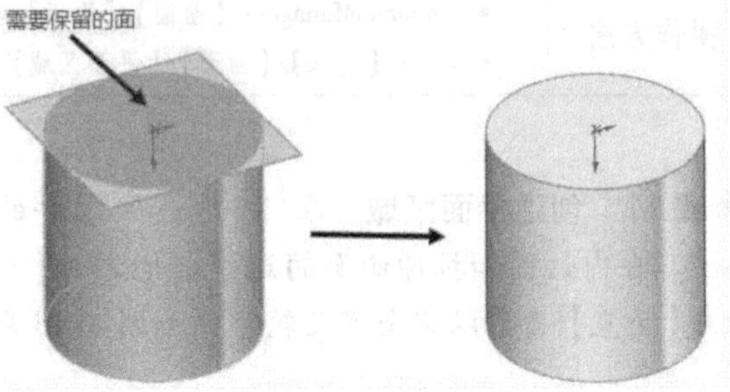

图 1-15　选取剪裁曲面

提示　在某些模型中，使用【移除选择】来直接选择需要删除的面会更方便。

• 平面区域快捷方式　为了盖住圆柱体的另一端，下面将使用快捷方式。

步骤 13　创建第二个平面区域　切换至【上下二等角轴测】视图方向。单击【平面】，选择圆柱顶面的圆形边线。单击【确定】✓，如图 1-16 所示。

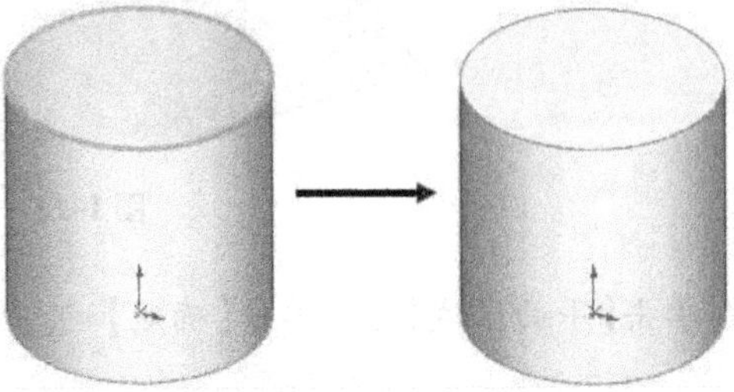

图 1-16　第二个平面区域

1.3.5　解除剪裁曲面

上述方法所得的平面与圆柱体底部产生的表面相同，但它是一次完成的。系统实际上是创建了一个四边形的曲面，并在后台对其进行了剪裁。下面将使用另一个曲面功能(【解除剪裁曲面】命令)进行演示。

知识卡片

解除剪裁曲面	使用【解除剪裁曲面】命令可以将曲面恢复至其原始边界状态。该命令可用于去除内部边线以修补曲面或扩展曲面的边界。该命令操作的结果是生成新的曲面实体，也可以替换原始曲面。
操作方法	• CommandManager：【曲面】/【解除剪裁曲面】。 • 菜单：【插入】/【曲面】/【解除剪裁载面】。

步骤 14　解除剪裁曲面　单击【解除剪裁曲面】。选择步骤 13 中创建的平面区域。通过预览视图可以验证系统实际上创建了一个矩形曲面，该曲面又被圆形边线自动剪裁，如图 1-17 所示。

单击【取消】✕，退出【解除剪裁曲面】命令。

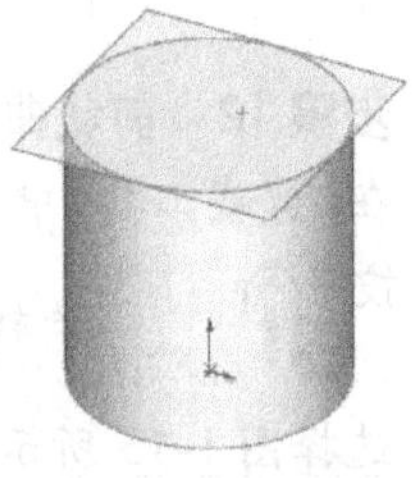

图 1-17　解除剪裁曲面

1.3.6 面部曲线和网格预览

将曲面自然边界可视化的另一种方法是使用【面部曲线】命令。SOLIDWORKS 中的所有曲面都可以用曲线网格来描述，如图 1-18 所示。当生成某些特征(例如【圆顶】、【填充曲面】、【自由形】、【边界】和【放样】)时，可以预览此网格以帮助评估所创建的曲面质量。用户也可以使用【面部曲线】命令从网格创建草图实体。

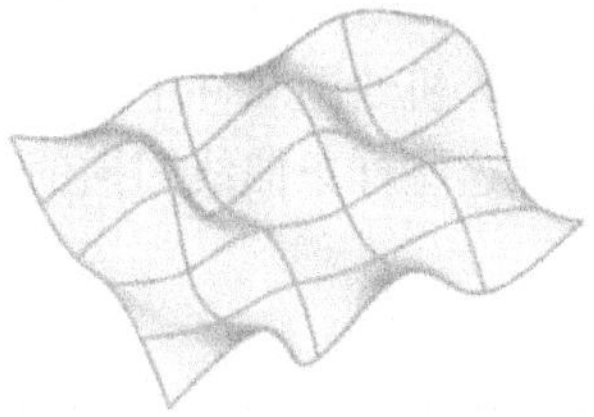

图 1-18 使用网格描述曲面

技巧 整个面上的曲线网格有时称为 iso-参数或 U-V 曲线。

知识卡片

面部曲线	【面部曲线】命令沿选定面生成草图曲线。用户可以为曲线网格指定数值，也可以从面的特定位置或点创建曲线。在活动草图之外使用此工具时，每个曲线将在模型中创建为单独的 3D 草图。或者，在活动的 3D 草图中工作时，所有曲线都将包含在此草图中。
操作方法	• 菜单：【工具】/【草图工具】/【面部曲线】。

步骤 15 应用面部曲线 单击【面部曲线】，选择圆柱体的顶部曲面。显示的垂直曲线表明该曲面最初是四边形的，然后经过了剪裁以使之合适，如图 1-19 所示。单击【取消】✕退出命令，不将面部曲线添加为草图。

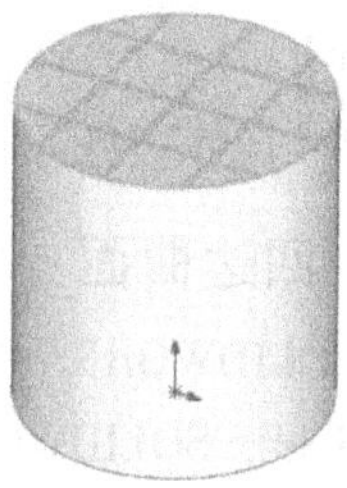

图 1-19 应用面部曲线

1.3.7 曲面类型

了解曲面的结构可以帮助用户识别出现问题时应着重注意的位置。正如本教程所述，使用【面部曲线】和其他评估工具可以帮助用户确定问题的所在。【面部曲线】还可以帮助用户确定所使用的曲面类型。曲面几何体可以分为多种类型，下面仅列出其中最主要的几类：

1）代数曲面。代数曲面可以用简单的代数公式来描述，这类曲面包括平面、球面、圆柱面、圆锥面、环面等。代数曲面中的 U-V 曲线都是一些直线、圆弧或者圆周，如图 1-20 所示。

2）直纹曲面。直纹曲面上的每个点都有直线穿过，且直线位于曲面上，如图 1-21 所示。

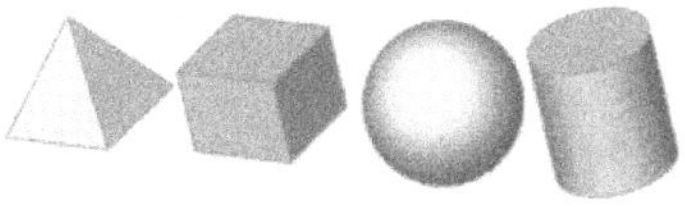

图 1-20 代数曲面

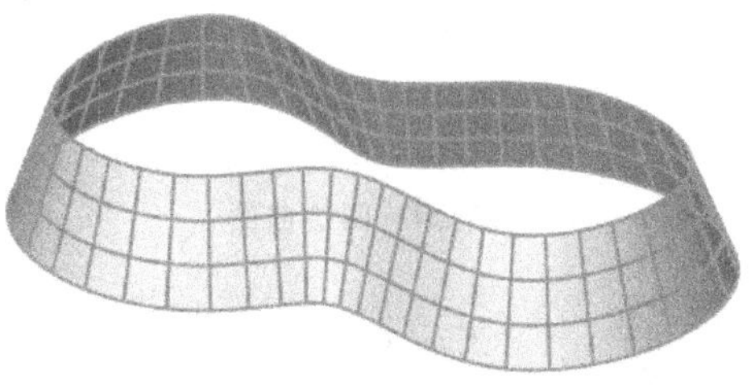

图 1-21 直纹曲面

3）可展曲面。可展曲面是直纹曲面的子集，它们可以在没有被拉伸的状态下自由展开。这类曲面包括平面、圆柱面以及圆锥面等，如图 1-22 所示。这种曲面类型较为重要，因为 SOLID-

WORKS 钣金功能只能展开这些形状。除钣金外，可展曲面在船舶制造业中也应用广泛（用于容易成形平板或玻璃纤维板），在商标应用方面（标签在不可展曲面上的拉伸或者褶皱）也是如此。

4）NURBS 曲面。NURBS（非均匀有理 B 样条）作为一种曲面技术被广泛地应用于 CAD 行业以及计算机绘图软件中。NURBS 曲面通过参数化的 U-V 曲线来定义。这些 U-V 曲线都是样条曲线，在这些样条曲线间插值以形成曲面，如图 1-23 所示。

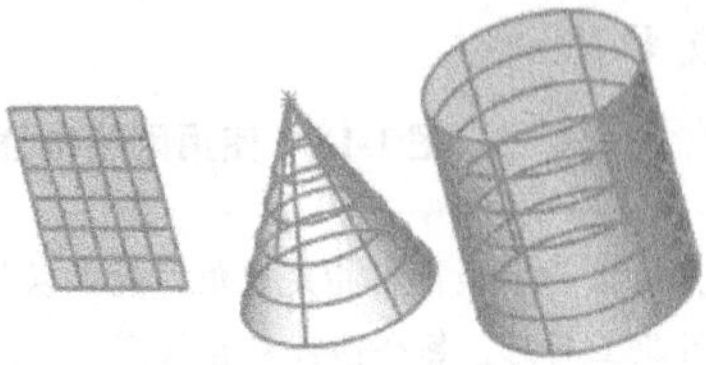

图 1-22　可展曲面

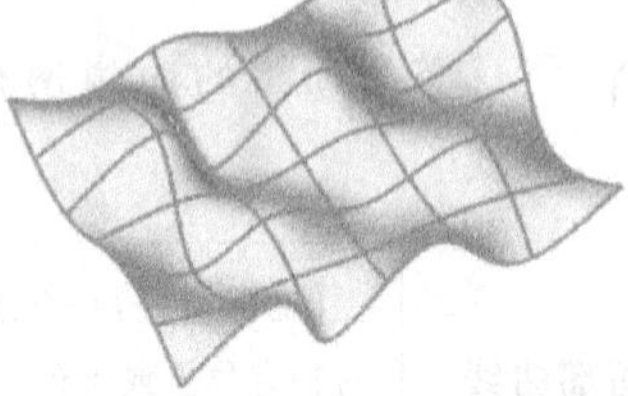

图 1-23　NURBS 曲面

代数曲面、直纹曲面以及可展曲面都可归为“解析曲面”，而 NURBS 曲面通常被称为“数值曲面”。

提示　可以在“Lesson01\Case Study\Surface Types”文件夹中找到这些曲面类型的示例。

1.3.8　四边曲面

在 SOLIDWORKS 中，曲面趋向于显示正交曲线的网格，表示为四边曲面。

很明显，SOLIDWORKS 模型曲面中也有不是四边的，以下两种情形会导致这种情况的产生：

1）将一个原始的四边曲面剪裁成所需要的形状。若有可能，SOLIDWORKS 在创建实体特征的面时会使用此技术。四边曲面通常会对后续特征（如抽壳）造成较少的问题，这是因为系统会先等距原始的四边曲面，然后对其进行重新剪裁，如图 1-24 所示。

2）曲面的一条或者多条边的长度为零。系统不能将某些特征成形为四边曲面并剪裁。当曲面的一条或多条边的长度为零时，该方向的曲线交于一点，该点通常称为“奇点”。这些曲面通常情况下被称为“退化曲面”。有时会在圆角、抽壳或者等距操作时产生问题，如图 1-25 所示。

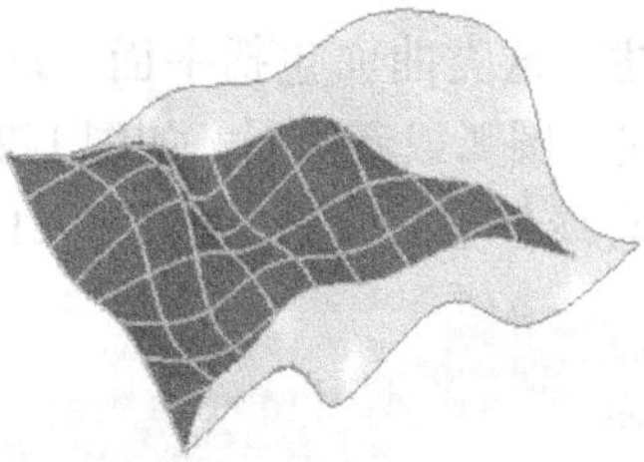

图 1-24　四边曲面

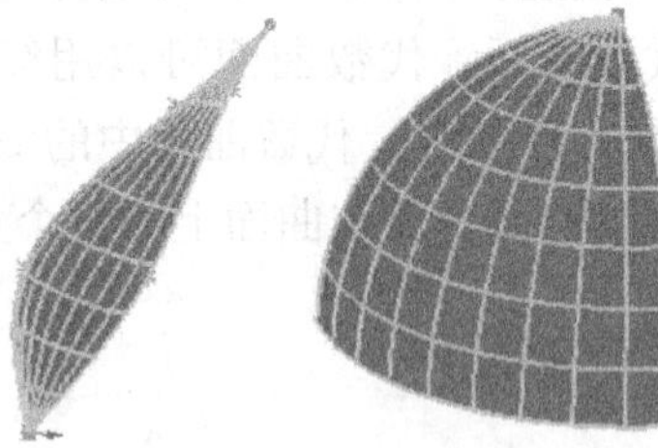

图 1-25　退化曲面

提示　可以在“Lesson01\Case Study”文件夹中找到退化曲面的示例。

此时，“Solid”和“Surface”模型看起来几乎相同，如图 1-26 所示。但是，“Surface”零件是 3 个分离曲面实体的集合，如图 1-27 所示。完成实体拉伸凸台特征的下一步操作是将分离的曲面缝合在一起。用户可以使用【缝合曲面】命令对此步操作进行模拟。

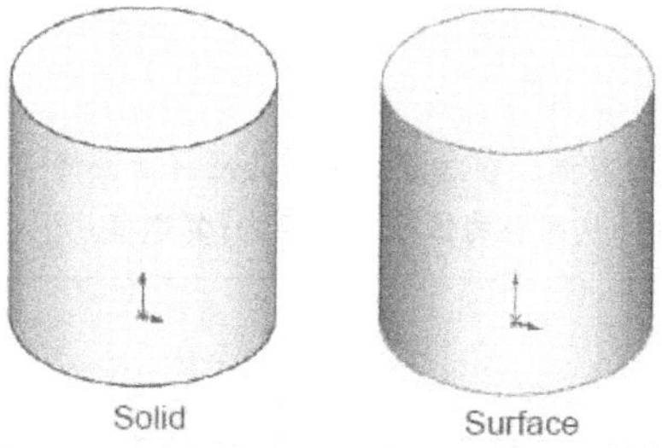

图 1-26 “Solid”和“Surface”模型

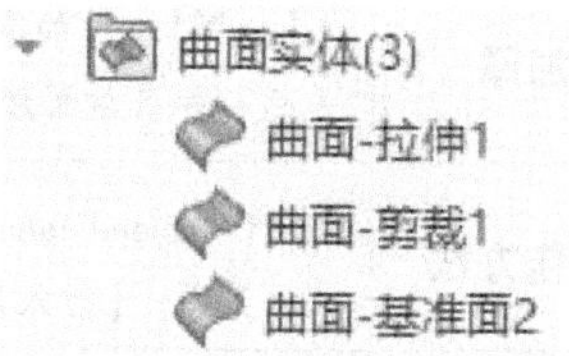

图 1-27 “Surface”模型中的 3 个曲面实体

1.3.9 缝合曲面

知识卡片

缝合曲面	【缝合曲面】命令可以将多个分离的曲面缝合并生成一个单一的曲面。要将曲面实体缝合在一起，它们的边必须接触或在间隙控制公差之内。【缝合曲面】命令也可以用于从实体复制面，其结果是形成零件中的新曲面实体。 将曲面缝合在一起时，边线必须接触，以便可以将两条边合并为一条边。由于边是数学化的表示，因此可能存在模型中的边线不完全匹配且存在小的间隙的问题。为了接受这些小开口，用户可以使用【间隙控制】来指定应关闭或保持打开的间隙大小。
操作方法	• CommandManager：【曲面】/【缝合曲面】。 • 菜单：【插入】/【曲面】/【缝合曲面】。

步骤 16 缝合曲面 当前，模型中的 3 个曲面彼此分离，如图 1-27 所示。单击【缝合曲面】，选择 3 个曲面，不勾选【创建实体】复选框，单击【确定】。

步骤 17 查看结果 3 个分离的曲面实体已被缝合在一起，形成一个实体，如图 1-28 所示。由于现在每个边都是两个面的边界，因此不再有开放的边线。

提示 【缝合曲面】命令中有一个选项为【创建实体】，当被缝合曲面能够形成闭合体时，使用此选项可以生成实体模型。在本例中由于还需要完成其他操作，故不使用此选项。

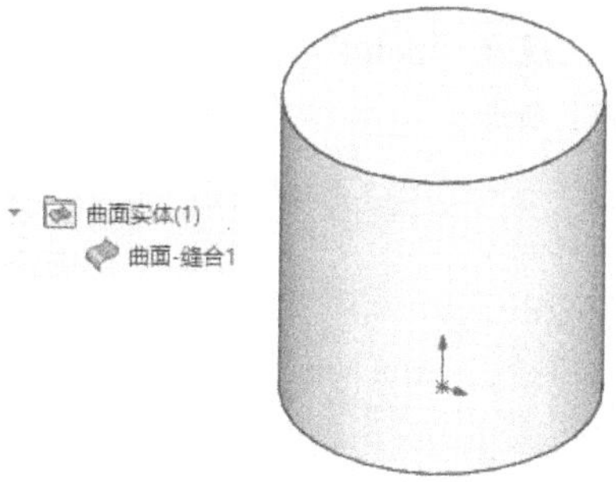

图 1-28 查看结果

1.4 从曲面创建实体

为了从曲面创建实体，曲面必须形成完全封闭的体积或者“加厚”开放的曲面实体。对于闭合的曲面实体(如本示例)，有两种创建实体的方法，即使用【创建实体】选项或添加【加厚】特征。

1.4.1 创建实体

知识卡片

创建实体	使用某些曲面工具时，如果由特征创建的曲面形成了封闭的体积，则【创建实体】复选框将可用。勾选后，该封闭体积转换为实体。
操作方法	•【剪裁曲面】的 PropertyManager：【创建实体】。 •【缝合曲面】的 PropertyManager：【创建实体】。 •【填充曲面】的 PropertyManager：【创建实体】。

1.4.2 加厚

知识卡片		
	加厚	【加厚】通过加厚一个或多个相邻曲面来创建实体。在加厚之前，必须将曲面缝合在一起。如果曲面形成封闭的体积，则可以使用【从闭合的体积生成实体】复选框。
	操作方法	• CommandManager：【曲面】/【加厚】。 • 菜单：【插入】/【凸台/基体】/【加厚】。

步骤 18　曲面转实体　单击【加厚】，选择曲面实体。勾选【从闭合的体积生成实体】复选框，如图 1-29 所示。单击【确定】。

步骤 19　查看结果　曲面实体已转换为实体，并出现在 FeatureManager 相应的文件夹中，如图 1-30 所示。由于现在每个边都是两个面的边界，因此不再有开放的边线。

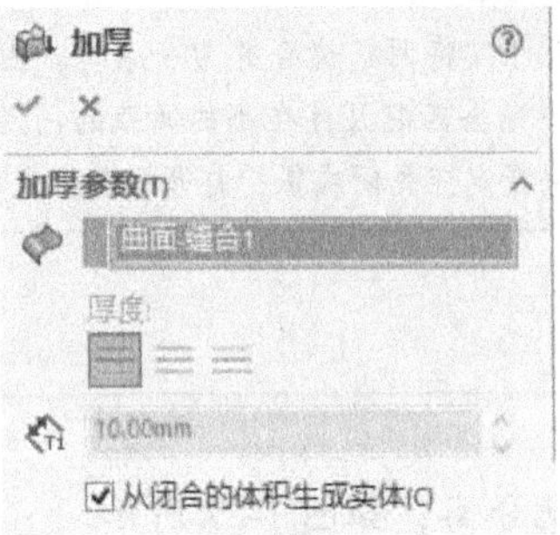

图 1-29　曲面转实体

图 1-30　FeatureManager 中的文件夹

现在“Solid”和“Surface”模型的几何形状相同，但它们的特征树完全不同，如图 1-31 所示。

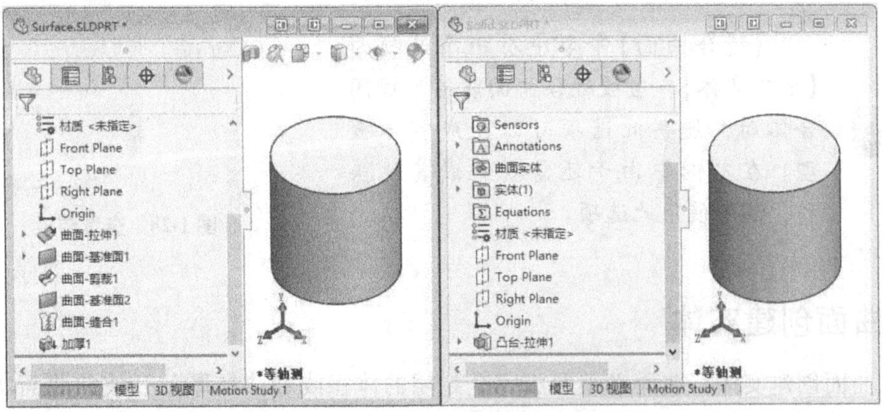

图 1-31　“Solid”和“Surface”模型特征树

1.4.3 总结

创建实体特征是一种自动的曲面建模方法。实体特征可以自动创建面，必要时对其进行修剪，并将它们缝合在一起，可以将其转换为实体。为了演示曲面和实体之间的相互操作性，下面将学习如何将实体零件修改为曲面。

1.5　将实体分解成曲面

目前还没有专门与【缝合曲面】功能相逆反的命令，因此也就不能简便地将实体直接分解成曲面。但下面的技巧在实际应用中较为实用：

- 删除实体的面，可以将实体还原至曲面实体。
- 复制实体的面以生成曲面实体。

知识卡片

删除面	使用【删除面】工具可以移除模型的一个或多个面。 【删除面】命令中的选项包括： •【删除】：删除面，在模型中留下开放的边。这将形成曲面实体。 •【删除并修补】：删除面并通过扩展相邻面的边界来修补开放区域。 •【删除并填补】：删除面并用新曲面填充间隙，可以通过与相邻面相切的方式创建新面。
操作方法	• CommandManager：【曲面】/【删除】。 • 菜单：【插入】/面/【删除】。 • 快捷菜单：右键单击一个面，在【面】类别中选择【删除】。

步骤 20　激活零件　激活名为“Solid”的零件。

步骤 21　删除面　单击【删除面】，选择模型的顶面。在【选项】内选择【删除】，如图 1-32 所示。单击【确定】。

图 1-32　删除面

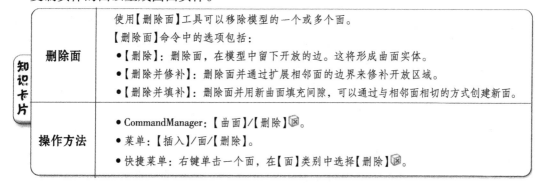

步骤 22　查看结果　现在实体变为曲面实体，在圆柱体的顶面有一条开放的边线，如图 1-33 所示。

步骤 23　保存并关闭所有文件

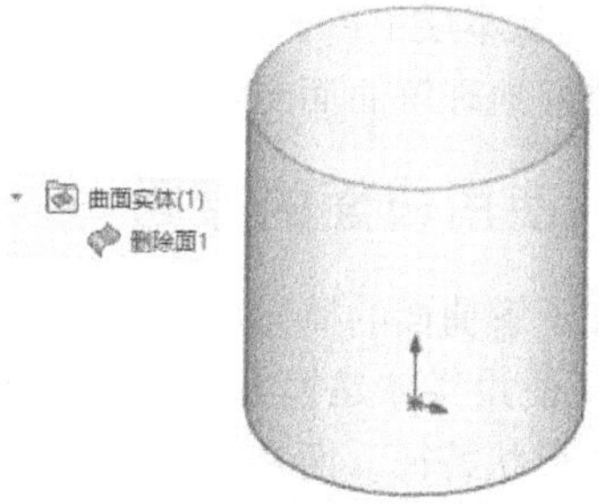

图 1-33　查看结果

1.6 其他曲面概念

如上所述，实体和曲面实体是紧密相关的。下面将介绍一些与曲面实体相关的概念。

提示 本节中显示的模型可以在“Lesson 01\Case Study”文件夹中找到。

1.6.1 布尔运算

实体特征和曲面特征的主要区别之一是它们的布尔运算不同，如图 1-34 所示。对于实体，如果要在实体上添加凸台，只需对其进行草图绘制并拉伸。SOLIDWORKS 会自动剪裁面并将新特征合并到现有实体中。对于曲面实体，必须手动剪裁和缝合相交的面。

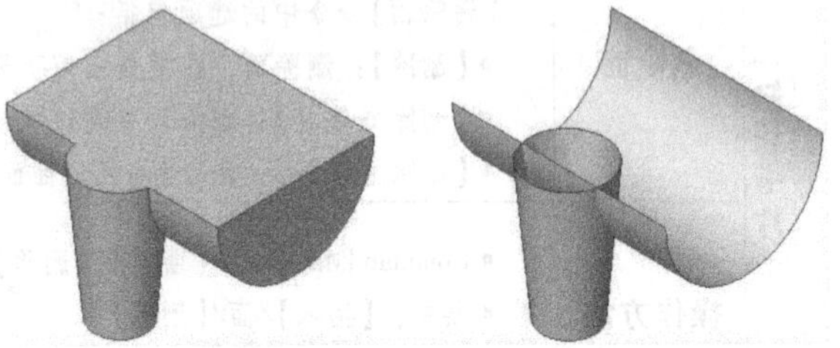

图 1-34 实体特征和曲面特征的布尔运算

1.6.2 边线和孔

系统认为实体模型中的孔实际上是在面或曲面实体级别的边线，如图 1-35 所示。这就是在使用曲面时无法添加切除或孔向导特征，但是可以剪裁曲面以创建新边线的原因。就像在示例中使用的【拉伸凸台】特征一样，【拉伸切除】特征会从【剪裁曲面】开始自动执行多个曲面建模任务。

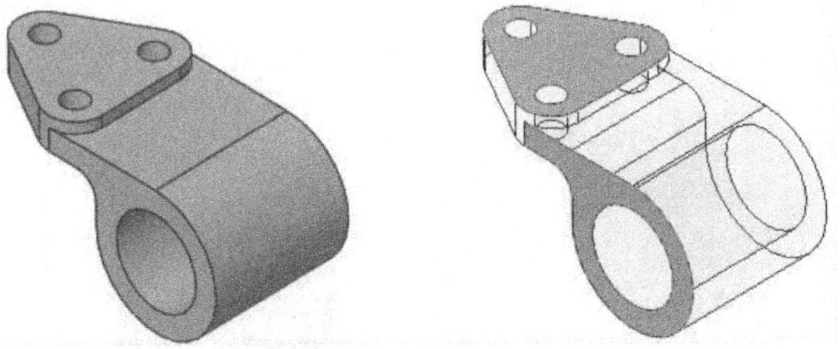

图 1-35 边线和孔

为什么在高级曲面建模中还要学习创建简单的圆柱体呢？原因如下：

1）实体其实就是一些遵循特殊规则的曲面集。创建实体时，SOLIDWORKS 在后台执行与手动创建曲面模型相同的步骤。了解后台的运行原理将有利于用户避免出现问题以及更好地解决问题。

2）对于同样的几何模型，曲面建模将会比实体建模花费更多的时间。然而，并不是所有对象都可以用实体建模来完成，所以曲面建模仍旧是非常必需且重要的工具与手段。

3）从本质上讲，CAD 中关于曲面的术语及概念与实体模型是一致的，运用这些概念将帮助用户更好地理解曲面与实体，不管是导入的还是自建的几何体都可以巧妙地运用。

1.7 使用曲面的原因

在了解曲面的概念后，下面将通过实例来解释为什么要使用曲面建模。原因如下：

1. 使用实体建模方式时有些外形很难创建 实体特征中的放样和扫描往往会生成一个或多个扁平形状特征，而在曲面中往往不需要这样的平直端面。图 1-36 所示实例就是用曲面建模来实现的。

2. 曲面建模可以创建单个面而不是一次性生成所有面 实体特征将一次性创建具有一个形

状的多条边线，并且整个特征沿一个方向成形，这样就很难（甚至于不可能）同时得到所有正确的边线。曲面特征一次创建一个面的形状，因此可以将不同的技术与不同的方向应用在不同的面上，具体实例如图 1-37 所示。

3. 曲面可以作为参考几何体　曲面并不仅限于复杂的几何外形，它们同样也包括了拉伸以及旋转等这类简单的形状。任何一类曲面特征均可用作参考几何体来帮助创建或者修改其他的实体模型。

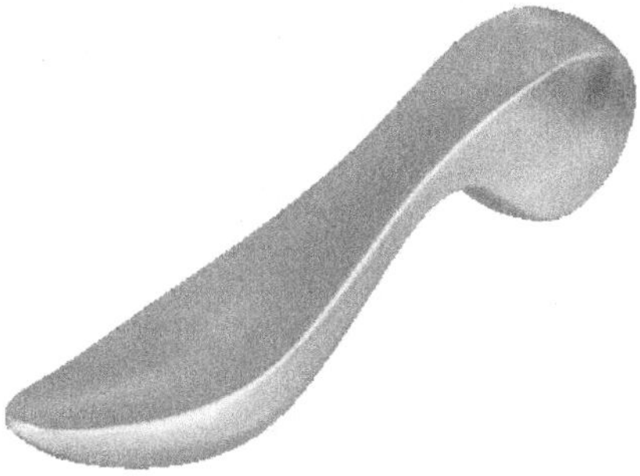

图 1-36　曲面建模示例

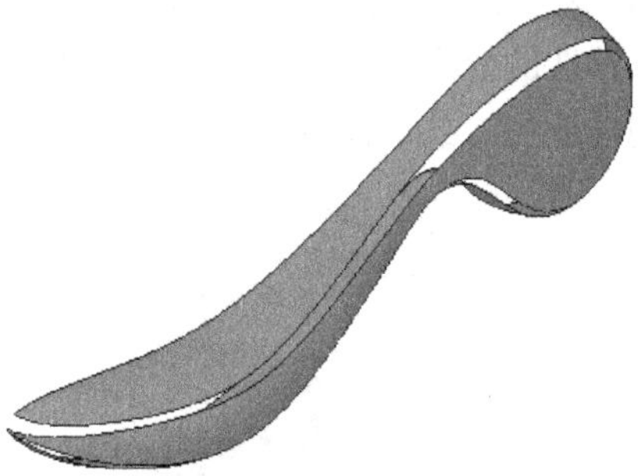

图 1-37　使用曲面建模一次创建一个面

4. 曲面特征有时比实体特征更有效　实体特征中的每一个特征在它与其余实体合并前，均会创建一个可行的、独立的实体模型，这经常需要额外创建多个几何面并将它们缝合。从模型重建时间方面考虑，使用曲面特征通常更为有效，因为它允许用户仅创建自己所需要的面。

1.7.1　不宜使用曲面的情况

曲面建模比实体建模需要更多的操作步骤，假如经过相同数量的操作步骤便可以得到所需的实体，那么用户可以选用实体建模。以下情况不宜使用曲面特征：

1）使用实体特征比曲面特征可以更简单、有效地得到最终的结果。有时候，重建时间并不一定是最主要的因素，实际建模时间也是不容忽视的因素。

2）一般来说，应尽量避免模型上出现开放的曲面。要知道，曲面通常只是通往实体的中间步骤。在模型上留有开放曲面的原因可能有多种，但这些都属于例外，而不应该当作是一种规则。在本书的“第 8 章　主模型技术”中，我们将保留模型为曲面模型的状态，并在后续的操作中用它作为参考几何体来创建实体模型。

提示　有部分主模型建模是不适用于曲面特征的，而仅适用于实体特征。

1.7.2　混合建模

SOLIDWORKS 允许用户在操作过程中充分结合实体建模与曲面建模的优点。实体-曲面混合建模是一种较好的建模方法，通常会用到利用曲面修改实体或者实体转曲面修改后再转实体的技术。总结起来有以下几种类别：

- 利用曲面来替换现有实体中的单个或多个面。
- 利用曲面作为构造几何体，如特征终止条件中的【成形到一面】选项。
- 利用曲面对现有实体进行切割或造型操作。
- 利用曲面来分割实体，并生成两个或者多个实体模型。

混合建模的更多信息请参阅本书的“第 3 章　实体-曲面混合建模”。

1.8 连续性

连续性的概念通常应用于曲线和曲面。在实际应用中，CAD 系统提供了 3 类连续性概念：

1）位置连续，或称 C0 连续。

2）相切连续，或称 C1 连续。

3）曲率连续，或称 C2 连续。

当然还有比 C2 连续更高阶的连续，但它并不在 SOLIDWORKS 软件中出现，所以这里不作描述。

连续性的概念可由下面一系列螺旋形态解释。图 1-38 所示的灰色面片与螺旋形曲面有着各不相同的连接方式。注意，连续性等同地作用于曲面和曲线上。下面以曲面为例作介绍。

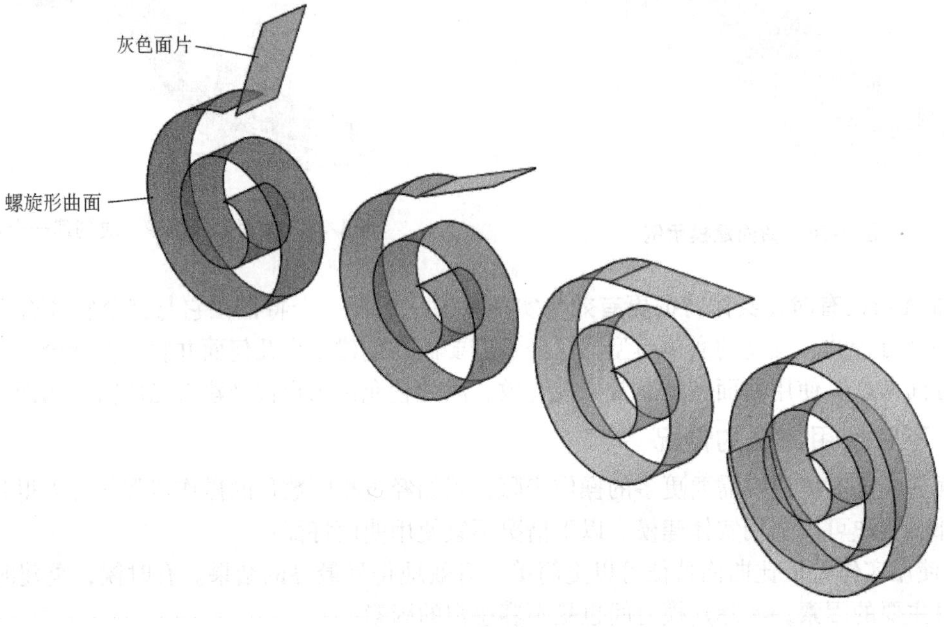

图 1-38 连续性说明

第一个例子中，灰色面片甚至没有与螺旋形曲面发生接触，它们并不相连，这种情况我们称之为不连续，如图 1-39 所示。

第二个例子中，灰色面片与螺旋形曲面相接触。它们接触于一条棱边，可以看到明显的接触夹角。我们称之为位置连续或 C0 连续，如图 1-40 所示。

第三个例子中，灰色面片与螺旋形曲面不仅相接触而且保持相切，我们称之为相切连续或 C1 连续，如图 1-41 所示。C1 连续从数学上定义了曲面间的光滑连接，但它并不能很好地满足人们对外形感官上的要求。这是由于在相邻处两曲面的曲率半径的大小骤变所致。在公共边上，螺旋形曲面的曲率半径为 65mm；而灰色面片为平面，曲率半径趋近无穷大。对于产品的外观而言，这样的曲率骤变可以在视觉和触觉上被感知。

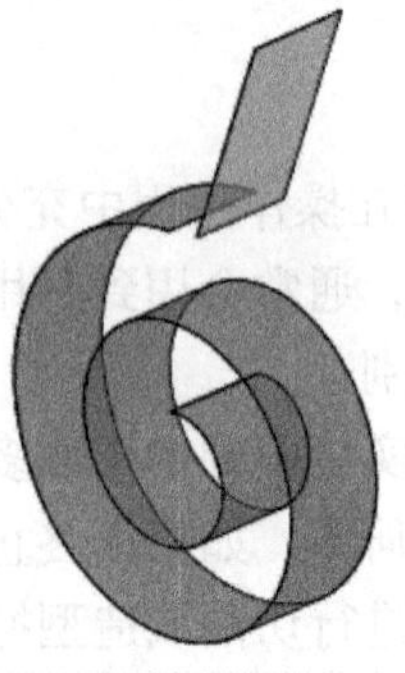

图 1-39 不连续

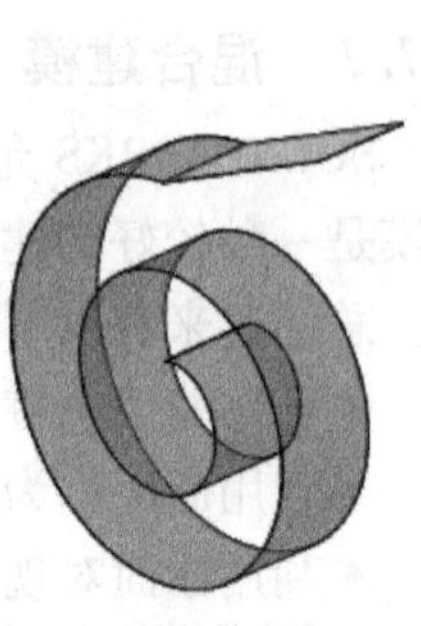

图 1-40 C0 连续

提示 除了A级曲面以外，相切连续一般可以被大多数应用所接受。

最后的例子中，灰色面片与螺旋形曲面除了满足C0、C1连续外，在相接处还拥有相同的曲率半径，我们称之为曲率连续或C2连续，如图1-42所示。这里要说明的是，如果满足C2连续，那么必定也满足C0和C1连续。

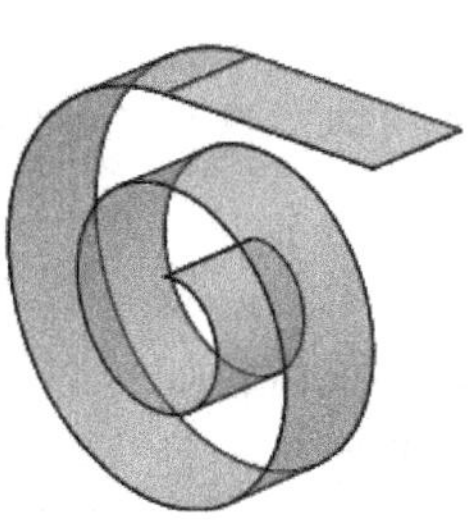

图1-41 C1连续

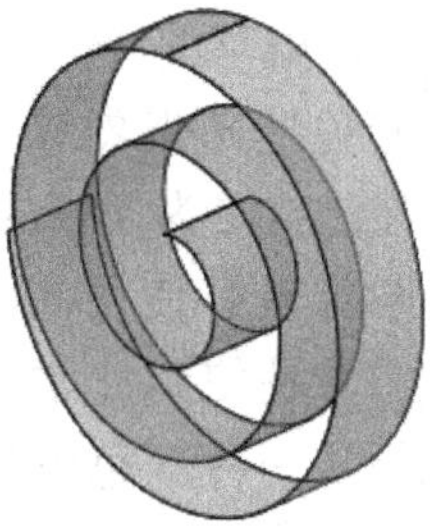

图1-42 C2连续

1.9 曲面操作流程

当对曲面进行操作时，特别是以曲面建模方式来创建一个复杂的实体模型时，了解常用的操作流程是非常必要的。

1.9.1 使用图片操作

当用户使用SOLIDWORKS进行建模操作时，对于建模对象可能会有初步的想法与概念。这些想法与概念可能来自于手绘草图、现有实物的数码图像或者是物理模型的3D扫描数据。

在SOLIDWORKS中，数码图像可以作为【草图图片】来使用，它可以被用作轮廓轨迹或者可见的参考。草图图片应该在建模过程的初期便被插入和使用，引用了图片的草图名称也应该做相应修改，如图1-43所示。

1.9.2 布局草图

当着手创建复杂零件时，布局草图是非常有用的。用户可能想要绘制一些元素，如关键特征或部位、总体尺寸、驱动轮廓以及草图图片的尺寸参考等。

带有草图图片的草图特征不需要含有任何的草图几何体。同样，同一幅草图图片可以插入至多个相互独立的草图特征中，这些草图基准面可以相互成直角关系，如图1-44所示。例如，用户可以使用草图图片来展示其前视、上视以及侧视视图。

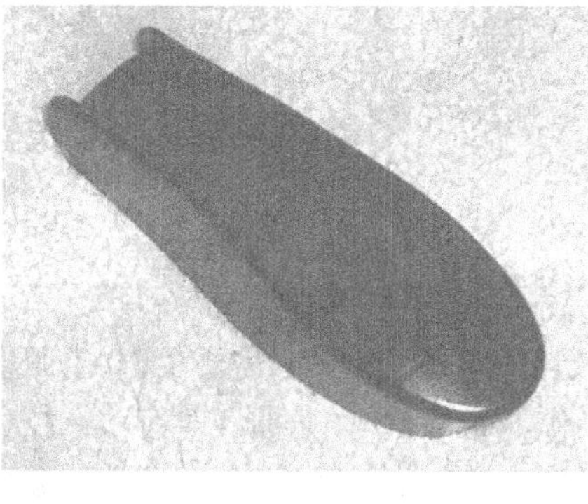

图1-43 草图图片

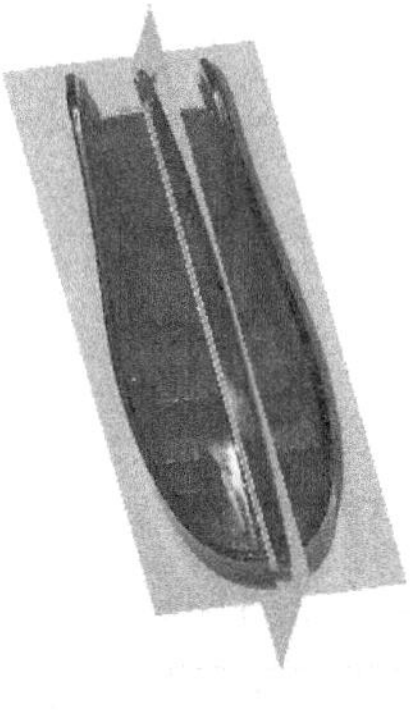

图1-44 多视图上的草图图片

- **获取数码图像的技巧** 透视会使得从数码图像上获取精确尺寸变得困难。将照相机向远离物体的方向移动可以减少透视。平底文件扫描器也能有助于减少透视，但也只适用于深度不大的零件。

尖锐转角是另一个需要注意的问题。通常建模都是从尖锐边线开始的，但实际的结果是零件上都是圆角边线。因此必须推断出圆角边线在倒圆之前的虚拟交点。

在零件上的图片内放置标尺，以缩放图像。在草图中绘制一条直线或者圆弧，并将其标注为标尺上最大的可见尺寸，然后调整图像大小直到匹配草图。

避免使用强烈线光源投射物体，这会产生使边线更为模糊的阴影。

图像最好使用高对比度和高聚焦。较好的方法是使用非常鲜明的黑白图像，如果图像从一种颜色渗透或褪色成为另一种颜色，边线就会变得很难分辨，如图 1-45 所示。

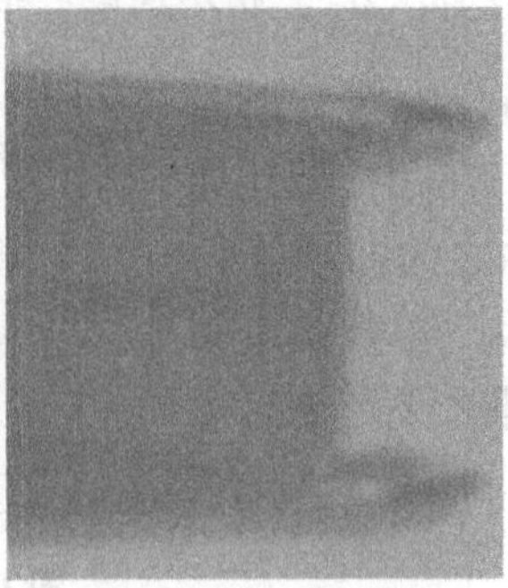

低对比度：边缘可能难于辨别

高对比度：明显、清晰的图像，但阴影不易区分

图 1-45　对比度

1.9.3　识别对称和边线

从非平整的复杂曲面着手开始建模要比使用基准或者参考开始建模棘手得多。棱柱形的零件很容易勾画其建模思路，但无法平放于桌面上的零件就是另一种不同的情形。

1. 对称　首先需要找对称。放置任何草图图片以使零件围绕原点居中。对称可能不完整，但要尽可能多地利用它，这能使建模以及日后将零件插入装配体中进行装配变得容易。

2. 投影曲线　确定并生成零件的固定边线将有利于用户进行最初的模型创建。相关的边线更容易被创建生成投影曲线。两个相互垂直的草图图片可以描绘出一条边，投影曲线便通过这两个草图来生成，如图 1-46 所示。

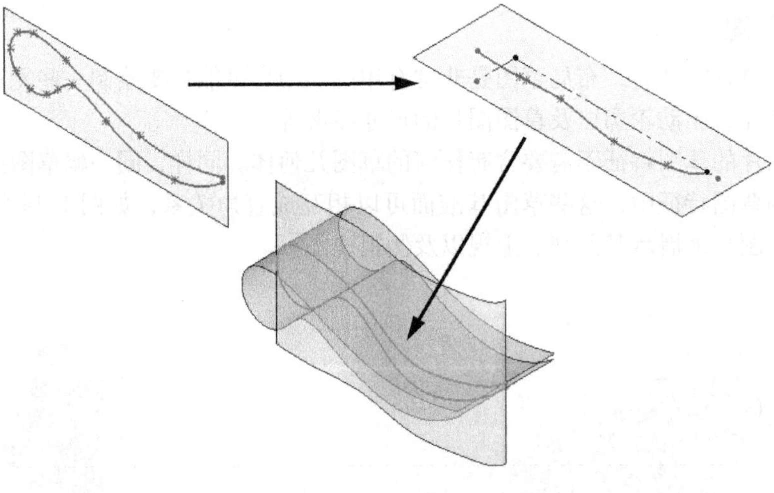

图 1-46　投影曲线

3. 3D 样条曲线　使用 3D 样条曲线同样可以创建出 3D 边线。用户需要在 3D 空间多练习编辑该样条曲线，之后便可以有效地完成对曲线的编辑操作。编辑 3D 样条曲线时有一个技巧，即使用标准视图工具栏中的【四视图】工具来拆分当前的图形窗口，在空间中拖动相应曲线或点时，始终会在与屏幕平行的平面中移动该项目，除非该项目有其他约束，如图 1-47 所示。

4. 侧影轮廓边线　对称平面上的曲线也可以用于创建模型的起始点。即使这些曲线不是零件上的硬边线，作为侧影轮廓边线也是有用的。

1.9.4　识别功能表面

若正在创建的模型有任何功能表面，那么定义和使用一个起始位置通常很容易。功能表面须是可开发的项目，例如瓶颈必须是圆形的，或者必须是平的或有基脚的基座，或者是一个与另一个已定义形状零件配合的面，或者是一个要放置标签的面。

如图 1-48 所示，该零件的功能表面是圆形区域，它安插在门闩机构上。零件的第一个草图承担着布局草图和定义外部面尺寸的作用。草图中的内部直径部分未被切除。图片左侧显示的直线确定了零件的长度。

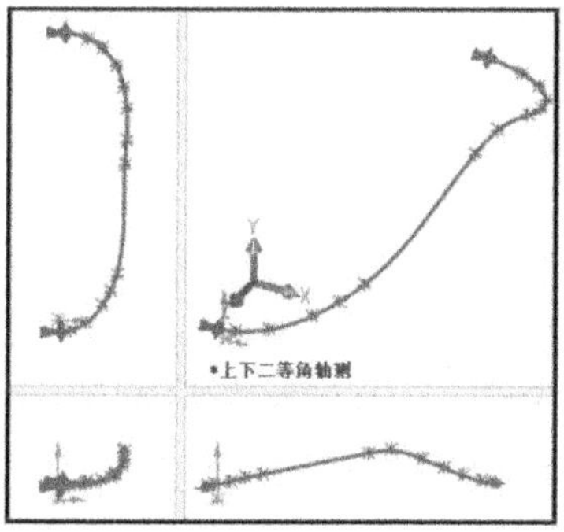

图 1-47　3D 样条曲线

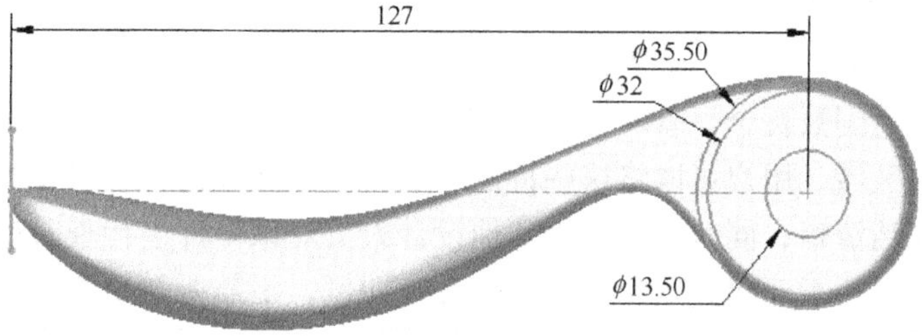

图 1-48　功能表面

1.9.5　频繁检查模型

由于曲面模型是逐个面创建得到的，而不像实体特征那样经过了严格的检查以及确认，因此可能存在不明显的缺陷。如果用户所创建的某个关键几何体存在错误，那些依赖于此的模型的其他部分也可能受到影响。因此，每当完成一个重要的步骤时，都应当检查一下当前模型是否存在错误。

1.9.6　检查实体

【检查实体】是一种用于识别几何问题的校核工具。有时候单从外观来看并不能判断特征的创建是否会失败，通过检查，那些早期建模过程中有问题的特征或者几何体就会暴露出来。【检查实体】还有助于找到那些影响曲面缝合成一个实体的开环曲面边线以及阻止零件抽壳的短边线和最小曲率半径点。

1.9.7　理解重建选项

使用【重建】是检查模型几何体的另一种有效方法，SOLIDWORKS 中具有不同的重建级别。

- 【重建模型】 <Ctrl + B>　使用此命令可重新创建已更改的特征及其子特征。
- 【强制重建】 <Ctrl + Q>　此命令将强制重建所有现有特征。
- 【重建模型时验证】　通过在设置中打开此选项，可以提高每次重建的检查级别。

知识卡片

重建模型时验证（启用高级实体检查）	默认情况下，用户每添加或者更新一个特征，与其相邻的面或者边线也会随之被检查更新。为了提高错误检查的级别，可开启【工具】/【选项】/【系统选项】/【性能】中的【重建模型时验证（启用高级实体检查）】选项。当该选项打开后，软件将检查每一个新建特征以及更改特征，包括所有已存在的面与边线，而不仅仅是相邻的面与边线。该选项的开启还将引起无效几何体失败。 该选项的开启对于系统性能存在负面的影响，重建模型的过程会相当漫长，而且对 CPU 的要求也很高。另外，该选项将会应用至所有的文档，而不仅仅是当前的激活文档。因此，建议只在需要的时候将该选项打开。
操作方法	• 菜单栏：【选项】/【系统选项】/【性能】/【重建模型时验证（启用高级实体检查）】。

提示 一般情况下不建议勾选【重建模型时验证(启用高级实体检查)】复选框。但是对于复杂的模型，最好将其勾选，以检查模型的每个特征，然后再将其关闭。建议在完成模型之前，对所有模型(特别是复杂模型)使用【重建模型时验证(启用高级实体检查)】进行检查。

1.9.8 FeatureManager 设计树中的文件夹

在曲面建模过程中，由于每个步骤只会生成零件的某一个面，而一个复杂的零件将包含非常多的面，也就会使用很多的步骤，进而造成特征树中的特征很多，甚至达到数百个。有时候，多个特征描述的可能是零件的某个特定细节或区域，用户可以将这些特征存放至一个文件夹中，以使特征树显得简洁清晰，同时也有利于其他设计人员对该零件进行查看或者再次编辑。通常新建并重命名特征文件夹即可，不需要对个别的特征重新命名，这样也使得 FeatureManager 设计树更加适于操作，如图 1-49 所示。

图 1-49 FeatureManager 设计树中的文件夹

1.9.9 清除

用户通常会根据个人喜好进行建模的“内务”管理，但可能并不是最佳方法，清除就是其中之一。

在曲面建模项目的最后，会发现有许多建模遗留下来的曲面和实体。一些 SOLIDWORKS 用户会使用【删除实体】命令删去除了最终目标实体以外的所有实体，这会在 FeatureManager 中创建一个“实体-删除”特征。如果需要恢复使用某些受影响的实体，可以在以后压缩、编辑和删除该特征。

练习 1-1 剪裁曲面

按照下面的操作步骤创建如图 1-50 所示的零件。

本练习将应用以下技术：

- 移动/复制实体。
- 剪裁曲面。
- 缝合曲面。

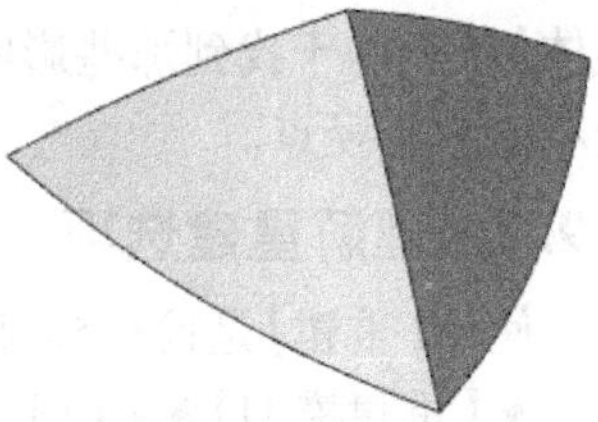

图 1-50 剪裁曲面

操作步骤

步骤 1 打开零件 打开“Lesson01\Exercises”文件夹下名为“Trim_Exercise”的零件。

步骤 2 创建基准轴 创建一条基准轴，使之通过接近上视基准面的曲面上的两个顶点。命名为“Axis1”，如图 1-51 所示。

步骤 3 旋转曲面实体 单击【移动/复制实体】，绕“Axis1”轴旋转(不是复制)曲面，旋转角度为 35°，如图 1-52 所示。

技巧 由于定义基准轴时选取顶点的顺序有差异，使得用户在设定旋转角度时可能需要调整数值的“正、负”，以便使模型旋转的位置正确。

图 1-51 创建基准轴

步骤4 创建第2条基准轴 创建一条通过前视基准面及上视基准面交线的基准轴，命名为“Axis2”。

步骤5 复制曲面实体（一） 单击【移动/复制实体】，绕“Axis2”轴旋转并复制曲面，复制数量为2，间隔角度为120°，如图1-53所示。

步骤6 创建新草图 切换视角至右视基准面，新建草图并绘制如图1-54所示的草图点。标注尺寸至上视基准面及前视基准面，退出草图。

步骤7 创建第3条基准轴 利用草图点及右视基准面来创建另一条基准轴，命名为“Axis3”。

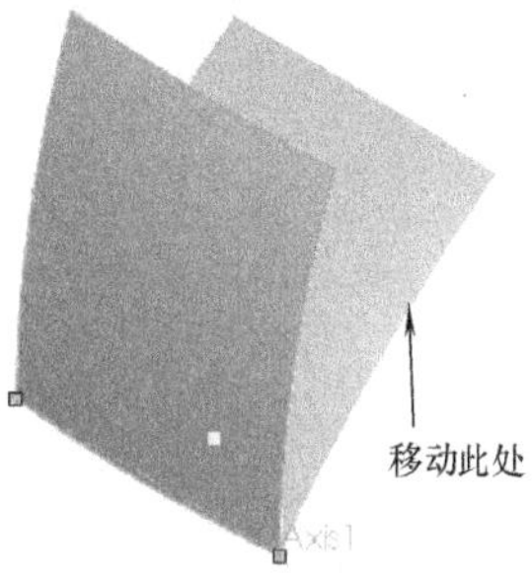

图1-52 旋转曲面实体

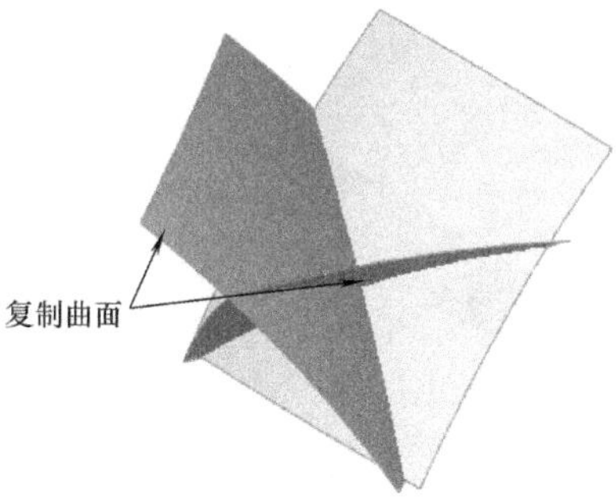

图1-53 复制曲面实体（一）

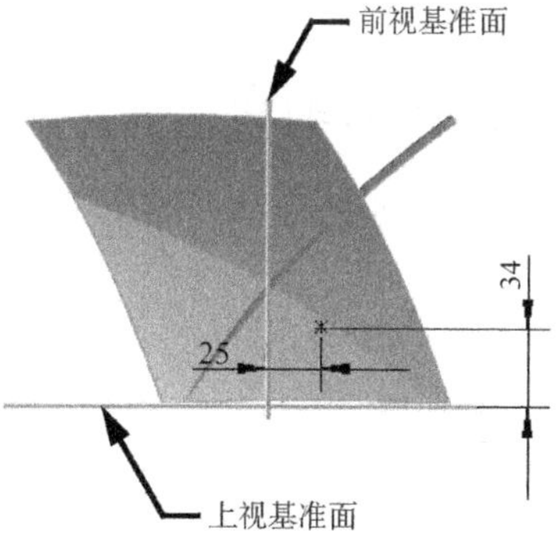

图1-54 创建新草图

步骤8 复制曲面实体（二） 旋转并复制最初的曲面实体，绕轴“Axis3”旋转136°，如图1-55所示。

步骤9 剪裁曲面 单击【剪裁曲面】。在【剪裁类型】中选择【相互】，在【选择】项目的【曲面】框中，选择所有4个曲面。单击【保留选择】，然后选择4个需要保留的曲面。勾选【创建实体】复选框，剪裁后的结果如图1-56所示。

提示 剪裁操作自动将所有的曲面缝合成单一曲面实体。勾选【创建实体】复选框会根据创建的曲面形成一个实体。

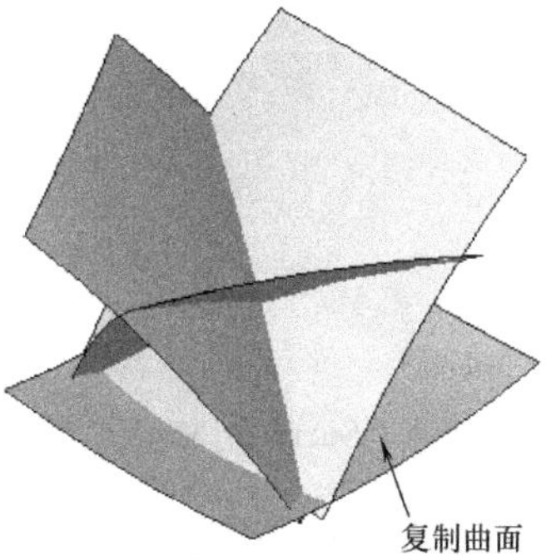

图1-55 复制曲面实体（二）

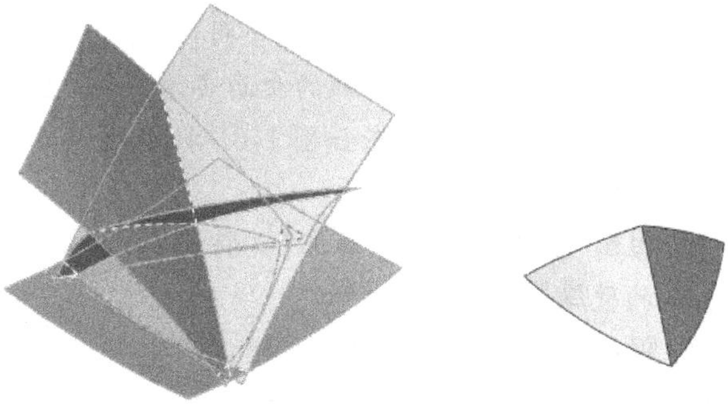

图1-56 剪裁曲面

步骤10　保存并关闭零件　完成的零件如图1-57所示。

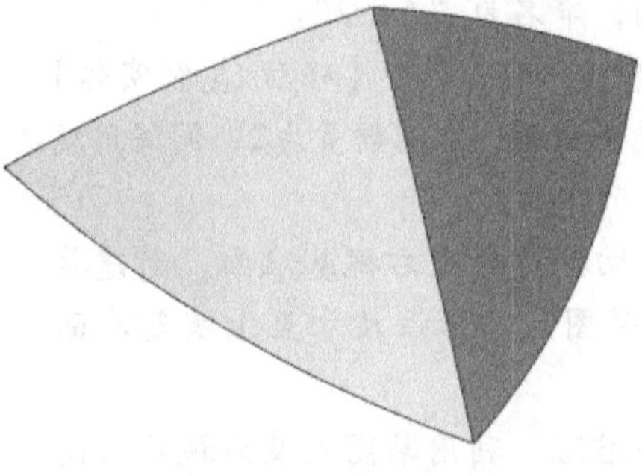

图1-57　完成的零件

练习1-2　剪裁与缝合

本练习将由曲面模型生成如图1-58所示实体模型。

本练习将应用以下技术：

- 平面区域。
- 剪裁曲面。
- 缝合曲面。

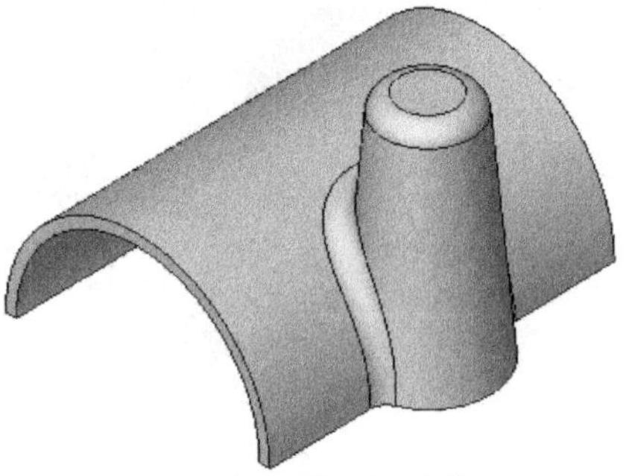

图1-58　实体模型

操作步骤

步骤1　打开零件　打开"Lesson01\Exercises"文件夹下名为"Surface_Model"的零件，此零件由3个独立的曲面实体组成，如图1-59所示。

步骤2　剪裁曲面　单击【剪裁曲面】，在【剪裁类型】中选择【相互】，在【选择】项目的【曲面】框中选择两个相交曲面实体。单击【保留选择】并选择如图1-60所示的面。

步骤3　缝合曲面　单击【缝合曲面】，缝合剪裁后的曲面实体和顶部的曲面实体。

步骤4　添加圆角　在如图1-61所示的边线上添加2.5mm的圆角。

步骤5　加厚　使用【加厚】特征添加1.5mm的壁厚，如图1-62所示。

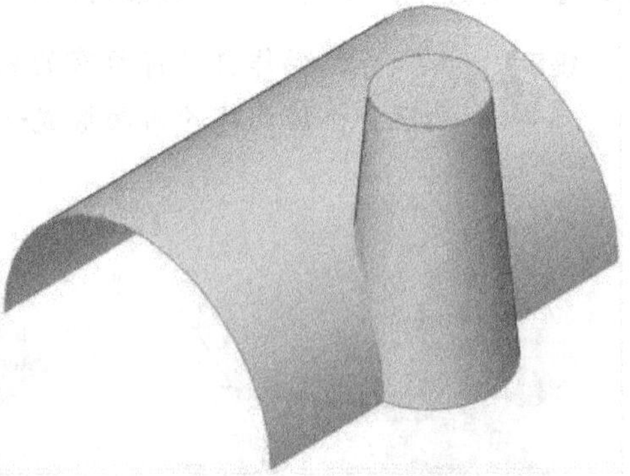

图1-59　零件"Surface_Model"

步骤6　评估模型　切换到模型的前视图并评估零件的底面。从该视图可以看出，底面不是平面，如图1-63所示。对于某些设计而言，这可能是可以接受的。但是对于此零件，将使用另一种技术进行替换。

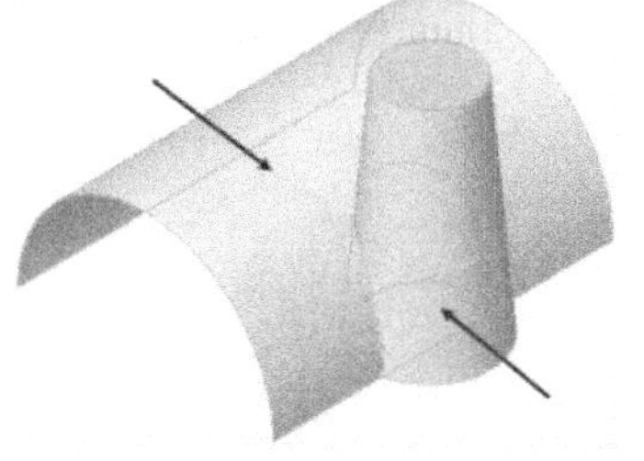

图1-60 剪裁曲面

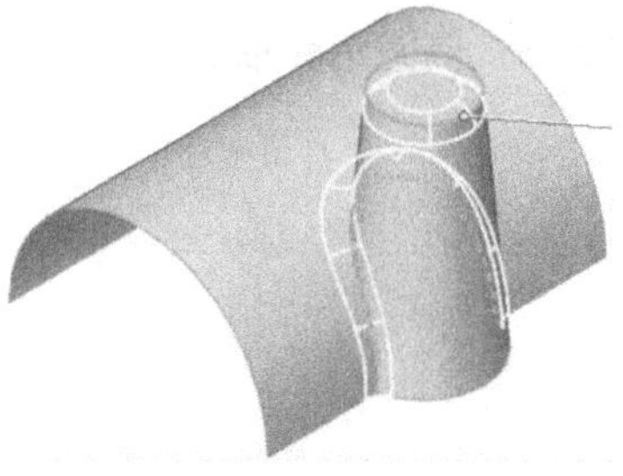

图1-61 添加圆角

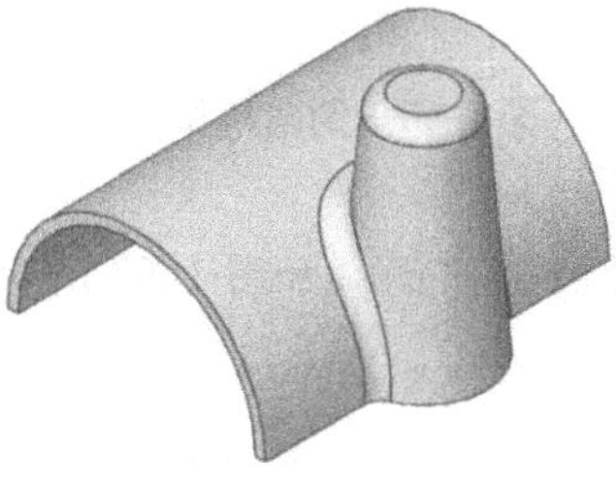

图1-62 加厚

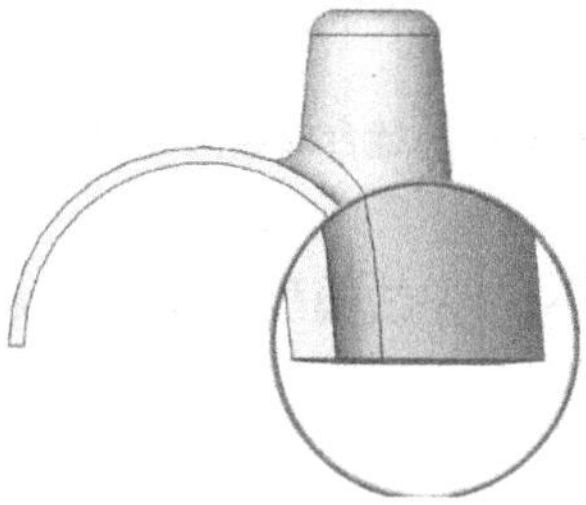

图1-63 评估模型

步骤7 删除特征 删除此零件的最后3个特征(“曲面-缝合1”“圆角1”和“加厚1”)。

- 替换技术 当添加【加厚】特征时，零件中的面会发生偏移。当面是弯曲的时候，此偏移操作会导致如本例所示的结果。为确保零件的底面是平面且壁厚正确，可以使用另一种技术将零件创建为实体，然后添加【抽壳】特征。为了使该模型成为可以被抽壳的实体，需要额外的平面曲面封闭开放区域以形成封闭的体积。要创建平面曲面特征，需使用【通过参考点的曲线】命令在圆柱曲面的两端创建边界。

知识卡片		
	通过参考点的曲线	【通过参考点的曲线】命令将使用选定的草图点和/或顶点创建曲线特征。
	操作方法	• CommandManager：【特征】/【曲线】/【通过参考点的曲线】。 • 菜单：【插入】/【曲线】/【通过参考点的曲线】。

步骤8 创建平面曲面边界 单击【通过参考点的曲线】，在圆柱曲面选择顶点以创建曲线，如图1-64所示。

步骤9 重复操作 在曲面的另一侧创建另一条【通过参考点的曲线】。

步骤10 创建平面区域 使用【平面曲面】命令创建3个曲面以形成封闭的体积。

步骤11 【隐藏】曲线特征

步骤12 缝合曲面并创建实体 使用【缝合曲面】命令，勾选【创建实体】复选框，创建实体，结果如图1-65所示。

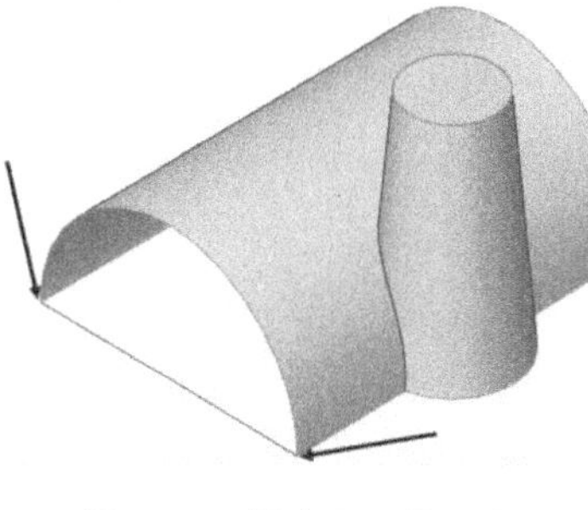

图1-64 创建平面曲面边界

步骤 13　倒圆角和抽壳　添加 2.5mm 半径的圆角和 1.5mm 壁厚的抽壳，结果如图 1-66 所示。

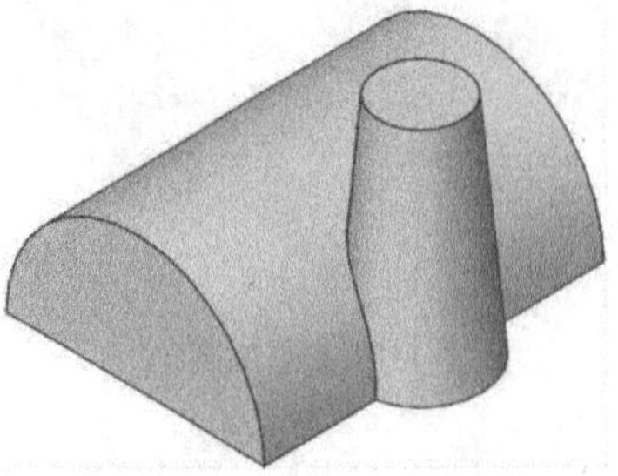

图 1-65　缝合曲面并创建实体

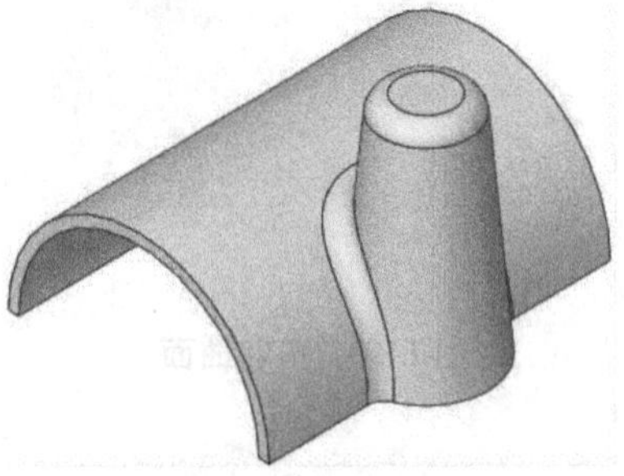

图 1-66　倒圆角和抽壳

步骤 14　评估模型　切换到前视图，现在零件的底面为平面，如图 1-67 所示。

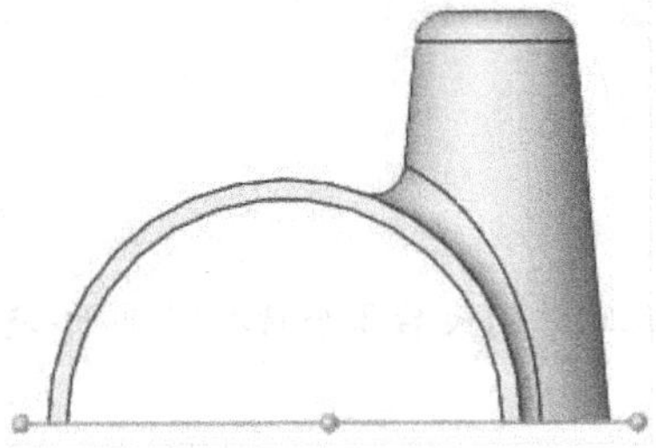

图 1-67　评估模型

步骤 15　保存并关闭所有文件

第2章 曲面入门

学习目标

- 创建旋转曲面
- 创建扫描曲面
- 创建圆角曲面
- 创建延展曲面
- 使用相交命令

2.1 实体建模与曲面建模的相似处

虽然曲面建模有着许多特有的命令，但许多曲面命令与实体建模中用到的非常相似，例如：

- 实体建模中的【插入】/【凸台/基体】/【拉伸】命令等同于曲面建模中的【插入】/【曲面】/【拉伸曲面】命令。
- 实体建模中的【插入】/【凸台/基体】/【旋转】命令等同于曲面建模中的【插入】/【曲面】/【旋转曲面】命令。
- 实体建模中的【插入】/【凸台/基体】/【扫描】命令等同于曲面建模中的【插入】/【曲面】/【扫描曲面】命令。
- 实体建模中的【插入】/【凸台/基体】/【放样】命令等同于曲面建模中的【插入】/【曲面】/【放样曲面】命令。
- 实体建模中的【插入】/【凸台/基体】/【边界】命令等同于曲面建模中的【插入】/【曲面】/【边界曲面】命令。

2.2 基本曲面建模

本章主要介绍并示范一些基本曲面建模命令。为了更好地演示这些命令，以下步骤是专门为读者学习曲面建模命令而特意设计的。

在这里不会演示该模型的整个建模过程，在曲面建模部分内容完成后，它将会作为实体建模的一个练习，如图2-1所示。

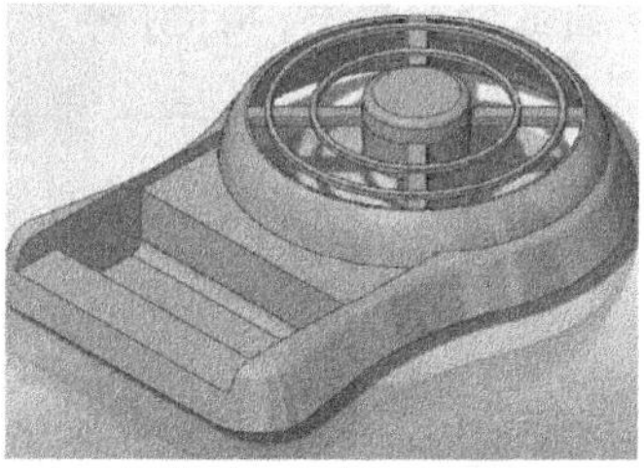

图2-1 基本曲面建模实例

为了创建此曲面模型，将首先创建定义模型表面或模型外部的大曲面，然后剪裁曲面的多余部分，直到获得所需的形状。使用大曲面的目的是确保剪裁过程相交。

操作步骤

步骤1 打开零件 打开“Lesson02\Case Study”文件夹下名为“Bezel”的零件。

步骤2 第一个轮廓 打开草图“Sketch for Extruded Surface”，如图2-2所示。

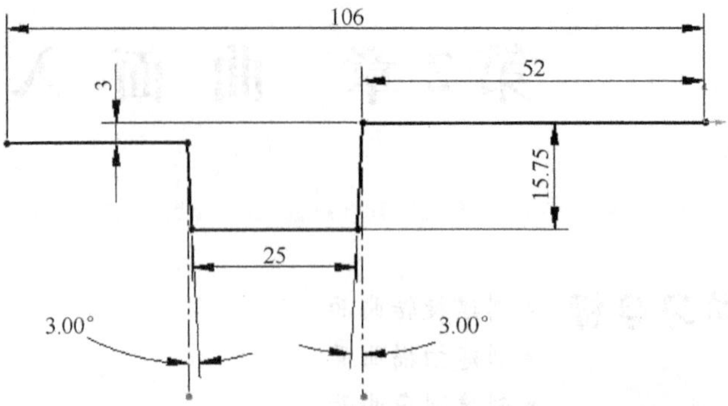

扫码看视频

图 2-2　草图“Sketch for Extruded Surface”

步骤 3　拉伸曲面　单击【拉伸曲面】。设置终止条件为【两侧对称】，拉伸深度为 90mm，如图 2-3 所示。

步骤 4　第二个轮廓　打开草图“Sketch for Revolved Surface”，如图 2-4 所示。

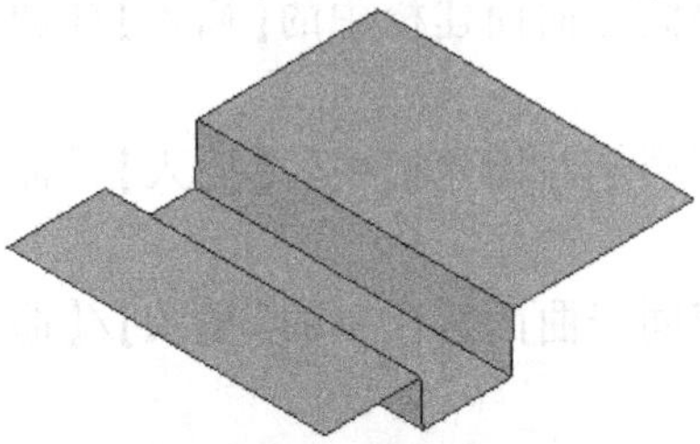

图 2-3　拉伸曲面

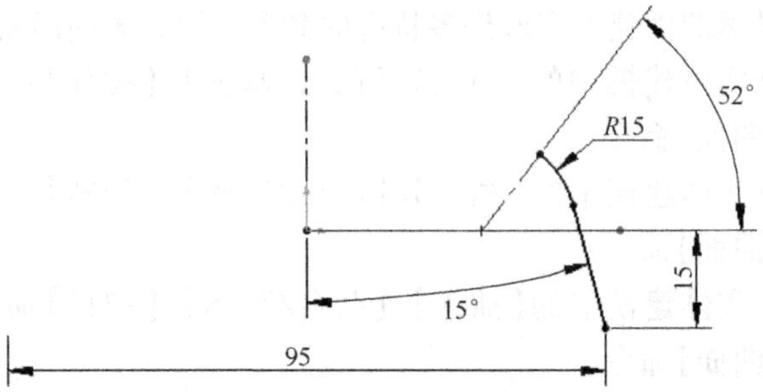

图 2-4　草图“Sketch for Revolved Surface”

步骤 5　套合样条曲线　单击【工具】/【样条曲线工具】/【套合样条曲线】。在【参数】组框中，不勾选【闭合的样条曲线】复选框。使用【约束】选项，并选取图形区域的直线及圆弧段，单击【确定】✔。

技巧　对于工具栏上不易访问的命令，请使用命令搜索，如图 2-5 所示。

图 2-5　使用命令搜索

技巧　用样条曲线代替直线和圆弧可以实现 C2 连续，而不是 C1 连续。这将为特征生成一个光滑的面，而不是相切的面。

知识卡片

旋转曲面	【旋转曲面】命令与实体旋转特征非常相似，只不过它生成的是曲面而不是实体。它不会生成闭合端面，也不要求必须是闭合的草图轮廓。
操作方法	• CommandManager：【曲面】/【旋转曲面】。 • 菜单：【插入】/【曲面】/【旋转曲面】。

步骤6 旋转曲面 单击【旋转曲面】，选取竖直中心线，角度设置为360°，单击【确定】✓，如图2-6所示。

步骤7 扫描轮廓 编辑草图“Sweep Profile”，注意轮廓草图和路径之间的“穿透”几何关系。

步骤8 套合样条曲线 单击【套合样条曲线】，生成样条曲线以替换原有的直线及圆弧，如图2-7所示。

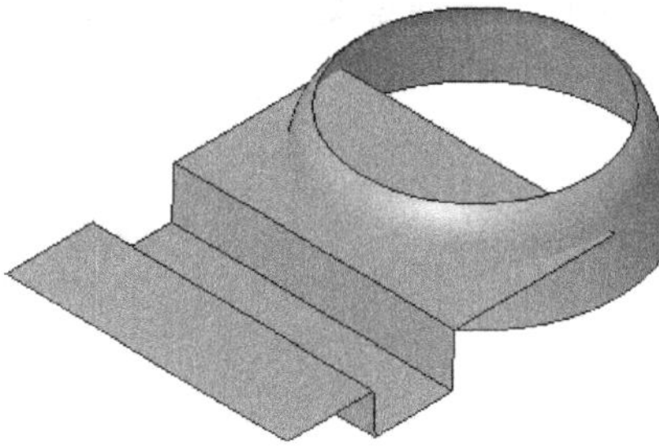

图2-6 旋转曲面

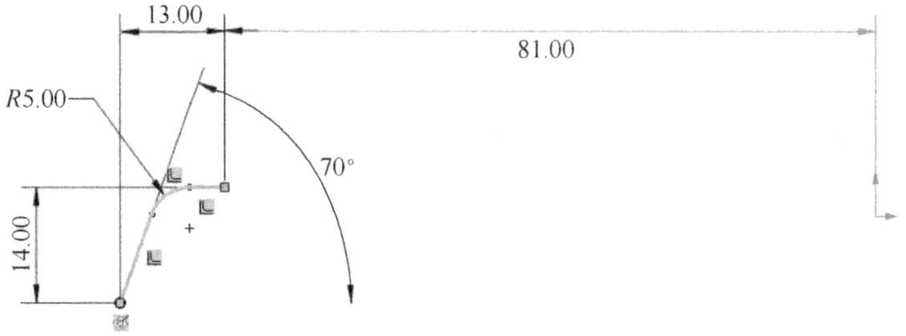

图2-7 套合样条曲线

步骤9 退出草图

知识卡片	
扫描曲面	【扫描曲面】命令与实体扫描特征非常相似，只不过它生成的是曲面而不是实体，它不会生成闭合端面，也不要求必须是闭合的草图轮廓。
操作方法	• CommandManager：【曲面】/【扫描曲面】。 • 菜单：【插入】/【曲面】/【扫描曲面】。

步骤10 扫描曲面 单击【扫描曲面】。选择“Sweep Profile”和“Sweep Path”草图以定义扫描，在【选项】中勾选【合并切面】复选框，结果如图2-8所示。单击【确定】✓。

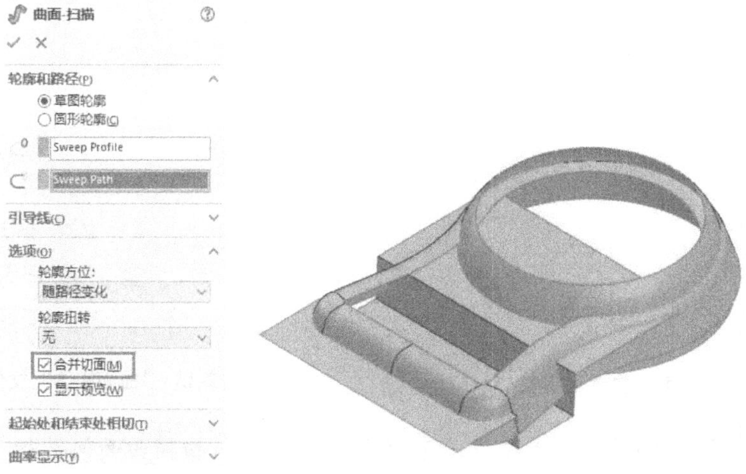

图2-8 扫描曲面

步骤 11　新建草图　在前视基准面上，绘制如图 2-9 所示的草图轮廓。

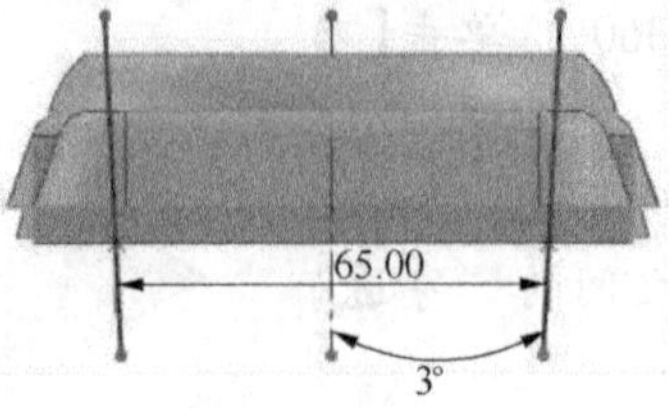

图 2-9　新建草图

提示：这些线关于竖直中心线对称。

如图 2-10 所示，构造线的长度为 65mm，且与图中高亮显示的由拉伸曲面得到的边线共线。

步骤 12　拉伸曲面　单击【拉伸曲面】，终止条件为【成形到一顶点】，顶点位置如图 2-11 所示。

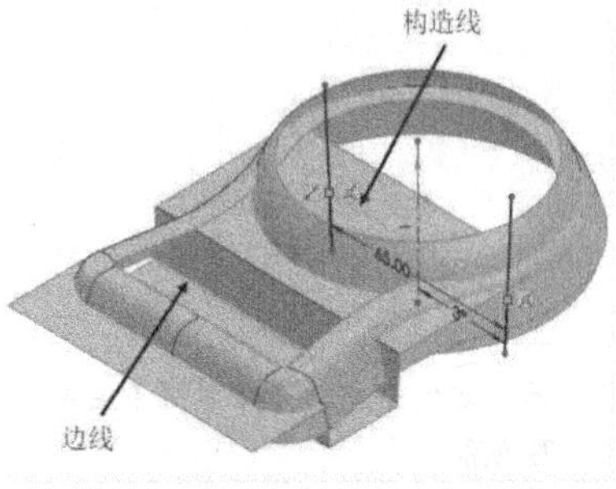

图 2-10　构造线

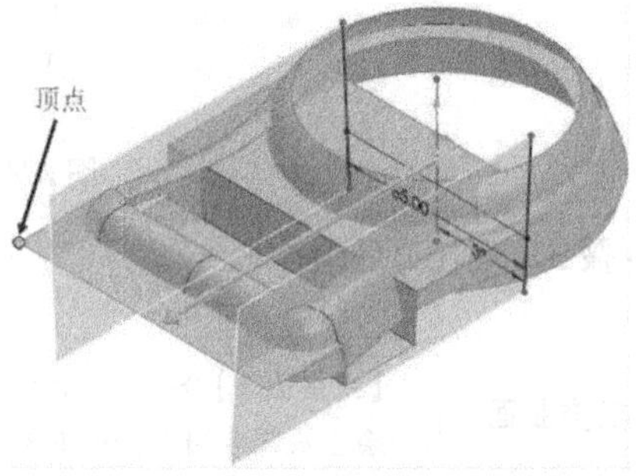

图 2-11　拉伸曲面

步骤 13　第一次相互剪裁　单击【剪裁曲面】，在【剪裁类型】中单击【相互】，在【剪裁曲面】中选取如图 2-12 所示的 3 个拉伸曲面。单击【移除选择】，图 2-12 中箭头所指的曲面部分将被删除，单击【确定】。

步骤 14　检查"曲面实体"文件夹　相互剪裁操作同样也会将剪裁后的多个曲面缝合成单一曲面，如图 2-13 所示。

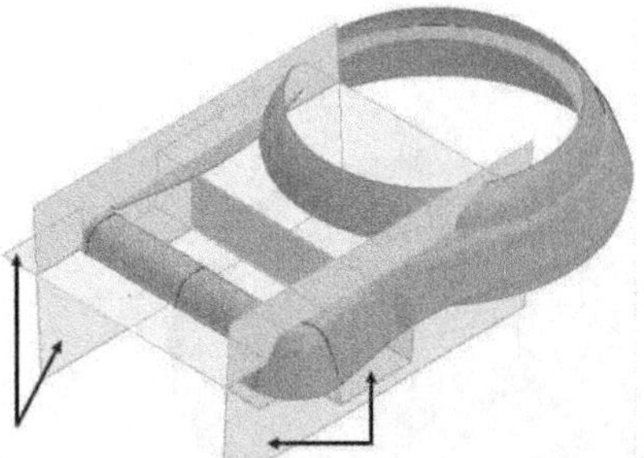

图 2-12　第一次相互剪裁

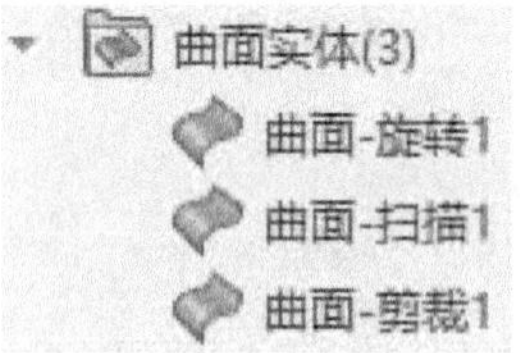

图 2-13　"曲面实体"文件夹

步骤 15　第二次相互剪裁　在之前剪裁得到的曲面与扫描曲面间进行相互剪裁，单击【保留选择】。

如图 2-14 所示，箭头所指的曲面部分将被保留。单击【确定】✔。

步骤 16 第三次相互剪裁 在第二次剪裁后得到的曲面与旋转曲面间进行相互剪裁，单击【移除选择】。

如图 2-15 所示，箭头所指的曲面部分将被删除，单击【确定】。

步骤 17 结果 三次剪裁操作后将得到如图 2-16 所示的曲面实体。

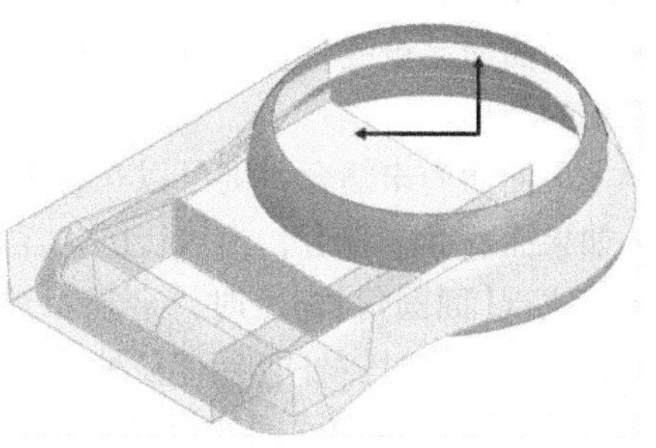

图 2-14 第二次相互剪裁

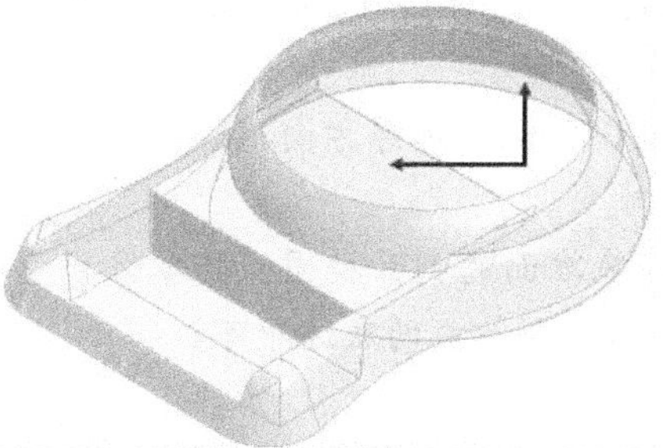

图 2-15 第三次相互剪裁

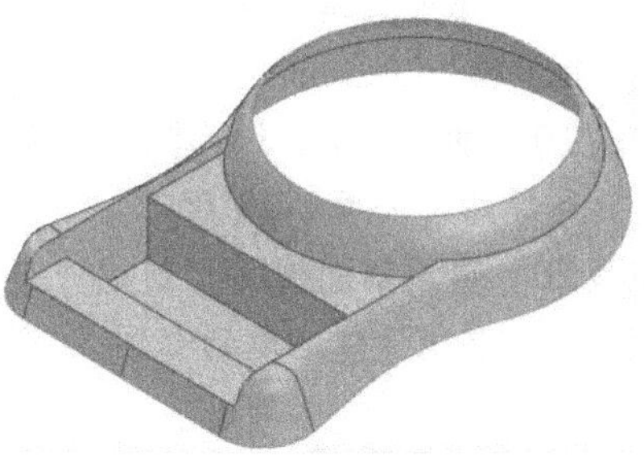

图 2-16 结果

2.2.1 曲面圆角

曲面圆角与实体圆角使用的是相同的命令，但两者之间还是存在细小的差异，此差异取决于曲面是否为分离、不连续的曲面，或者是否已经被缝合。

扫码看 3D

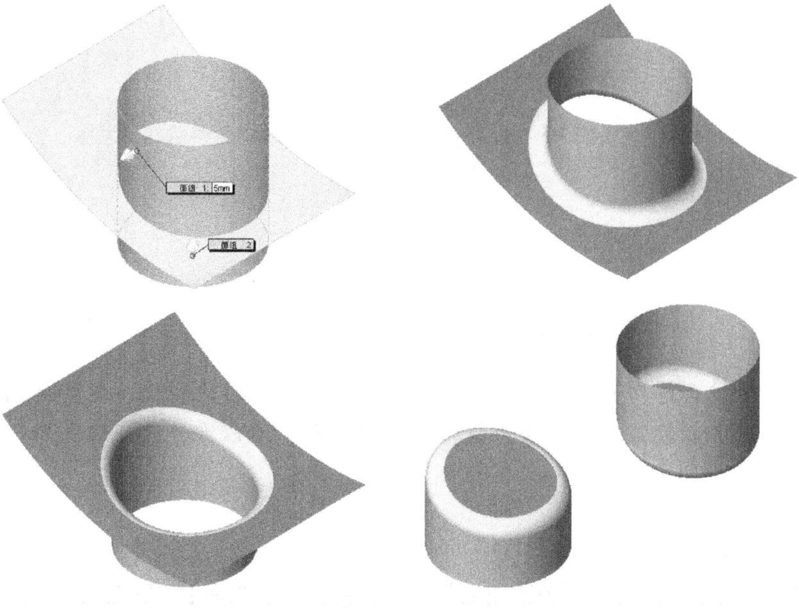

图 2-17 曲面圆角示例

下述规则将有利于更好地掌握圆角曲面命令：

• 如果曲面已被缝合，则可以选择边线来执行圆角命令，就像对实体进行圆角操作一样，这是最简单的情形。

• 如果曲面尚未缝合，则可以在各个曲面之间使用【面圆角】命令。

• 如果曲面尚未缝合，当执行圆角操作后，生成的曲面将自动被缝合，得到单一的曲面。

• 当执行【面圆角】命令时，会显示预览箭头以指示圆角将应用到的曲面一侧。在未剪裁曲面上进行圆角操作时，可能会有多种结果。单击【反转正交面】可以反转箭头的方向。如图 2-17 所示，在圆柱面与曲面间执行圆角操作，可以得到 4 种完全不同的结果，这取决于圆角生成于曲面的哪一侧。

步骤 18　添加圆角　单击【圆角】，单击【恒定大小圆角】，选择如图 2-18 所示的两条边线，圆角半径为 3mm。

步骤 19　加厚　单击【加厚】，设定厚度为 1.000mm，加厚方向确认为向曲面实体的内侧，加厚结果如图 2-19 所示。

步骤 20　查看剖面视图　创建一个平行于前视基准面的剖面视图，具体偏移量不做严格要求，只要能清楚地看到如图 2-20 所示的由加厚特征生成的底边即可。

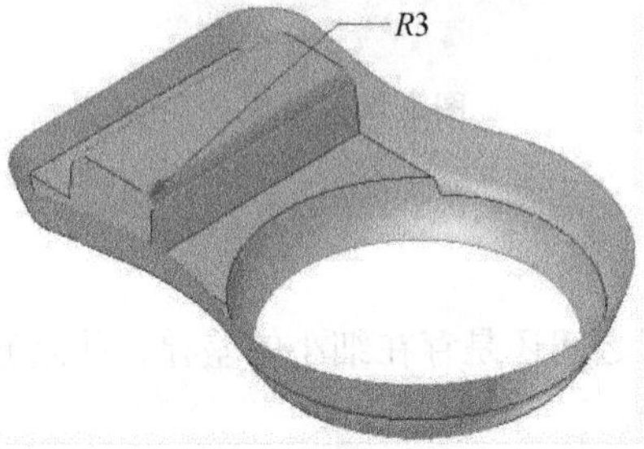

图 2-18　添加圆角

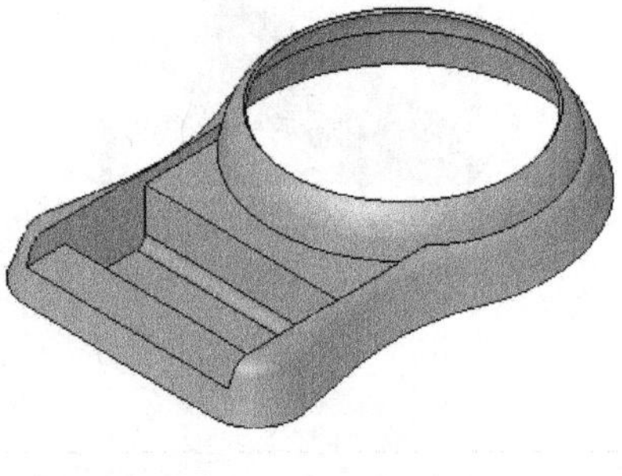

图 2-19　加厚结果

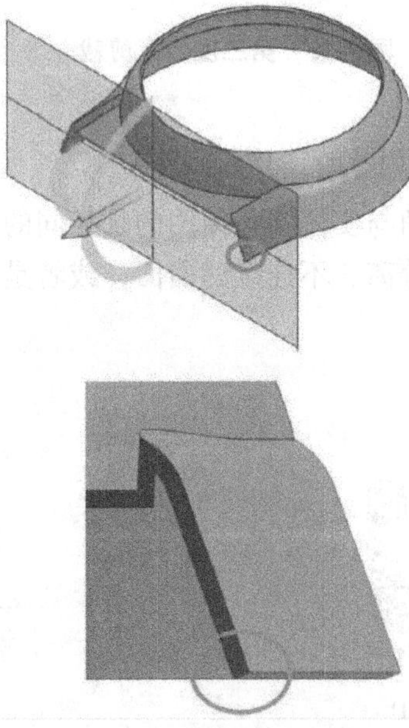

图 2-20　查看剖面视图

系统加厚曲面，首先是偏移曲面，然后对前后边线进行放样得到放样曲面，再缝合所有曲面并转换成实体。因为执行了偏移操作，所以零件的底边并不平整。关闭剖面视图。

2.2.2　切除底面

一种近似的方法是使用【插入】/【切除】/【使用曲面】，然后选取参考面作为切除工具。但是在此操作后，发现零件被切除了很大一部分，如图 2-21 所示，而实际上只需将沿着底边的一小部分切除即可。

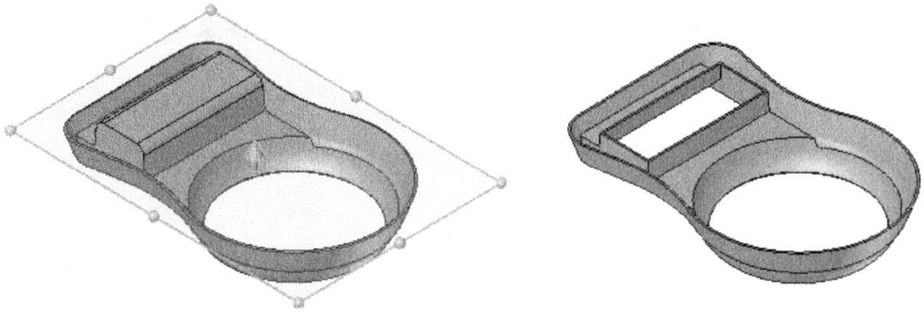

图 2-21 切除底面

知识卡片		
	延展曲面	【延展曲面】命令通过延伸实体或曲面的边线来生成曲面，方向为平行于所选择的面。
	操作方法	• 菜单：【插入】/【曲面】/【延展曲面】。

步骤 21 延展曲面 单击【延展曲面】，选取如图 2-22 所示的面作为延展方向参考，延展后得到的曲面将平行于所选择的面。

选取零件底面最外侧边线作为要延展的边线，在 PropertyManager 中勾选【沿切面延伸】复选框，如果有需要，单击【反转延展方向】，使得曲面朝零件内侧延伸。设置【延展距离】为 5mm，单击【确定】。

步骤 22 结果 延展曲面的结果如图 2-23 所示。

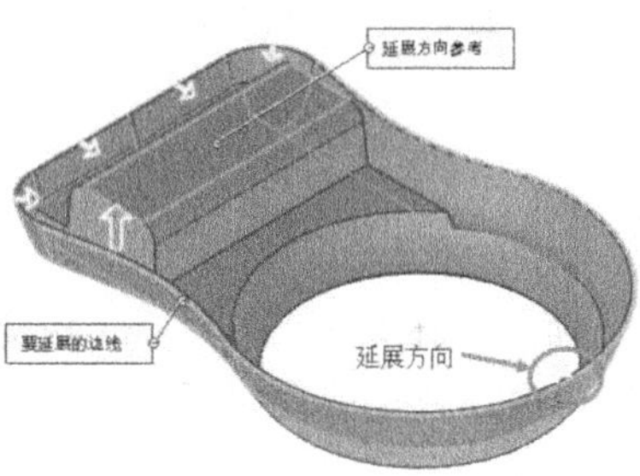

图 2-22 延展曲面

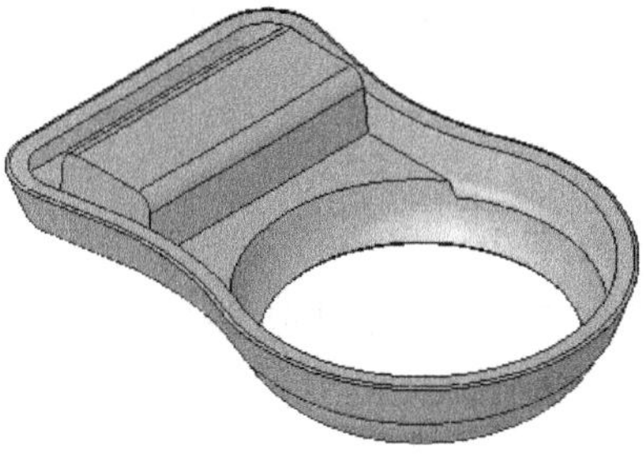

图 2-23 延展曲面的结果

知识卡片		
	使用曲面切除	【使用曲面切除】命令是使用曲面来切除实体模型的，曲面必须延伸并完全穿过实体。
	操作方法	• CommandManager：【曲面】/【使用曲面切除】。 • 菜单：【插入】/【切除】/【使用曲面】。

步骤 23 使用曲面切除 单击【使用曲面切除】。选取延展曲面作为切割工具，检查切除方向是否正确，如图 2-24 所示，单击【确定】。

步骤 24 隐藏延展曲面 在 FeatureManager 设计树中右键单击特征“曲面-延展 1”，并选择【隐藏】。

步骤 25　查看剖面视图　再次使用剖面视图命令，验证零件的底部边界是否平整，如图 2-25 所示。

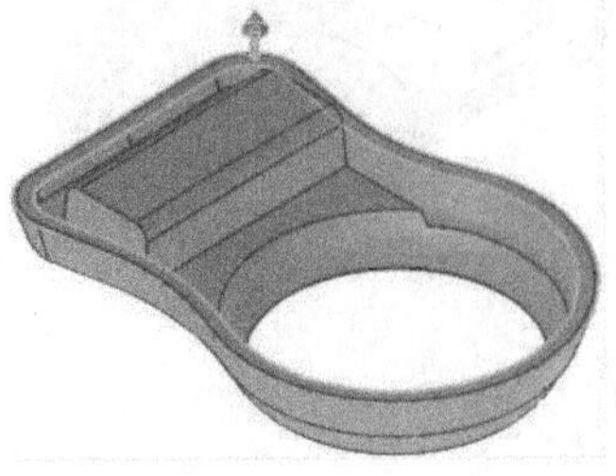

图 2-24　使用曲面切除

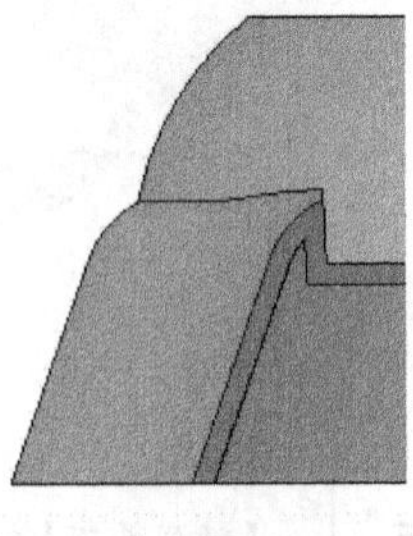

图 2-25　查看剖面视图

步骤 26　添加完整圆角　在如图 2-26 所示开口处添加完整的圆角。

步骤 27　保存并关闭零件　完成的零件如图 2-27 所示。

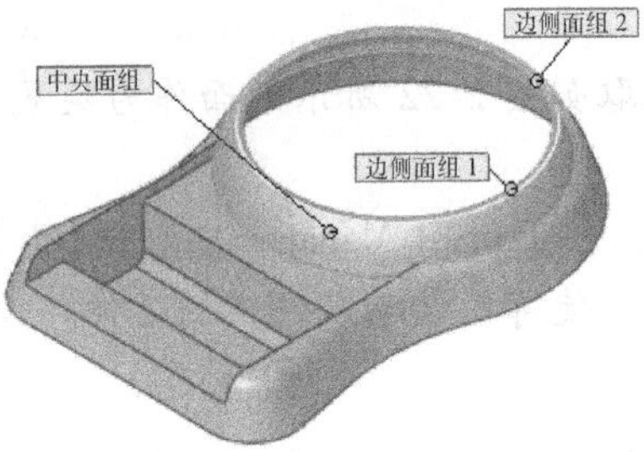

图 2-26　添加完整圆角

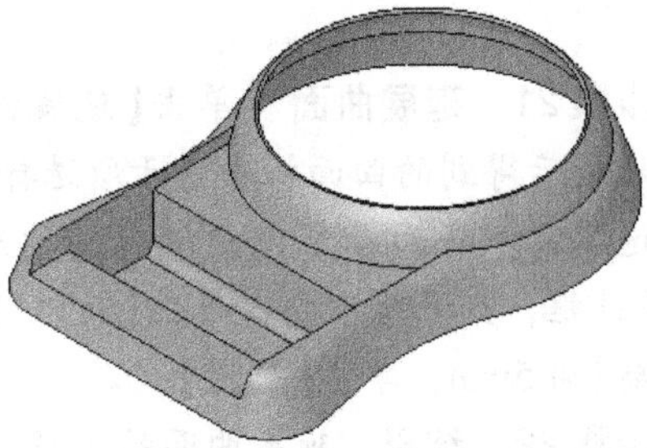

图 2-27　完成的零件

2.3　替代剪裁

如上例所示，使用手动剪裁曲面创建实体的步骤十分烦琐。在某些情况下，【相交】工具能够极大地简化操作。只要形成封闭区域，就可以使用【相交】命令替代剪裁曲面。

知识卡片

相交	以下是【相交】命令的几个应用示例： 1）从开放曲面几何体创建实体几何体。本质上是将多个【剪裁曲面】特征替换为一个命令。 2）当【相交】找到多个相交区域时，用户可以选择所需的区域，然后在模型中添加选择的具体细节。 3）【相交】命令类似于【分割】，但增加了【消耗曲面】选项，可以使零件变得整洁。 4）从负空间中创建实体。例如有一个模具的三维模型，则可以很方便地从负空间（模具凸模与凹模之间的空间）中创建实体模型。 5）在一个命令中可以使用多个布尔运算操作（布尔加和布尔减）。在接下来的示例中将学习这几种用法。
操作方法	• CommandManager：【特征】/【相交】。 • 菜单：【插入】/【特征】/【相交】。

2.3.1　使用导入的曲面创建实体

在下一个示例中，曲面集合的内部区域将用于生产实体。用户无需执行多个剪裁操作，而是通过单个【相交】特征来完成此任务，如图 2-28 所示。

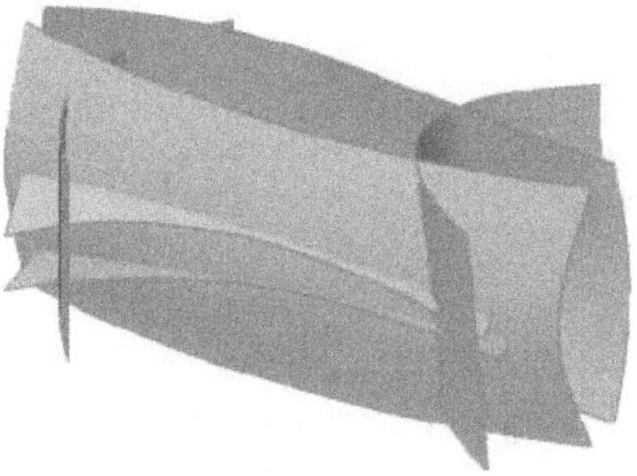

a) 创建前

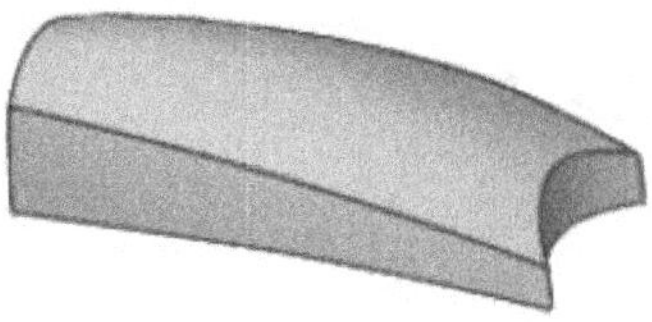

b) 创建后

图 2-28 使用曲面创建实体

扫码看视频

操作步骤

步骤 1 打开零件 打开“Lesson02\Case Study”文件夹下的零件“Imported_Surface_Model”，该零件有 6 个导入的曲面，如图 2-29 所示。这组曲面将用于构建一个塑料件的薄壁。

步骤 2 曲面相交 单击【相交】，在图形显示区框选所有的曲面，如图 2-30 所示。在 PropertyManager 上单击【相交】。

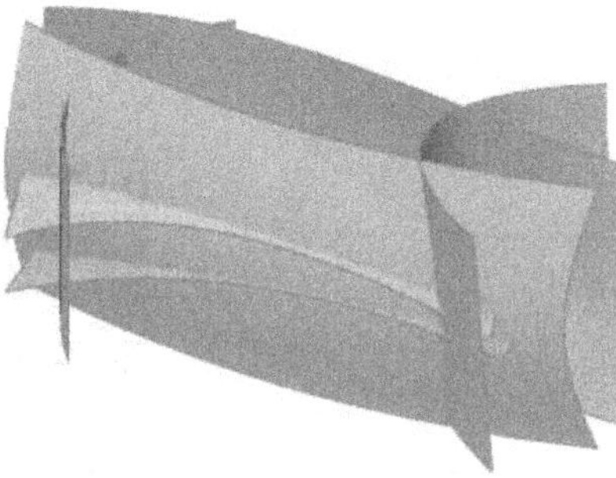

图 2-29 导入的曲面

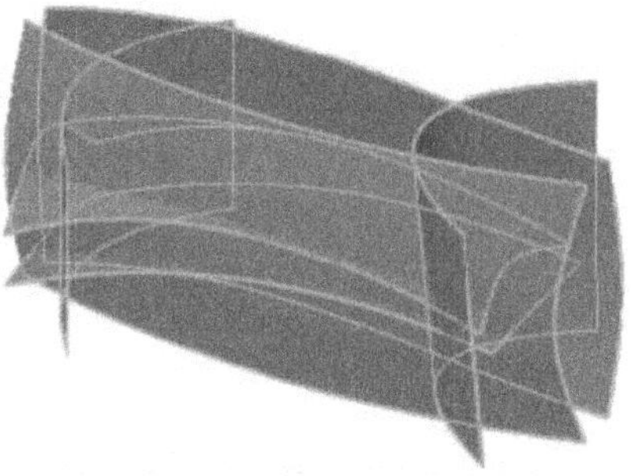

图 2-30 选择所有的曲面

步骤 3 设置要排除的区域 此处只有一个解决方案或区域，因此不需要在【要排除的区域】中选择任何内容，生成的结果如图 2-31 所示。勾选【消耗曲面】复选框，然后单击【确定】。

步骤 4 查看结果 内部区域被转换为实体，如图 2-32 所示。当用户使用剪裁、缝合和创建实体产生相同的结果时将花费更长时间。

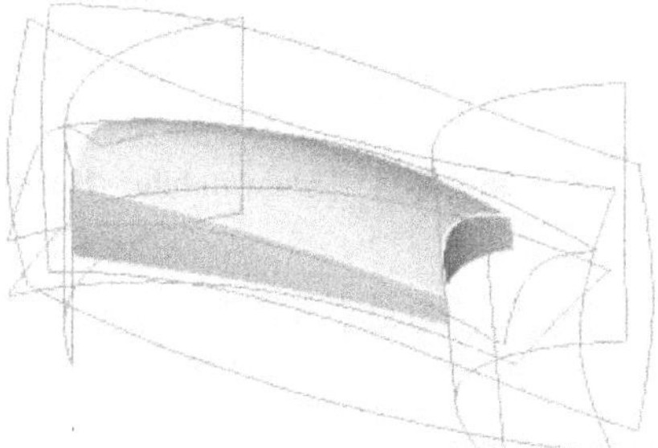

图 2-31 6 个曲面相交的结果

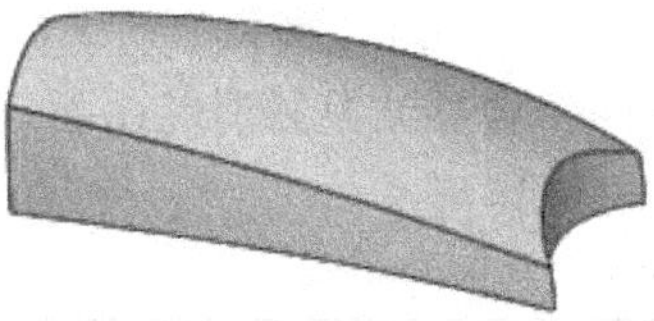

图 2-32 查看结果

步骤 5　倒圆角和抽壳（可选步骤）　将上表面的两条边线倒 10mm 的圆角，然后整个实体抽壳 3mm，结果如图 2-33 所示。

步骤 6　保存并关闭文件

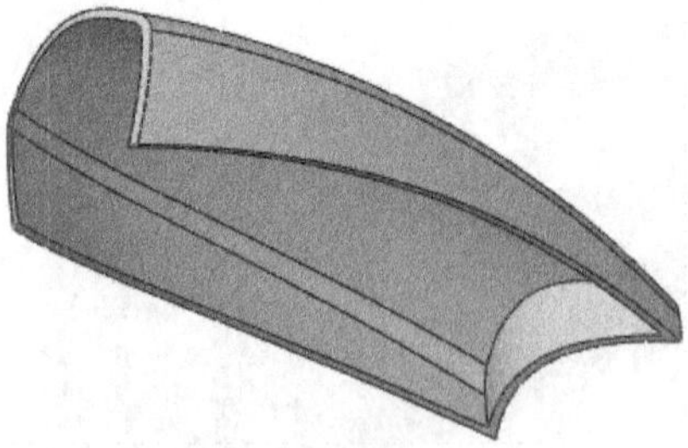

图 2-33　倒圆角和抽壳

2.3.2　使用曲面更改实体

在此模型中，曲面实体表示希望添加到实体中的新面，如图 2-34 所示。下面将使用【相交】工具从重叠实体产生的区域中创建实体几何体。

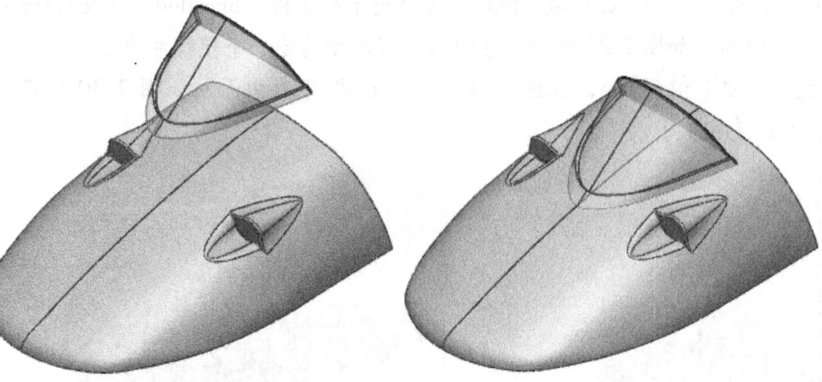

图 2-34　使用曲面更改实体

扫码看视频

操作步骤

步骤 1　打开零件　打开 Lesson02\Case Study 文件夹内的零件“Snowmobile_Hood”。该零件是摩托雪橇的发动机罩，上面有作为仪表盘的开放曲面，如图 2-35 所示。

步骤 2　曲面和实体相交　单击【相交】，然后选择曲面和实体，在 PropertyManager 中单击【相交】，结果如图 2-36 所示。

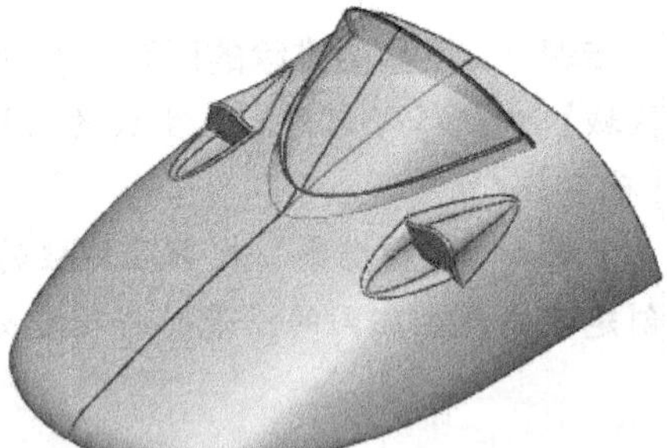

图 2-35　零件“Snowmobile_ Hood”

步骤 3　设置要排除的区域　此处不想排除任何区域，因此无需在【要排除的区域】中选择任何内容。

步骤 4　合并结果并消耗曲面　勾选【合并结果】复选框，勾选【消耗曲面】复选框，然后单击【确定】。

提示　【消耗曲面】选项将删除用于相交特征的曲面。

步骤5 查看结果 被曲面实体包围的区域与实体区域合并，形成一个连续的实体，如图2-37所示。使用【相交】工具代替了使用剪裁、缝合和创建实体等命令来实现此结果。

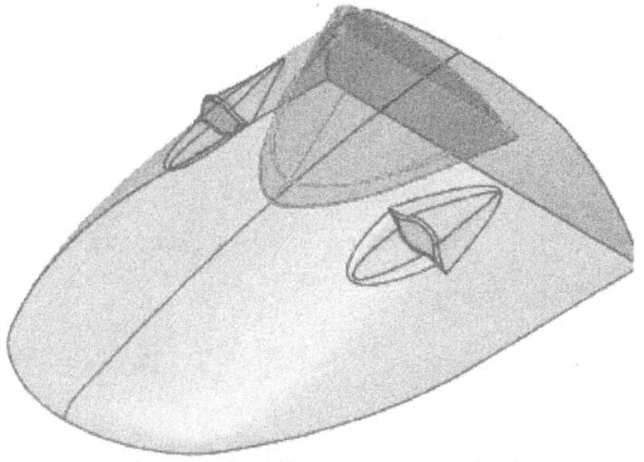

图2-36 曲面和实体相交

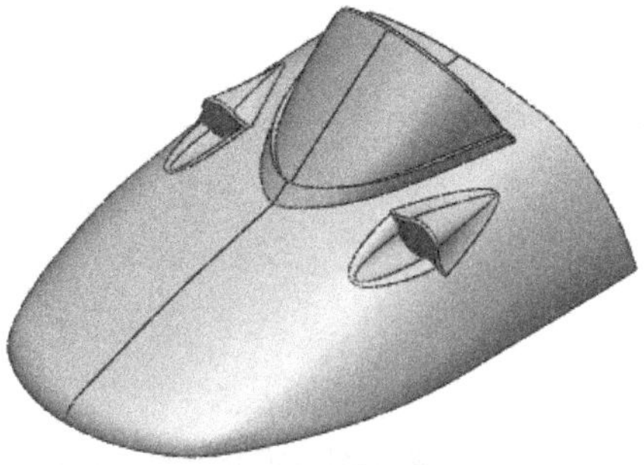

图2-37 查看结果

步骤6 保存并关闭文件

2.3.3 重建成形零件

在下一个示例中，将根据遗留数据重新创建成形零件（见图2-38）。现在，仅有的旧数据以模具的形式存在。

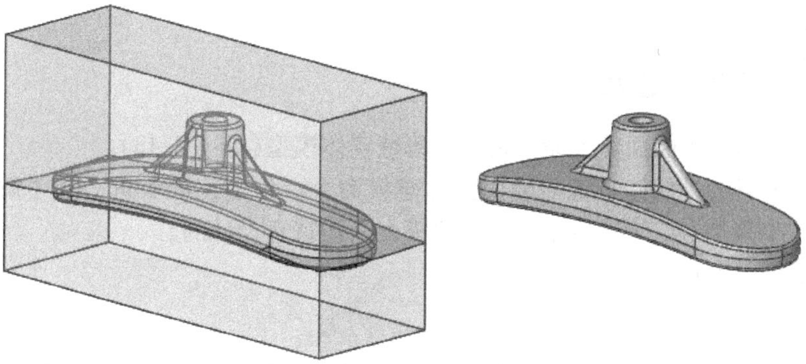

图2-38 重建成形零件

操作步骤

步骤1 打开零件 打开"Lesson02\Case Study"文件夹内的零件"Legacy_Mold"，该零件显示的是模具的上下两部分，如图2-39所示。

步骤2 相交 单击【相交】，选择导入的两个实体，在PropertyManager中单击【相交】，结果如图2-40所示。

步骤3 设置要排除的区域 在【要排除的区域】中选择两个导入的实体，这将只创建代表成形零件的实体，如图2-41所示。单击【确定】。

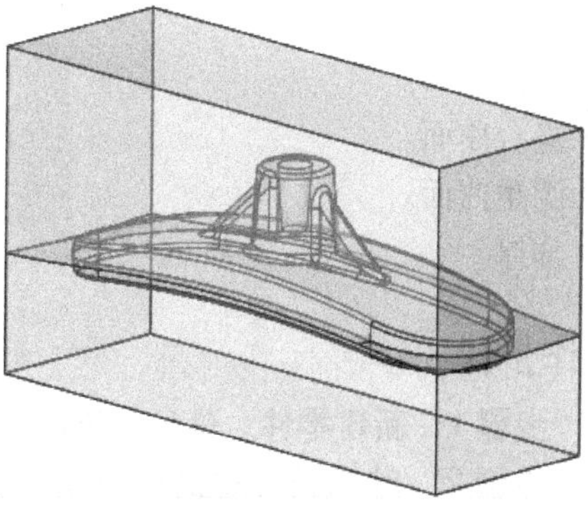

图2-39 打开零件

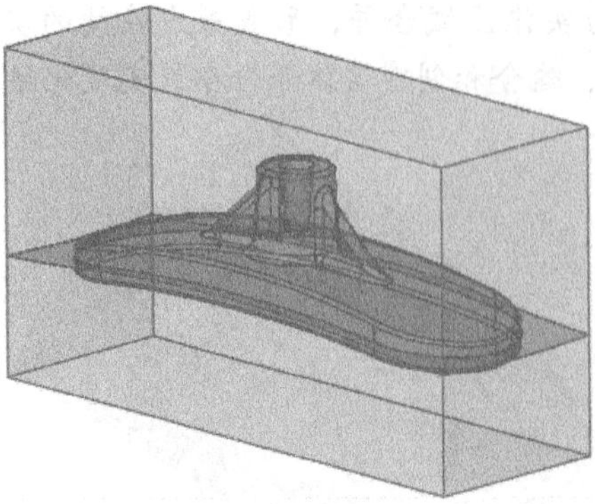

图 2-40 相交

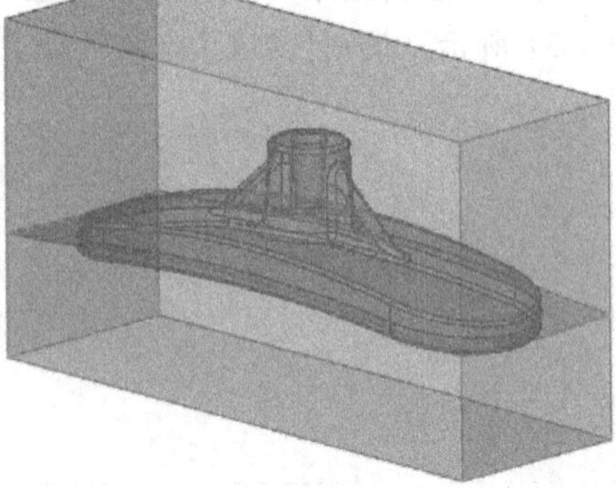

图 2-41 设置要排除的区域

步骤 4 保存并关闭文件 成形零件如图 2-42 所示。

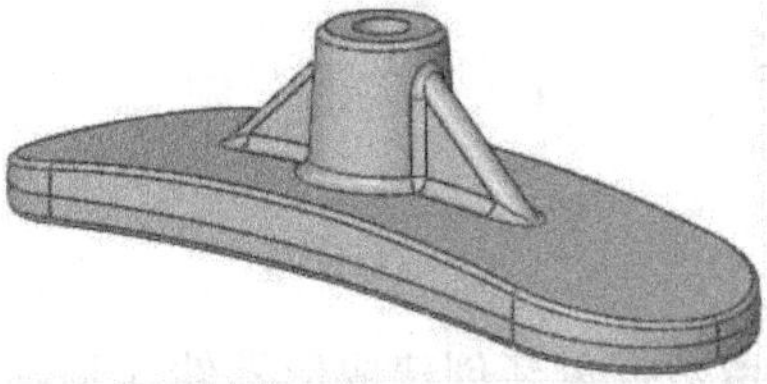

图 2-42 成形零件

练习 2-1 基础曲面建模

本练习的任务是利用曲面建模命令来创建薄壁实体模型(见图 2-43)。

本练习的主要目的是使读者练习使用曲面建模命令。为了使读者进一步了解曲面建模的操作，下面的操作步骤是专门为读者学习曲面建模命令而特意设计的。

本练习将应用以下技术：

- 拉伸曲面。
- 删除面。
- 剪裁曲面。
- 旋转曲面。
- 延伸曲面。
- 扫描曲面。
- 缝合曲面。
- 圆角曲面。
- 加厚。

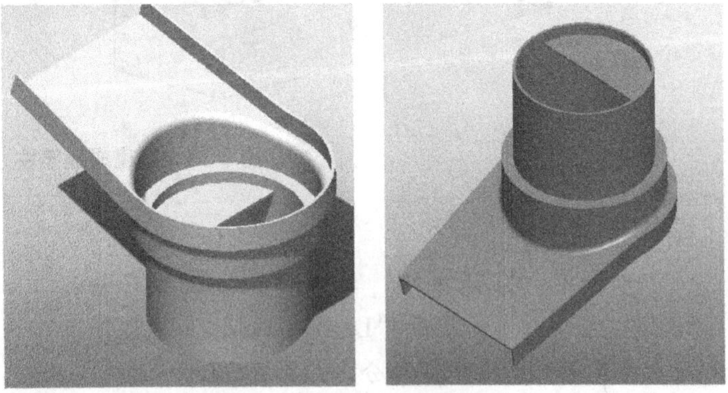

图 2-43 薄壁实体模型

操作步骤

步骤 1 新建零件 使用“Part_MM”模板创建一个新零件，命名为“Baffle”。

步骤 2 绘制拉伸曲面的草图 在前视基准面上绘制草图，该草图用于创建拉伸曲面，如图 2-44 所示，其中 76mm 的直线是水平的。

步骤3　拉伸曲面　使用【两侧对称】条件，创建拉伸曲面，深度为127mm，如图2-45所示。

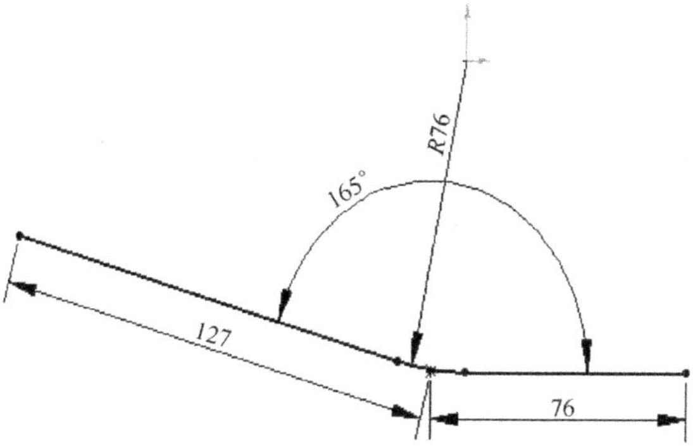

图2-44　绘制拉伸曲面草图

图2-45　拉伸曲面

步骤4　剪裁曲面　在上视基准面上绘制草图，如图2-46所示。

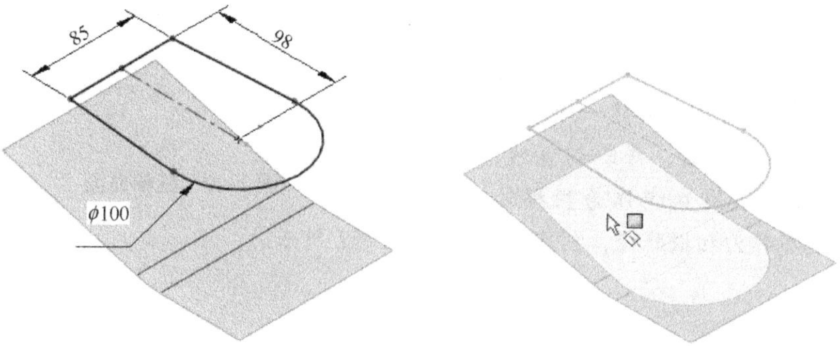

图2-46　剪裁曲面

单击【剪裁曲面】，激活的草图自动被选入【剪裁工具】。

单击【保留选择】，选择内侧部分曲面，单击【确定】，如图2-47所示。

步骤5　旋转曲面　在前视基准面上绘制草图，并创建旋转曲面，如图2-48所示。

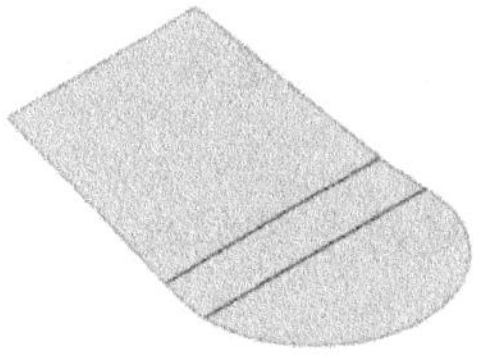

图2-47　选择保留部分

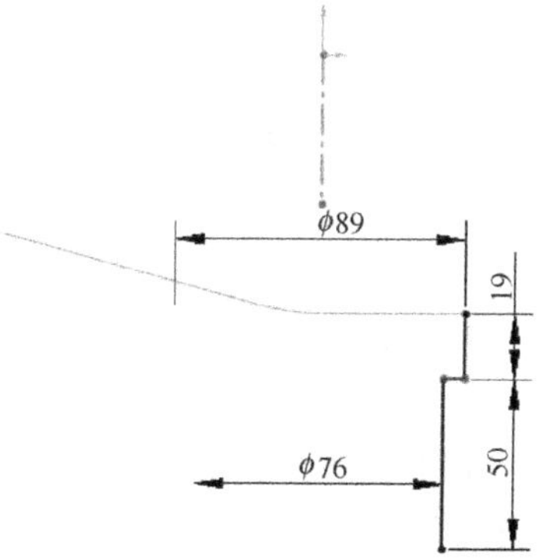

图2-48　旋转曲面

知识卡片

延伸曲面	使用【延伸曲面】命令可以将曲面沿所选边或所有边扩大，以形成一个延伸曲面。所创建的延伸曲面可以是沿已有几何体的延伸，也可以是与现有的曲面相切的直纹曲面。
操作方法	• CommandManager：【曲面】/【延伸曲面】。 • 菜单：【插入】/【曲面】/【延伸曲面】。

使用【同一曲面】选项会尝试推断现有曲面的曲率。在应用到解析曲面时，该选项较为实用并且可以无缝延伸现有曲面。在应用到数值曲面时，该选项仅适用于短距离的延伸。

【线性】选项(切线延伸)可以在所有类型的曲面上使用，但是通常会生成断边。

步骤 6　延伸曲面　延伸旋转曲面的顶部边，使旋转曲面能够超出拉伸曲面，如图 2-49 所示。

步骤 7　剪裁曲面　剪裁拉伸曲面和旋转曲面，只留下如图 2-50 所示的部分。

技巧　用户可以使用【相互剪裁】命令。

步骤 8　扫描曲面　创建一个垂直于曲面边线的参考平面，并绘制直线，如图 2-51 所示。使用直线作为扫描轮廓，曲面的边界作为扫描路径，创建曲面，如图 2-52 所示。

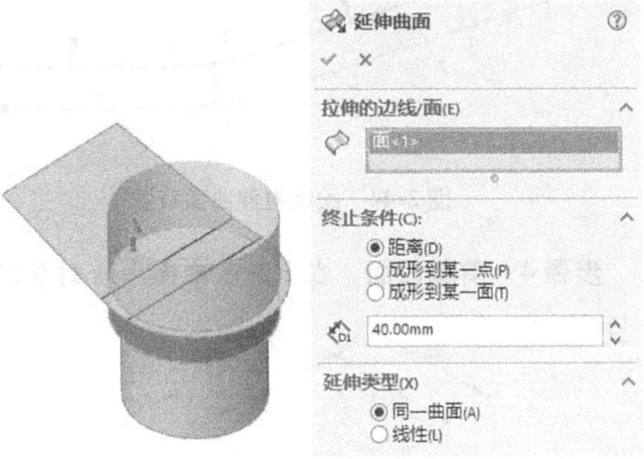

图 2-49　延伸曲面

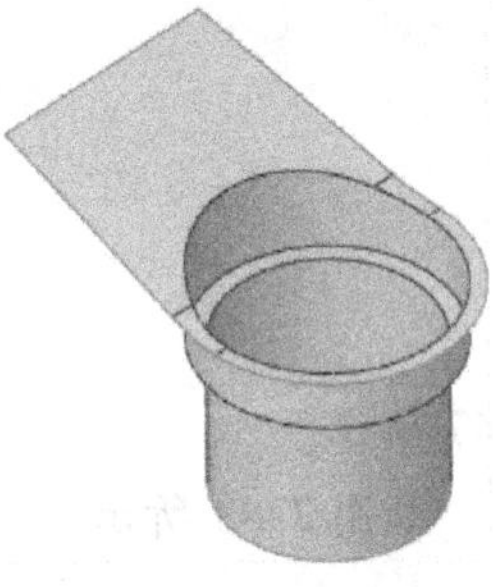

图 2-50　剪裁曲面

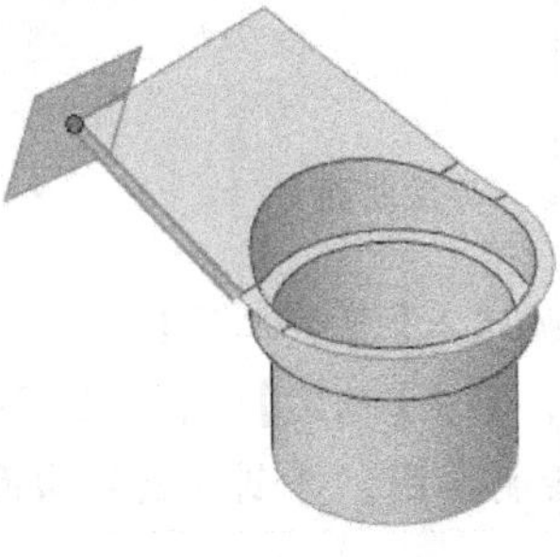

图 2-51　创建参考平面

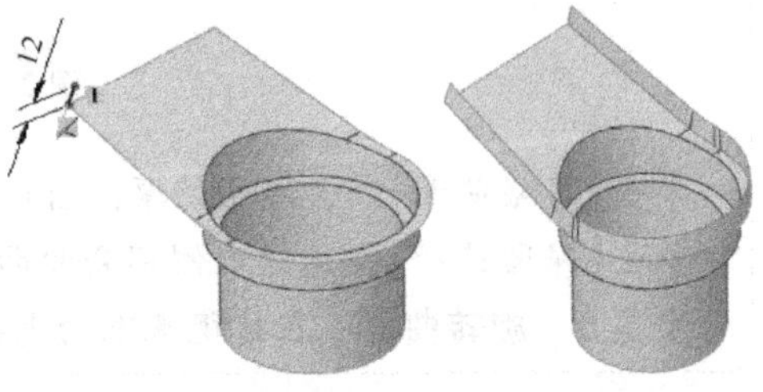

图 2-52　扫描曲面

步骤 9　缝合曲面　使用【缝合曲面】命令，合并所有的剪裁曲面和扫描曲面，从而形成单一的曲面。

步骤 10　添加曲面圆角　创建半径为 3mm 的曲面圆角，如图 2-53 所示。

步骤 11　加厚曲面　单击【加厚】，向内加厚曲面 1.5mm，创建第一个实体特征，如图 2-54 所示。

步骤 12　创建挡板　使用【平面区域】和【加厚】，创建两个对称的挡板，模型的剖面视图如图 2-55 所示。

步骤 13　保存并关闭文件

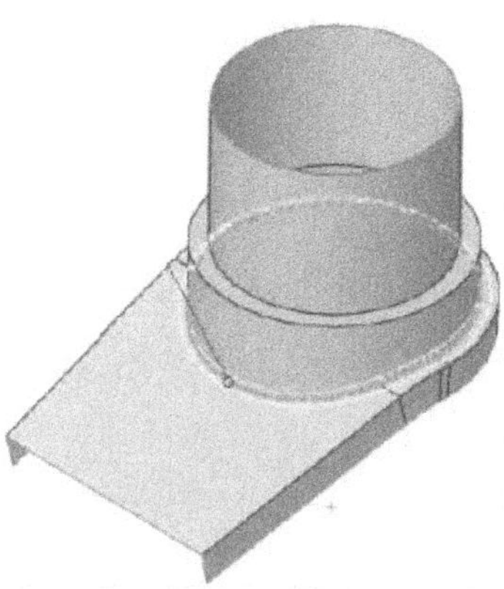

图 2-53 添加曲面圆角

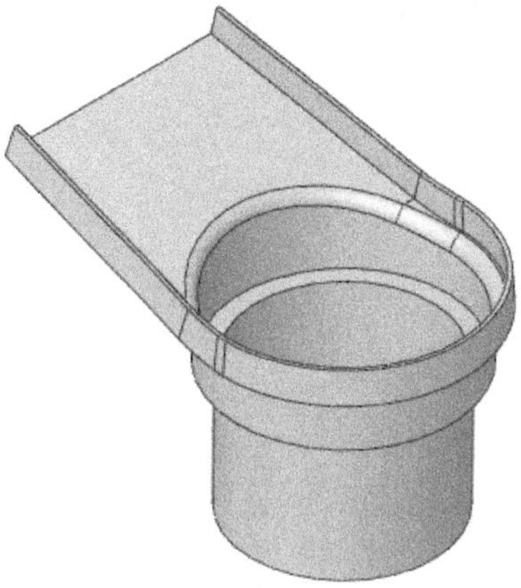

图 2-54 加厚曲面

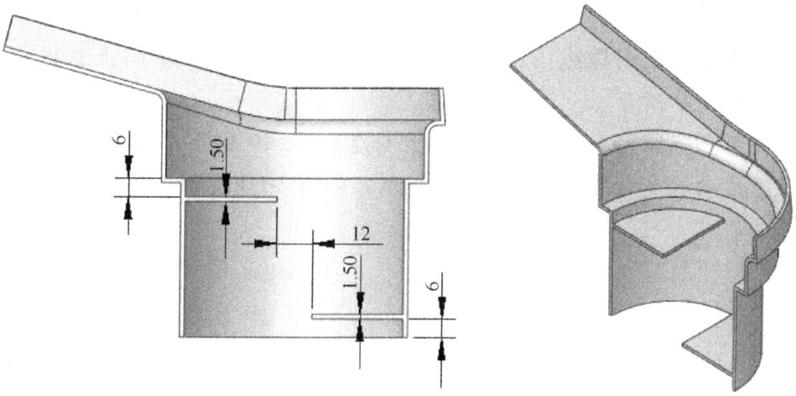

图 2-55 创建挡板

练习 2-2 导向机构

本练习的任务是利用曲面建模命令创建如图 2-56 所示的模型。

本练习将应用以下技术：

- 扫描曲面。
- 剪裁曲面。
- 平面区域。
- 缝合曲面。
- 圆角曲面。
- 加厚。

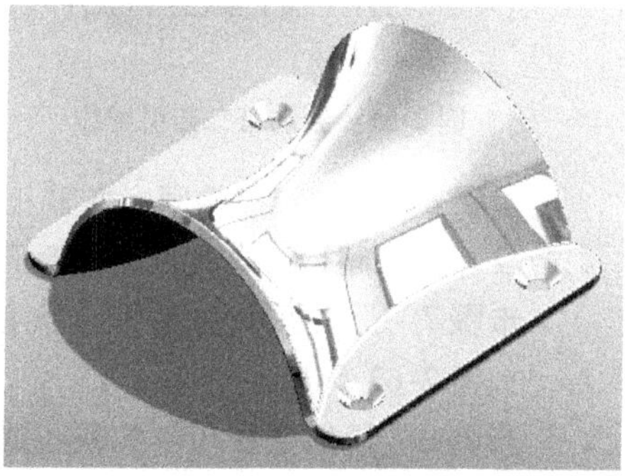

图 2-56 导向机构

操作步骤

步骤 1 新建零件 使用“Part_MM”模板创建新零件，命名为“Halyard Guide”。

步骤 2 绘制第一条引导线 在右视基准面上绘制如图 2-57 所示的草图，命名为“Guide 1”。

步骤3　等距基准面　利用上视基准面向下创建一个等距6.50mm的基准面，如图2-58所示。

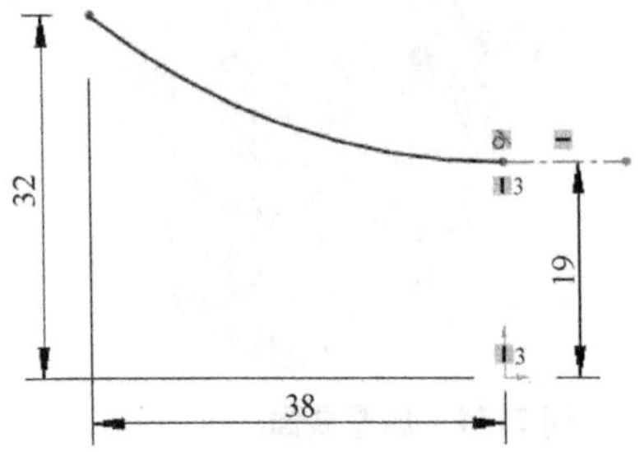

图2-57　绘制第一条引导线

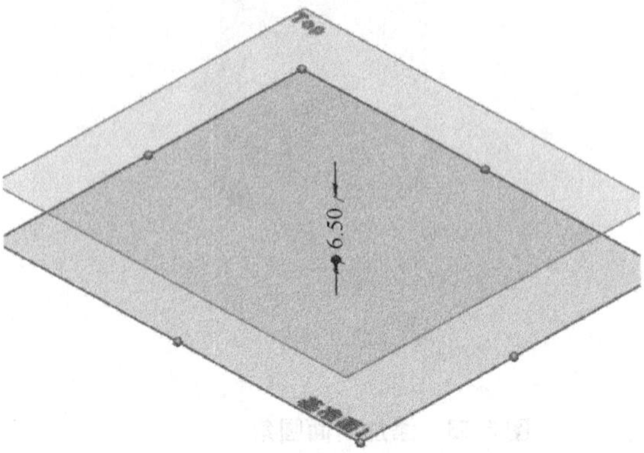

图2-58　等距基准面

步骤4　绘制第二条引导线　在所创建的等距基准面(基准面1)上新建草图，命名为"Guide 2"，如图2-59所示。

步骤5　绘制扫描路径　在上视基准面上新建草图，从原点开始绘制一条竖直线。添加几何关系，使直线的长度由第二条引导线来控制，如图2-60所示。将草图命名为"Path"。

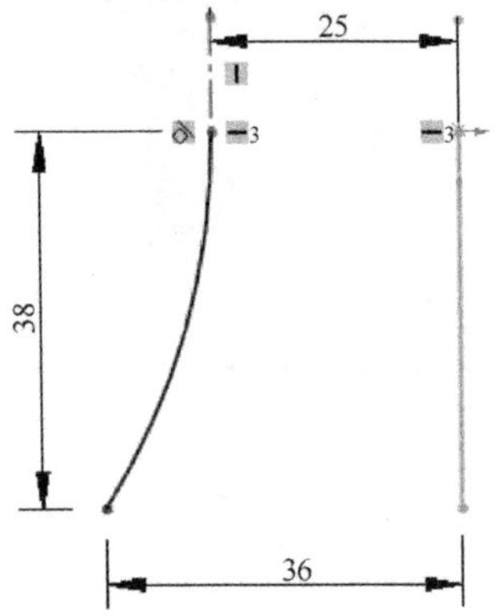

图2-59　绘制第二条引导线

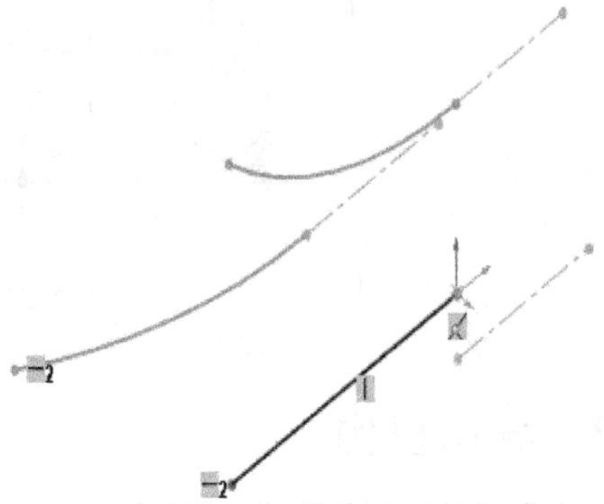

图2-60　绘制扫描路径

步骤6　绘制扫描轮廓　在前视基准面上新建草图，以原点为圆心绘制一段圆弧，绘制两条与圆弧相切的直线，并从原点出发绘制一条竖直中心线，如图2-61所示。

步骤7　添加几何关系　在竖直中心线与两条切线的端点之间添加【对称】的几何关系，如图2-62所示。

步骤8　添加更多几何关系　在切线末端与第二条引导曲线之间添加【穿透】的几何关系。

在圆弧与第一条引导曲线端点之间添加【重合】的几何关系，草图现在已被完全定义，如图2-63所示。将草图命名为"Profile"。

步骤9　扫描曲面　使用扫描轮廓、扫描路径和两条引导线创建扫描曲面，在【选项】中勾选【合并切面】复选框，如图2-64所示。

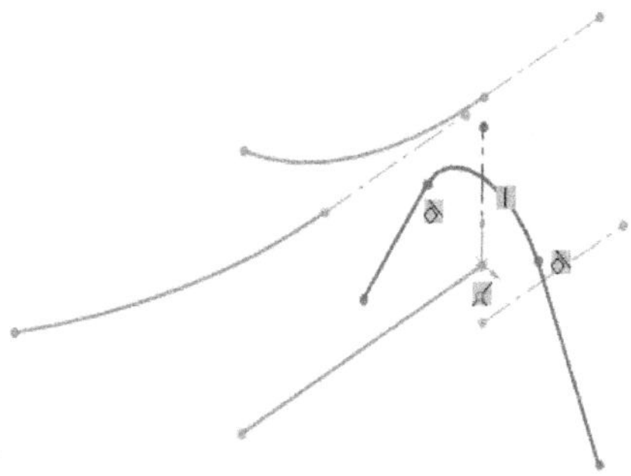

图 2-61 绘制扫描轮廓

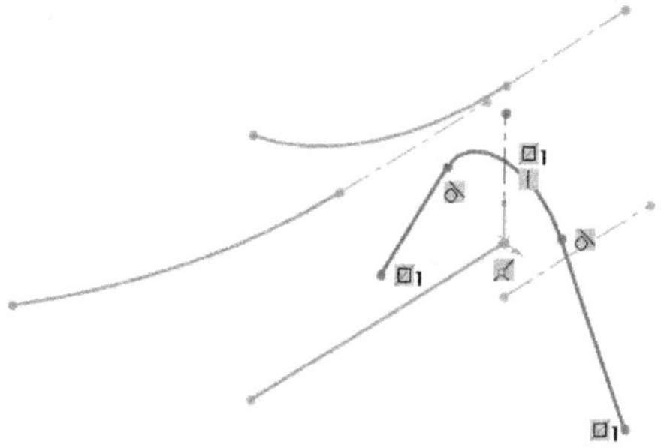

图 2-62 添加几何关系

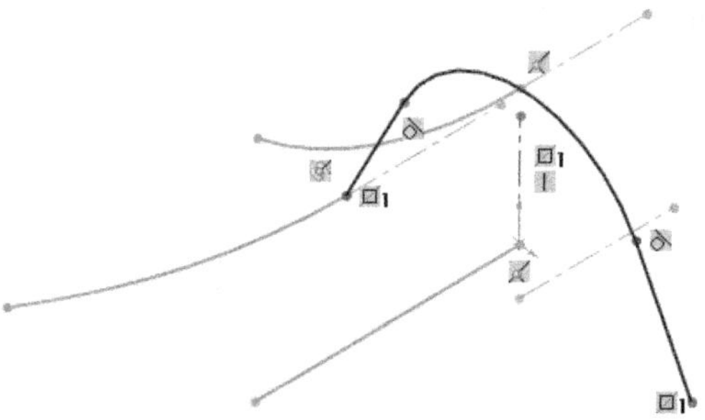

图 2-63 添加更多几何关系

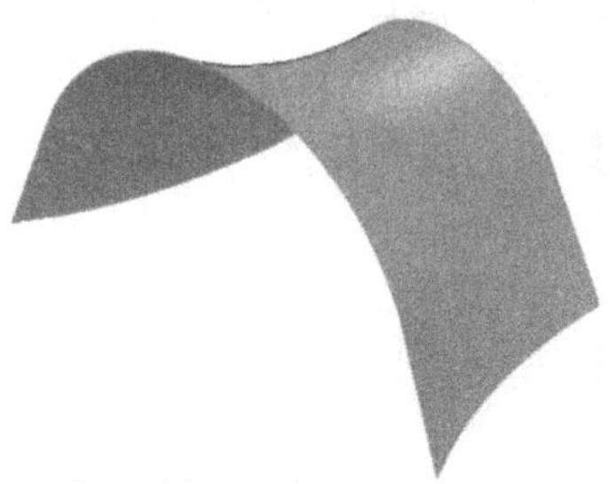

图 2-64 扫描曲面

注意 需要设置【起始处相切类型】为【路径相切】。

步骤 10 剪裁曲面 使用上视基准面作为剪裁工具，剪裁扫描曲面，保留扫描曲面的上半部分，如图 2-65 所示。

步骤 11 绘制草图 在上视基准面上创建草图，用【转换实体引用】命令转换剪裁曲面的边界，按照图 2-66 所示尺寸完成草图。

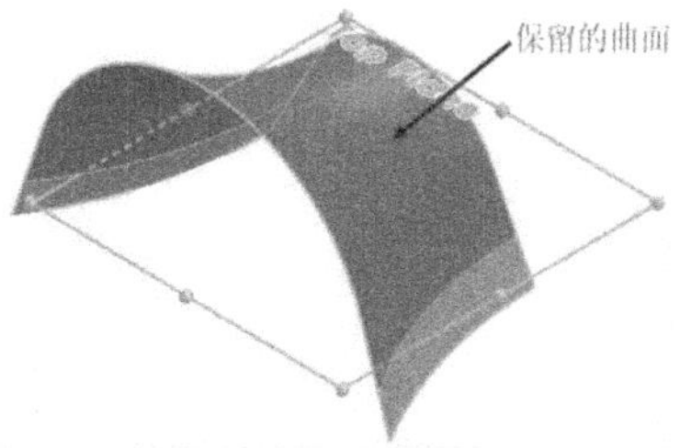

图 2-65 剪裁曲面

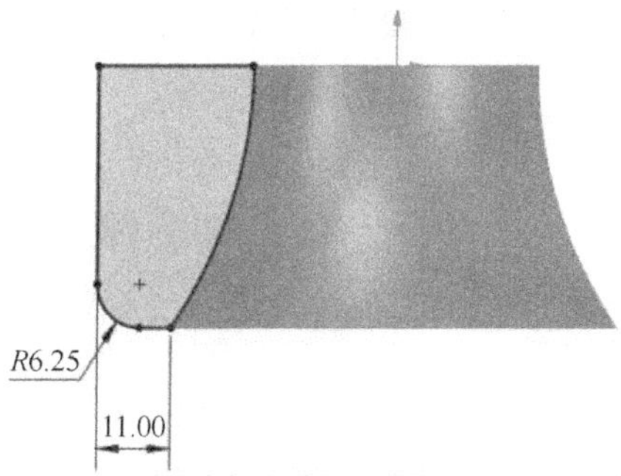

图 2-66 绘制草图

步骤 12 创建平面区域 单击【平面区域】，使用当前的草图创建平面区域。

步骤 13 创建第二个平面区域 镜像第一个平面曲面，创建另一侧的平面区域，如图 2-67 所示。

步骤 14　缝合曲面并倒圆角　将三个曲面缝合在一起，创建半径为 4mm 的曲面圆角，如图 2-68 所示。

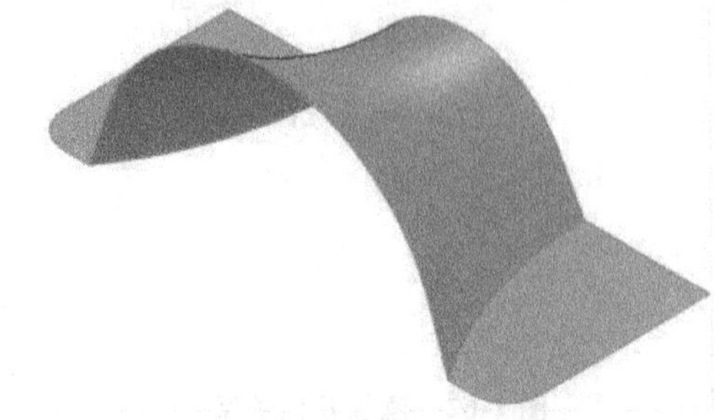

图 2-67　创建第二个平面区域

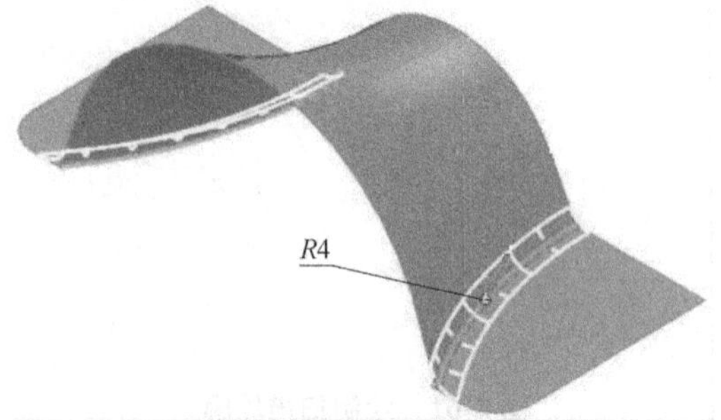

图 2-68　缝合曲面并倒圆角

步骤 15　加厚曲面　通过加厚曲面来创建模型的第一个实体特征，设定厚度为 2.5mm，要注意曲面加厚的方向，如图 2-69 所示。

步骤 16　镜像实体　镜像实体，并勾选【合并结果】复选框，如图 2-70 所示。

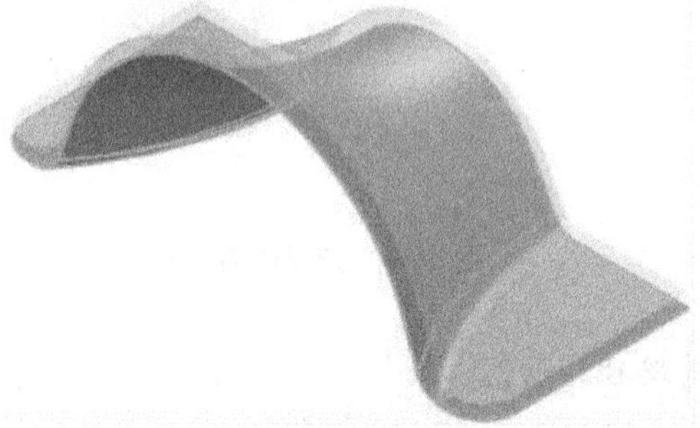

图 2-69　加厚曲面

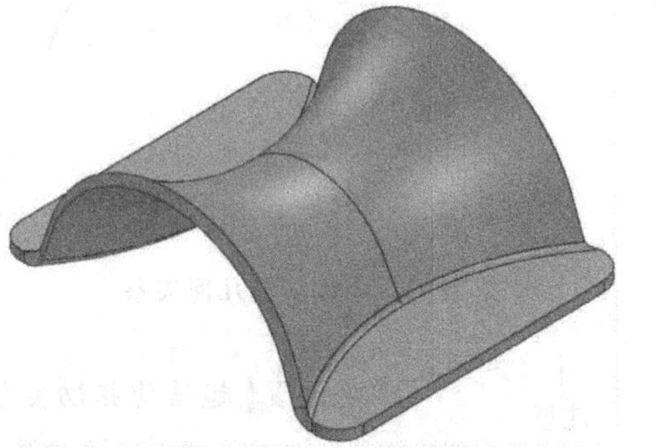

图 2-70　镜像实体

步骤 17　边线倒圆角　选择零件的边，创建半径为 0.50mm 的圆角，如图 2-71 所示。

步骤 18　创建锥形沉头孔　使用【异型孔向导】添加 4 个锥形沉头孔。孔的标准为“Ansi Inch”，类型为“M4 平头机械螺钉”，如图 2-72 所示。

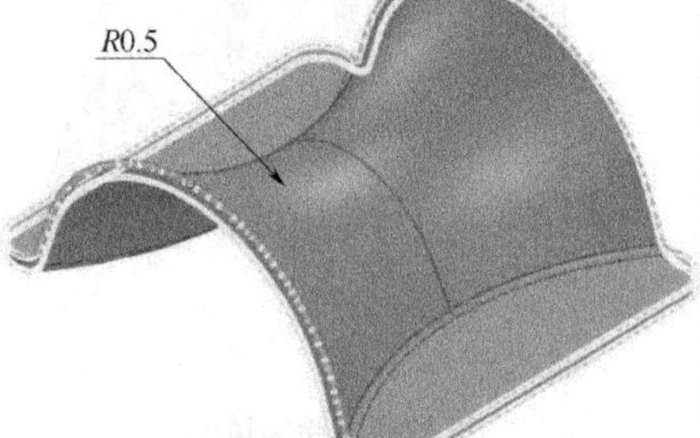

图 2-71　边线倒圆角

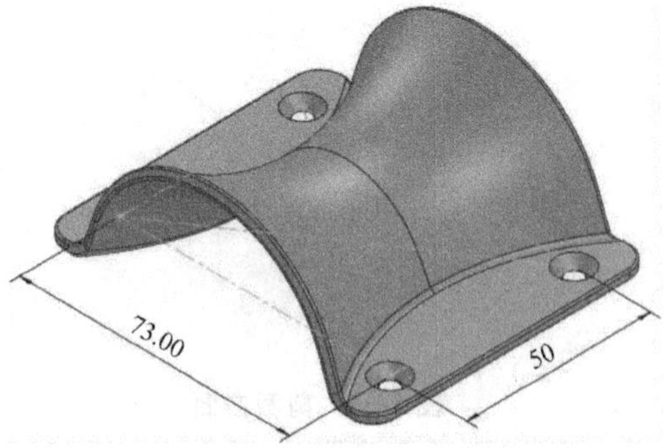

图 2-72　创建锥形沉头孔

技巧　孔以零件的原点为中心排布。

步骤 19　保存并关闭文件

练习 2-3 尖顶饰卷轴

尖顶饰是一种物体端盖处的装饰物，本练习中用到的是窗帘杆。

为了使读者学会使用曲面建模的多种技术，下面的操作步骤是专门为读者学习曲面建模命令而特意设计的。以下的建模过程并不代表实物真正的设计原理。

在本练习中，将学习创建一个尖顶饰卷轴，如图 2-73 所示。

本练习将应用以下技术：

- 扫描曲面。
- 剪裁曲面。
- 缝合曲面。
- 通过参考点的曲线。

扫码看 3D

图 2-73 尖顶饰卷轴

操作步骤

步骤 1 打开零件 打开“Lesson 02\Exercises”文件夹内名为“Finial_Scroll”的零件。

步骤 2 打开自定义视图 由于将对模型的底部进行操作，所以已经创建好了一个名为“Bottom_Iso”的视图。通过按〈空格〉键或使用前导视图工具栏的【视图定向】弹出菜单来访问该视图，如图 2-74 所示。

步骤 3 绘制圆 在模型底面上创建草图并绘制一个圆。在圆心与原点间添加一个“重合”几何关系。标注圆直径为 108mm，如图 2-75 所示。退出草图。

步骤 4 创建可变螺距的螺旋线 选择刚创建完的草图圆，单击【螺旋线/涡状线】，选择【螺距和圈数】作为【定义方式】，并选择【可变螺距】选项，如图 2-76 所示。

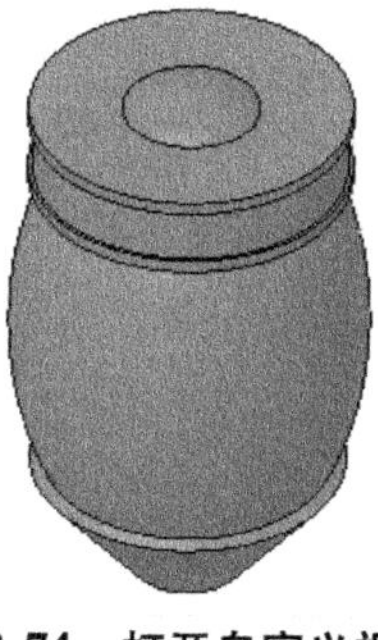

图 2-74 打开自定义视图

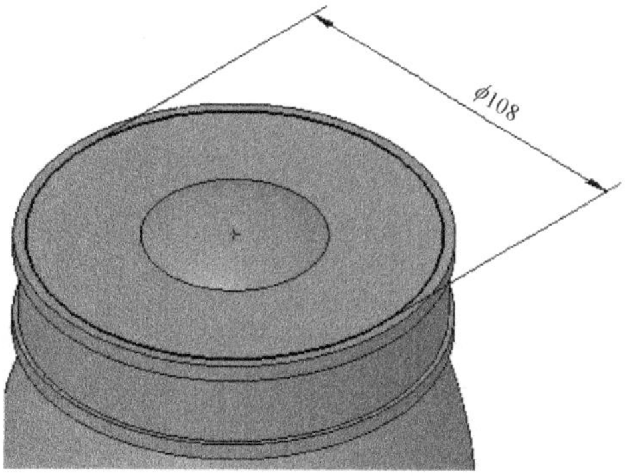

图 2-75 绘制圆

图 2-76 创建可变螺距的螺旋线

设定【起始角度】为 0.00°，方向为顺时针。螺旋线预览如图 2-77 所示。【区域参数】见表 2-1。

表 2-1　区 域 参 数

序号	螺距/mm	圈数	高度/mm	直径/mm
1	30.5	0	0	108
2	20	1	25.25	95
3	5	2	37.75	74
4	1.5	3	41	58.5

步骤 5　转换实体引用　在右视基准面上新建草图。利用【转换实体引用】工具，将步骤 4 中生成的螺旋线投影到该草图上，如图 2-78 所示。退出草图。

步骤 6　在草图与螺旋线之间放样　使用默认设置，在草图与螺旋线之间创建放样曲面，如图 2-79 所示。

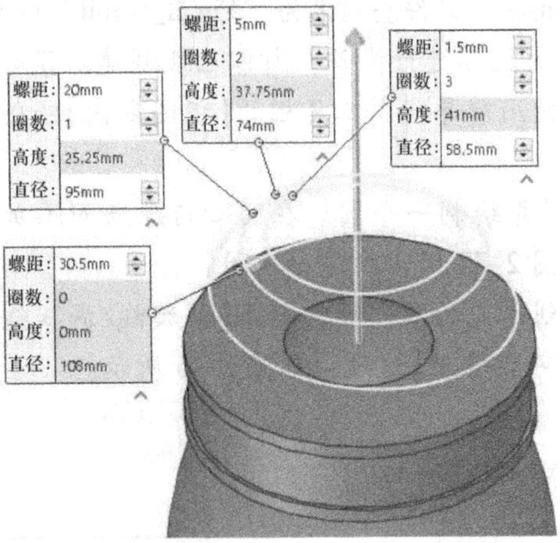

图 2-77　螺旋线预览

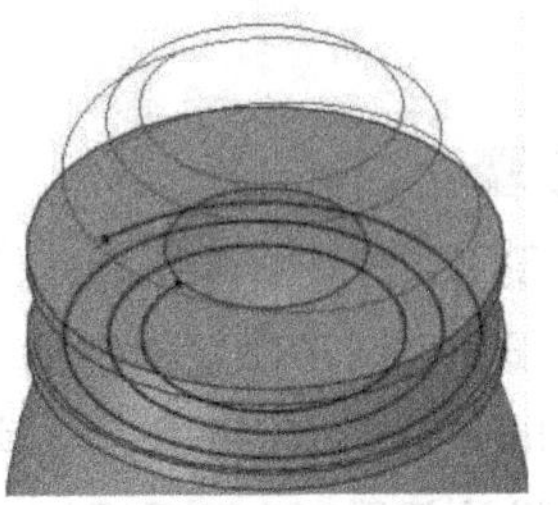

图 2-78　转换实体引用

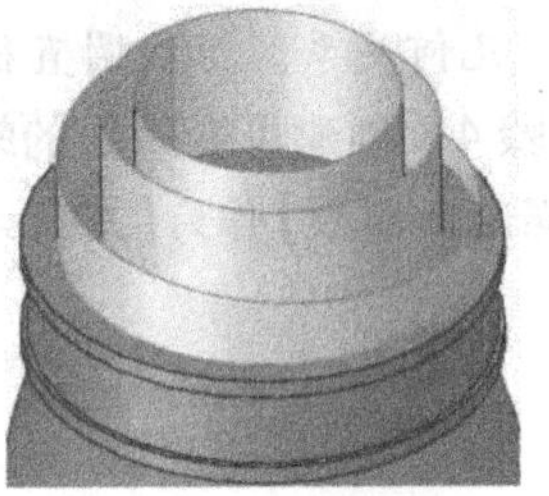

图 2-79　放样曲面

步骤 7　【隐藏】螺旋线

• 直纹曲面　要创建螺旋特征的顶面，需要使用【直纹曲面】命令。该命令用于在模型的选定边线上创建曲面。使用命令中的选项，可以有几种方式将直纹曲面与现有几何体相关联。

通常，直纹曲面可以理解为是连接曲面相对侧上相应点的无限数量的线段，如图 2-80 所示。对于 SOLIDWORKS 直纹曲面，其中一条边线由现有几何体的一个或多个边线定义。另一条边线由系统根据用户选择的选项计算生成。

用户可以认为直纹曲面是通过沿模型边线滑动标尺或直边线而创建的。标尺通过以下方法之一进行定向：

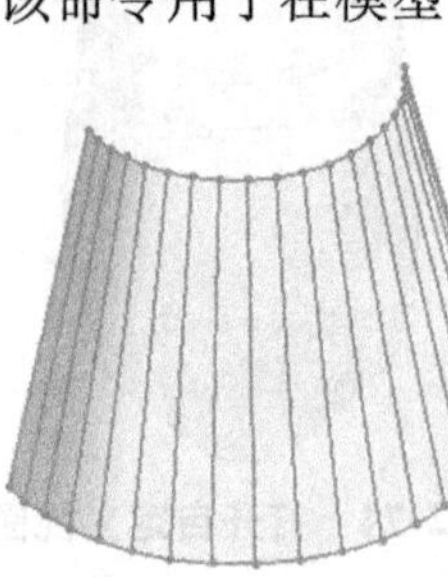

图 2-80　直纹曲面

- 相切于曲面　直纹曲面与选定边线的曲面相切，如图2-81所示。用户可以选择【交替面】选项来确定曲面相切于哪个面。
- 正交于曲面　直纹曲面垂直于选定边线的曲面，如图2-82所示。用户可以选择【交替面】选项来确定曲面垂直于哪个面。

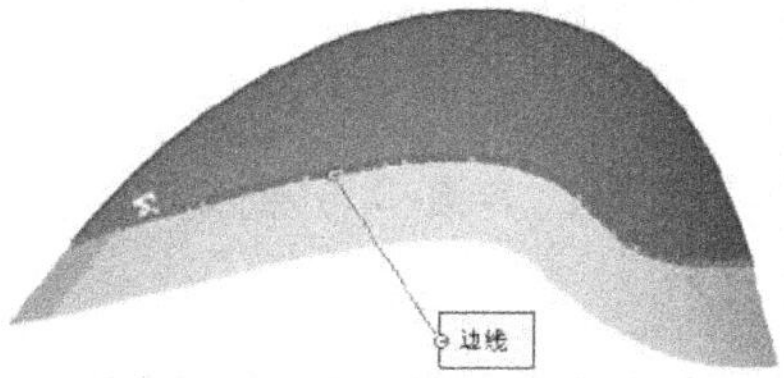

图2-81　相切于曲面

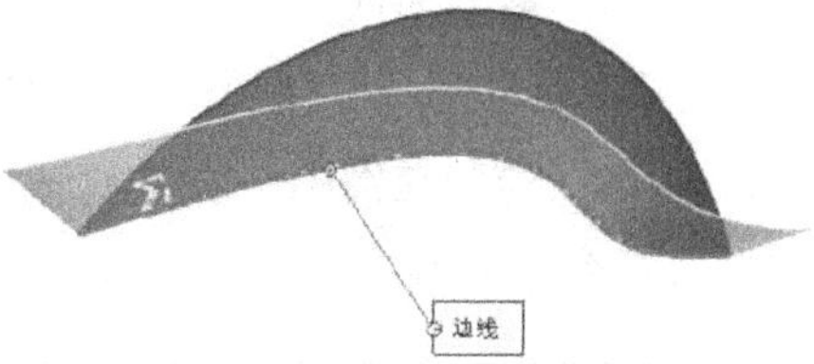

图2-82　正交于曲面

- 锥削到向量　以相对于方向向量指定的角度创建直纹曲面，如图2-83所示。用户可以选择【交替面】选项来确定锥度的应用方向。
- 垂直于向量　直纹曲面垂直于指定向量，如图2-84所示。用户可以选择【交替方向】选项来确定创建曲面的方向。
- 扫描　通过使用选定边线作为路径创建扫描曲面来生成直纹曲面，如图2-85所示。

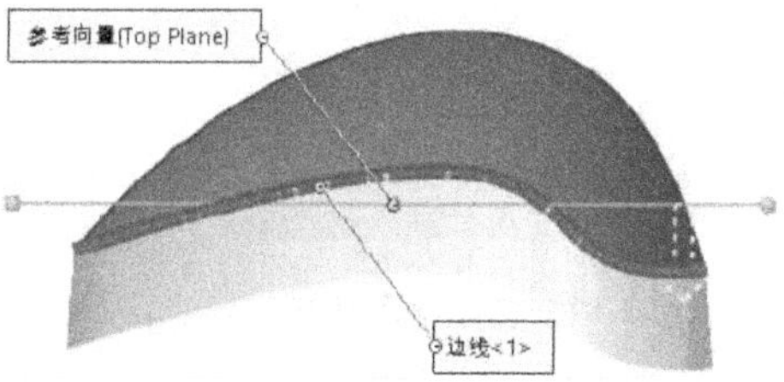

图2-83　锥削到向量

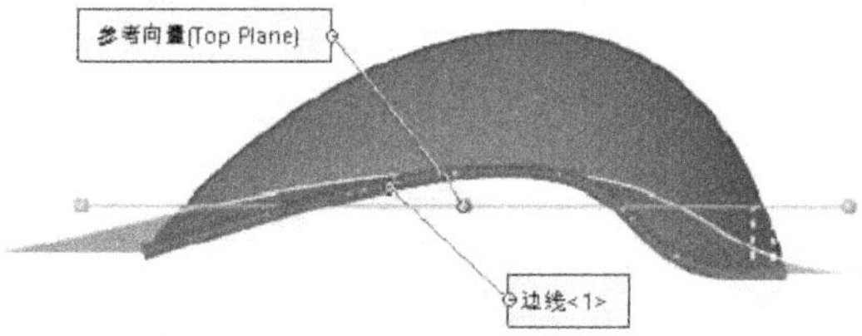

图2-84　垂直于向量

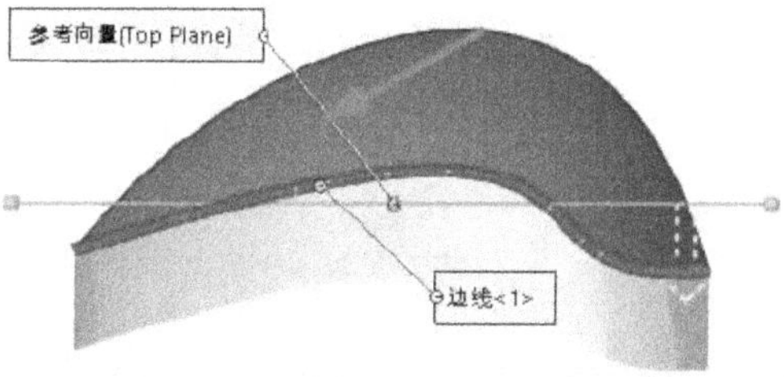

图2-85　扫描

知识卡片	直纹曲面	• CommandManager：【曲面】/【直纹曲面】。 • 菜单：【插入】/【曲面】/【直纹曲面】。

步骤8　创建直纹曲面　单击【直纹曲面】，用螺旋线作为【边线选择】，在【类型】中选择【正交于曲面】，设置【距离/方向】为15.00mm，确保创建的曲面方向如图2-86所示。单击【确定】。

技巧　如果需要，用户可以使用【复制外观】和【粘贴外观】命令将黄色外观添加到新的曲面特征中，如图2-86所示。

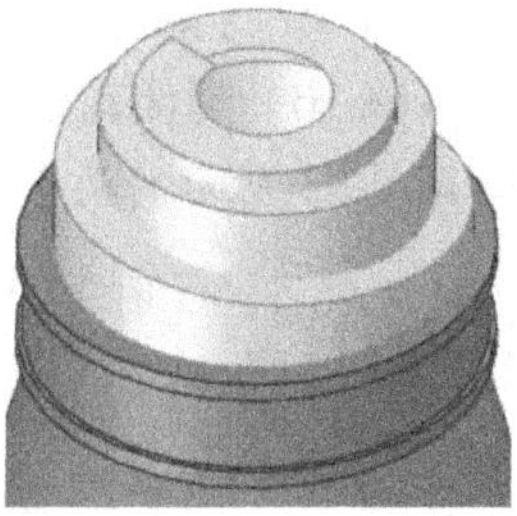

图2-86　创建直纹曲面

步骤9　创建平面区域　选择如图2-87所示的两条边线，创建一个平面区域。

提示　即使边界不闭合，SOLIDWORKS也能够成功创建曲面，只要保证实体共面即可。

步骤10　剪裁曲面　单击【剪裁曲面】，选择【相互】作为【剪裁类型】。选择零件中的3个曲面作为剪裁曲面，保持如图2-88所示的选择。

步骤11　绘制草图圆　在右视基准面上绘制一个草图圆，其圆心与原点重合。设定草图圆与缝合曲面的端点重合来定义直径，如图2-89所示。

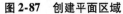

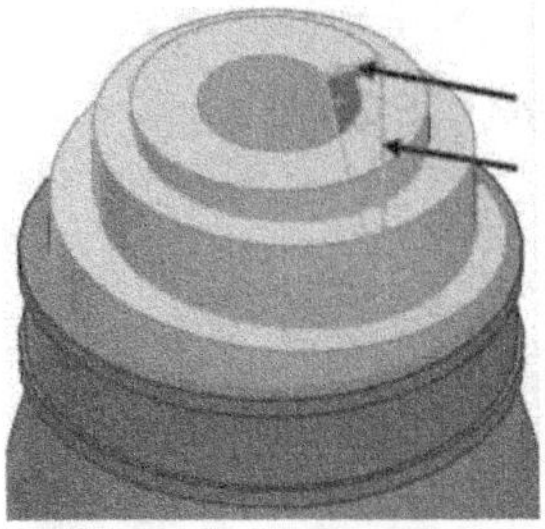

图2-87　创建平面区域

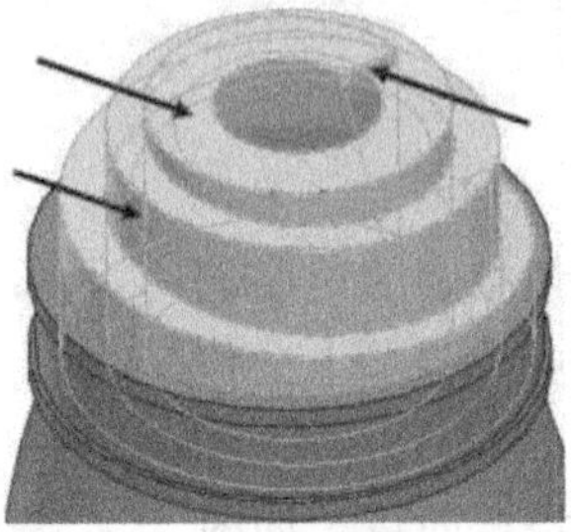

图2-88　剪裁曲面

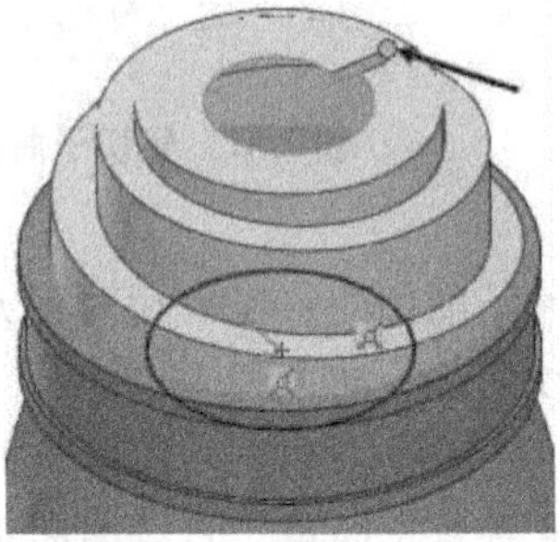

图2-89　绘制草图圆

步骤12　拉伸曲面　使用草图创建拉伸曲面，拉伸高度为76mm，如图2-90所示。

步骤13　剪裁曲面　使用【相互】剪裁方式对卷轴曲面及新生成的拉伸曲面进行剪裁操作，保留卷轴曲面的外侧以及拉伸曲面的上侧部分，如图2-91所示。

步骤14　端部封盖　单击【平面区域】，选择剪裁后的拉伸曲面上边线，如图2-92所示。单击【确定】✔。

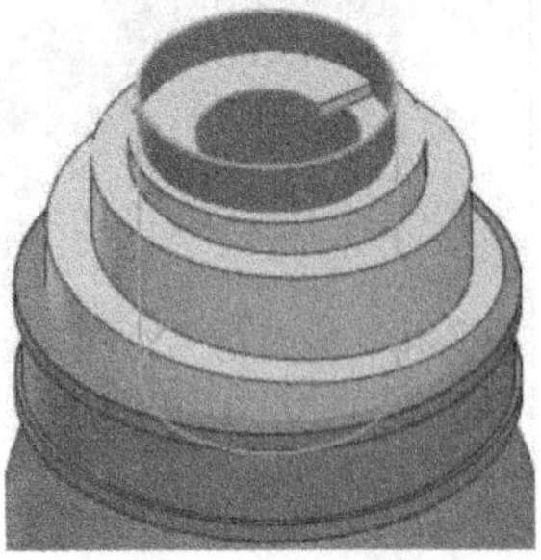

图2-90　拉伸曲面

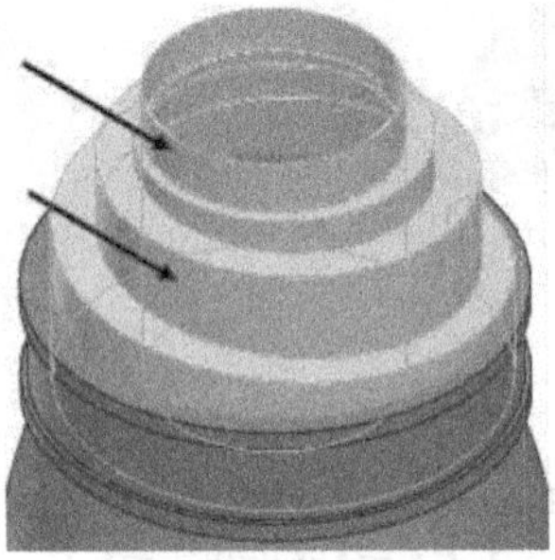

图2-91　剪裁曲面

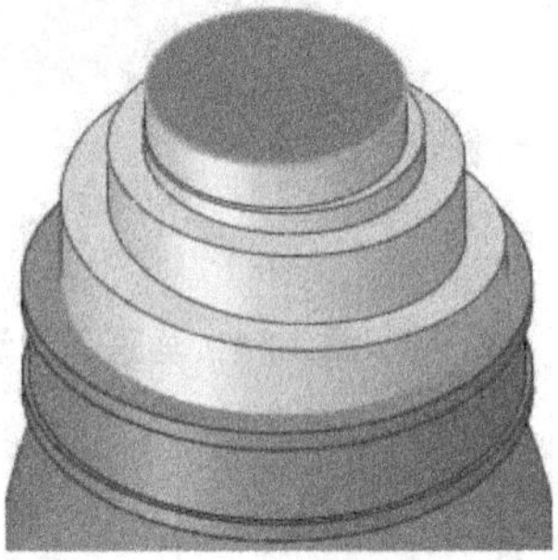

图2-92　端部封盖

步骤15　【隐藏】实体

步骤16　封闭轮廓　单击【通过参考点的曲线】，选取如图2-93所示的两个顶点，单击【确定】✔。

技巧　图2-93中显示的视图方向是【等轴测】视图。

步骤17　另一端封盖　选择步骤16中生成的曲线以及剪裁后螺旋曲面的底边，创建一个平面区域，如图2-94所示。

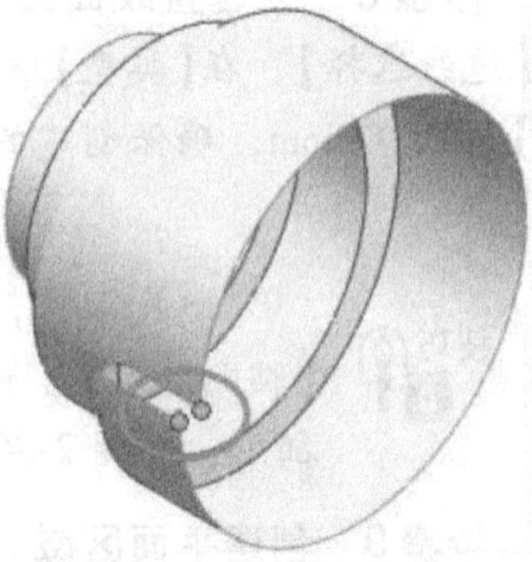

图2-93　通过参考点的曲线

步骤18 【隐藏】"曲线1"特征 隐藏"曲线1"特征，以避免妨碍下一步的操作。

步骤19 放样曲面 以两条长边线作为轮廓，两条短边线作为引导线，放样生成曲面，如图2-95所示。

步骤20 缝合曲面 将零件中的所有曲面缝合在一起，勾选【创建实体】复选框。

步骤21 【显示】其他实体

步骤22 实体组合 单击【组合】，使用【添加】选项合并两个实体，如图2-96所示。

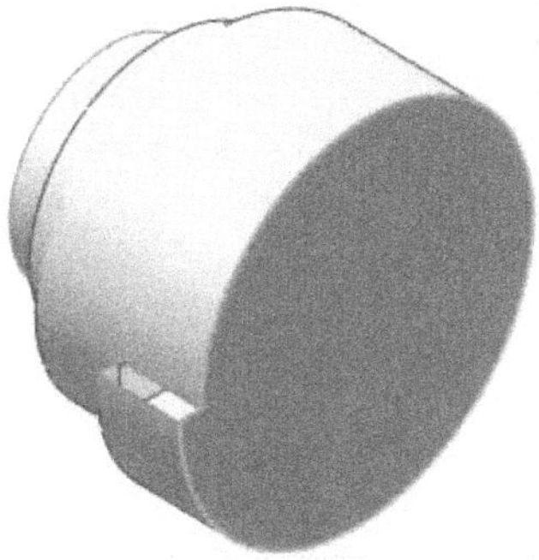

图2-94 封盖

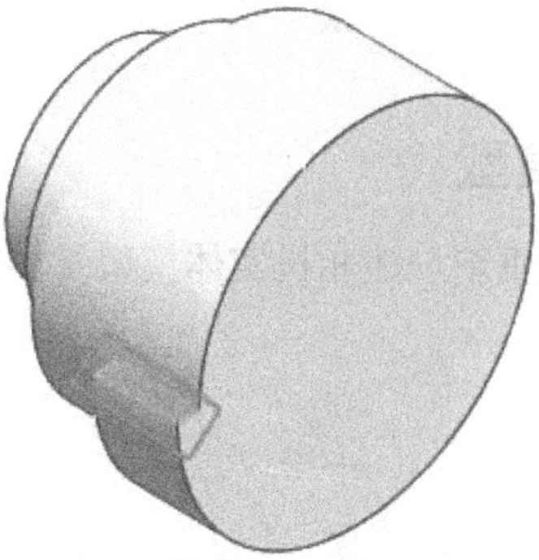

图2-95 放样曲面

图2-96 实体组合

步骤23 保存并关闭文件

练习2-4 使用相交

在本练习中，将使用【相交】特征作为替代技术，以完成"练习1-1 剪裁曲面"中的模型，如图2-97所示。

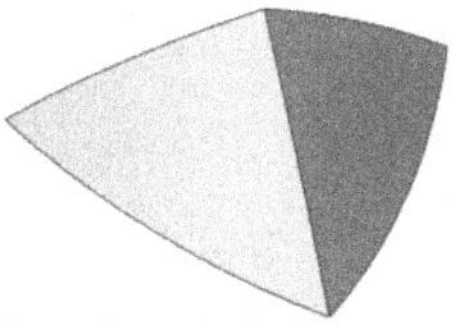

图2-97 使用相交

本练习将应用以下技术：

- 相交。

操作步骤

步骤1 打开零件文件 从"Lesson02\Exercises"文件夹内打开"Intersect_Exercise"零件，如图2-98所示。

步骤2 相交 单击【相交】，在图形窗口框选所有4个曲面，如图2-99所示。在PropertyManager中单击【相交】。

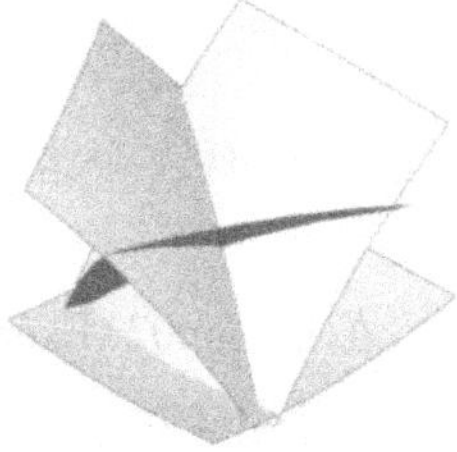

图2-98 打开零件文件

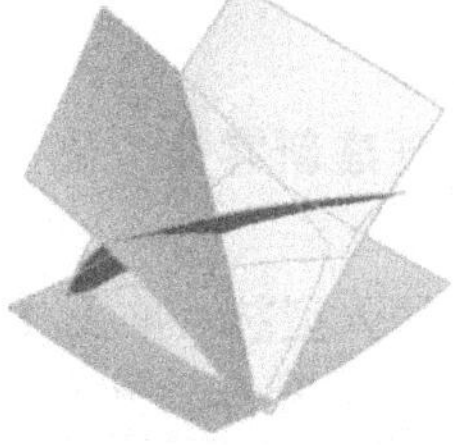

图2-99 选择曲面

技巧 在图形区域中拖动光标框选曲面，或从【曲面实体】文件夹中选择它们。

步骤 3 排除的区域 只有一个解决方案或区域，因此对于【要排除的区域】无需选择任何内容。勾选【消耗曲面】复选框，如图 2-100 所示。单击【确定】✔。

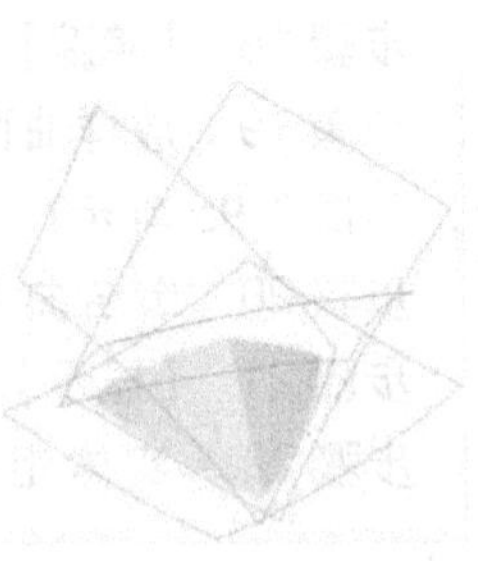

图 2-100 排除的区域

步骤 4 查看结果 由曲面定义的内部区域将转换为实体，如图 2-97 所示。

步骤 5 保存并关闭文件

练习 2-5 创建相机实体模型

本练习将在模具的遗留数据中重新创建相机实体模型（图 2-101）。

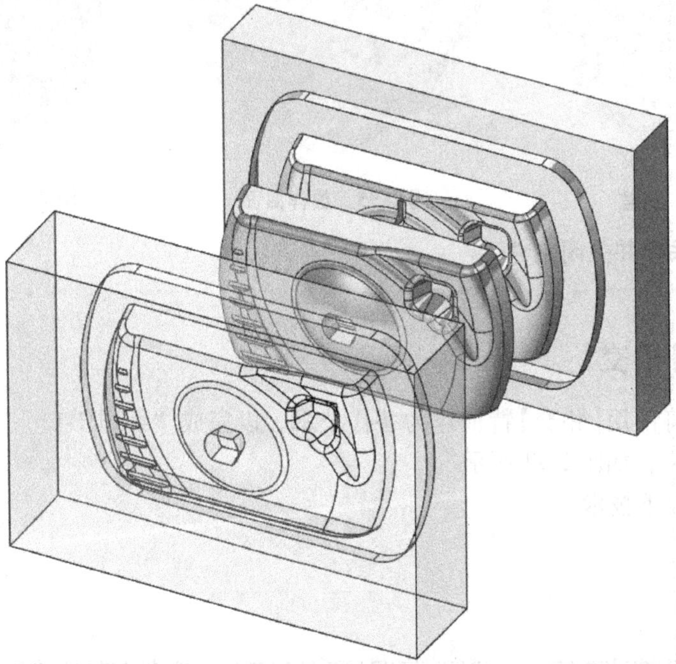

图 2-101 创建相机实体模型

本练习将应用以下技术：

- 相交。

操作步骤

步骤 1 创建新零件 使用模板“Part_MM”创建一个新的零件，命名为“Camera_Body”。

步骤 2 导入型芯 单击【插入】/【特征】/【输入的】，在 Lesson02\Exercises 文件夹下，选择 Parasolid 文件“Mold_Core. x_b”并单击【打开】，如图 2-102 所示。

步骤3 导入型腔 重复上一步骤，打开 Parasolid 文件“Mold_Cavity. x_b”。为了便于显示，修改了刚导入的型腔实体的透明度，如图 2-103 所示。

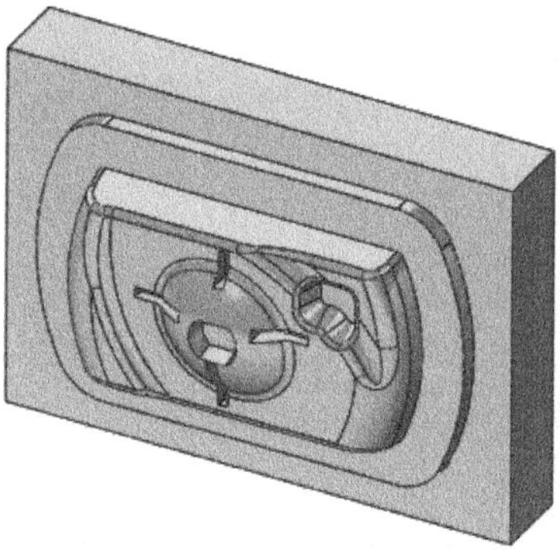

图 2-102 导入型芯

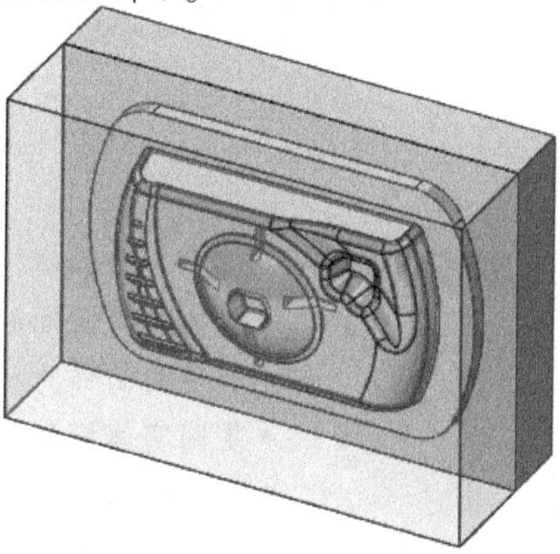

图 2-103 导入型腔并修改透明度

步骤4 创建相机实体 使用【相交】命令，从模具负空间（型腔与型芯之间的空间）中创建相机实体，结果如图 2-104 所示。

步骤5 保存并关闭文件

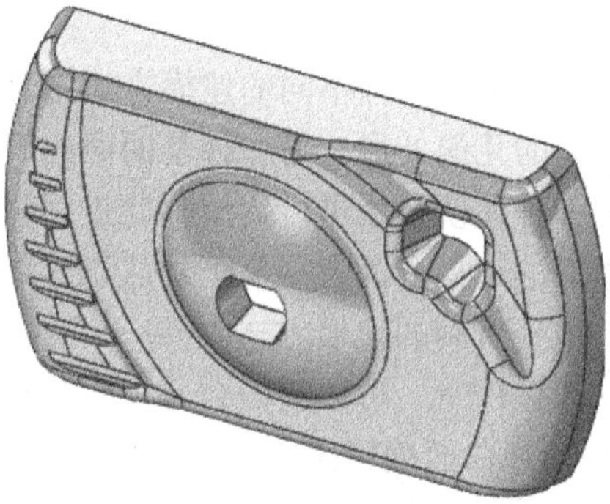

图 2-104 创建相机实体

第 3 章　实体-曲面混合建模

学习目标

- 使用曲面编辑实体
- 实体与曲面间的相互转换
- 利用曲面作为构造几何体
- 复制实体模型外表面用于曲面建模
- 使用曲面展平命令

3.1　混合建模

混合建模将两种不同的建模方法结合在一起：一种是实体建模，可以用来创建棱柱形或者带有平直端的几何外形；另一种是曲面建模，适用于一次创建一个面的情况。一般来说，若仅使用其中的一种建模方法进行建模，此过程将变得很艰难而且效率也会很低，因此将两者结合起来使用是最好的选择。读者需要正确认识这两种建模方法的优缺点，然后在建模过程中根据实际建模情况选取更有利的建模方式。

一般条件下，可以将混合建模划分成以下几类：

1. 使用曲面编辑实体　这类特征有【替换面】、【使用曲面切除】等，包括特征的终止条件如【成形到一面】、【到离指定面指定的距离】。【填充曲面】还具有将自身直接集成到现有实体中的功能。

2. 实体与曲面间的相互转换　这类特征有【删除面】(实体转换成曲面)、【加厚】(曲面转换成实体)、【缝合曲面】以及【等距曲面】(用来复制实体面)。

3. 将曲面作为构造几何体　这类技术有【交叉曲线】，用一个曲面去剪裁另一个曲面，生成直纹曲面以确定在分型线周围的拔模角度参考，或者在【填充曲面】命令中作为相切参考。

4. 直接由曲面创建实体　这类技术如【加厚】，其可以将开环曲面直接转换成实体。

3.2　使用曲面编辑实体

在本章中将学习利用已有的曲面几何体来编辑实体模型，最终得到如图 3-1 所示的电吉他实体模型。下面将采用几种方法来达到相同的结果，然后再对模型进行比较。将使用的方法有：

1）使用【成形到一面】的终止条件。

2）使用【使用曲面切除】命令。

3）使用【替换面】命令。

4）使用【删除面】将模型的面分解为曲面。

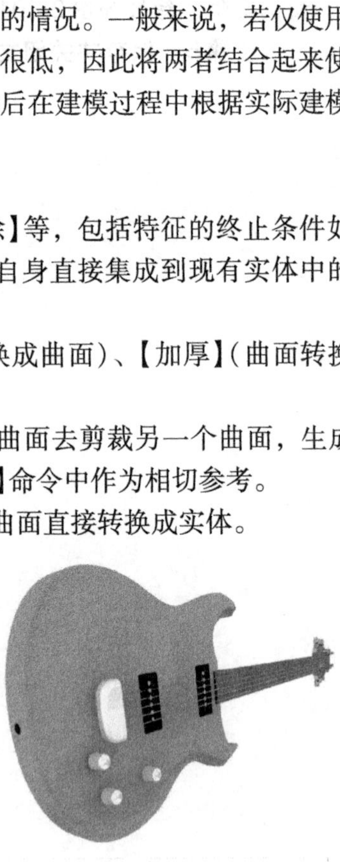

图 3-1　电吉他实体模型

通过混合建模，可以使用不同的方式方法来达到相同的目的。在消费类产品设计过程中经常会用到前面列出的方法。至于哪种方法更佳，针对不同的案例，答案也是不相同的。

操作步骤

步骤1 打开零件 打开“Lesson03\Case Study”文件夹下已有零件“Guitar_Body”。该零件已创建了一个曲面实体以及电吉他外形草图，如图3-2所示。

扫码看视频

步骤2 拉伸至曲面 最简单有效的混合建模方法就是拉伸实体至曲面。选取草图“Guitar Body Outline”。单击【拉伸凸台/基体】。使用【成形到一面】的终止条件(也可以选择【成形到实体】)并选择曲面实体“Top Surface Knit”，如图3-3所示。

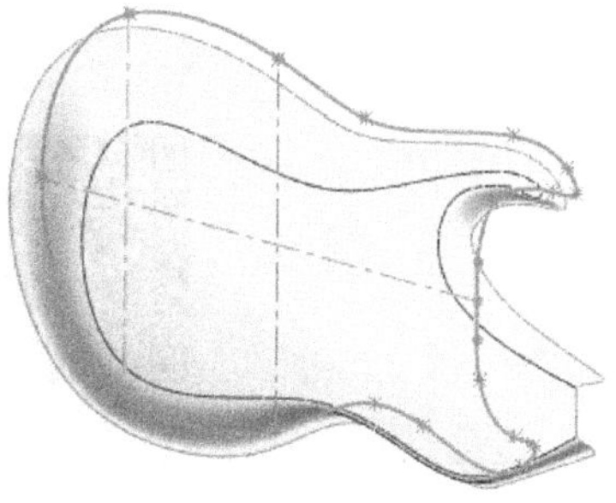

图3-2 零件“Guitar _Body”

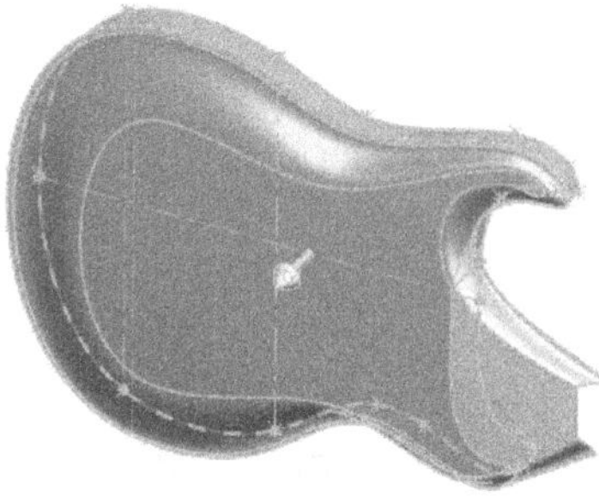

图3-3 拉伸至曲面

提示 当使用【拉伸切除】命令时也可以使用【成形到一面】或【成形到实体】终止条件。

拉伸特征结束后，可以看到在曲面与实体重合的面上，显示出杂乱的颜色。这是由同一个位置上不同的面显示不同颜色导致的。为了避免这种情况，用户可以先将曲面隐藏。在这里，为了便于学习其他建模技术，可以不执行隐藏操作，如图3-4所示。

步骤3 【隐藏】曲面实体和草图 结果如图3-5所示。

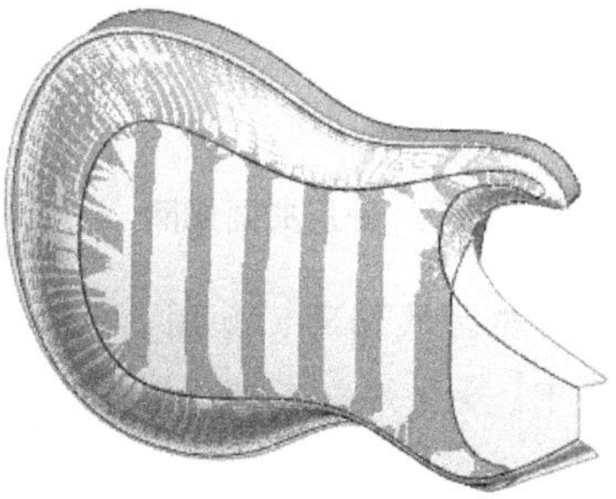

图3-4 显示

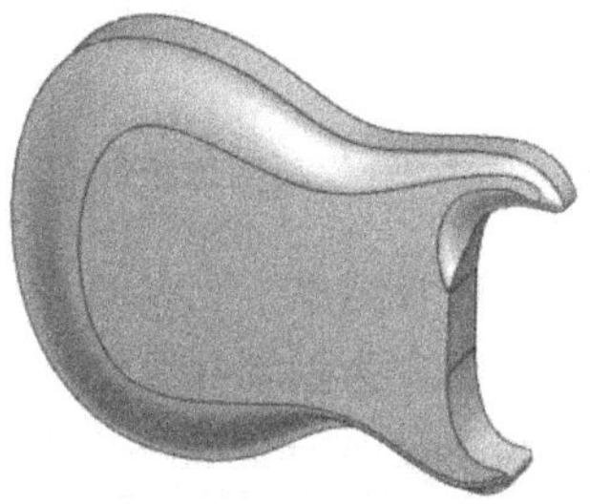

图3-5 隐藏曲面实体和草图

步骤4 另存为副本并继续 为了保存此版本的模型，以便后续与其他模型进行比较，单击【另存为】，选择【另存为副本并继续】，将其命名为“Guitar Body_Up to Surface”，如图3-6所示。

步骤5 编辑实体特征 在“Guitar_ Body”零件中，编辑特征“凸台-拉伸1”，并将终止条件更改为【给定深度】，设置深度为4in（1in≈2.54cm），如图3-7所示。

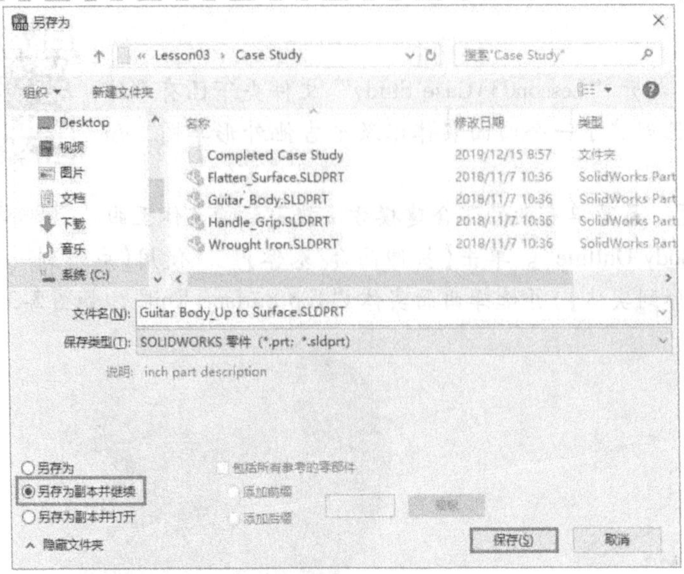

图 3-6　另存为副本并继续 1

扫码看 3D

步骤 6　使用曲面切除　从“曲面实体”文件夹中选取曲面实体“Top Surface Knit”。单击【使用曲面切除】，箭头所指方向的那部分实体将被移除。单击【确定】，如图 3-8 所示。

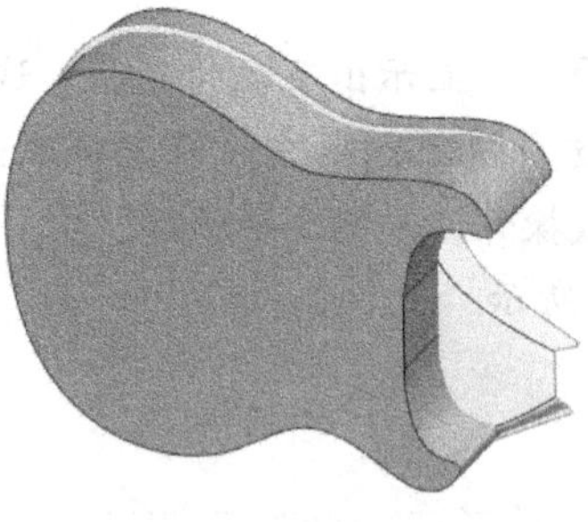

图 3-7　编辑实体特征

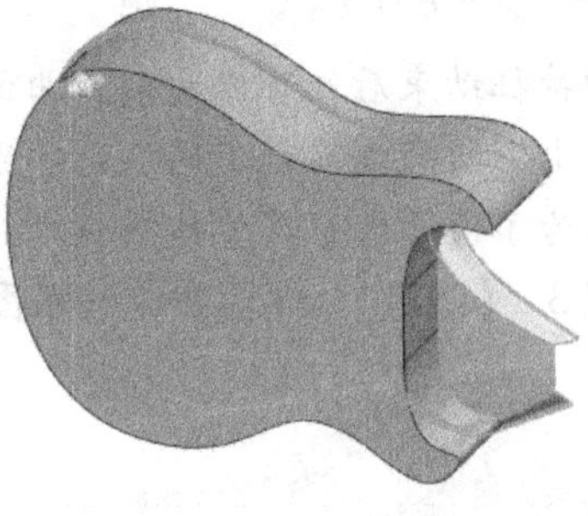

图 3-8　使用曲面切除

步骤 7　查看结果　生成的实体与使用之前技术得到的结果相同，如图 3-9 所示。

步骤 8　另存为副本并继续　单击【另存为】，选中【另存为副本并继续】，将其命名为“Guitar Body_Cut with Surface”，如图 3-10 所示。

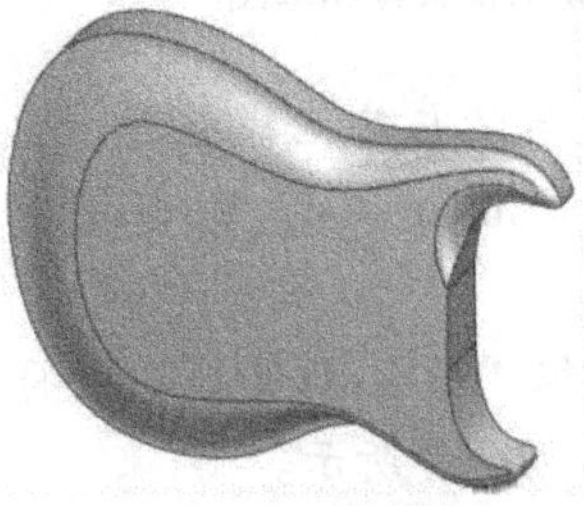

图 3-9　查看结果

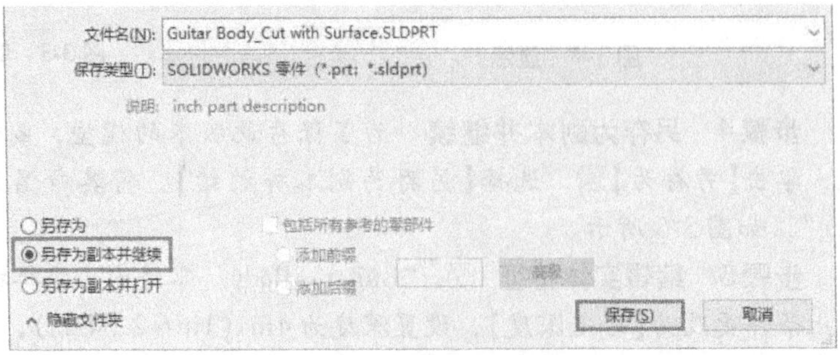

图 3-10　另存为副本并继续 2

知识卡片

替换面	【替换面】是一种非常实用的混合建模技术，是为数不多的在单一操作中具有添加或移除材料的功能。【替换面】可以替换实体或曲面的面，但是替换面的实体必须是曲面实体。替换面实例如图3-11所示。
操作方法	• CommandManager:【曲面】/【替换面】。 • 菜单:【插入】/【面】/【替换】。

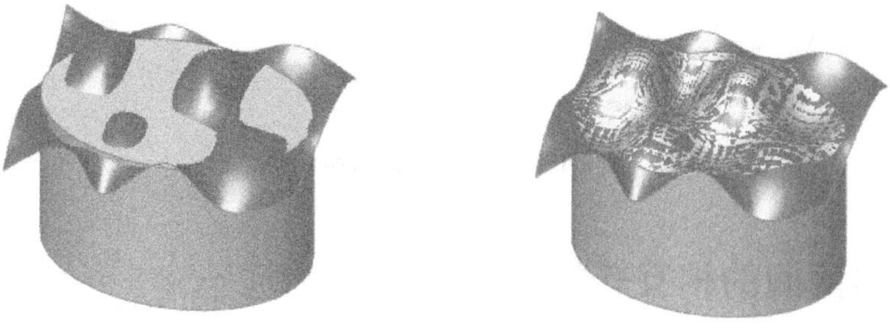

图 3-11 替换面实例

步骤9 删除“使用曲面切除1”特征 在“Guitar_Body”零件中，【删除】“使用曲面切除1”特征。

步骤10 显示曲面实体 在“曲面实体”文件夹内选择“Top Surface Knit”，并单击【显示】。

步骤11 编辑“拉伸-凸台1” 为了演示【替换面】特征的添加和删除材料的功能，需要编辑“拉伸-凸台1”，并将【深度】更改为2in，结果如图3-12所示。

步骤12 替换面 单击【替换面】。在【替换参数(R)】的上侧【替换的目标面】选择框中，选取“面<1>”，此面将会被移除。

在下侧的【替换曲面】选择框中，选取曲面“Shape Loft”，单击【确定】，如图3-13所示。

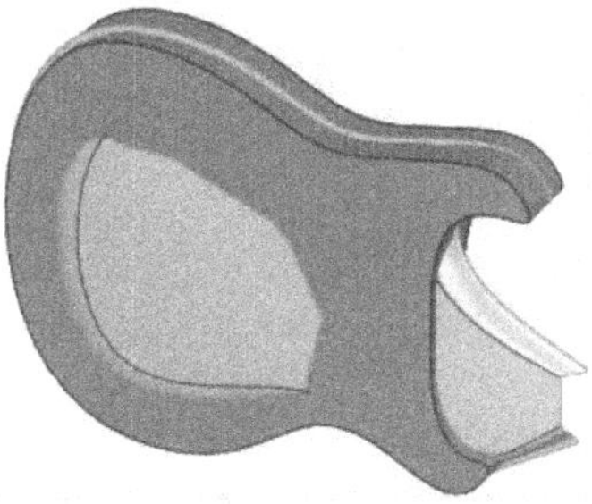

图 3-12 编辑“拉伸-凸台1”

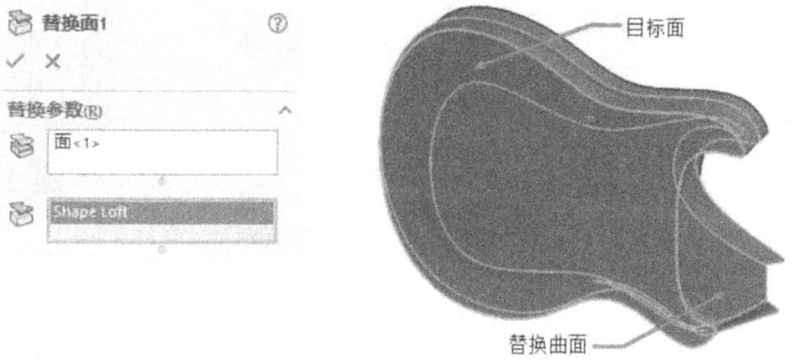

图 3-13 替换面

步骤13 【隐藏】曲面实体 结果如图3-14所示。

步骤14 另存为副本并继续 单击【另存为】，选中【另存为副本并继续】，将其命名为“Guitar Body_Replace Face”，如图3-15所示。

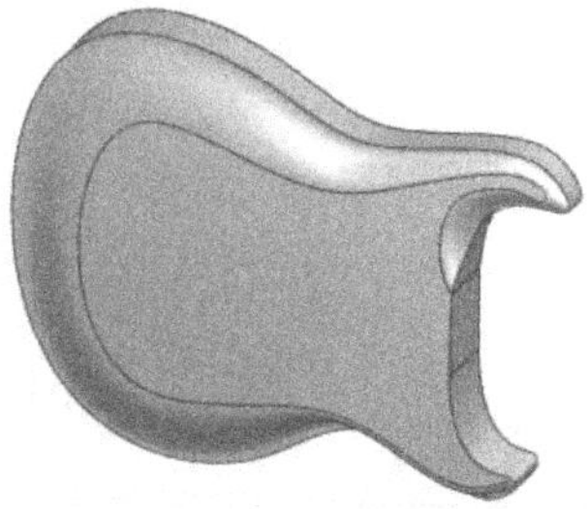

图 3-14 隐藏曲面实体

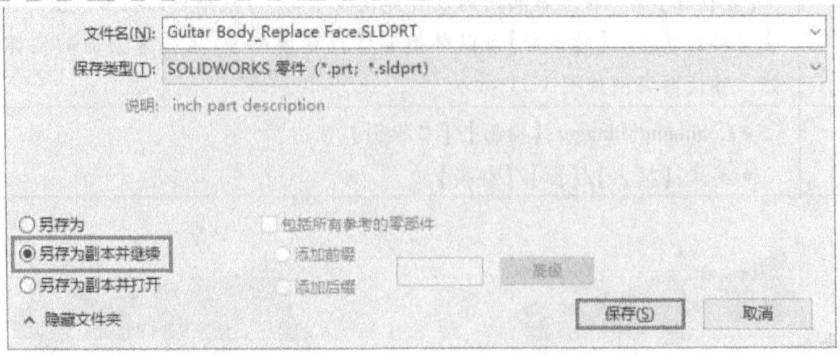

图 3-15　另存为副本并继续 3

3.3　实体与曲面间的相互转换

当使用复杂的面时，对单个曲面(而不是实体)进行更改会更加容易。如“第 1 章　理解曲面”中所述，一种将实体分解为曲面的技术是使用【删除面】命令。

步骤 15　删除“替换面 1”特征　在“Guitar_Body”零件中，【删除】“替换面 1”特征。

步骤 16　显示曲面实体　在“曲面实体”文件夹内选择“Top Surface Knit”，并单击【显示】。

步骤 17　实体转换成曲面　单击【删除面】。使用【删除】选项，并选取如图 3-16 所示的面，单击【确定】。

此步骤将实体分解成曲面。

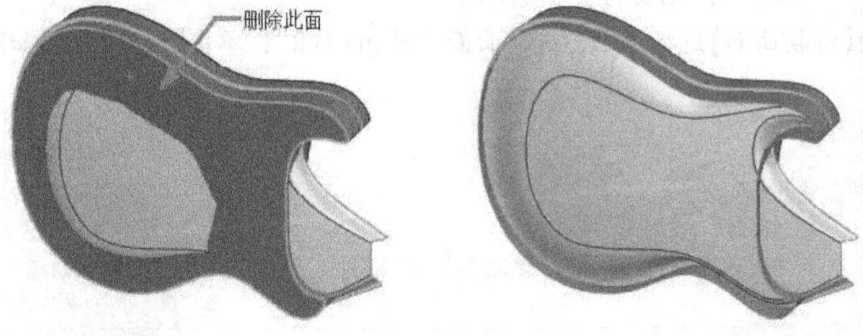

图 3-16　删除面

步骤 18　剪裁曲面　使用【剪裁曲面】的【相互】选项来剪裁曲面，勾选【创建实体】复选框，从剪裁曲面形成一个实体，单击【确定】，如图 3-17 所示。

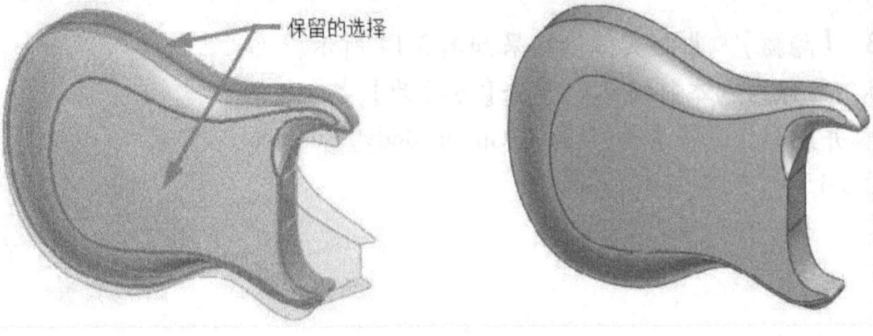

图 3-17　剪裁曲面

步骤 19　另存为副本并继续　单击【另存为】，选中【另存为副本并继续】，将其命名为“Guitar Body_Delete Face”，如图 3-18 所示。

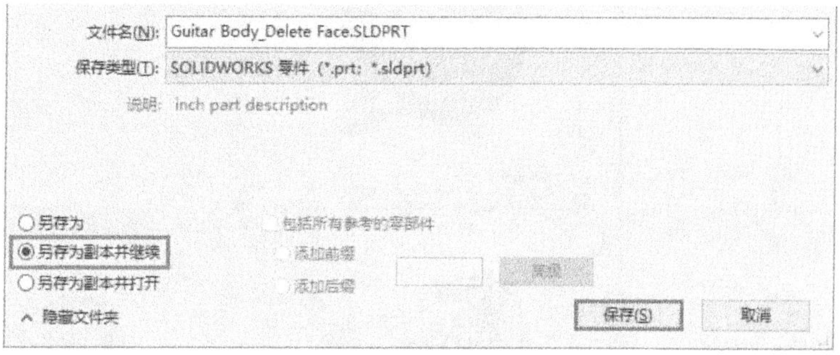

图 3-18　另存为副本并继续 4

步骤 20　保存并关闭此文件

3.4　性能比较

虽然以上每一种技术最终都能得到相同的结果，但在系统性能及重建时间方面却有或多或少的差异。

为了评估不同技术的性能，下面将打开已保存的 4 个版本“Guitar_Body”，并比较它们的重建时间。

步骤 21　打开零件　打开“Guitar_Body”模型的 4 个副本，如图 3-19 所示。

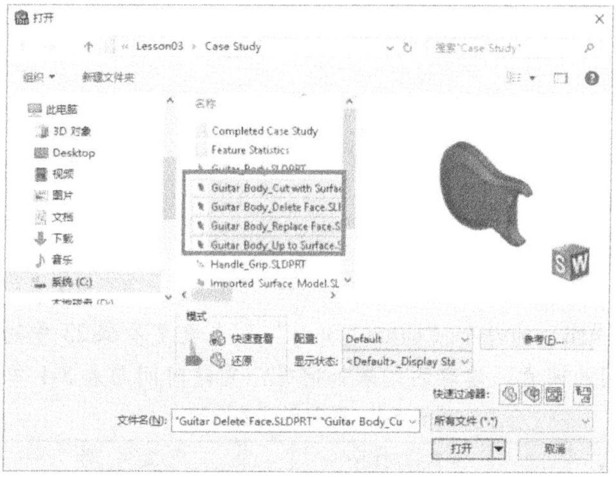

图 3-19　打开零件

步骤 22　平铺窗口　在【窗口】菜单中单击【横向平铺】，结果如图 3-20 所示。

步骤 23　性能评估　激活“Guitar_Body_Up to Surface”文档窗口，按〈Ctrl + Q〉键执行【强制重建】。单击【评估】/【性能评估】，注意总共重建时间，如图 3-21 所示。

提示　这些时间在每台计算机上都可能会不同。影响重建时间的因素很多，包括计算机硬件和其他正在运行的进程。

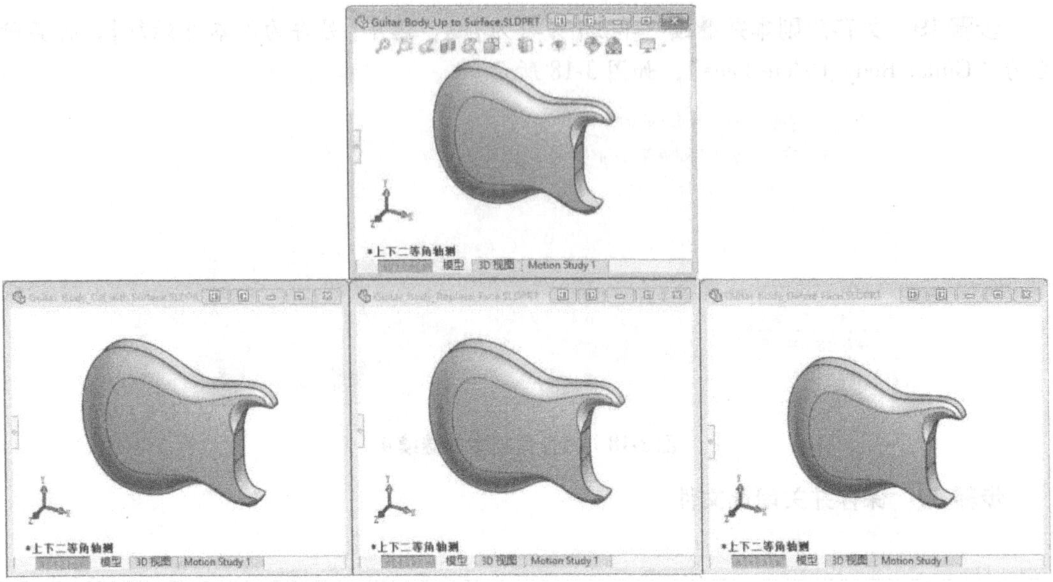

图 3-20　平铺窗口

图 3-21　性能评估

步骤 24　重复操作　为每个“Guitar_Body”副本重复步骤 23 中的操作。

- **影响重建时间的因素**　读者的结果如何呢？重建时间与表 3-1 中显示的是否相似？

表 3-1　重建时间的比较

文　件	重建时间/s	文　件	重建时间/s
Guitar Body_Up to Surface	2.23	Guitar Body_Replace Face	2.69
Guitar Body_Cut with Surface	1.78	Guitar Body_Delete Face	2.80

尽管使用此简单模型的重建时间没有太大差异，但是在处理更复杂的零件时，重建时间是需要着重考虑的因素。为确保大型模型的最佳性能，建议记住不同的建模技术是如何影响重建时间的。影响重建时间的因素包括：

- **特征的复杂性**　如【替换面】命令之类的复杂特征可能需要更长的时间才能重建。用户应考虑是否可以使用更简单的特征来实现相同的结果。

● 特征的数量 尽管【删除面】技术中使用的特征不如【替换面】那么复杂，但是需要执行的特征和功能数量导致了更长的重建时间。

● 父/子关系 与独立的特征相比，在零件中包含对另一特征引用的特征将花费更长的重建时间。“Up to Surface”技术是引用模型中的曲面实体，从而创建父/子关系。“Cut with Surface”技术不会建立任何新的父/子关系，因此即使这是一个额外的步骤，也会需要更少的重建时间。

步骤25 保存并关闭所有文件

3.5 将曲面作为构造几何体

创建任何扫描特征的关键步骤之一，是形成一条用于扫描路径或引导线的曲线。下面示例中的模型是沿一条曲线路径扫描一个圆形轮廓而得到的，扫描路径是两个参考曲面交叉形成的曲线，如图3-22所示。

创建此模型的主要步骤如下：

1. **创建旋转曲面** 旋转曲面需要绘制一条样条曲线。
2. **创建螺旋曲面** 沿一条直线路径扫描一条直线，并利用【扭转控制】选项来完成。
3. **生成交叉曲线** 找到两个参考曲面的交叉线作为扫描的路径。
4. **扫描其中的一个“辐条”** 利用一个圆形轮廓沿交叉曲线进行扫描。
5. **阵列“辐条”** 利用圆周阵列复制“辐条”，完成零件。

扫码看视频

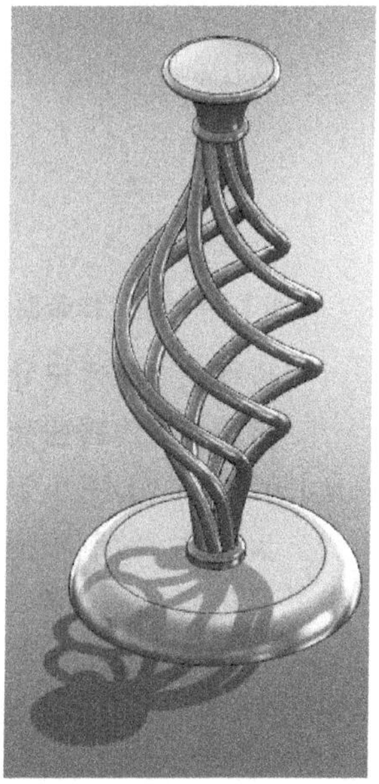

图3-22 扫描实例

操作步骤

步骤1 打开零件 打开“Lesson03\Case Study”文件夹内的零件“Wrought Iron”，该零件已经创建了模型的底座，同时还包含一个草图，如图3-23所示。

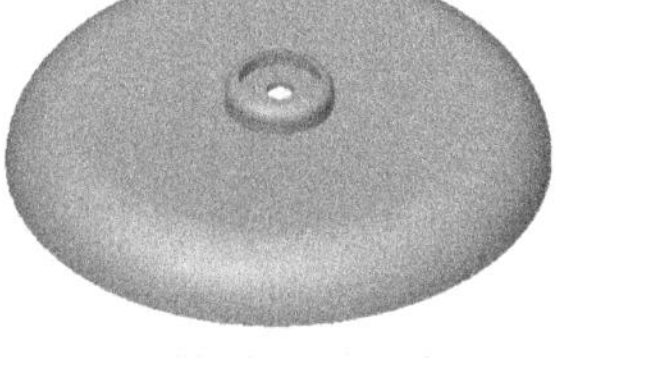

图3-23 零件“Wrought Iron”

步骤2 隐藏实体 右键单击旋转特征，选择【隐藏】。

步骤3 编辑草图 编辑草图“spline_grid”。

步骤4 创建样条曲线 单击【样条曲线】，绘制一条样条曲线。其大体形状如图3-24所示。该样条曲线有7个型值点。

步骤5 添加对称几何关系 为保持曲线的对称性，在曲线型值点上添加相对于水平构造线的【对称】几何关系，如图3-25所示。

步骤6 添加竖直几何关系 选择样条曲线顶部的端点控标(箭头)，添加【竖直】几何关系。

对底部的端点进行同样的操作，如图3-26所示。

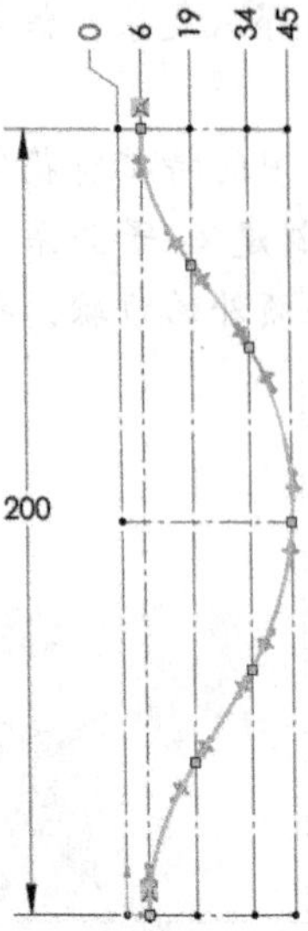

图3-24　创建样条曲线

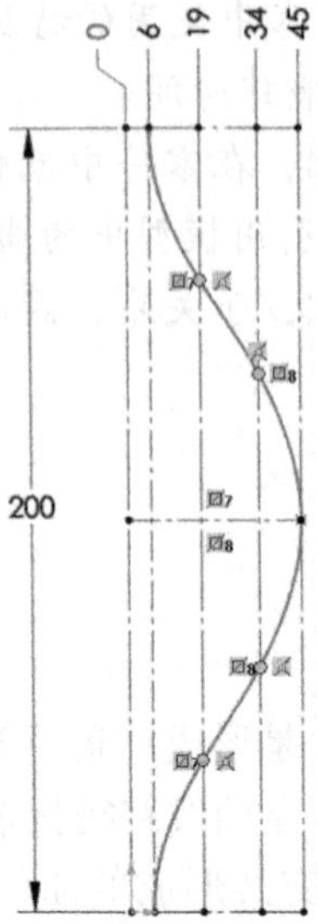

图3-25　添加对称几何关系

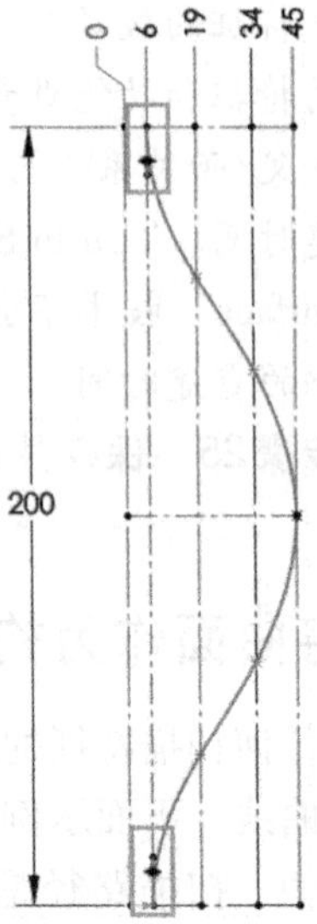

图3-26　添加竖直几何关系

步骤7　标注尺寸　使用竖直尺寸链为型值点添加尺寸，如图3-27所示。

步骤8　旋转曲面　选择基准0处的竖直中心线，单击【旋转曲面】。设置【旋转角度】为360°，如图3-28所示。单击【确定】。

步骤9　绘制扫描路径　在前视基准面上新建草图，显示旋转曲面中用到的草图。选取竖直中心线，并单击【转换实体引用】，如图3-29所示。

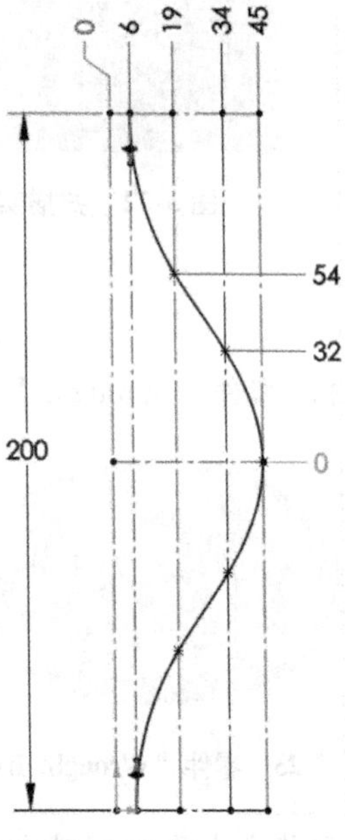

图3-27　标注尺寸

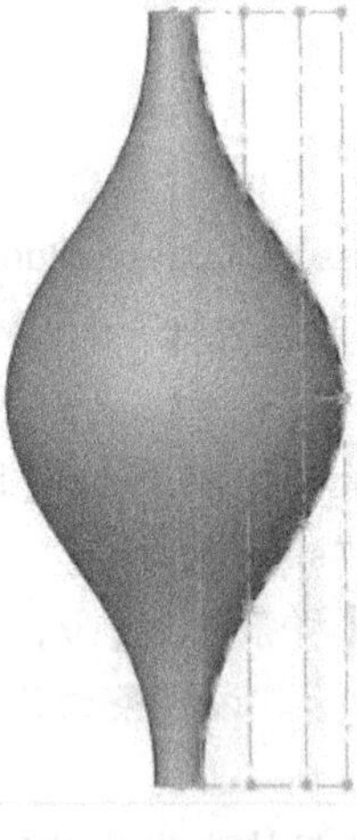

图3-28　旋转曲面

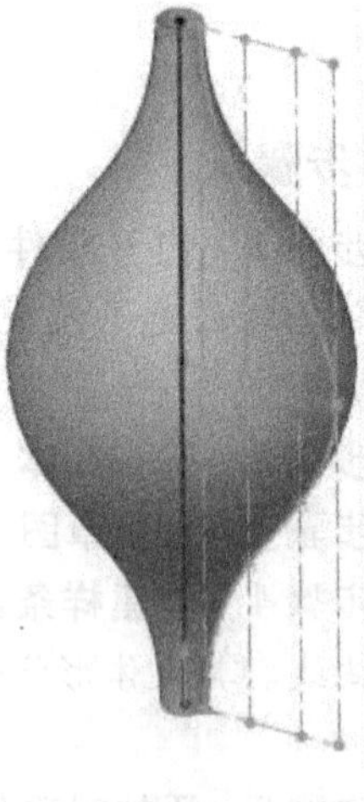

图3-29　绘制扫描路径

步骤10　退出草图　退出草图，将草图命名为“Path”。

步骤11　绘制扫描轮廓　在上视基准面上新建草图，从扫描路径底部端点开始绘制一条水平直线，尺寸如图3-30所示。

步骤12　退出草图　退出草图，将草图命名为“Profile”。

步骤13　扫描曲面　分别选取扫描轮廓和扫描路径，按照图3-31所示进行相应设置。此处不用引导线即可实现螺旋扫描。

图3-30　绘制扫描轮廓

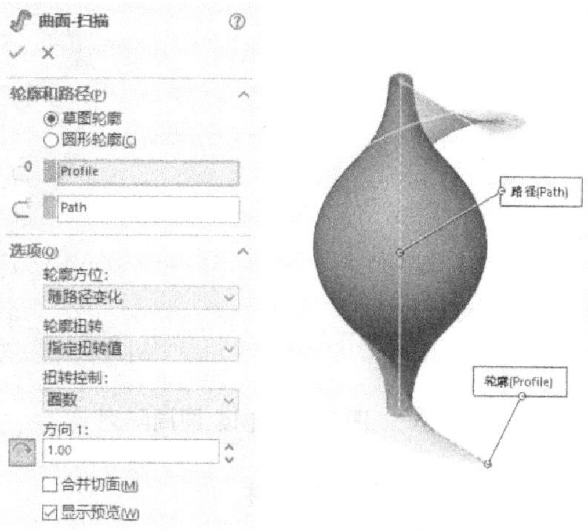

图3-31　扫描曲面

步骤14　交叉曲线　按住〈Ctrl〉键选择如图3-32所示的两个曲面，单击【交叉曲线】。该操作将使用两个曲面的交线生成一个3D草图，并自动进入【编辑草图】模式。

步骤15　退出草图　退出3D草图，并隐藏两个曲面实体，将3D草图命名为“Path 2”。

步骤16　显示实体　右键单击特征“Revolve1”，选择【显示】。

选择两个曲面，右键单击并选择【隐藏】。

步骤17　实体扫描　创建扫描凸台时使用【圆形轮廓】，设置直径为6mm，勾选【与结束端面对齐】和【合并结果】两个复选框，确保扫描凸台能够与旋转凸台合并，如图3-33所示。

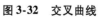

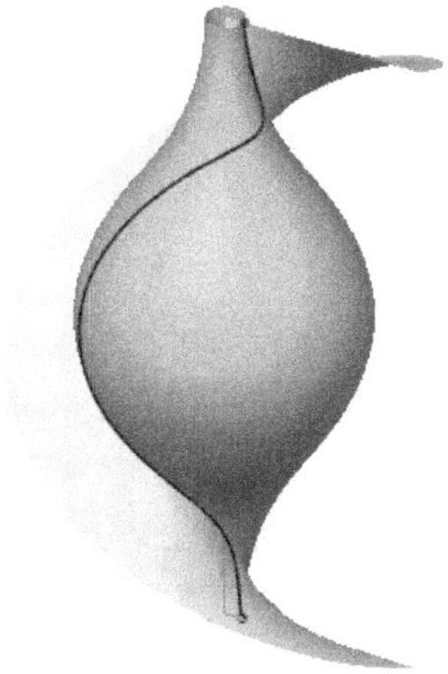

图3-32　交叉曲线

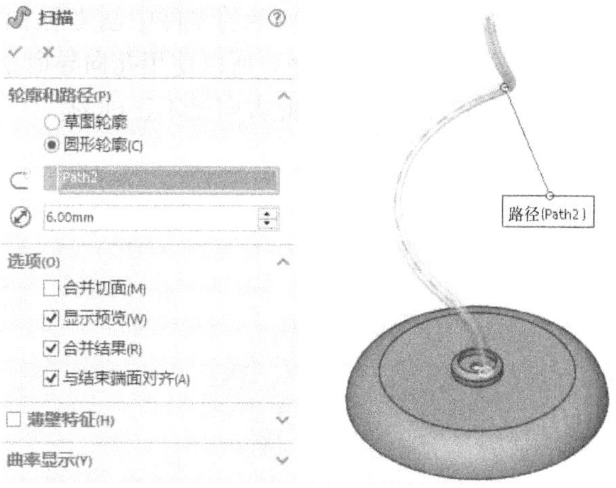

图3-33　实体扫描

步骤18　创建圆周阵列　创建一个圆周阵列，等间距复制6个扫描体，如图3-34所示。

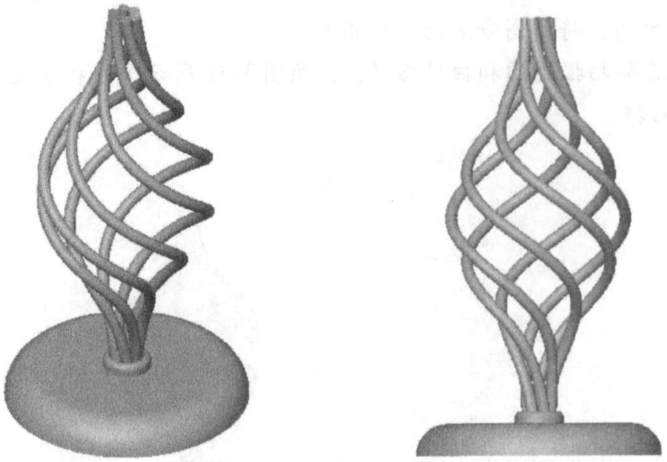

图 3-34　创建圆周阵列

扫码看 3D

步骤 19　保存并关闭文件

3.6　面的复制

在混合建模过程中经常需要复制实体面，一般有以下两种方法：

- 【等距曲面】。
- 【缝合曲面】。

知识卡片		
	等距曲面	【等距曲面】命令可以实现从现有面生成一个新面，现有面可以是实体面也可以是曲面。若等距曲面失败，可能是由等距距离大于曲面最小曲率半径引起的。等距草图时也存在类似问题。 当等距距离为零时，将创建一个复制面。
	操作方法	• CommandManager：【曲面】/【等距曲面】。 • 菜单：【插入】/【曲面】/【等距曲面】。

本节任务主要是在如图 3-35 所示的零件中创建两个沉头孔。

由于本例中的钻孔面不是平面，所以使用孔向导命令来实现会带来问题。它所创建的孔将垂直于钻孔面，如图 3-36 所示，而此方向是不正确的。

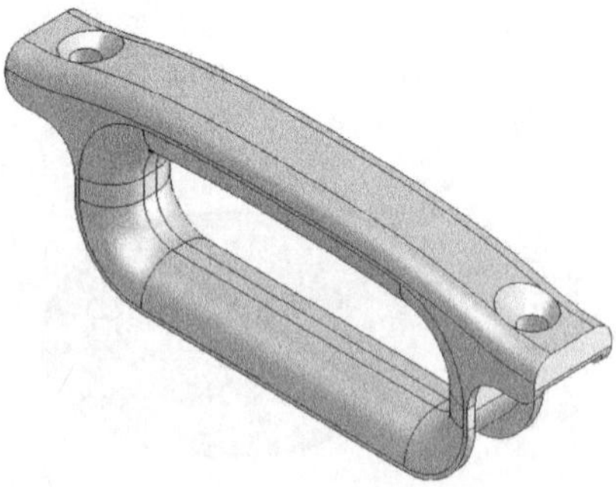

图 3-35　零件示例

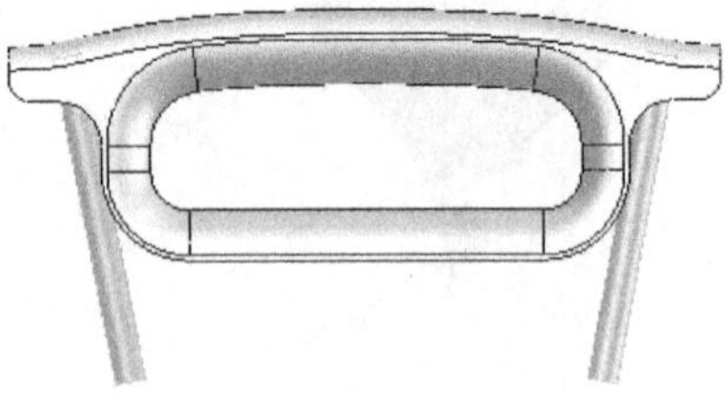

图 3-36　错误示范

若先创建一个平面，然后在该平面上打孔，虽然打孔方向没有问题，但最终生成的沉头孔将是不完整的，如图 3-37 所示。

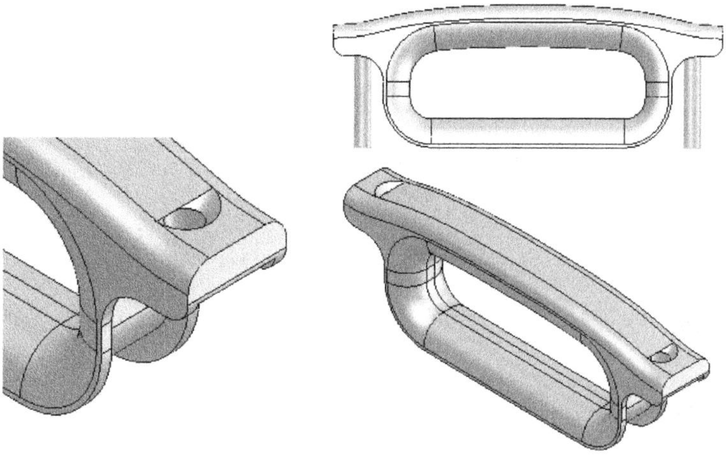

图 3-37 不完整的沉头孔

扫码看视频

操作步骤

本例从已有的零件开始讲解，此零件中沉头孔已创建完成。

步骤1 打开零件 打开“Lesson03\Case Study”文件夹内的“Handle_Grip”，如图3-38所示。

步骤2 复制曲面 单击【等距曲面】，在【等距距离】中输入0.00mm。选取两个沉头孔面，单击【确定】，如图3-39所示。

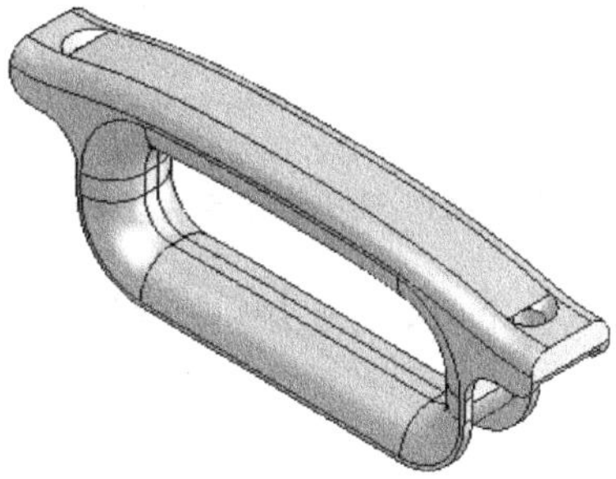

图 3-38 零件“Handle_ Grip”

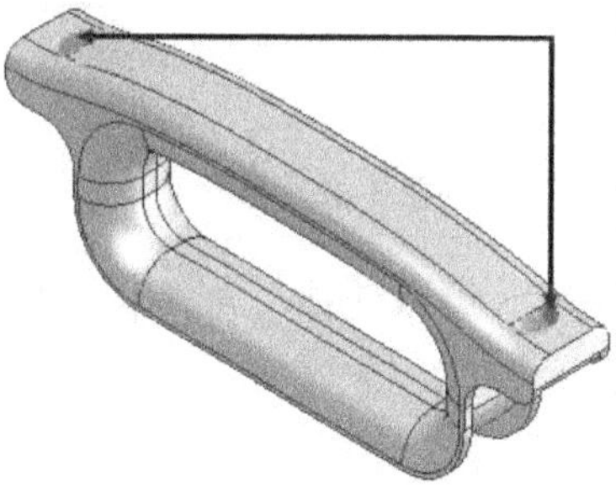

图 3-39 复制曲面

提示 此处没有采用【缝合曲面】来复制面是因为现有的两个沉头孔面是相互分离的，它们不能被缝合在一起。

步骤3 延伸曲面 单击【延伸曲面】。选择其中一个复制曲面，设置【终止条件】为【距离】，并输入数值6.00mm。

提示 此距离并不要求正好是临界值，只要延伸后曲面上侧超出零件上表面即可。

【延伸类型】选择【同一曲面】，单击【确定】，如图3-40所示。

步骤4 重复操作 重复前一步骤延伸另一个沉头孔复制面，如图3-41所示。

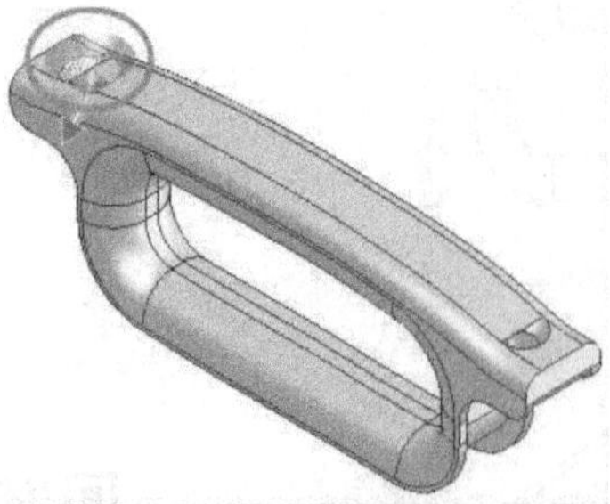

图 3-40　延伸曲面

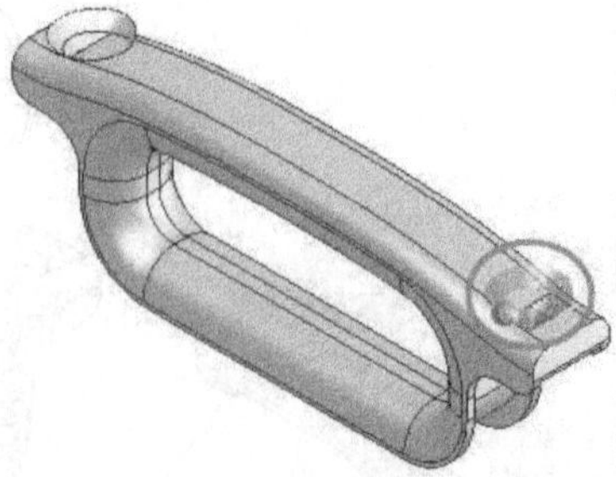

图 3-41　重复操作

技巧　按〈Enter〉键可重复上一个命令。

步骤 5　相交　单击【相交】，选择两个延伸曲面和手柄部分的实体。在 PropertyManager 中单击【相交】，结果如图 3-42 所示。

步骤 6　选择要排除的区域　选择手柄部分的实体，然后单击【反选】，这样便会将两个需要去除的部分选中，如图 3-43 所示。

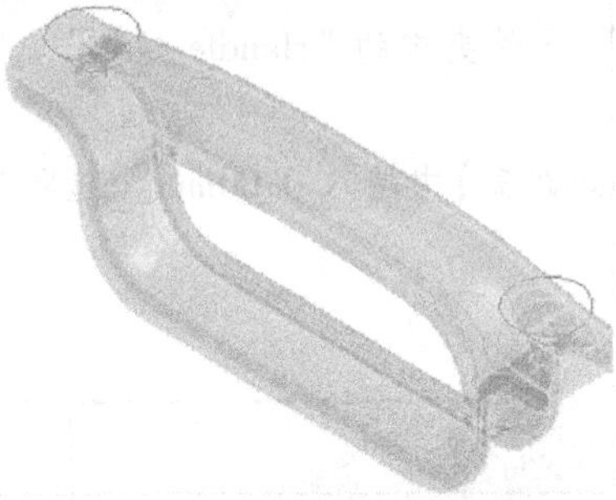

图 3-42　相交

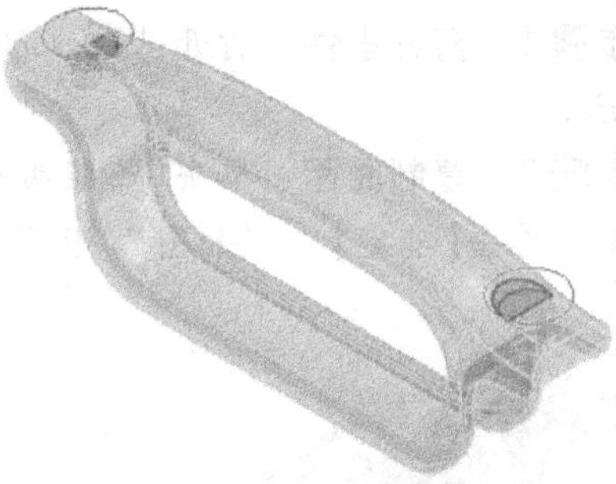

图 3-43　选择要排除的区域

步骤 7　删除曲面　勾选【消耗曲面】复选框，然后单击【确定】✔，结果如图 3-44 所示。

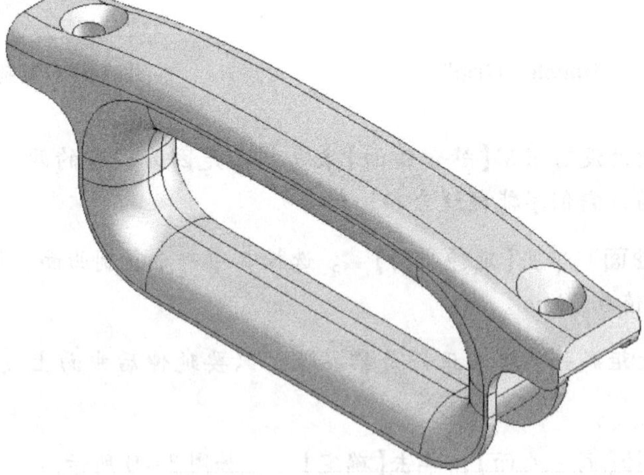

图 3-44　删除曲面

步骤 8　保存并关闭文件

3.7　展平曲面

正如在“第 1 章　理解曲面”中所述，SOLIDWORKS 可以创建可展和不可展的曲面。可展开的曲面可以在不变形的情况下展平，但不可展开的曲面需要不均匀地拉伸或压缩以形成平展的面。使用【曲面展平】命令可以使不可展曲面展平，此功能仅在 SOLIDWORKS 高级版本中提供。

知识卡片

曲面展平	【曲面展平】可以从选定的曲面创建面网格，然后确定该曲面或面的展平样式，其结果是生成一个与所选展平的边线或顶点相切的曲面。 在将曲面展平之后，可以通过查看【变形图解】对其进行分析，以确定所得曲面中的压缩或拉伸区域。
操作方法	• CommandManager：【曲面】/【曲面展平】。 • 菜单：【插入】/【曲面】/【展平】。

扫码看视频

操作步骤

步骤 1　打开零件　从“Lesson03 \ Case Study”文件夹内打开“Flatten_Surface”零件。

步骤 2　展平曲面　单击【曲面展平】。对于【要展平的面/曲面】，右键单击零件的一个外表面，然后选择【选择相切】。对于【要从其展平的边线上的顶点或点】，选择如图 3-45 所示的顶点。单击【确定】。

步骤 3　查看结果　SOLIDWORKS 将创建一个曲面实体，以表示零件的展平形式，如图 3-46 所示。

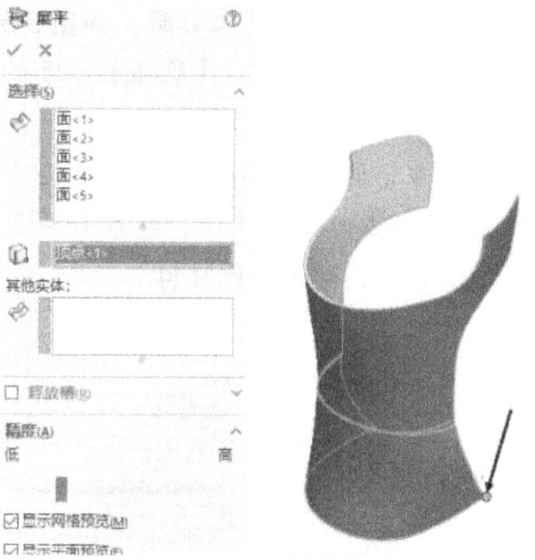

图 3-45　展平曲面

步骤 4　进一步分析结果　右键单击生成的曲面，然后选择【变形图解】，结果如图 3-47 所示。

提示　提高精度可在展平过程中提供更精细的面网格，并在变形图解中提供更准确的结果。但这也会影响【曲面展平】的性能。

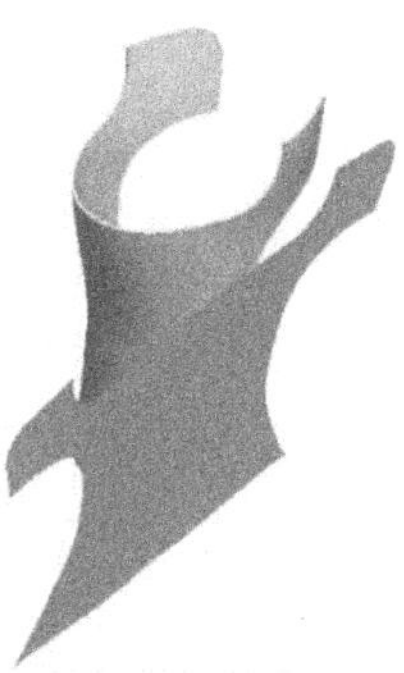

图 3-46　查看展平结果

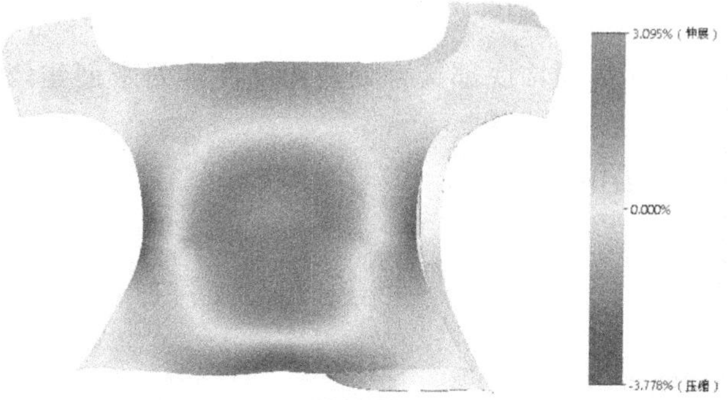

图 3-47　变形图解

步骤 5　保存并关闭零件

练习3-1 曲面之间的放样

用户可以使用草图、面或曲面完成放样。在本练习中，将在两个曲面之间执行放样以形成实体，如图3-48所示。

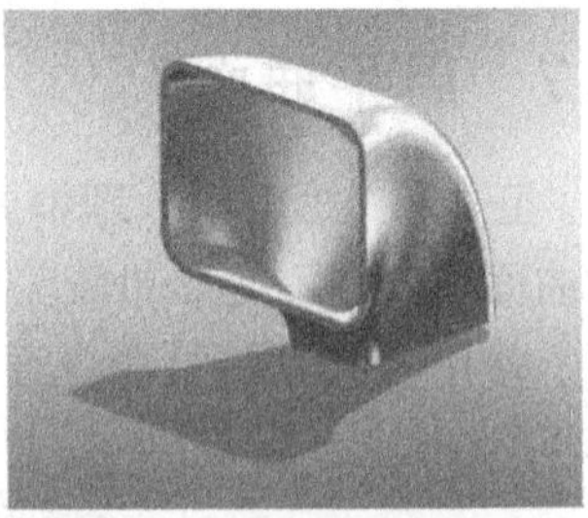

图3-48 曲面之间的放样

操作步骤

步骤1 打开零件 从“Lesson03\Exercises”文件夹内打开“LOFT_SURF”零件，此零件包含两个导入的曲面，如图3-49所示。

步骤2 插入实体放样 使用【放样凸台/基体】，选择两个曲面作为放样的轮廓。像在草图上操作一样，在边角的附近选取曲面，如图3-50所示。

步骤3 隐藏曲面 【隐藏】两个曲面实体，如图3-51所示。

步骤4 倒角和抽壳 添加半径为12mm的倒角和3mm的抽壳以完成实体，结果如图3-48所示。

步骤5 保存并关闭文件

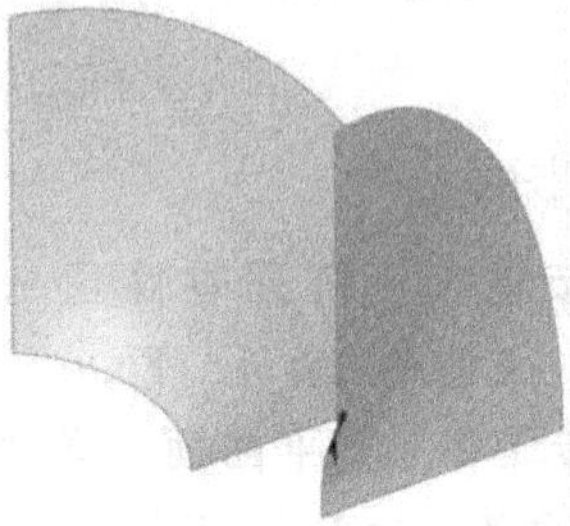

图3-49 打开“LOFT_SURF”零件

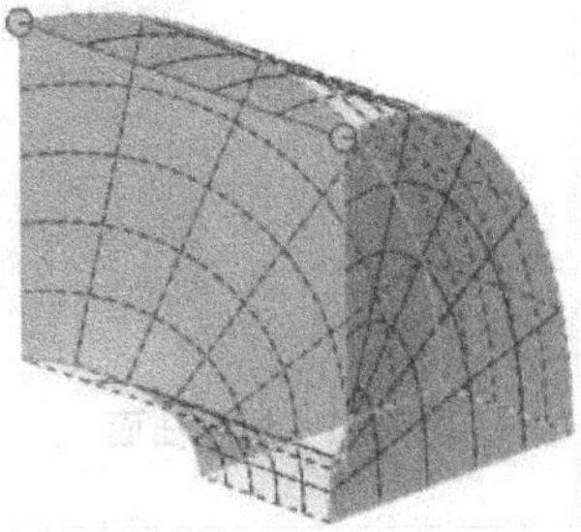

图3-50 插入实体放样

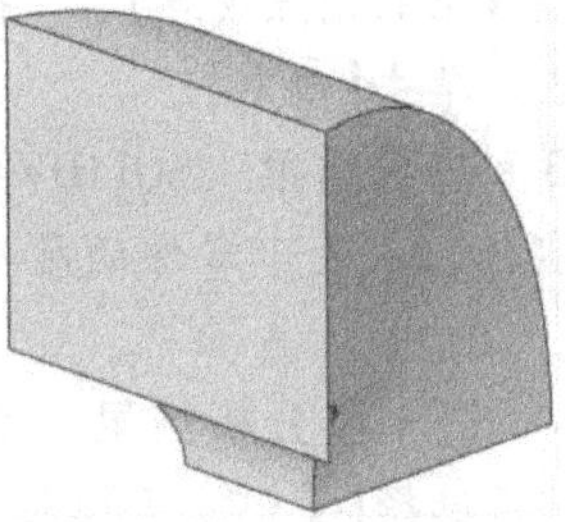

图3-51 隐藏曲面

练习3-2 创建尖顶饰包覆体

本练习将在尖顶饰底部接合处使用圆周阵列来创建该包覆体，如图3-52所示。

本练习将应用以下技术：

- 包覆。
- 加厚。
- 放样。
- 延伸曲面。
- 替换面。

图3-52 尖顶饰包覆体

操作步骤

步骤1 打开零件 打开"Lesson03\Exercises"文件夹内的"Finial_Wrap"零件。该零件已包含一个实体以及两个草图。使用所提供的草图来建模可以保证得到一致的结果。

步骤2 创建两个复制曲面 如图3-53所示，使用【等距曲面】或者【缝合曲面】命令(参看图中高亮显示的圆柱曲面)创建两个独立的复制面。

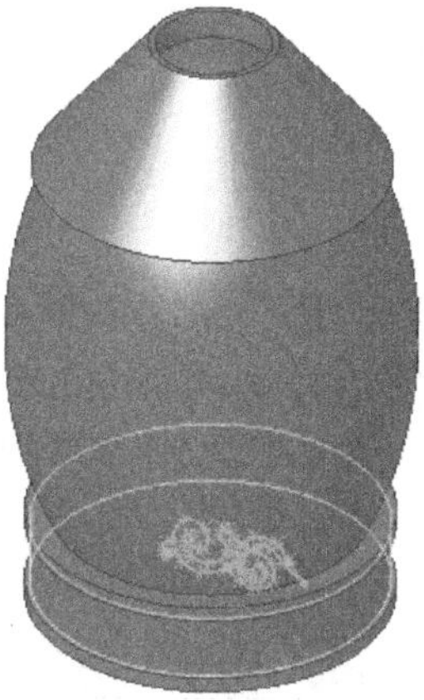

图3-53 创建两个复制曲面

> **提示** 创建两个复制面是因为后续要生成两个【包覆】特征，每个特征将会使用其中一个复制面。

步骤3 隐藏实体 除其中一个复制面以外，隐藏其他所有曲面及实体。

步骤4 包覆特征 在FeatureManager设计树中选择"Wrap_Sketch1"草图，单击【包覆】。

选择【刻划】，在目标面上生成分割线。选择复制面作为【包覆草图的面】(目标面)，如图3-54所示。图3-55中显示的矩形代表了圆柱曲面在草图面上展平后的状态。单击【确定】✓。

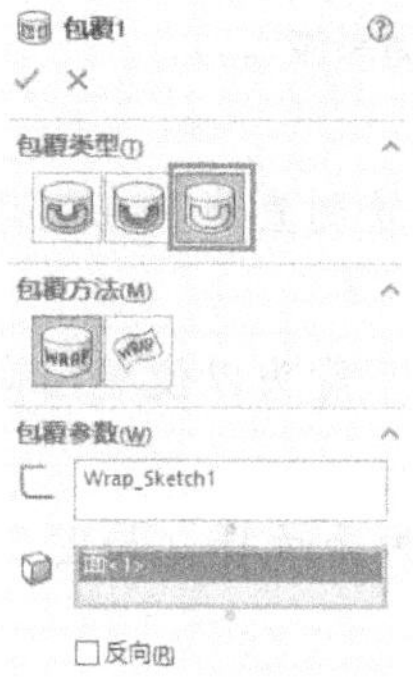

图3-54 包覆特征

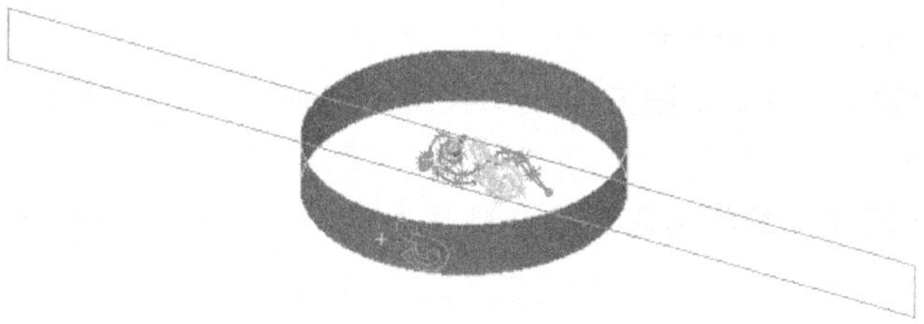

图3-55 包覆

步骤5 删除面 使用【删除面】的【删除】选项删除刻划后的外侧圆柱曲面，如图3-56所示。

单击【确定】✓，删除后的剩余部分如图3-57所示。

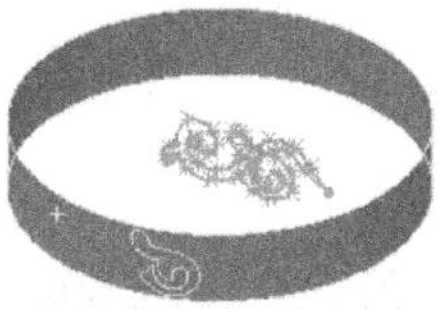

图3-56 删除面

图3-57 剩余部分

步骤6 重复操作 重复步骤4和步骤5，使用草图"Wrap_Sketch2"刻划另一复制面(可以先将另一复制面显示出来)。同样删除外侧面，如图3-58所示。

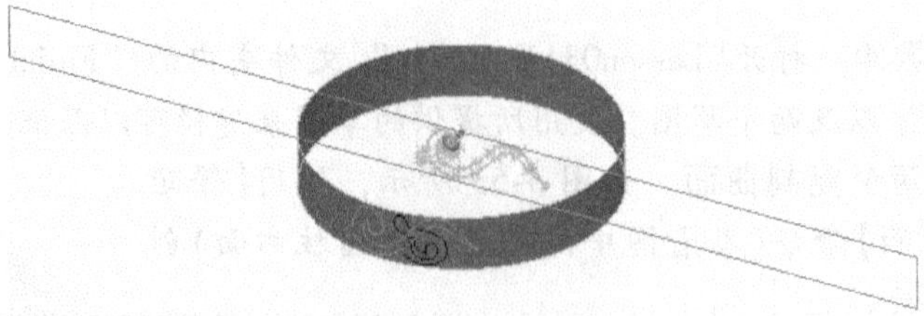

图 3-58　重复操作

步骤 7　加厚曲面实体　分别在两个曲面实体上创建两个【加厚】特征。设置第一个【加厚】特征的【厚度】为 1.25mm，取消勾选【合并结果】复选框，其结果如图 3-59 所示。

设置第二个【加厚】特征的【厚度】为 1mm，勾选【合并结果】复选框。在【特征范围】选项框中选中【所选实体】，并选取实体“加厚 1”，其结果如图 3-60 所示。

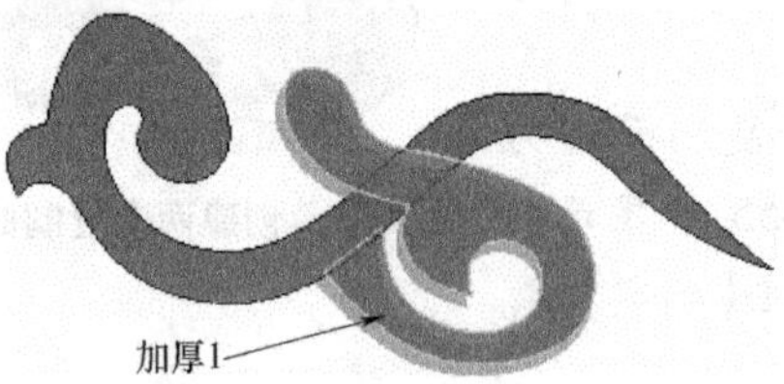

图 3-59　加厚曲面实体(一)

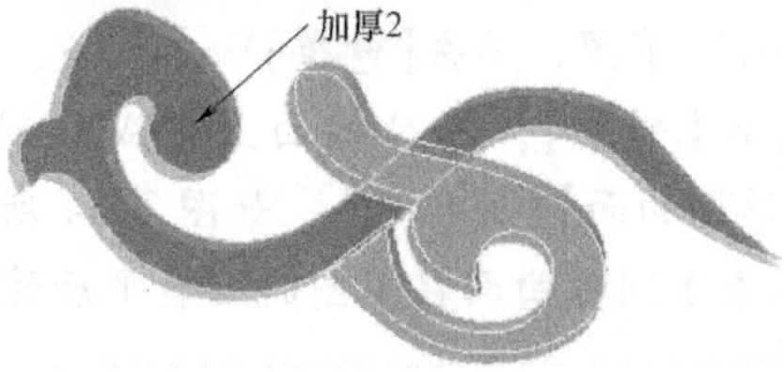

图 3-60　加厚曲面实体(二)

步骤 8　创建分割线　在上视基准面上新建草图，按图 3-61 所示绘制直线。在实体外表面上生成一条分割线。

步骤 9　改变视图方向　切换到后视图，然后在键盘上按 3 次向下箭头以使视图向下旋转 45°，结果如图 3-62 所示。

步骤 10　放样曲面　在分隔线与两个实体交叉处的边线间进行曲面放样，如图 3-63 所示。

图 3-61　创建分割线

图 3-62　改变视图方向

图 3-63　放样曲面

在【开始/结束约束】处均选择【与面的曲率】选项。

确保曲率与模型中的适当面相关。高亮显示的面表示要添加约束的面。若要修改选择面，单击 PropertyManager 中的【下一个面】或使用图形区域中的箭头。

步骤 11 放样结果 放样结果如图 3-64 所示，注意曲面颜色的变化。

步骤 12 延伸曲面 放样后的曲面将用来替代实体的表面，因此，放样面必须延伸超出实体模型。单击【延伸曲面】，使用【同一曲面】选项向外延伸放样曲面，如图 3-65 所示。

步骤 13 替换面 如图 3-66 所示，利用放样曲面替换实体面。隐藏放样曲面。

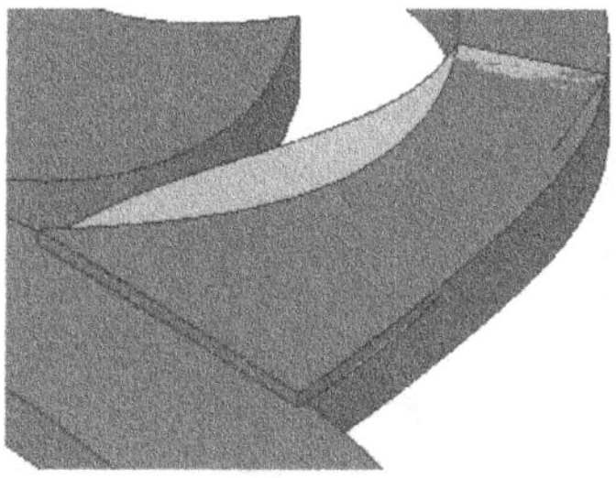

图 3-64 放样结果

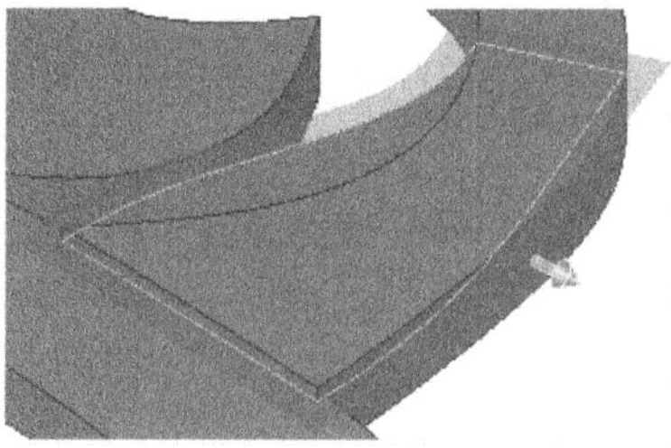

图 3-65 延伸曲面

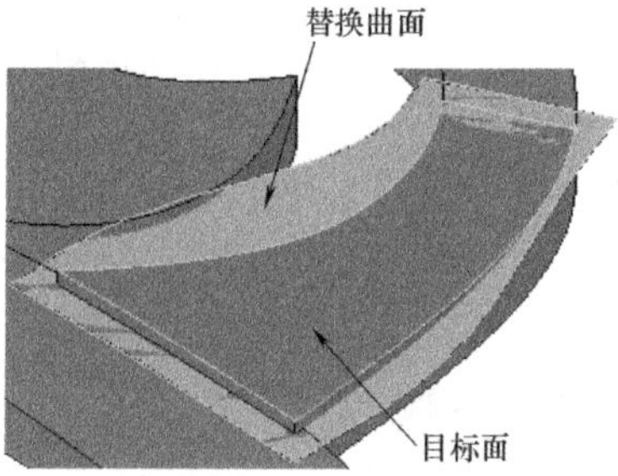

图 3-66 替换面

步骤 14 阵列实体 绕临时轴进行【圆周阵列】，设置实例数量为 9，结果如图 3-67 所示。

步骤 15 组合实体 显示实体“Revolve2”，在“实体”文件夹内选择所有实体，单击右键并从快捷菜单中选择【组合】。选择【添加】并单击【确定】。改变包覆特征的颜色，结果如图 3-68 所示。

步骤 16 保存并关闭文件

图 3-67 阵列实体

图 3-68 组合实体

练习 3-3 展平曲面

在本练习中，将使用【曲面展平】命令生成“Halyard Guide”模型的近似展平形式，如图 3-69 所示。

本练习将应用以下技术：

- 曲面展平。

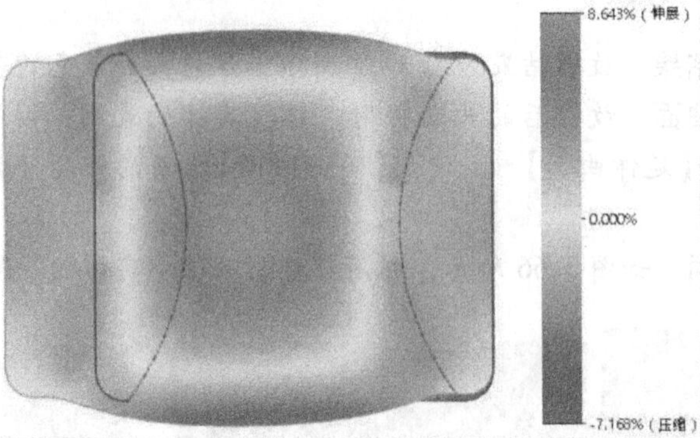

图 3-69　展平曲面

操作步骤

步骤 1　打开零件　从“Lesson03 \ Exercises”文件夹内打开“Halyard Guide_Flat”零件，如图 3-70 所示。

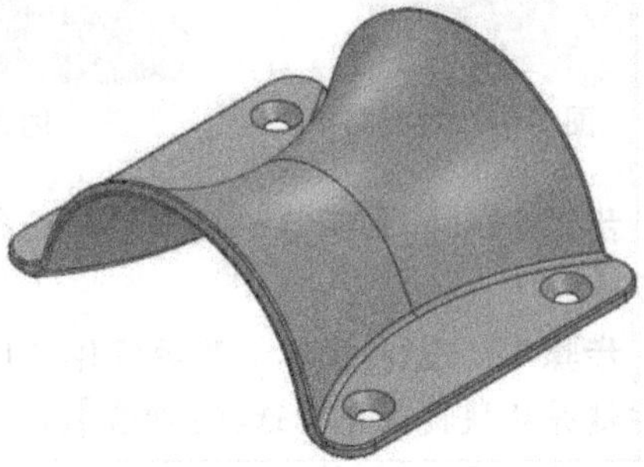

图 3-70　打开“Halyard Guide_Flat”零件

步骤 2　退回　在 FeatureManager 设计树中，将退回控制棒放置在“Mirror2”和“Fillet2”特征之间。

步骤 3　展平曲面　单击【曲面展平】。对于【要展平的面/曲面】，右键单击零件的一个内表面，然后选择【选择相切】。对于【要从其展平的边线上的顶点或点】，选择如图 3-71 所示的边线。单击【确定】。

步骤 4　查看变形图解（可选步骤）　右键单击生成的曲面，然后选择【变形图解】，结果如图 3-72 所示。

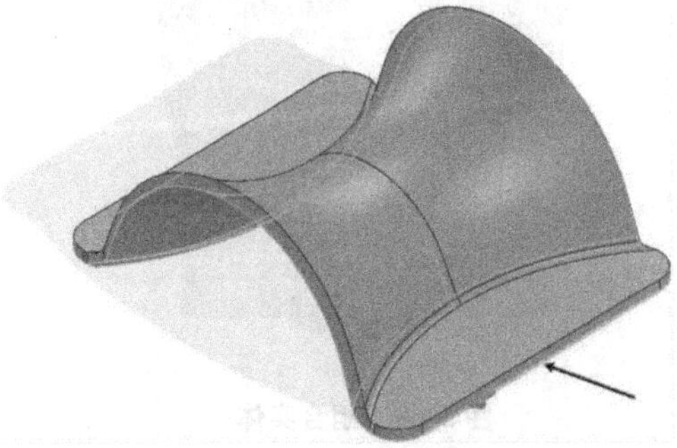

图 3-71　选择边线

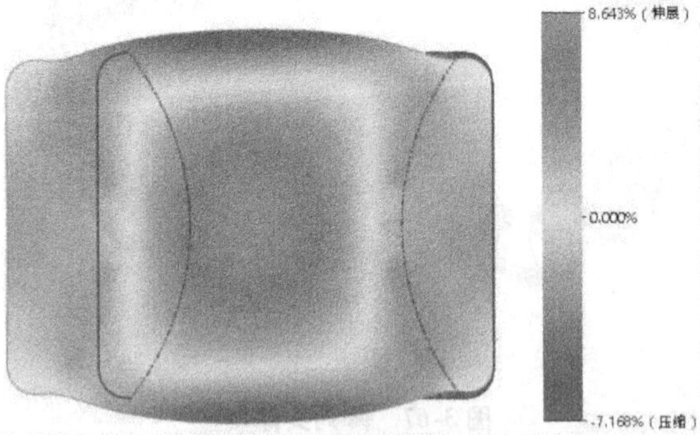

图 3-72　查看变形图解

步骤 5　退回到尾　在 FeatureManager 设计树中，将退回控制棒移动到设计树的尾部。

步骤 6　隐藏曲面实体　单击“曲面实体”文件夹，再单击【隐藏】。

步骤 7　保存并关闭文件

第 4 章　修复与编辑导入的几何体

学习目标

- 了解影响 CAD 数据在不同系统间转换的因素
- 从其他数据源输入实体和曲面几何体
- 使用输入诊断来诊断与修复导入几何体中存在的问题
- 使用曲面建模技术手动修复与编辑输入的几何体

4.1　导入数据

曲面建模技术非常适合在 SOLIDWORKS 中处理导入的数据。为了帮助理解导入的数据，下面将首先介绍一些 CAD 行业中常用的概念和术语。了解建模内核、CAD 文件的内容和文件格式将对掌握 SOLIDWORKS 中有关文件转换的知识有所帮助。

4.1.1　建模内核

建模内核是实体建模软件的引擎。它包含核心的实体建模代码，用户可以访问其中的创建和编辑功能。建模内核采用 CAD 程序提供的信息并生成实体。

建模内核非常复杂，因此许多公司不会花费时间和精力来创建和维护建模内核。Parasolid 和 ACIS 是被多家公司采用的建模内核。有些公司也开发了自己的专有内核。

- Parasolid 内核　其是 SOLIDWORKS、早期版本的 Solid Edge 和 Unigraphics 使用的建模内核。Parasolid 模型是 Siemens PLM Software 拥有的专利内核。
- ACIS 内核　其是 AutoCAD、Mechanical Desktop、Inventor 的早期版本、CADKEY 和 IronCAD 使用的建模内核。ACIS 建模内核是 Spatial Technologies 拥有的专利内核，Spatial Technologies 现在是 DassaultSystèmes 的一部分。
- 专有内核　使用专有内核的公司包括 Pro-Engineer、Inventor、UPG2 和 think3。

4.1.2　CAD 文件的内容

了解 CAD 文件中包含的内容，可以帮助用户理解程序之间实际传输的内容。理解 CAD 文件的一种简单方法是将其划分为 3 部分，即标题、特征指令集以及数据库或结果实体。

- 标题（Windows 属性）　所有 Windows 文件都有一个文件标题，其中包含有关文件的信息，例如文件的格式、文件名、类型、大小、属性以及 2D 和 3D 预览。
- 指令集（特征）　指令集可以视为二进制形式的 FeatureManager 设计树。指令集被发送到建模内核，并用于构建模型。这是各种实体建模程序专有的一部分，说明指令集对于建模者和建模内核是唯一的。
- 数据库（结果实体）　建模内核和指令集的输出是一个包含定义实体拓扑的数据库。在图形区域中用户看到的是生成的实体。

4.1.3 文件格式

为了将文件存储在计算机上，需要将其格式化以对组成文件的数据进行编码和组织。某些文件格式特定于创建文件的程序。例如，在 SOLIDWORKS 中创建的零件格式为“实体零件(solid part)”，其扩展名为 *. sldprt，这些格式称为原本文件格式。其他格式旨在由多个应用程序共享，这些格式被称为中性文件格式。CAD 数据的中性文件格式构成了 CAD 程序交换数据的通用参考，但任何 CAD 程序都不直接使用此格式。下面列出了一些模具设计中最常见的中性文件格式:

- Parasolid(*. x_t、*. x_b)　Parasolid 是 SOLIDWORKS 的原本建模内核。因此，Parasolid 文件是直接被读入到 SOLIDWORKS 文件的，导入文件时无需转换数据库。但 Parasolid 文件格式中包括的数据仅定义了实体本身(面、边、顶点)，并不包括有关实体创建方式的历史数据。因此，与其他中性文件格式一样，Parasolid 文件在 FeatureManager 树中将不包括可编辑的特征。
- STEP(*. step、*. stp)　STEP 代表产品数据交换标准(Standard for the Exchange of Product Data)。STEP 也称为 ISO 10303，这是用于计算机解释性表示和交换产品数据的国际标准。此文件格式旨在描述产品生命周期中的产品数据，而与任何特定系统无关。这种性质使其不仅适用于中性文件交换，还适合作为实现和共享产品数据库以及归档的基础。
- IGES(*. igs)　IGES 代表初始图形交换规范(Initial Graphics Exchange Specification)。IGES 的初始版本于 1980 年发布，仅包含使用线框几何图形创建工程图的基本功能。多年来，该规范已经发展到包括当前的实体建模格式。为了转换为 IGES，将为模型或工程图文件中的每个实体分配一个实体类型编号，以定义实体的类型。此过程将发送实体映射到 IGES 实体。有多种将实体映射到可用 IGES 实体的方法，选择的方法由用户决定。
- ACIS(*. sat)　ACIS 是 3D 建模系统，可在开放的、面向对象的体系结构中提供曲线、曲面和实体建模。Spatial 于 1990 年推出了 ACIS Geometric Modeler，它是面向对象的 3D 几何建模工具套件。该产品旨在用作 3D 建模应用程序中的“几何引擎”。ACIS 与 Parasolid 相似，它也是一种可用于许多应用程序的标准建模技术。

4.1.4 文件格式的建议

在较新版本的 SOLIDWORKS 中，无需转换即可打开许多原本文件格式。有关更多信息，请参考“4. 4. 1　用于原本文件格式的 3D Interconnect”。

如果必须使用中性文件格式，则应首选 Parasolid。如果没有 Parasolid，则下一个选择为 STEP 或 ACIS。这些格式都比 IGES 更适合于实体转换。

4.2 文件转换

转换数据与翻译口语非常类似。翻译后的词语并不总是具有与原始词语相同的含义。如果无法确切地翻译单词或短语，该怎么办呢? 通常，即使不是完全匹配，也必须使用含义相近的词汇或段落来进行翻译。一个系统中的元素在另一个系统中可能没有对应的等效项，CAD 系统也会遇到同样的问题。下面将详细讲解 IGES 文件的转换。

当数据格式化为 IGES 文件时，每个面都被定义为实体类型，例如“类型 122-广义圆柱实体”或“Type 190-平面曲面实体”。当曲面适合多个实体类型时，可能会出现问题。转换器必须选择要使用的实体类型，这称为“调整”。此外，IGES 格式不支持某些周期性曲面，例如 360°圆柱和球体。解决此问题的方法是在转换这些曲面时将其拆分为多个面。例如，当转换为 IGES 文件时，简单法兰的表面将产生单独的彩色面，如图 4-1 所示。

4.3　导入数据失败的原因

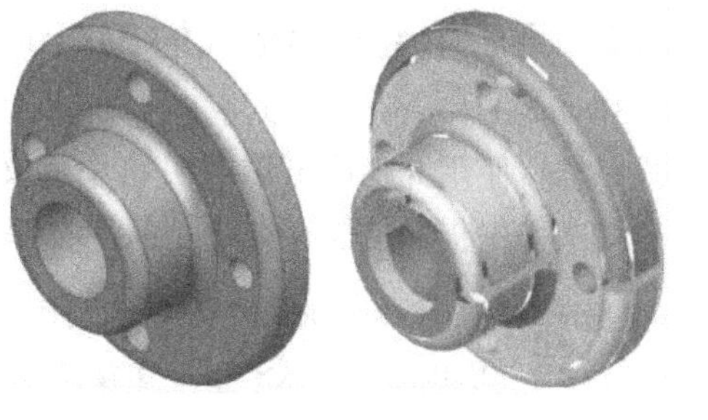

图 4-1　文件转换

除了在 3D 模型拓扑中产生细微差异外，某些导入的文件还可能无法产生可用的曲面和实体。发生这种情况有几种原因。对导入失败原因的基本了解将有利于解决问题。

在不同的 CAD 系统之间进行转换时，主要问题是它们使用不同的数学表示法或算法来表示 3D 对象。在发送或接收 3D 模型时，正是这种差异导致了各个系统间的互操作性问题。具体原因如下：

1. 不同的精度　CAD 系统并非都使用相同的精度来运算，将发送系统中的数值四舍五入可能会导致接收系统中的数值精度小于实体缝合所需的精度要求，进而导致了实体缝合操作失败。

某些 CAD 系统具有改变文件数据精度以专门用于输出的功能。用户也可以在建模前事先调整好建模精度。了解相关的设置以及在输出模型前预先设定好参数，将大大降低 SOLIDWORKS 导入文件时出错的概率。

2. 转换特征映射　并不是所有的 CAD 系统都支持相同的特征。若接收系统并不支持所输入的 3D 实体，转换就有可能会失败，也有可能导致转换后的实体与原始模型不完全匹配。

3. 丢失的实体　有时，不同系统间的转换过程中可能会产生曲面丢失现象，若形成的缺口比较大，则系统自动修复工具就有可能无法修复该缺口。

4.4　SOLIDWORKS 导入选项

SOLIDWORKS 包括几个导入选项，可以对其进行修改以控制文件的导入方式。对于多数文件类型，默认导入选项是使用 3D Interconnect 功能，该功能是提供当前格式文件的链接，而不是转换文件。

4.4.1　用于原本文件格式的 3D Interconnect

3D Interconnect 允许用户以 SOLIDWORKS 原本格式打开 3D CAD 数据，而无需将其转换为 SOLIDWORKS 文件。通过使用此功能，用户可以绕过转换数据所需的转换过程并避免转换错误。3D Interconnect 保留了指向 CAD 数据的链接，因此，如果模型在其原始创建应用程序中进行了修改，则可以轻松地更新 SOLIDWORKS 中的数据。

目前，3D Interconnect 支持的 CAD 应用程序格式见表 4-1。

表 4-1　3D Interconnect 支持的 CAD 应用程序格式

CAD 应用程序	文件格式	版　本
CATIA V5	*. CATPart、*. CATProduct	V5R8-5-6R2016
Autodesk Inventor	*. ipt、*. iam	V6-V2017(for *. ipt) V11-V2017(for *. iam)
PTC	*. prt、*. prt *、* asm、*. asm *	Pro/ENGINEER 16-Creo 3.0
Solid Edge	*. par、*. asm、*. psm	V18-ST8
NX 软件	*. prt	UG 11-NX 11

有关通过 3D Interconnect 导入的方式来使用和更新原本文件的更多信息，请参考 SOLIDWORKS 帮助文档。

4.4.2 用于中性文件格式的 3D Interconnect

3D Interconnect 还可以用于导入中性文件格式，如 STEP、ACIS 和 IGES。就像使用原本文件格式一样，使用此功能可以解决将中性文件转换为 SOLIDWORKS 文件格式时可能发生的错误。但这些文件中仍然可能存在由于从原本格式转换而导致的错误。

> **提示** Parasolid 文件不能使用 3D Interconnect 功能，因为此类文件不需要转换。SOLIDWORKS 可以直接读取这类文件中包含的数据库。

4.5 导入 STEP 文件

下面是一个将 STEP 文件导入到 SOLIDWORKS 的示例。首先使用 3D Interconnect 导入的默认选项，然后通过将模型转换为 SOLIDWORKS 零件来导入模型并比较结果。STEP 文件如图 4-2 所示。

本示例还将讲解 SOLIDWORKS 内置的诊断和修复功能。

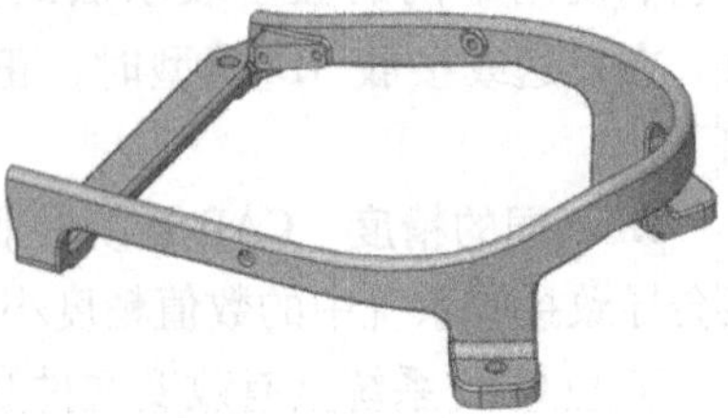

图 4-2 STEP 文件

操作步骤

步骤 1 打开 STEP 文件 从“Lesson04\Case Study”文件夹内打开“baseframe. STP”文件。在 SOLIDWORKS 中打开 STEP 文件后，FeatureManager 设计树中的特征将提供文件链接，如图 4-3 所示。

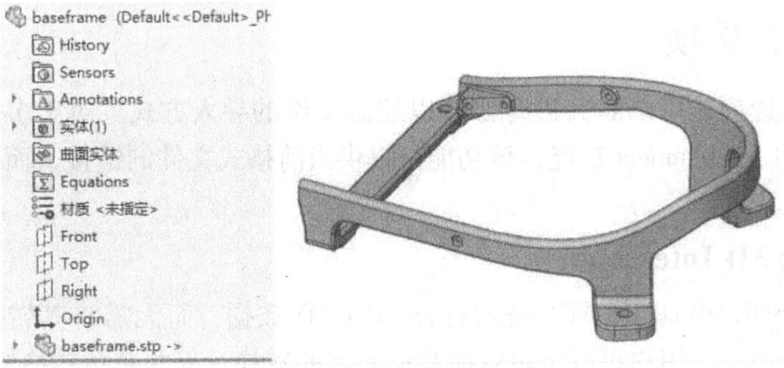

图 4-3 打开 STEP 文件

扫码看视频

步骤 2 运行输入诊断 在输入诊断消息框上单击【是】，如图 4-4 所示。

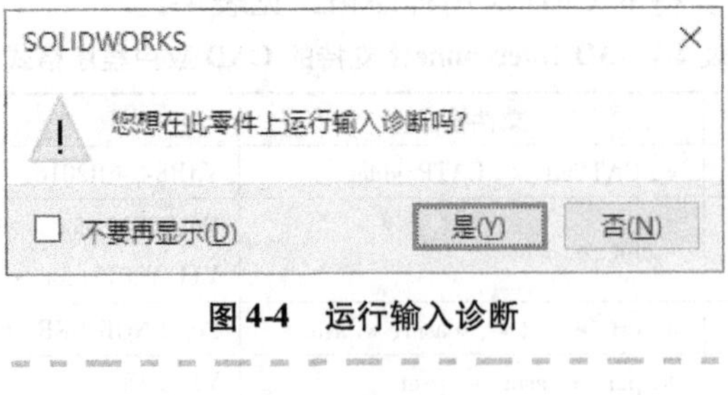

图 4-4 运行输入诊断

4.5.1 输入诊断

SOLIDWORKS 提供了多种工具来协助诊断和修复几何体问题。导入过程中的【输入诊断】工具不仅可以识别模型中的问题区域，而且还具有修复故障面和缝隙的内置功能。如果存在缝隙，则该模型将无法形成实体，而会生成曲面。

导入模型时，系统会自动提示用户运行【输入诊断】。用户也可以在设计过程中的任意时刻使用此工具，但要使该工具起作用，导入的特征必须是特征树中唯一的特征。如果将其他标准特征添加到模型，则【输入诊断】将不再可用。

较好的做法是在导入数据以识别和修复具有问题的几何体时立即使用【输入诊断】工具。

知识卡片	输入诊断	• CommandManager：【评估】/【输入诊断】。 • 菜单：【工具】/【评估】/【输入诊断】。 • 快捷菜单：右键单击 FeatureManager 设计树中已导入的特征，然后选择【输入诊断】。

步骤 3　评估错误　【输入诊断】工具已在 STEP 文件中识别出多个问题面，如图 4-5 所示。用户可以在列表中选择面以在模型上突出显示它们。将光标悬停在列表中的问题面上方将显示工具提示，其中包含有关该问题的一些信息。如在 PropertyManager 顶部的【信息】中所述，当前修复功能受到限制。为了修改实体并修复面，必须删除指向 STEP 文件的链接。

步骤 4　单击【确定】✔

步骤 5　解散链接　右键单击“baseframe. stp”特征，选择【解散特征】，如图 4-6 所示。在警告消息中，单击【是，断开链接(不能撤销)】。

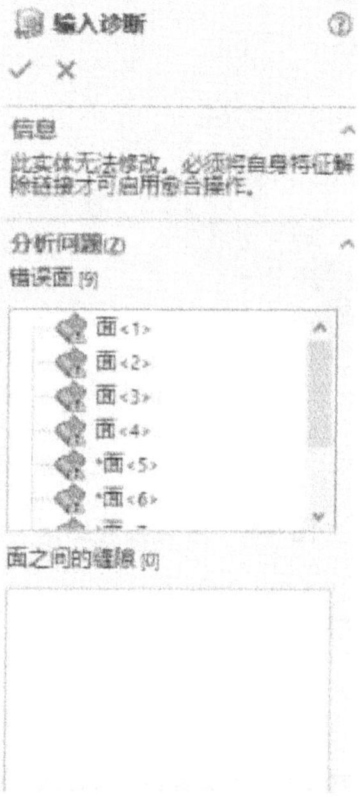

图 4-5　错误评估

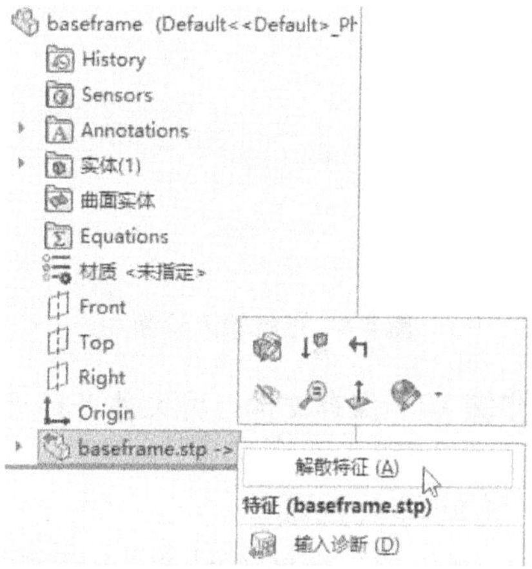

图 4-6　解散特征

步骤 6　查看结果　链接已解散，现在单个导入的特征显示在设计树中，如图 4-7 所示。

步骤 7　运行输入诊断　单击【输入诊断】。现在 PropertyManager 中包含用于修复模型错误的选项，并且指示信息显示在顶部的【信息】中，如图 4-8 所示。

步骤 8　尝试愈合所有　单击【尝试愈合所有】，再单击【确定】✔。

步骤 9　查看结果　【输入诊断】工具可以修复有缺陷的面，但是生成的几何图形质量不是很好，如图 4-9 所示。下面将尝试使用另一个导入选项并比较结果。

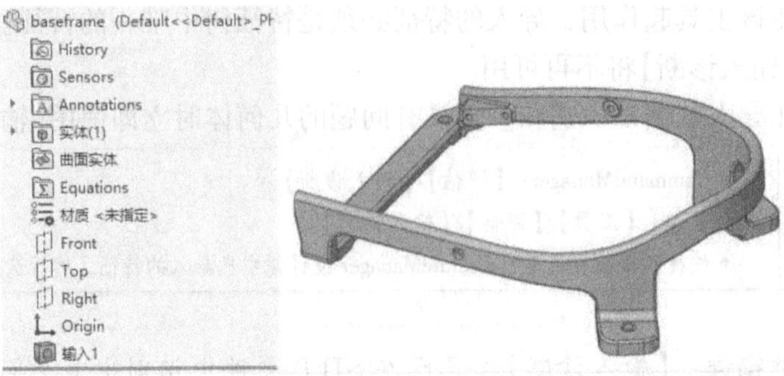

图 4-7　查看链接解散结果

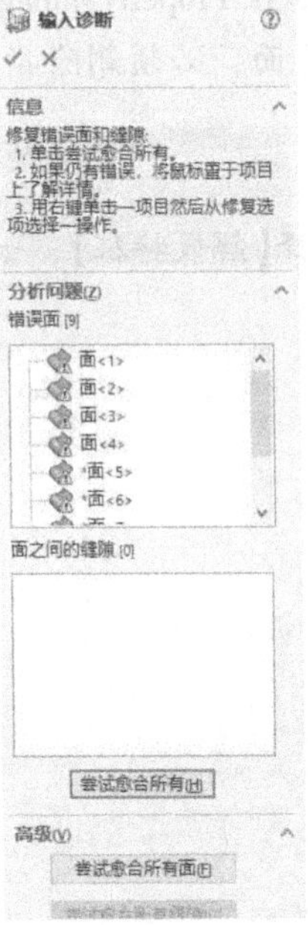

图 4-8　运行输入诊断

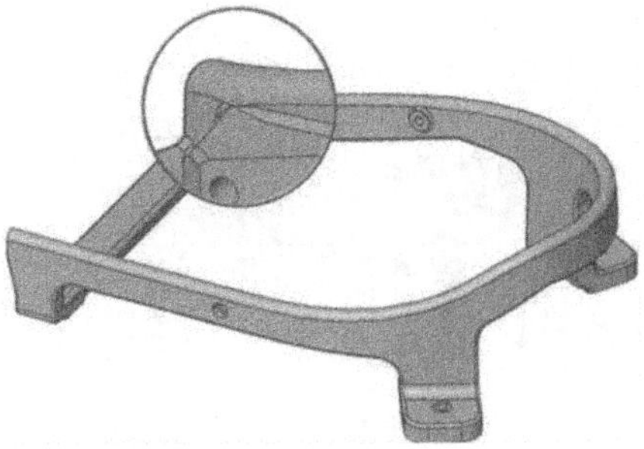

图 4-9　查看修复结果

步骤 10　保存文件　将文件另存为“baseframe_3DInterconnect”。

4.5.2　访问导入选项

下面将修改默认的导入选项，以查看将 STEP 文件直接转换为 SOLIDWORKS 零件时，是否可以提高生成的几何图形质量。用户可以从【选项】对话框的【系统选项】中的访问导入选项。

步骤 11　修改导入选项　单击【选项】，在【系统选项】选项卡内单击【导入】类别，取消勾选【启用 3D Interconnect】复选框，如图 4-10 所示。单击【确定】。

步骤 12　打开 STEP 文件　从“Lesson04\Case Study”文件夹内打开“baseframe. STP”文件。文件被转换，导入的实体显示在图形区域中，如图 4-11 所示。

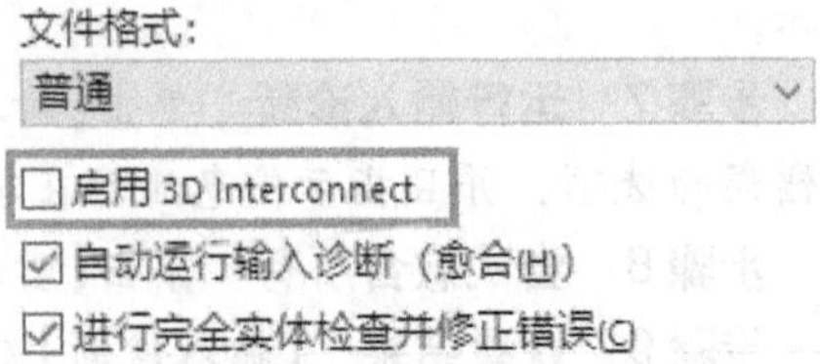

图 4-10　修改导入选项

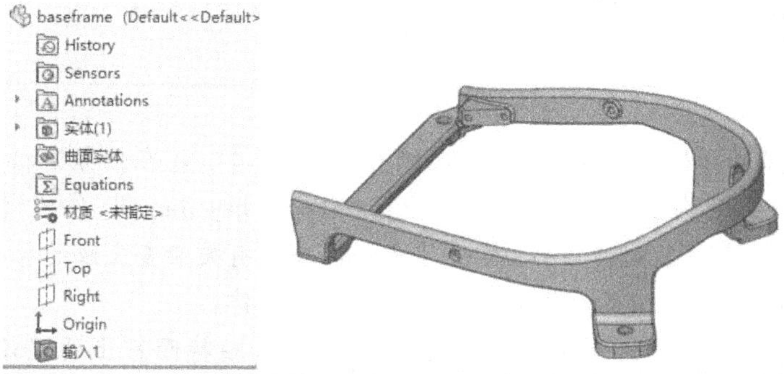

图 4-11　打开 STEP 文件

步骤 13　运行输入诊断　在输入诊断消息框上单击【是】。

步骤 14　评估错误　请注意，使用此工作流程时会将零件的不同区域标识为有错误，如图 4-12 所示。

步骤 15　尝试愈合所有　单击【尝试愈合所有】。

步骤 16　查看结果　在这种情况下，有一个不能通过自动修复工具修复的错误面。将光标悬停在面上方可以查看有关面问题的工具提示，如图 4-13 所示。选择剩余的错误面以查看其在模型上的位置，或单击右键并从菜单中选择【放大所选范围】。

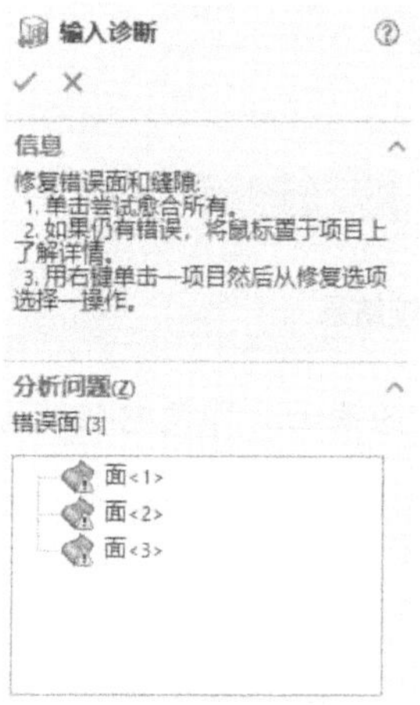

图 4-12　评估错误

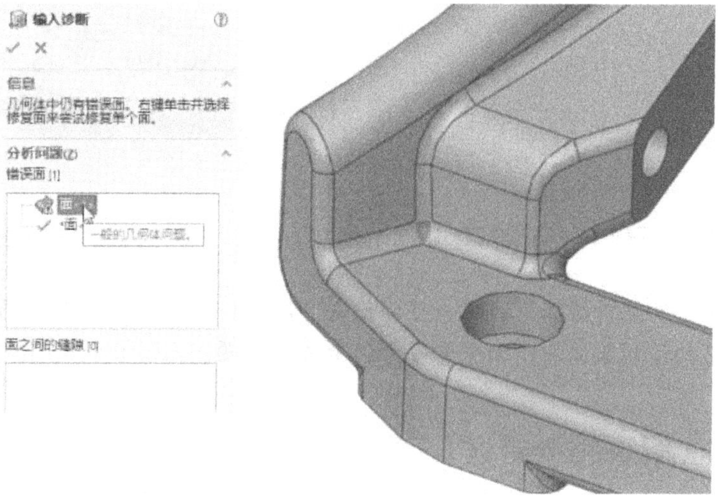

图 4-13　查看错误面

步骤 17　单击【确定】 ✔

步骤 18　保存文件　将文件另存为"baseframe"。

4.6　比较几何体

为了确定哪个是改进的"baseframe"模型，下面将对其进行比较。通常，通过查看模型足以得到结果，但 SOLIDWORKS 还提供了多种比较工具，以帮助用户识别差异。对于本示例，将使用【比较几何体】工具。

知识卡片	比较几何体	• CommandManager:【评估】/【比较文档】，勾选【几何体】复选框。 • 菜单:【工具】/【比较】/【几何体】。

步骤 19　比较模型　单击【工具】/【比较】/【几何体】。在任务窗格中，选择“baseframe_3DInterconnect”作为【参考引用文档】，选择“baseframe”作为【修改的文档】，如图 4-14 所示。单击【运行比较】。单击【是】以查看有关检查失败的警告消息。这是对保留在“baseframe”模型中的有错误的表面所执行的操作。

步骤 20　检查结果　选择【面比较】，然后单击【独特面】上的显示图标。查看零件的不同区域以比较结果，如图 4-15 所示。

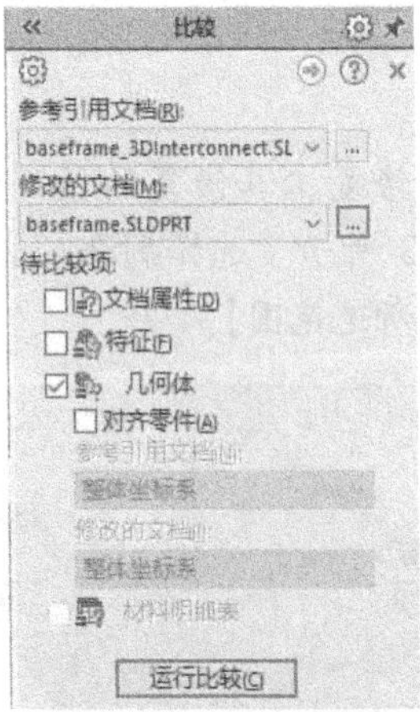

图 4-14　比较模型

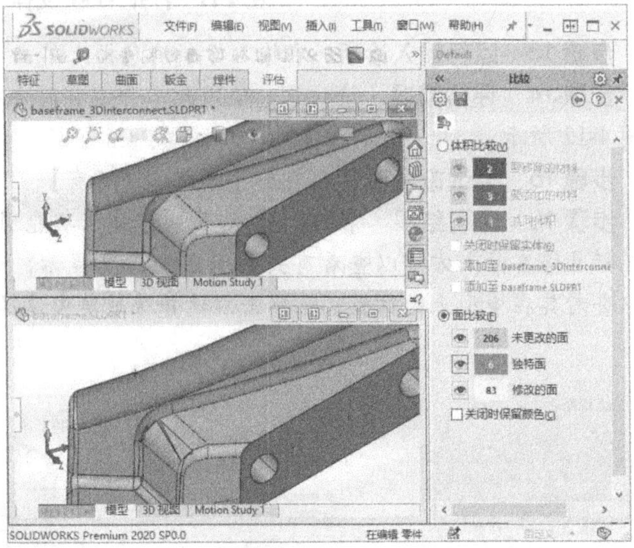

图 4-15　检查零件比较结果

在这种情况下，用户可以确定“baseframe”模型包含更高质量的曲面，即便它仍然含有错误的曲面。下面将学习如何解决该问题。

4.7　解决转换错误

当导入的模型无法生成有效的实体，并且【输入诊断】中的修复功能无法修复有问题的面和缝隙时，用户就需要考虑其他解决转换问题的方法。解决该问题的方法包括：

（1）更改导入的类型　在发送和接收系统之间通常有几个转换器可用。若一种类型的结果不能达到满意的效果，请尝试另一种。

（2）导出并重新导入为 Parasolid　如果用户无法从接收系统选择其他导入类型，可以尝试将导入的文件保存为 SOLIDWORKS 中的 Parasolid，然后再重新导入。

（3）改变精度　一些导入方法可以调整其缝合精度。通过降低精度，可以自动缝合超出缝合范围的边线。在某些情况下，可以将发送 CAD 系统设置为更高的精度，然后再重新导入模型到其他系统。

（4）使用曲面工具手动修复　用户可以使用以下曲面特征手动修复导入模型中的问题区域：

1）删除面。有些曲面可能难以修复，则可以直接删除问题曲面，然后再用另一个更为合适的面来替代被删除的面。

2）延伸曲面。当现有曲面太短而无法与相邻的曲面接合时，可以延伸该曲面到缝合操作允许的范围之内。

3）剪裁曲面。用户可以手动剪裁超出所需边界的曲面。

4）填充曲面。【填充曲面】命令可用于创建平面和非平面的面片，以封闭模型中的缺口。

4.8　修复与编辑

由于用户没有权限访问“baseframe”的原始 CAD 数据来练习上面列出的一些技术，因此，下面将使用曲面工具手动修复模型中剩余的错误面。

下面讲解用于评估 SOLIDWORKS 中模型几何形状的一些工具。

知识卡片		
	检查实体	【检查实体】是一个可识别几何问题的实用程序，并在某些情况下可以提供有关如何解决问题的建议。使用该工具可以定位模型中可能存在的无效面或边线，也可以检查最小曲率半径。该工具中的其他设置可以帮助用户识别开口边线、短边线和缝隙。默认情况下会选中整个模型，但用户可以将选项调整为仅检查选定区域。
	操作方法	• CommandManager：【评估】/【检查】。 • 菜单：【工具】/【评估】/【检查】。

步骤 21　关闭比较窗格　关闭任务窗格中的【比较】程序。

步骤 22　关闭零件　关闭“baseframe_3DInterconnect”零件，并最大化“baseframe”文档窗口。

步骤 23　检查模型　单击【检查】，对于本示例，使用对话框中的默认设置，如图 4-16 所示。单击【检查】。

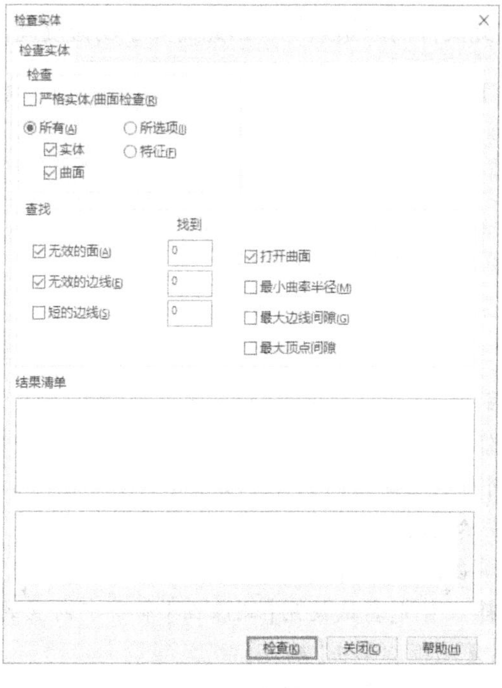

图 4-16　检查模型

步骤 24　检查结果　【检查实体】工具可识别输入诊断程序无法修复的错误面，并提供一些有关如何解决问题的信息，如图 4-17 所示。

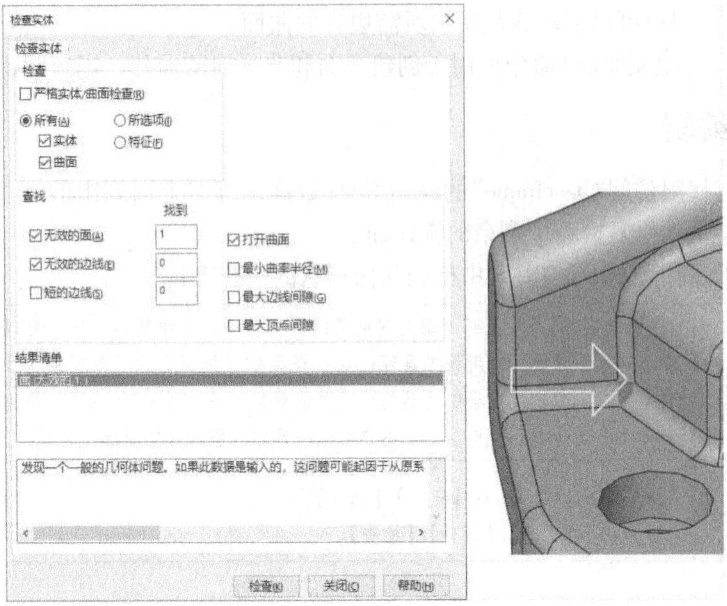

图 4-17　检查实体结果

对话框底部的消息显示："发现一个一般的几何体问题。如果此数据是输入的，这问题可能起因于从原系统所得来的数据精度；请在原系统上调整模型输出的设定，并且重新输入此模型。如果这是一个 SOLIDWORKS 的零件，请将问题报告给您当地的支持代表。"

由于用户没有权限访问此文件的原始系统，因此需要手动修复此面。单击【关闭】。

知识卡片

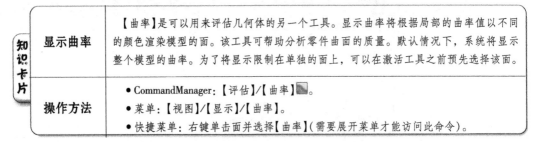

显示曲率	【曲率】是可以用来评估几何体的另一个工具。显示曲率将根据局部的曲率值以不同的颜色渲染模型的面。该工具可帮助分析零件曲面的质量。默认情况下，系统将显示整个模型的曲率。为了将显示限制在单独的面上，可以在激活工具之前预先选择该面。
操作方法	• CommandManager：【评估】/【曲率】。 • 菜单：【视图】/【显示】/【曲率】。 • 快捷菜单：右键单击面并选择【曲率】(需要展开菜单才能访问此命令)。

步骤 25　显示【曲率】

步骤 26　评估有缺陷的面　曲率显示表明问题面的半径不是恒定的，如图 4-18 所示。为了解决该问题，下面将移除有缺陷的面并手动创建质量更高的面。用户可以在修改模型并评估结果时保持曲率显示的打开状态。

步骤 27　删除面　单击【删除面】。

步骤 28　删除并填补　首先尝试使用【删除面】命令中内置的功能。单击【删除并填补】，并勾选【相切填补】复选框。单击【确定】。

步骤 29　评估结果　【删除面】工具创建的面质量不可接受，如图 4-19 所示。

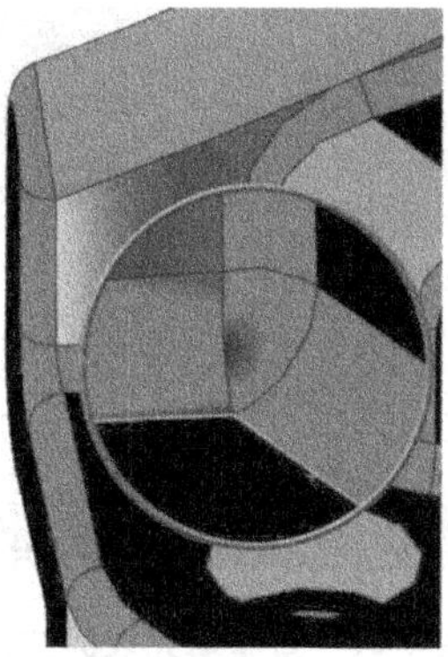

图 4-18　评估有缺陷的面

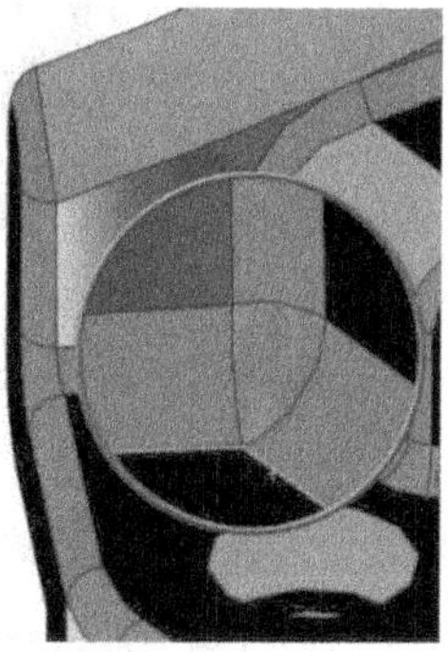

图 4-19　评估结果

步骤 30　删除面　选择“删除面 1”特征并单击【编辑特征】，选择【删除】选项。单击【确定】。移除该面后，实体模型转变为曲面实体。

4.8.1　修补策略

有许多曲面特征可用于修补像本示例中一样的孔洞。每个特征都包含不同的选项，因此通常建议进行反复尝试来确定最佳特征。修补孔洞的一些策略包括：

- 使用【填充曲面】。
- 在边线之间【放样曲面】。
- 在边线之间创建【边界曲面】。
- 删除周围的几何体并重建面。

知识卡片

填充曲面	【填充曲面】特征可在边界内创建具有任意数量边线的曲面补丁。用户可以通过现有的模型边线、草图或曲线来定义边界。在某些情况下，可以使用【修复边界】复选框创建没有封闭边界的填充曲面。 若为填充的曲面边界选择了边线，则可以选择边界条件(如【接触】、【相切】或【曲率】)将新曲面与相邻面相关联。【填充曲面】可以将自身缝合到周围的曲面主体中，即将封闭的体积缝合为实体，或者将其自身直接缝合到实体中。 【填充曲面】通过创建一个四边形面片并将其剪裁以适合所选边界。
操作方法	• CommandManager：【曲面】/【填充曲面】。 • 菜单：【插入】/【曲面】/【填充】。

步骤 31　使用【填充曲面】修补　单击【填充曲面】，选择开放区域的 3 条边线。在【边线设定】中选择【相切】，并勾选【应用到所有边线】复选框。勾选【合并结果】复选框以将新曲面与周围的面缝合在一起。勾选【创建实体】复选框以将封闭的体积转换为实体，结果如图 4-20 所示。单击【确定】。

步骤 32　查看结果　在这种情况下，使用【填充表面】得到的面质量较差，如图 4-21 所示。下面将尝试其他方法。

步骤 33　撤销操作　单击【撤销】以删除曲面。

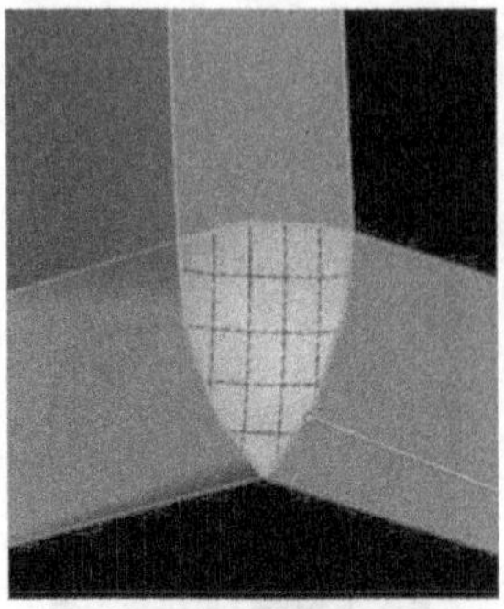

图 4-20　使用【填充曲面】修补

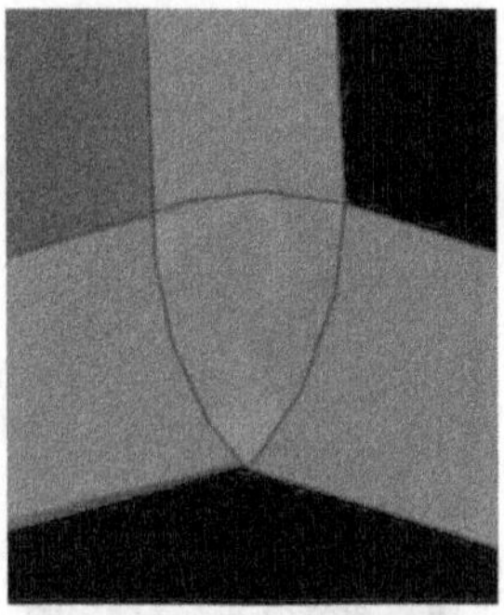

图 4-21　查看填充表面结果

步骤 34　放样修补　单击【放样曲面】，选择两个竖直的开放边线作为【轮廓】。在【起始/结束约束】中选择【与面相切】，将相切长度向量保留为默认值 1。选择第三条开放边线作为【引导线】，在【引导线感应类型】中选择【整体】，并设置边线相切类型为【与面相切】，如图 4-22 所示。放样将使曲面具有奇特性，但仍然有效，如图 4-23 所示。单击【确定】。

步骤 35　评估结果　上色区域表示该区域曲率半径较小且不一致，如图 4-24 所示。下面使用【检查实体】工具对其进行进一步的评估。

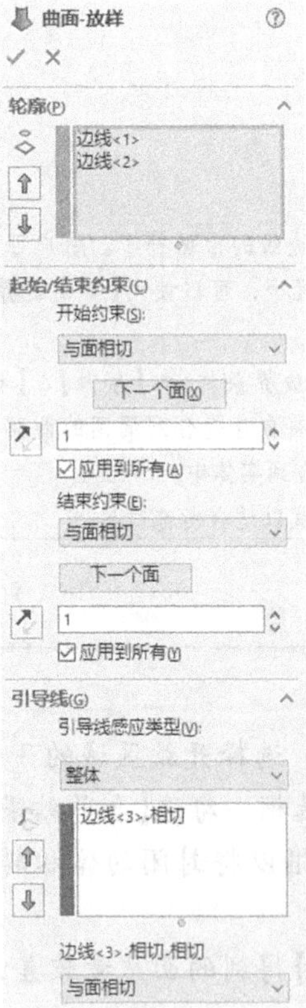

图 4-22　放样曲面设置

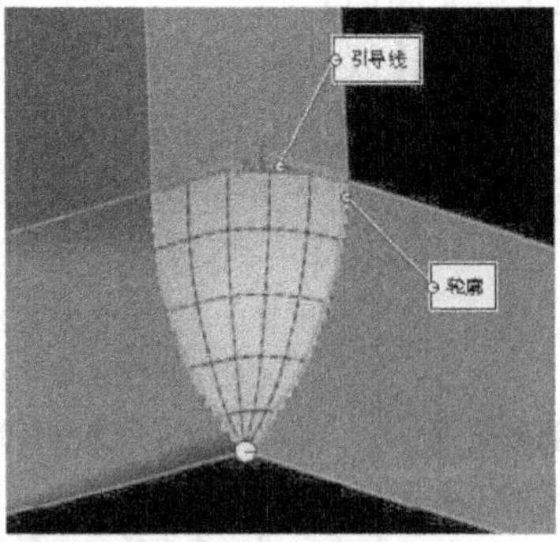

图 4-23　放样修补

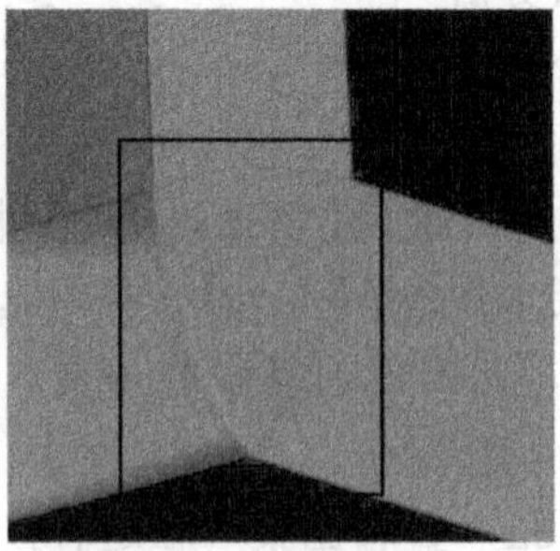

图 4-24　评估结果

步骤 36　检查最小曲率半径　单击【检查】，单击【所选项】并选择放样曲面。勾选【最小曲率半径】复选框并单击【检查】。最小曲率半径约为 0.0002mm，这表明尽管放样的曲面看起来更好，但仍不是一种好的解决方案。关闭【检查实体】对话框。

步骤 37　删除　【删除】或【撤销】放样曲面。

步骤 38　关闭曲率　关闭【曲率】显示。

4.8.2　其他策略

通过观察可以看出，示例中需要修补的面是 3 个单独的圆角组合在一起时形成的，如图 4-25 所示。解决此问题的另一种方法是删除并重建这些圆角，以使【圆角】命令创建混合的圆角面。对于此方法，首先需要了解有关圆角半径的一些信息。用户可以使用【检查实体】工具来实现此目的。

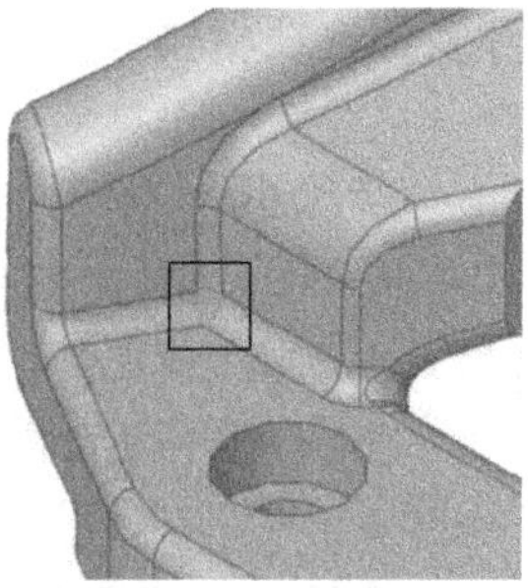

图 4-25　修补的面

步骤 39　确定圆角半径　单击【检查】，单击【所选项】并勾选【最小曲率变径】复选框。通过按键盘上的〈X〉键打开面选择过滤器，选择图 4-26 所示的 3 个圆角，单击【检查】。在【结果清单】中选择每个面时图形区域都会突出显示该面，请注意其最小半径。3 个圆角半径分别为 3.0mm、2.8mm 和 2.79992mm（将此值四舍五入为 2.8mm）。通过按键盘上的〈X〉键关闭选择过滤器。关闭【检查实体】对话框。

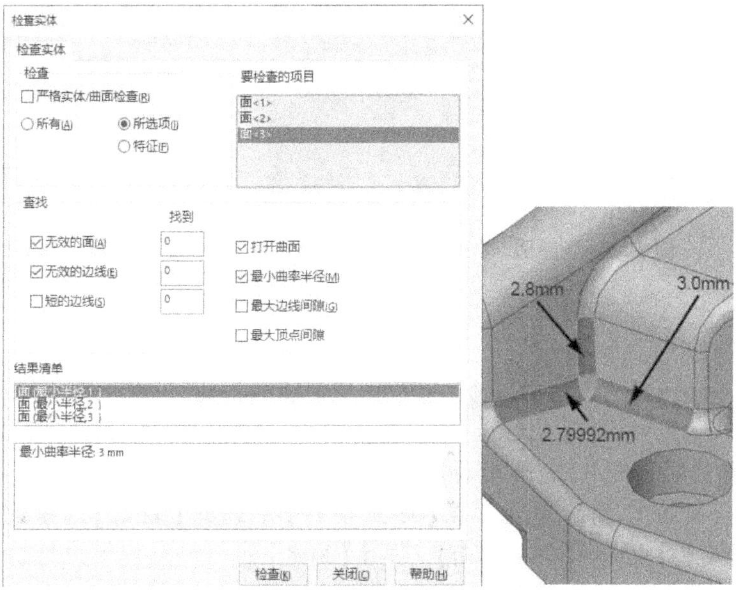

图 4-26　确定圆角半径

4.9　重建圆角的步骤

重建这些圆角的步骤如下：

1）复制被接合在一起的面。首先复制在问题角落接合在一起的模型面。将这些面像曲面实体一样单独进行延伸和剪裁，而不是在将它们与模型的其余部分缝合在一起时对其进行修改。

2）删除要替换的面。删除将要在模型中替换的面，包括圆角面和与圆角混合的面。

3）延伸和剪裁曲面边线。复制曲面的边线将被延伸并剪裁在一起，以形成可以应用新圆角的角落。

4）添加圆角特征。创建一个新的圆角特征，以在问题角落自动进行接合。

5）缝合曲面。将使用新圆角修饰的曲面实体与主曲面实体缝合在一起，最后在特征中使用创建实体选项将模型转换回实体。

步骤 40 复制面 需要复制的面已被断开，因此需使用【等距曲面】命令创建副本。设置等距距离为 0，如图 4-27 所示。单击【确定】。

步骤 41 隐藏曲面实体 【隐藏】步骤 40 中创建的 3 个曲面。

步骤 42 删除面 使用【删除面】来删除复制的原始面以及将要替换的 3 个圆角，如图 4-28 所示。

步骤 43 隐藏和显示 【隐藏】主曲面实体，【显示】步骤 40 中创建的 3 个复制面，如图 4-29 所示。

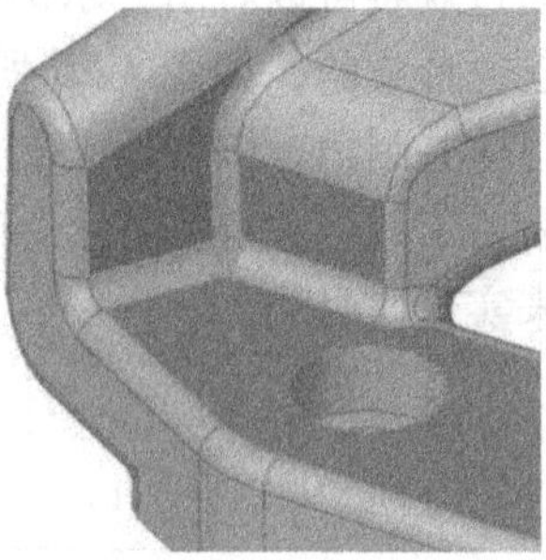

图 4-27 复制面

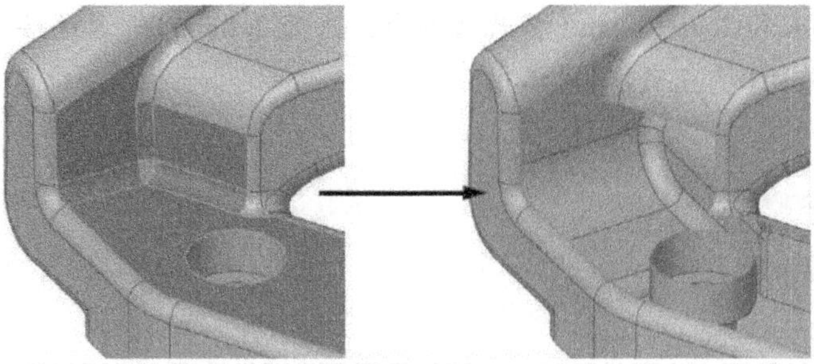

图 4-28 删除面

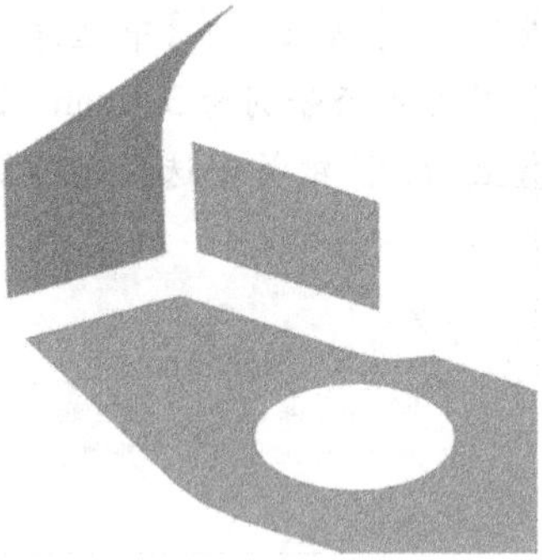

图 4-29 隐藏和显示

4.9.1 延伸曲面

下一步是延伸曲面的边线，以便可以剪裁它们以形成新的角落。

步骤 44 延伸曲面 使用【延伸曲面】命令延伸底面的两条边线，如图 4-30 所示。这些边线是由原始圆角剪裁的边线。在【终止条件】中选择【距离】，并设置数值为 5.00mm。在【延伸类型】中选择【同一曲面】。单击【确定】。

> 提示 设置的距离值必须大于最大半径值 3.00mm。

步骤 45 重复操作 对其他两个曲面的边线重复上述操作，结果如图 4-31 所示。

> 提示 用户一次只能延伸一个曲面实体。

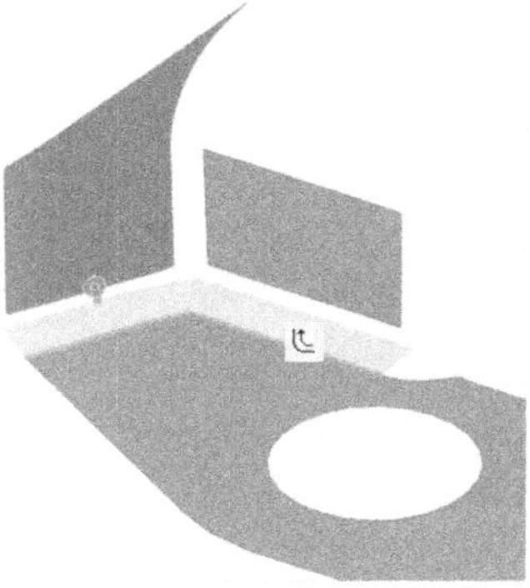

图 4-30　延伸曲面

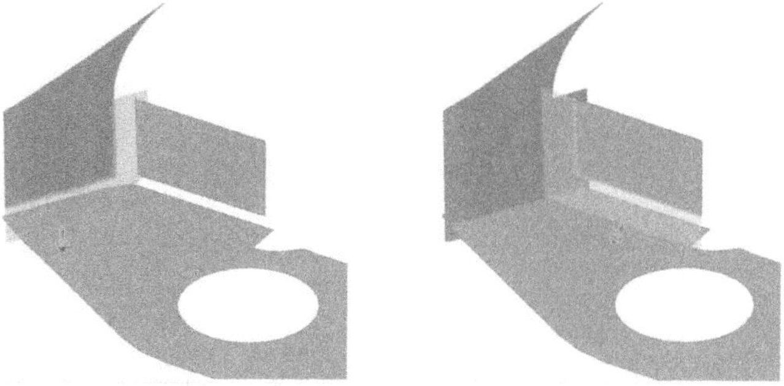

图 4-31　重复操作

步骤 46　相互剪裁　单击【剪裁曲面】，将 3 个曲面剪裁到它们的相互交叉点。这还会将它们缝合到一个单一的曲面实体中，以便后续可以轻松完成圆角操作。结果如图 4-32 所示。

步骤 47　创建多半径圆角　单击【圆角】，使用在步骤 39 中获得的数值创建一个多半径圆角。结果如图 4-33 所示。

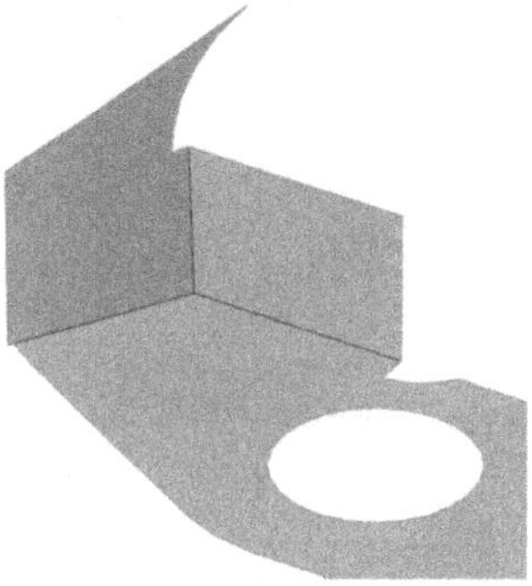

图 4-32　相互剪裁

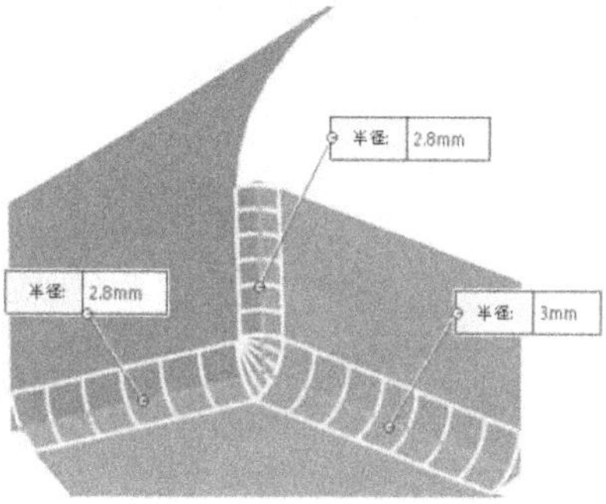

图 4-33　多半径圆角

步骤 48　查看结果　【圆角】命令提供了完美的混合角落，如图 4-34 所示。

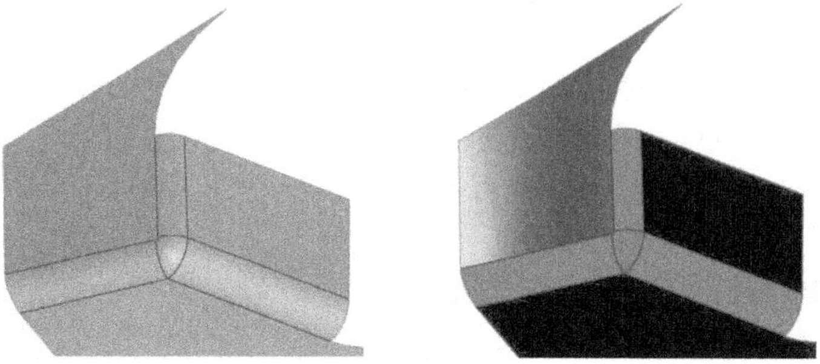

图 4-34　查看结果

步骤 49　将曲面缝合成实体　【显示】其他曲面实体。单击【缝合曲面】，将两个曲面实体缝合在一起，并将生成的封闭体积转换为实体，如图 4-35 所示。

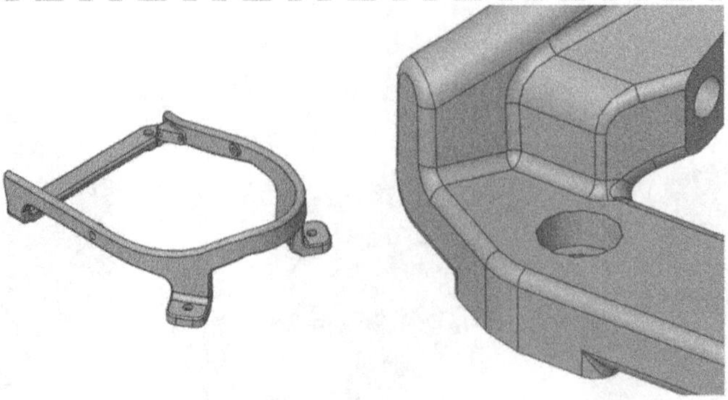

图4-35　将曲面缝合成实体

4.9.2　编辑导入的零件

上述用于修复和修补导入几何体的许多技术也可以用于其他具有导入实体操作的设计任务。导入的零件具有一些需要消除的特征。下面首先讲解如何使用【删除面】命令有效地修改零件，然后再介绍【删除孔】技术。

步骤50　移除凸台以及沉头孔　在此零件中，需要移除图4-36所示的小凸台、通孔以及沉头孔。零件在该区域是曲面形状。

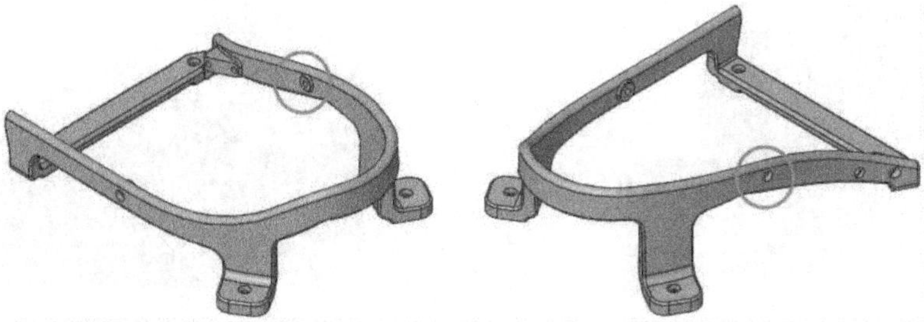

图4-36　小凸台、通孔以及沉头孔

步骤51　删除并修补面　单击【删除面】，选取受特征影响的所有面（总共有9个面）。使用【删除并修补】选项，单击【确定】，如图4-37所示。

步骤52　查看结果　通过使用【删除并修补】选项，将延伸已移除面所留下的边线以修补孔，这样可以使面非常平滑，就如同该区域原本就没有任何特征一样，如图4-38所示。

步骤53　编辑特征“删除面2”　下面将讲解另一种技术。编辑特征“删除面2”，将选项【删除并修补】改为【删除】。

步骤54　查看结果　更改后的结果是一个曲面实体，因为在零件中出现了开放的边线，如图4-39所示。

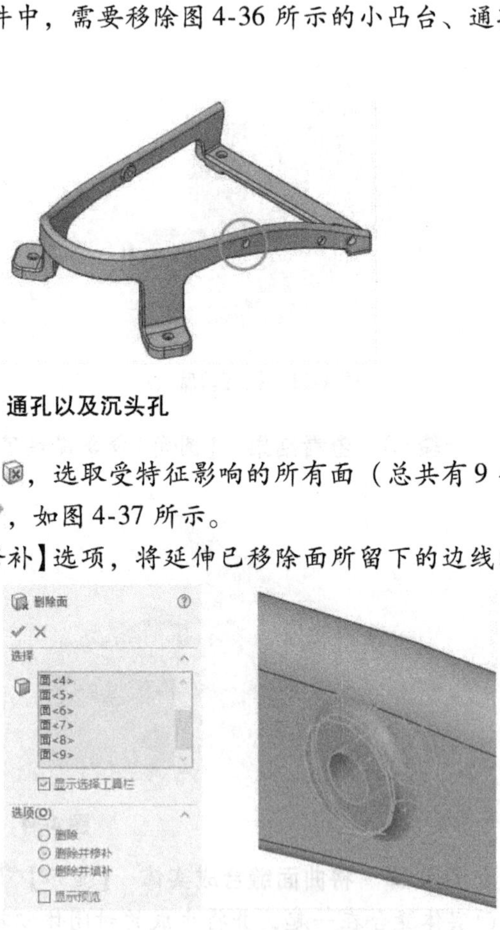

图4-37　删除并修补面

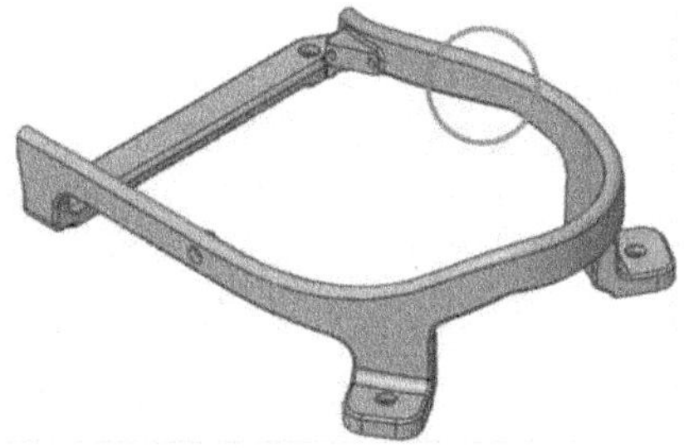

图 4-38　查看删除并修补结果

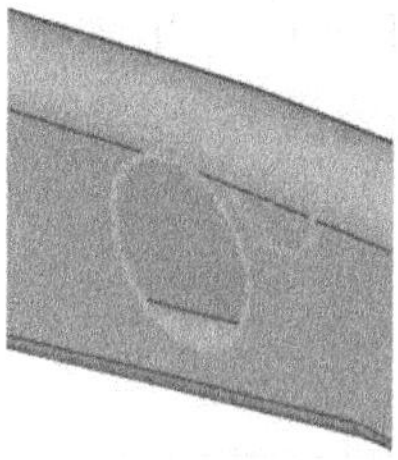

图 4-39　查看删除结果

知识卡片	
删除孔	【删除孔】命令类似于【解除曲面剪裁】，但【删除孔】仅适用于封闭的内环情况。使用【删除孔】可以封闭模型中的孔和修补间隙。
操作方法	• 键盘键：选择单个曲面实体上的封闭内环边线，然后按〈Delete〉键。 • 菜单：选择边线，单击【编辑】/【删除】。

步骤 55　删除孔　选择孔边线后按〈Delete〉键，系统将会提示是【删除特征】还是【删除孔】。选择【删除孔】，单击【确定】，如图 4-40 所示。另外还有一种检查方法。

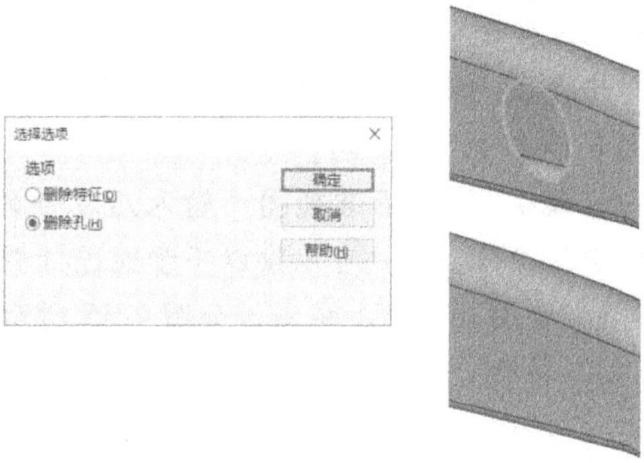

图 4-40　删除孔

步骤 56　解除剪裁曲面　旋转零件以便看到零件另一侧的开放边线。选取孔边线，单击【解除剪裁曲面】。选择【延伸边线】，并勾选【与原有合并】复选框，单击【确定】。结果如图 4-41 所示。

步骤 57　加厚　使用【加厚】命令将曲面实体转换为实体。

步骤 58　保存并关闭文件　完成的零件如图 4-42 所示。

图 4-41　解除剪裁曲面

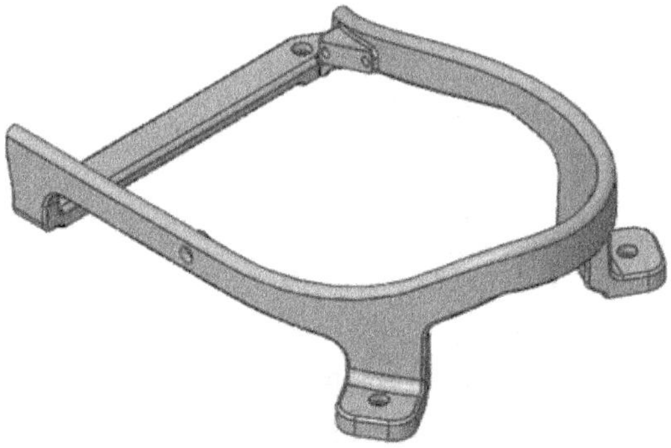

图 4-42　完成的零件

练习 4-1　输入诊断

导入数据带有错误的几何体，结合系统自动修复功能以及手动操作来修复这些错误，完成如图 4-43 所示的零件。

本练习将应用以下技术：

- 输入诊断。
- 删除面。

扫码看 3D

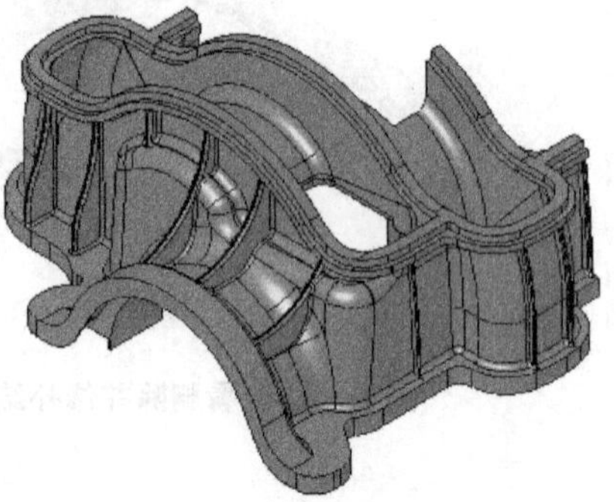

图 4-43　输入诊断模型

操作步骤

步骤 1　打开零件　打开“Lesson04\Exercises”文件夹内的 Parasolid 格式文件“repair2. x_b”，如图 4-44 所示。

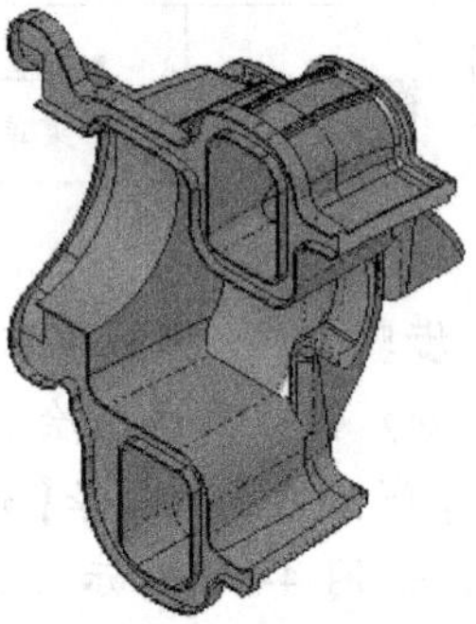

图 4-44　零件“repair2”

步骤 2　输入诊断　在【输入诊断】消息框中单击【否】。在评估零件之前,需要先修改视图方向。

步骤 3　修改显示样式　使用前导视图工具栏修改【显示样式】为【带边线上色】。

步骤 4　更新标准视图　输入后零件的默认视图方向不方便进行操作，用户可以按以下步骤进行调整：

1）视图切换至上视图，如图 4-45 所示。

2）按住〈Shift〉键的同时按一次键盘的右方向键，结果如图 4-46 所示。

3）按键盘空格键，打开【方向】对话框。

4）单击【更新标准视图】，如图 4-47 所示。

5）单击【前视】视图。

6）在弹出的对话框中，单击【是】以确认视图更新。

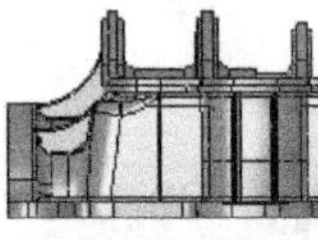

图 4-45　上视图

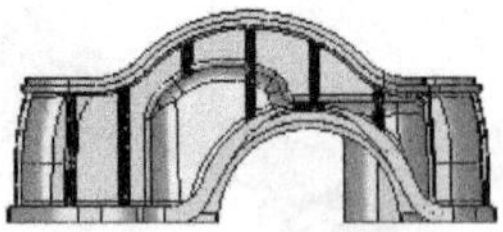

图 4-46　调整视图

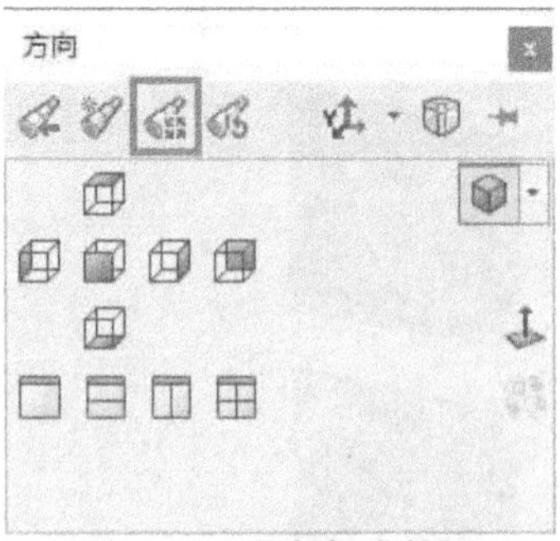

图 4-47　更新标准视图

步骤 5　输入诊断　单击【输入诊断】。单击列表中显示的缝隙，开放边线在图形区域中突出显示，如图 4-48 所示。

步骤 6　尝试愈合所有　单击【尝试愈合所有】。如图 4-49 所示，系统将使用多个面来修补此缝隙，但是仍然不能完全修复。PropertyManager 顶部的信息显示："修复面的上一操作失败。您可从几何体中删除失败面然后手工重建模型"。

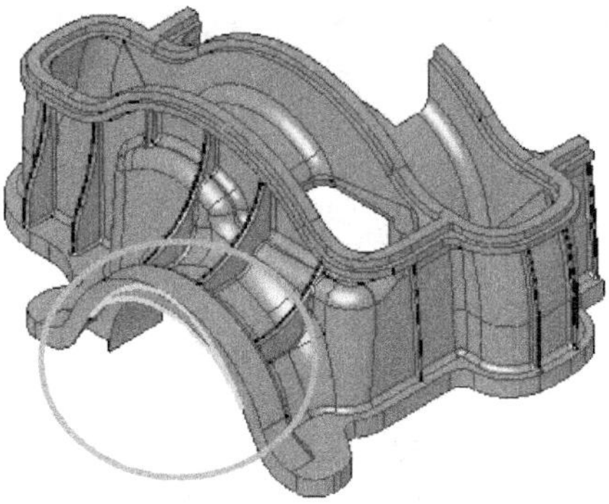

图 4-48　开放边线

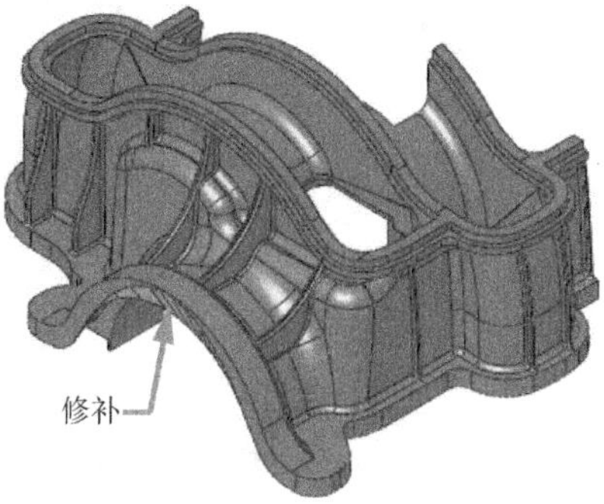

图 4-49　尝试愈合所有

步骤 7　查看错误面　在列表框中单击错误面，使其在图形区域保持高亮显示，如图 4-50 所示。

步骤 8　再次愈合所有　单击【尝试愈合所有】，系统会修复剩余的错误面，并将曲面缝合为实体。单击【确定】✔，退出【输入诊断】命令。

步骤 9　近处观看　原先的缝隙面与修补面是共面关系，如图 4-51 所示。

技巧　要确定某个面是否为平面，请单击该面，然后查看上下文菜单中是否显示【草图绘制】。或者打开【曲率】，若是平面则显示为黑色，并且将光标悬停在该平面上时，曲率值为 0。

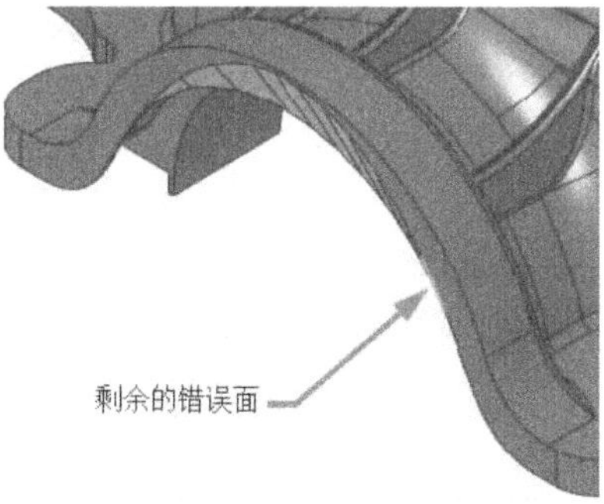

图 4-50　错误面

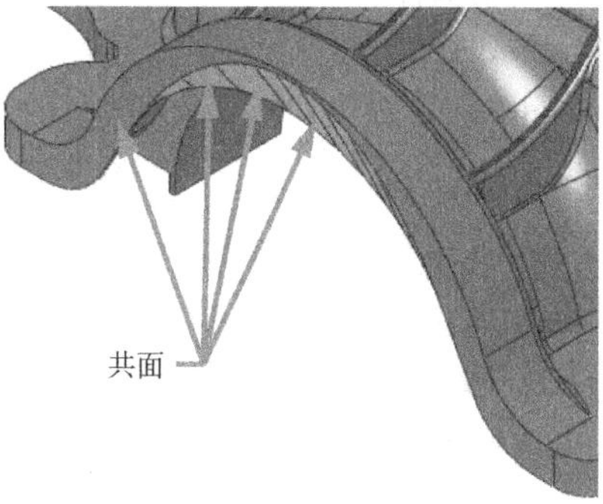

图 4-51　共面关系

- **简化几何体**　由于修补前和修补后的面为共面关系，便可以将它们合并为一个面。

步骤 10　删除修补面　单击【删除面】。选取修补面，在本例中有 12 个。此处需要放大视图，以便选中所有细小的面片。使用【删除并修补】选项，单击【确定】✔，如图 4-52 所示。

步骤 11　查看结果　原先两个相互分离的平面被一个单一面所替代。完成的零件如图 4-53 所示。

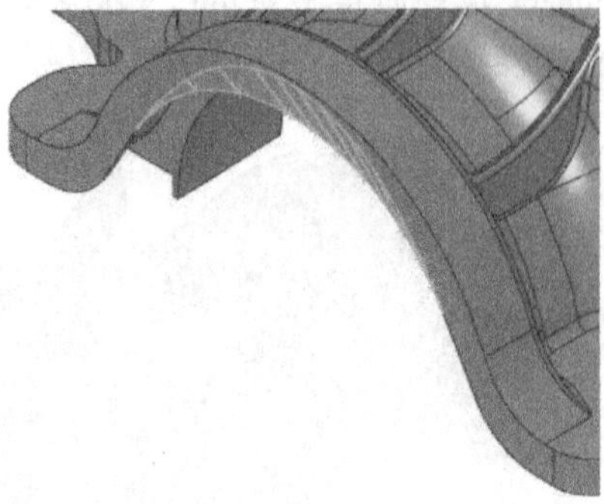

图 4-52 删除修补面

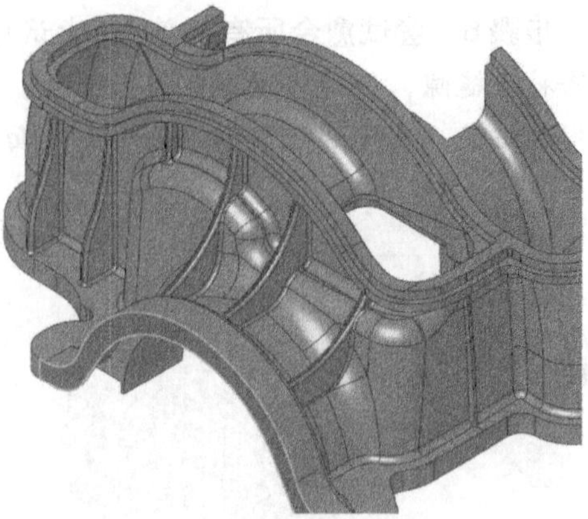

图 4-53 完成的零件

步骤 12 保存并关闭文件

练习 4-2 使用导入曲面与替换面

本练习将演示一些修改导入模型的技术。练习中所用到的曲面是从 Parasolid(*.x_t)文件中导入，移动该曲面并替换现有实体面，完成如图 4-54 所示的零件。

图 4-54 使用导入曲面与替换面练习模型

本练习将应用以下技术：

- 删除面。
- 移动/复制实体。
- 替换面。

单位：mm(毫米)。

操作步骤

步骤 1 打开零件 打开“Lesson04\Exercises\Replace Face”文件夹下的 Parasolid 格式文件“Button.x_t”，如图 4-55 所示。图中蓝色高亮显示的面将被替换。

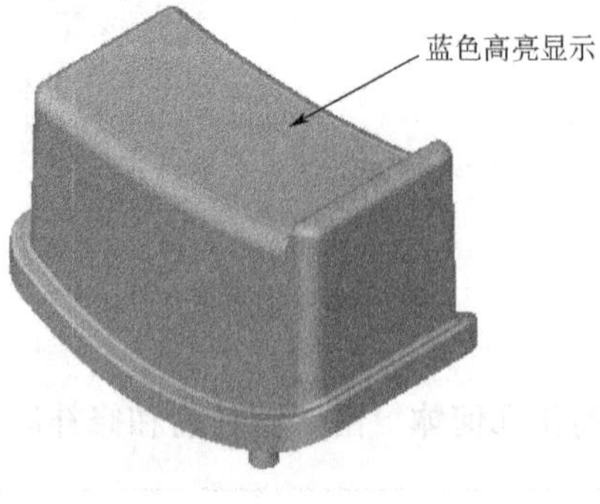

图 4-55 零件“Button”

步骤 2 运行输入诊断 单击【是】以运行【输入诊断】。几何体中没有缺陷的面或缝隙。单击【确定】✔。

步骤 3 删除面 在替换面前，必须先删除部分圆角。单击【删除面】，选取如图 4-56 所示面。

如图 4-57 所示放大零件边角，可以看到它由 7 个小面组成。使用【删除并修补】选项，单击【确定】✔。

步骤4　输入曲面　使用【插入】/【特征】/【输入的】来输入一个曲面。选择“Lesson 04\Exercises\Replace Face”文件夹下名为“New Surface”的 Parasolid 格式文件。改变曲面颜色，以方便观察，如图4-58所示。

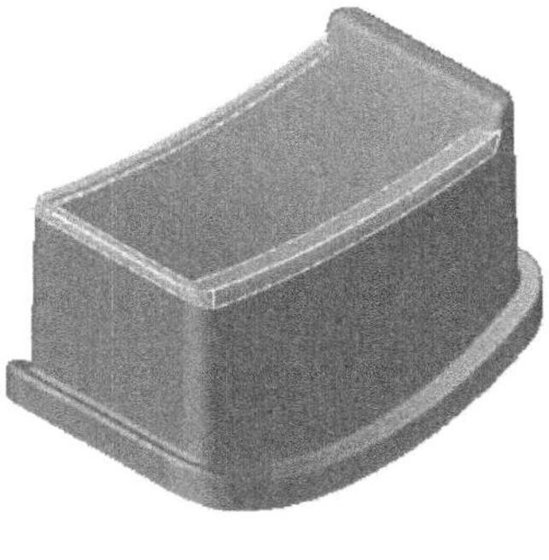

图4-56　选取删除面

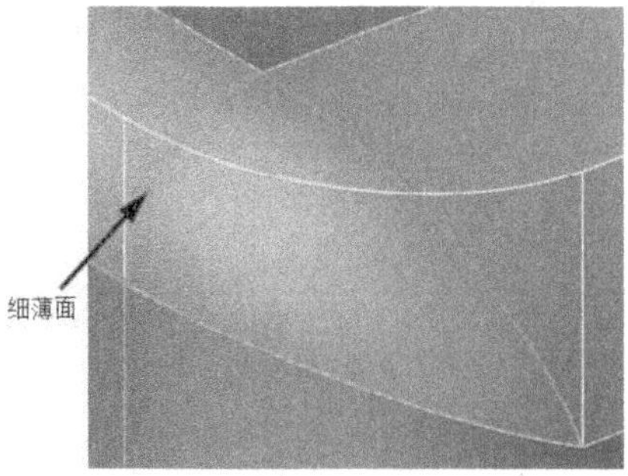

图4-57　删除并修补

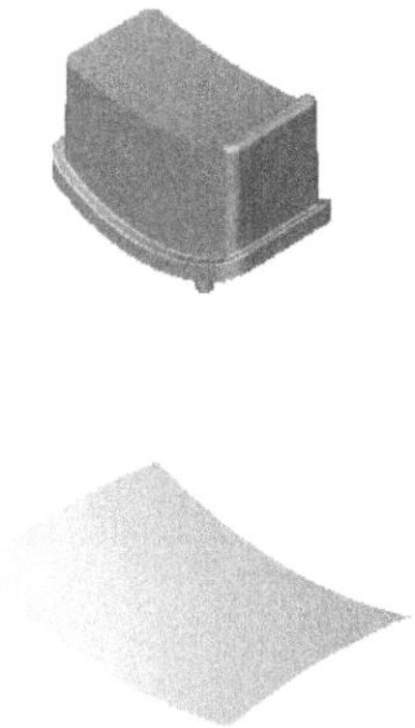

图4-58　改变曲面颜色

步骤5　移动曲面　单击【插入】/【特征】/【移动/复制】，或者单击【移动/复制】。选取输入的曲面，使用【平移】选项，在【Delta Y】中输入63.5mm，单击【确定】。结果如图4-59所示。

步骤6　替换面　单击【替换面】，使用输入的曲面替换零件的上表面，结果如图4-60所示。

图4-59　移动曲面

图4-60　替换面

步骤7　隐藏曲面　单击曲面并选择【隐藏】，如图4-61所示。

步骤8　添加圆角　添加0.635mm的圆角，如图4-62所示。

图4-61　隐藏曲面

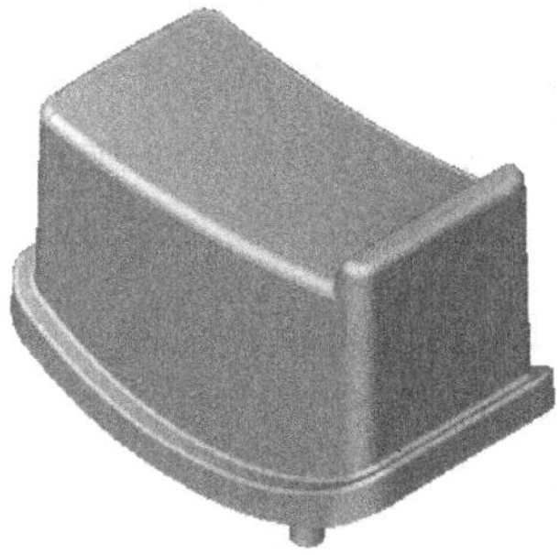

图4-62　添加圆角

步骤 9　保存并关闭文件　完成的零件如图 4-63 所示。

图 4-63　完成的零件

练习 4-3　修复导入的几何体

在本练习中，将使用 3D Interconnect 导入 IGES 文件并修复几何体，完成的模型如图 4-64 所示。

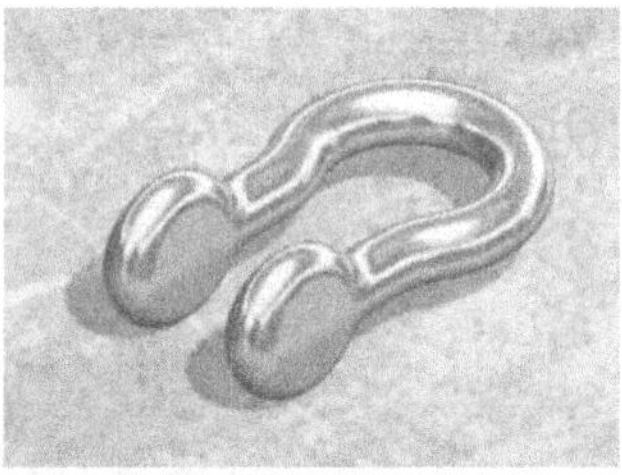

图 4-64　修复导入的几何体练习模型

本练习将应用以下技术：

- SOLIDWORKS 导入选项。
- 中性文件格式的 3D Interconnect。
- 修复与编辑导入的几何体。

操作步骤

步骤 1　查看导入选项　单击【选项】，在【系统选项】选项卡内单击【导入】类别。确认已经勾选【启用 3D Interconnect】复选框，如图 4-65 所示。单击【确定】。

> **提示**　这是默认选项。启用 3D Interconnect 后，SOLIDWORKS 将打开文件而不进行转换，并保留指向该文件的链接，以便在必要时可以轻松地对其进行更新。

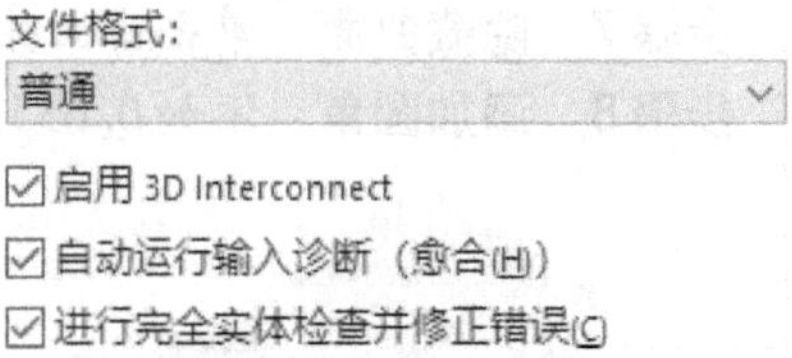

图 4-65　查看导入选项

步骤 2　打开 IGES 文件　单击【打开】，选择“Lesson04\Exercises”文件夹内的“Surface Repair. IGS”文件。

步骤 3　运行输入诊断　单击【是】，运行【输入诊断】。

系统发现了 4 个缝隙，这会阻止该模型成为实体，如图 4-66 所示。由于希望保留指向 IGES 文件的链接，所以无法使用【输入诊断】命令中的自动修复工具，而必须手动修复。单击【确定】✓。

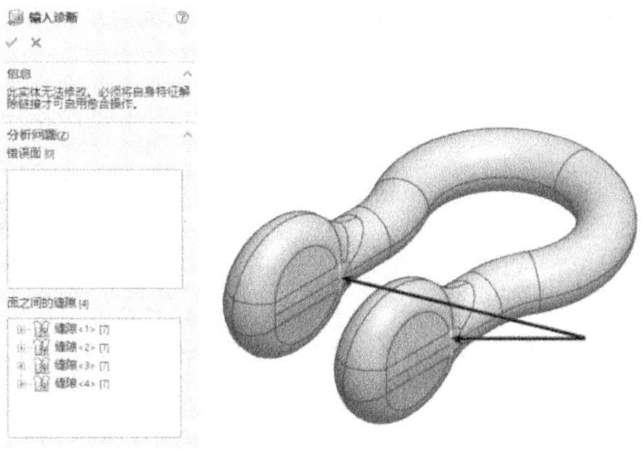

图 4-66　运行输入诊断

步骤 4　修复缝隙　单击【填充曲面】，【边线设定】处选择【相切】，勾选【应用到所有边线】复选框。

步骤 5　选取边线　右键单击开口处任意一条边线，在弹出的快捷菜单中选择【选择开环】。勾选【合并结果】复选框，单击【确定】✓。结果如图 4-67 所示。

步骤 6　查看填充结果　在原缺口处生成了填充曲面，为了区分于原始面，填充曲面以不同颜色显示。由于勾选了【合并结果】复选框，新生成的面将自动与原有面缝合在一起，如图 4-68 所示。

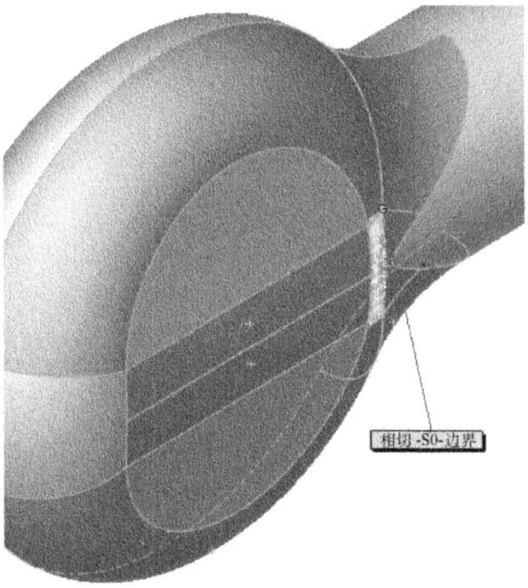

图 4-67　修复缝隙

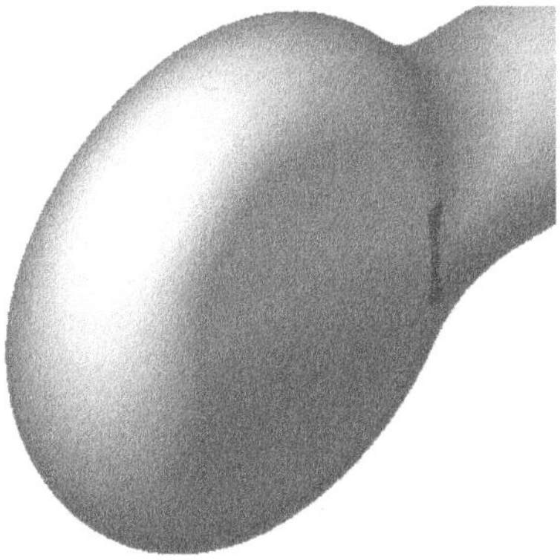

图 4-68　填充结果

步骤 7　重复步骤　重复前步操作，修补剩余的其他 3 个缺口。

> **注意**　当用户操作最后一个填充曲面时，需要勾选【创建实体】复选框，这样缝合后的曲面将自动转换成一个实体模型。

步骤 8　查看结果　“曲面实体”文件夹变为空，“实体”文件夹内列出了实体，如图 4-69 所示。

技巧 如果用户需要更新IGS链接或将其替换为新版本，请选择此特征，然后单击【编辑特征】。

步骤9 保存并关闭文件 完成的零件如图4-70所示。

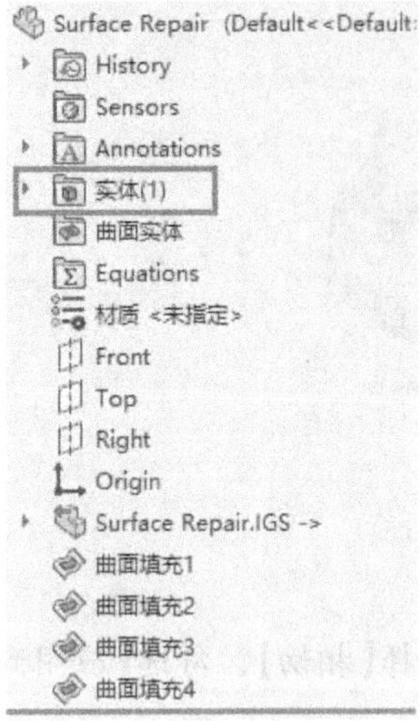

图4-69 查看结果

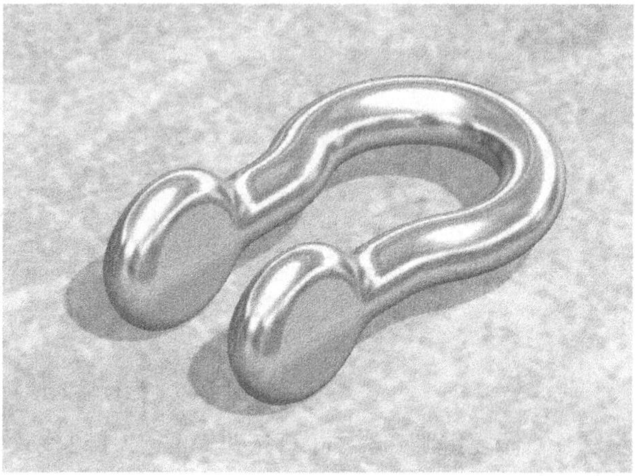

图4-70 完成的零件

第 5 章　接合与修补

学习目标

- 通过剪裁和重新创建几何体来修补模型面
- 有效地使用相切
- 通过删除面、剪裁边线和使用填充曲面来创建平滑的角接合

5.1　平滑修补

用户在建模过程中经常会遇到这样的问题，即模型某个部分的过渡并不符合要求，或者输入的模型存在粗糙面需要修整，如图 5-1 所示。有几种方法可以用来修补粗糙的过渡面，使其平滑过渡。

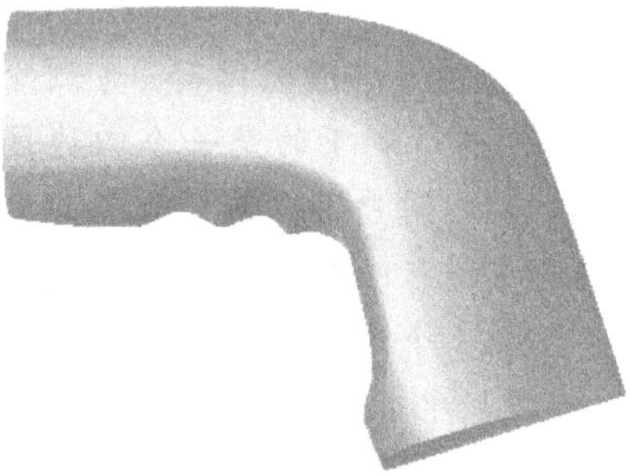

图 5-1　平滑修补

本章中的操作步骤将尝试几种不同的方法，检查并修复曲面过渡处存在的缺陷。有些方法可能无效，或者虽然有效但却仍然存在缺陷。尝试不同方法的理由如下：

1）比较功能相近的不同操作命令。

2）尝试工具中的各个选项，当其中一项无效时，其他的选项可能会完成特征的创建。

3）多讲解几种解决建模问题的方法和工具，不仅是练习中提到的几种做法。

操作步骤

扫码看视频

步骤 1　打开零件　打开“Lesson05\Case Study”文件夹下现有零件“Plastic_Part”，这是一个简化了很多细节特征的实体模型。

步骤 2　颜色设置　零件的颜色是蓝色的，首先更改颜色方案，以将高亮处的颜色改为具有对比性的颜色。

单击【选项】⚙/【系统选择】/【颜色】。

在【当前的颜色方案】列表中选择【Green Highlight】。

步骤 3　自定义设置　在【颜色方案设置】中，单击【视区背景】。单击【编辑】将颜色更改为白色。在【背景外观】中选取【素色（视区背景颜色在上）】，单击【确定】。

步骤 4　关闭 RealView

步骤 5　检查零件　快速检查发现，零件的问题区域出现在手握区的前侧，如图 5-2 所示。

在出现问题的接缝处运行【误差分析】以确定误差数值。分析结果显示，最大误差已超过 14°。此结果无法满足设计要求，如图 5-3 所示。

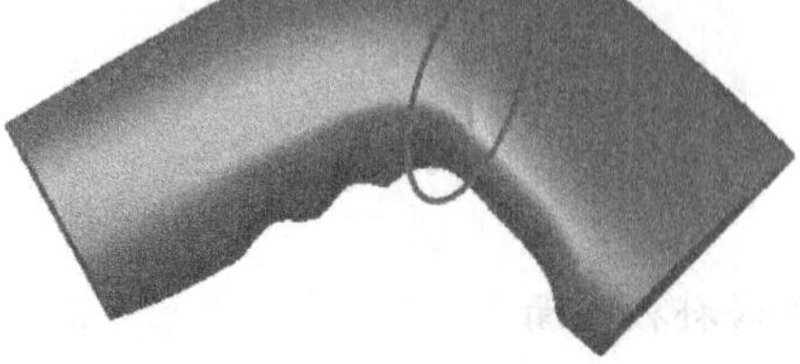

图 5-2　检查零件问题区域

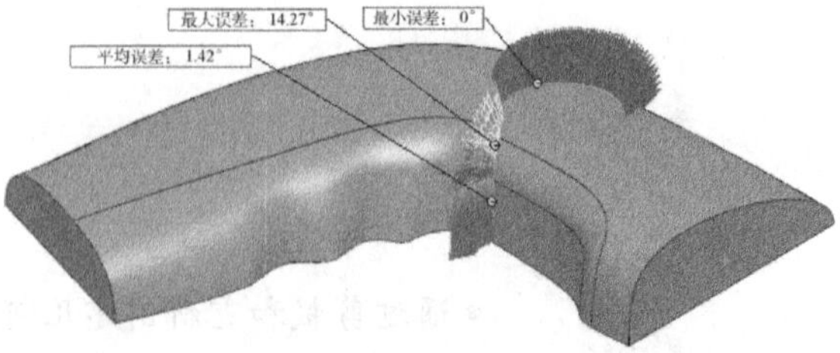

图 5-3　误差分析

步骤 6　分割受影响区域　如图 5-4 所示，使用零件中已有的草图“Split Sketch”创建【分割线】来分割图中的面，箭头指示的面片将被移除。

步骤 7　删除面　使用【删除面】工具删除分割区域内的 5 个面。

步骤 8　放样修补　【删除面】操作后剩下的是一个四边区域，所以用户可以使用放样曲面来对它进行修补。

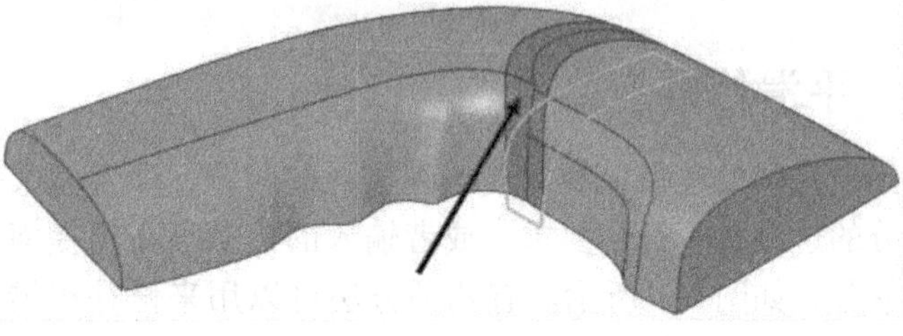

图 5-4　分割受影响区域

这 4 个边界均由多段边线组成，用户可以使用【SelectionManager】工具选择它们。

1）单击【放样曲面】，确保当前激活的是【轮廓】选择框。

2）在图形区域单击右键，然后选择【SelectionManager】工具，如图 5-5 所示。

3）单击【选择组】，并选取如图 5-6 所示构成开口侧长边界的两条边线。单击鼠标右键【确定】，或者单击 SelectionManager 中的【确定】✔。

4）重复上述操作以选取开口另一侧组成长边界的边线，如图 5-7 所示。

> **提示**　将长边界作为放样的轮廓，短边界作为引导线，这是因为引导线处没有【与面的曲率】选项，而轮廓处则有。

5）单击【引导线】选择框，使用 SelectionManager 工具依次选取两侧的短边界作为放样的引导线，如图 5-8 所示。

图 5-5　SelectionManager 工具

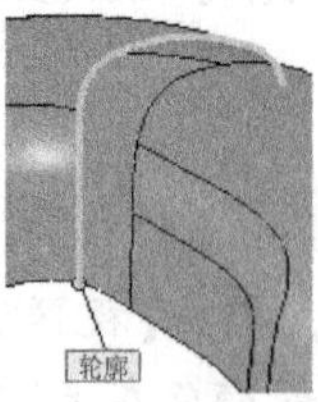

图 5-6　选择组(一)

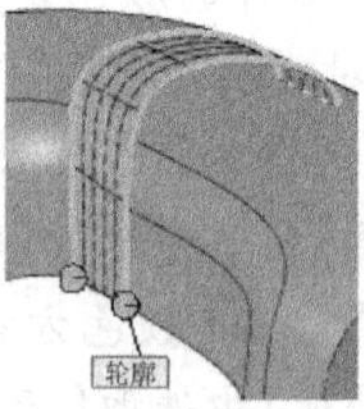

图 5-7　选择组(二)

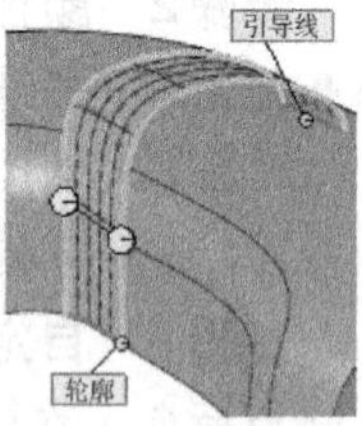

图 5-8　引导线

6）两条轮廓的【起始/结束约束】均选择【与面的曲率】选项。曲面预览消失，这表明使用该选项时放样操作不能完成，如图 5-9 所示。

7）尝试使用【与面相切】选项。放样成功，但是曲面上出现了一处细微的波纹。使用【RealView 图形】（图 5-10a）或【视图】/【显示】/【斑马条纹】（图 5-10b）可以很容易检查出来。

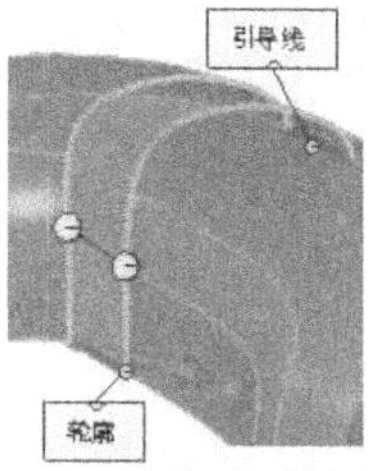

图 5-9　起始/结束约束

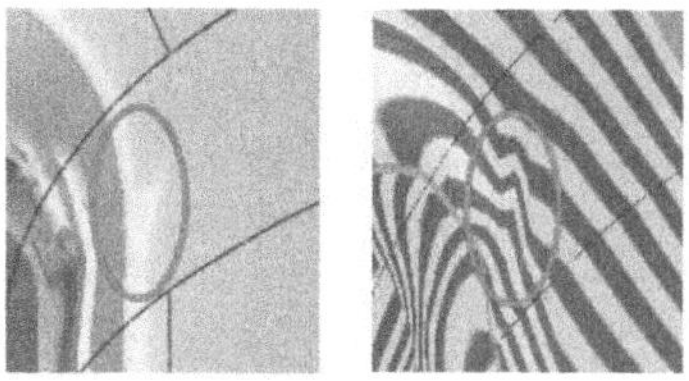

a)　b)

图 5-10　与面相切

编辑【起始/结束约束】处的相切长度可以帮助改善波纹情况，但不能完全消除。现在得到的曲面结果还不是令人足够满意。

步骤 9　删除　删除放样曲面，尝试使用另外的方法。

步骤 10　填充曲面　单击【填充曲面】，右键单击任意一段开环边线，并选择【选择开环】。

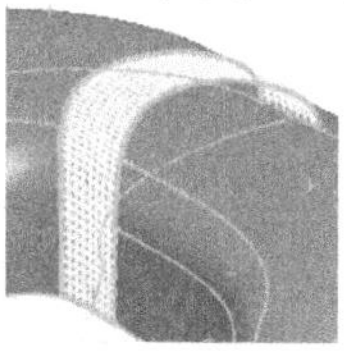

图 5-11　填充曲面预览效果

当采用默认为【接触】的【边线设定】时，预览效果会很好，如图 5-11 所示。但当长边界对应边线更改为【曲率】选项时，则预览会消失，这说明【填充曲面】在该条件下无法生成。

> **技巧**　如果需要同时指定多条边线为【曲率】选项，可以按住〈Ctrl〉键的同时在 PropertyManager 选择框中点取这些边线，然后在【边线设定】下选择【曲率】选项。

如果使用【相切】选项并勾选【优化曲面】复选框，则可以获得预览，并且生成的曲面明显优于放样曲面。但这还不够好。

步骤 11　撤销　单击【撤销】，终止创建填充曲面。下面使用最后一种方法。

5.2　边界曲面

【边界曲面】在某些方面类似于放样操作，同时在另一些方面又类似于填充操作。在很多情况下，【边界曲面】生成的曲面质量要高于【放样曲面】。

【边界曲面】特征的工作方式与实体特征零件对应的工作方式相同，详细讲解可以参考《SOLIDWORKS®高级零件教程（2018 版）》。使用放样特征和边界特征之间的主要区别包括：

1）边界特征可以在每个轮廓的任意方向上添加连续性条件。

2）在边界特征中，方向 1 和方向 2 上的曲线对特征的形状具有相同的影响。在放样中，轮廓比引导线的影响更大。

知识卡片	边界曲面	• CommandManager：【曲面】/【边界曲面】。 • 菜单：【插入】/【曲面】/【边界曲面】。

步骤 12　边界曲面　单击【边界曲面】，再次使用 SelectionManager 工具来选取边线，操作方法与步骤 8 中的放样操作类似。

长边对应的【相切类型】选择【与面的曲率】，短边对应的【相切类型】选择【无】，如图 5-12 所示。

设定【相切感应(%)】为 0。在【选项与预览】下面勾选【创建实体】复选框。单击【确定】，结果如图 5-13 所示。

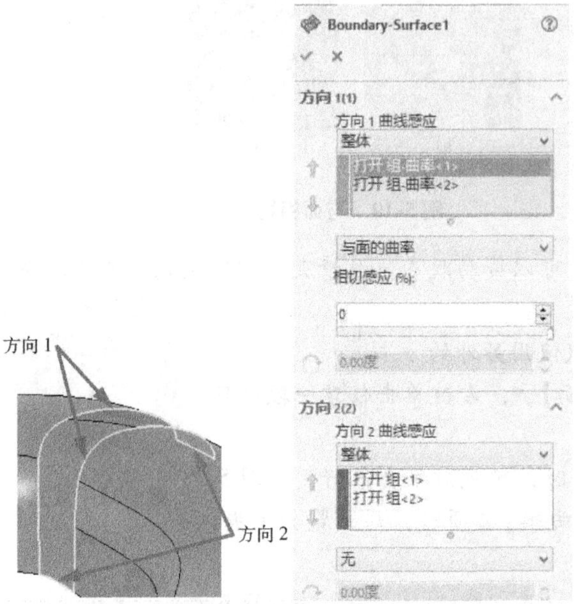

图 5-12　边界曲面（一）

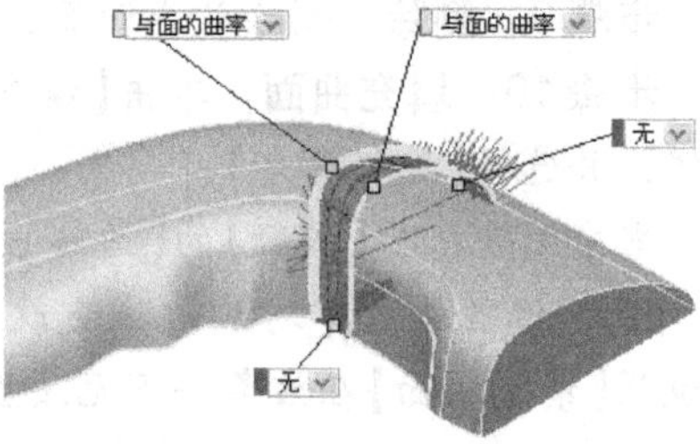

图 5-13　边界曲面（二）

> 提示　边界曲面预览中曲率梳的显示可以在【曲率显示】组框中打开和关闭。

步骤 13　结果　如图 5-14 所示，生成的曲面特征看起来不错。但是仅从外观看是不够的，还需要借用其他的分析检查工具进行检查。

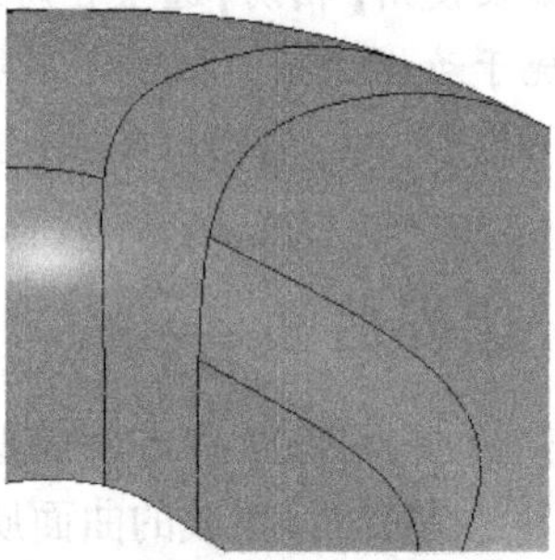

图 5-14　结果

步骤 14　误差分析　单击【误差分析】，选择修补区域的长边并计算，分析结果较好。结果如图 5-15 所示。

> 提示　为了运行【误差分析】，必须缝合曲面。

步骤 15　斑马条纹　单击【视图】/【显示】/【斑马条纹】。所显示的斑马条纹可以说明一些问题，用户可以更改显示设置以使得条纹的不连续性更加明显，如图 5-16 所示。

> 提示　提供的零件中已含有一个名为“Zebra_Stripes”的自定义视图方向。

斑马条纹可以帮助用户识别以下 3 个边界条件：

- 接触（C0 连续）——斑马条纹在边界不匹配。
- 相切（C1 连续）——斑马条纹在边界匹配，但在方向上有较大变化。

• 曲率连续(C2 连续)——斑马条纹在边界上顺畅地延伸。图 5-17 显示的是相切情况，而不是曲率连续。

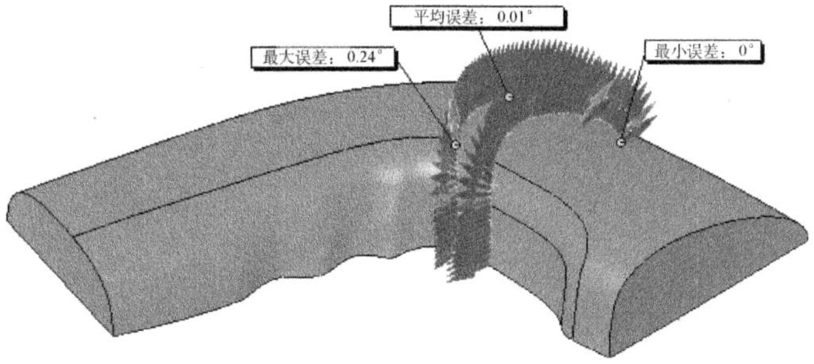

图 5-15　误差分析

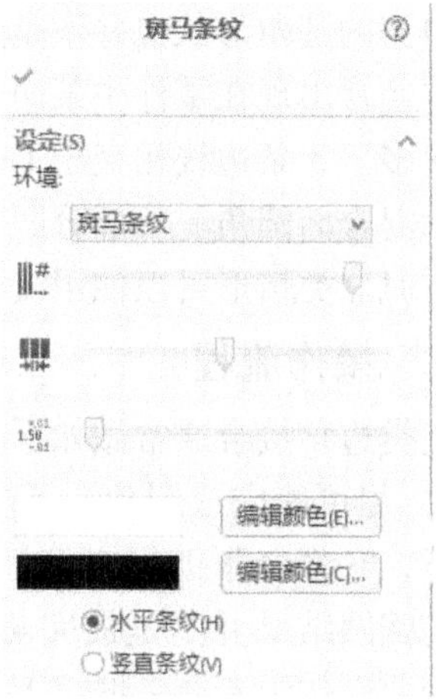

图 5-16　斑马条纹

步骤 16　改变曲线感应类型　在步骤 12 中选择了长边作为【方向 1】，现需改变长边的感应。

编辑特征“边界-曲面 1”，修改【相切感应(%)】为 100。单击【确定】✓，如图 5-18 所示。

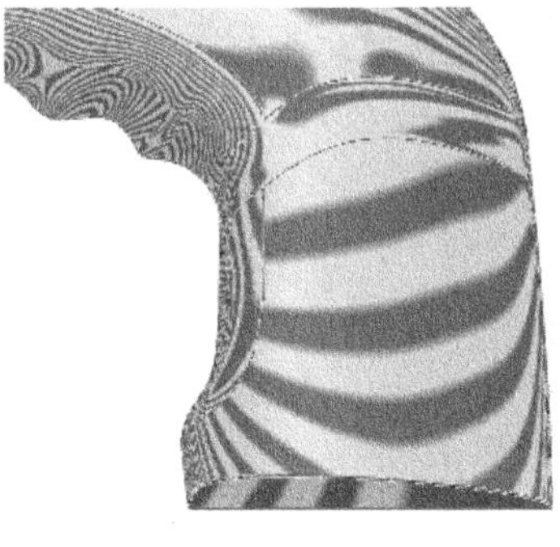

图 5-17　相切情况的斑马条纹

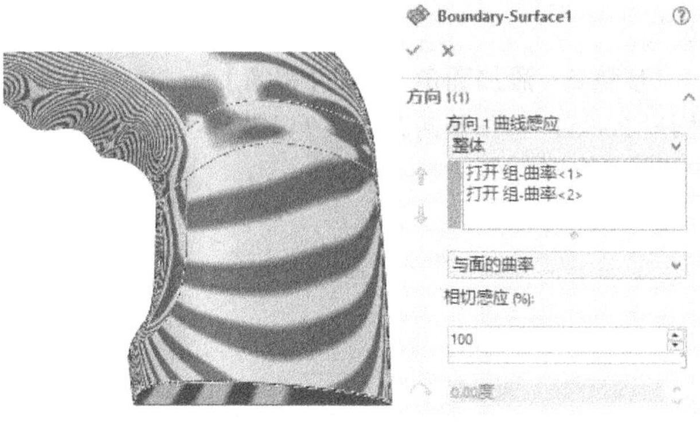

图 5-18　改变曲线感应类型

通过此更改后的斑马条纹在边界处显示为曲率连续。

步骤 17　关闭斑马条纹，保存并关闭零件　完成后的零件如图 5-19 所示。

步骤 18　重置配色方案设置　单击【选项】⚙/【系统选项】/【颜色】。单击对话框左下角的【重设】，单击【仅重设此页面】。单击【确定】。

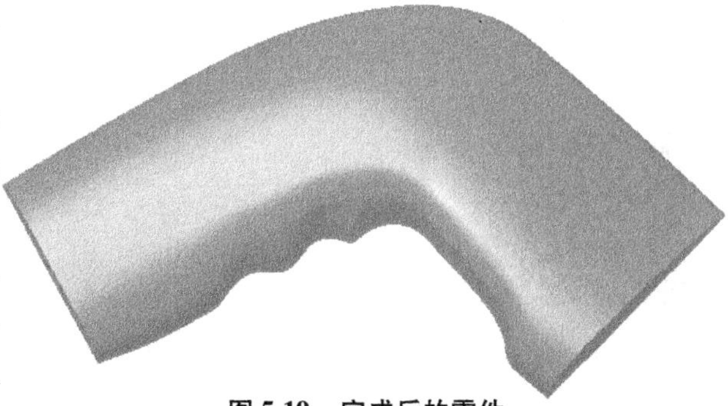

图 5-19　完成后的零件

5.3 边角接合

用户有时会碰到这样的情况，即由于圆角太复杂以至于特征创建失败，或者即使特征完成了，得到的圆角形状也并不是用户所想要的。如图 5-20 所示，图中圈示部分即为这种情况。复杂结构经常出现在零件中某两个要素的接合部位，如：

- 多于 3 条边线相交于 1 个顶点。
- 混合面圆角——部分凹面，部分凸面。

有时这类情形可以使用接合技术来解决。

5.3.1 操作流程

此类边角接合通常做如下处理：

1）尽可能完成圆角。不要低估 FilletXpert 工具，在很多情况下，它都会帮助用户较好地完成圆角任务。即使有时候得到的倒圆结果并不是最完美的，但用户至少可以使用由它生成的曲面作为参考来继续下一步的接合操作。

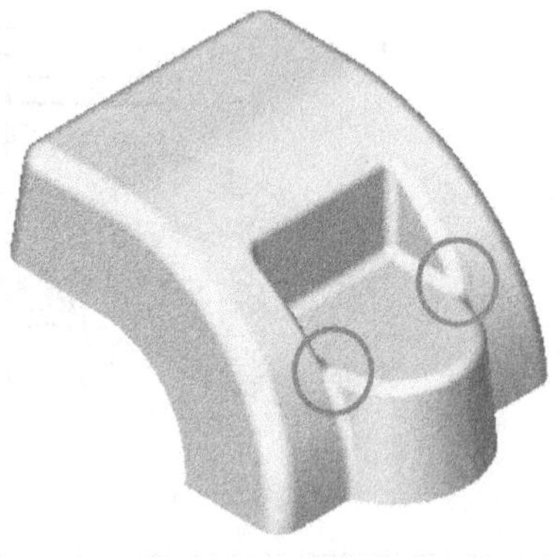

图 5-20 边角接合

2）切除不满意形状部分。这包括删除圆角处小面片，剪裁剩下部分曲面以创建适用于修补的边界。

3）接合面。通常会使用填充曲面，部分情形下使用本章所讲述的其他几种方法可能会更好。

操作步骤

步骤 1 打开零件 打开“Lesson05\Case Study”文件夹下的已有零件“Blended_Corner”。

步骤 2 添加圆角 单击【圆角】。使用如图 5-21 所示的设置将半径设置为 2.5mm。选择“Pocket”特征和两条边线，然后单击【确定】✔。

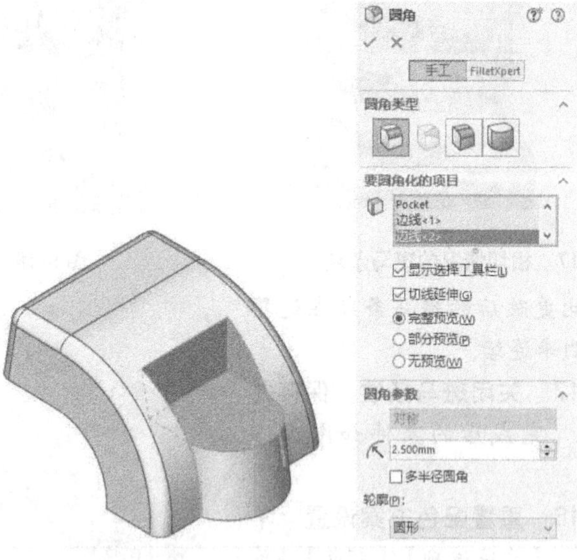

扫码看视频

图 5-21 添加圆角

步骤 3 FeatureXpert 系统显示一条消息表明创建圆角有问题，如图 5-22 所示。单击【FeatureXpert】，此工具将尝试把圆角分成多个特征以创建几何体。

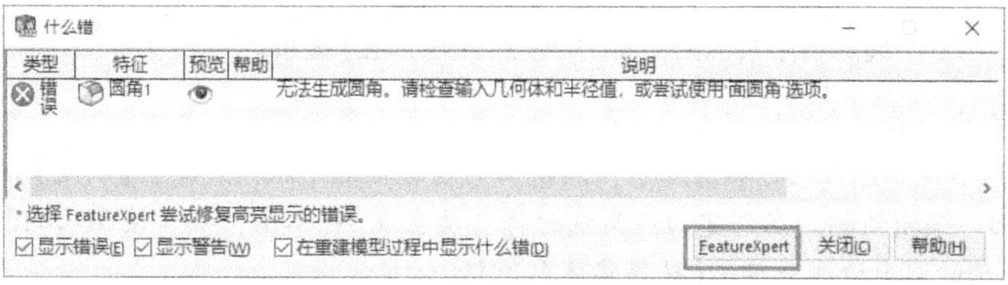

图 5-22　FeatureXpert

步骤 4　圆角结果　处理后，FeatureXpert 生成了两个独立的圆角特征，虽然不是完美的接合，但用于某些场合却是足够好了，如图 5-23 所示。对于此设计，下面将删除分割的面，剪裁周围的边线，并在接合区域中创建一个新的平滑曲面。

步骤 5　切换视图　切换至右视方向，按键盘向下方向键两次以使视图旋转 30°，如图 5-24 所示。

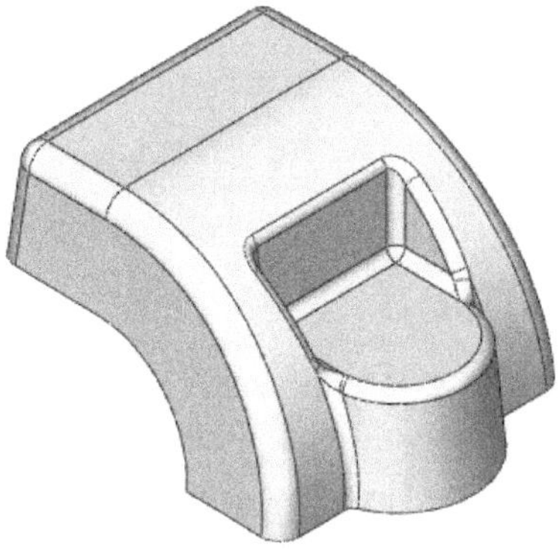

图 5-23　圆角结果

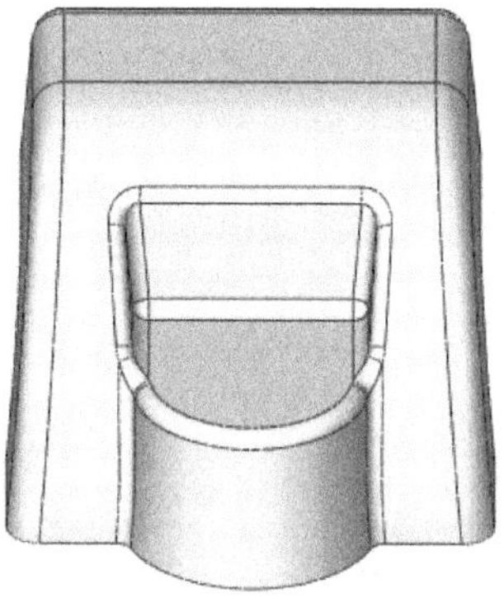

图 5-24　切换视图

步骤 6　删除面　单击【删除面】，选取如图 5-25 所示的 3 个面，使用【删除】选项，单击【确定】。

步骤 7　面部曲线　单击【工具】/【草图绘制工具】/【面部曲线】。选取如图 5-26 所示的圆角面以及顶点。

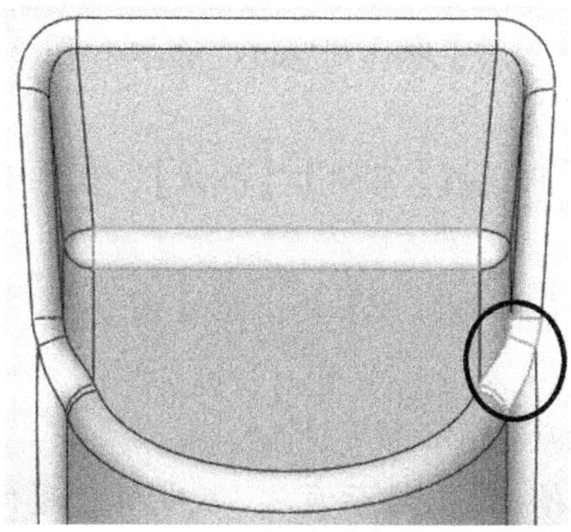

图 5-25　删除面

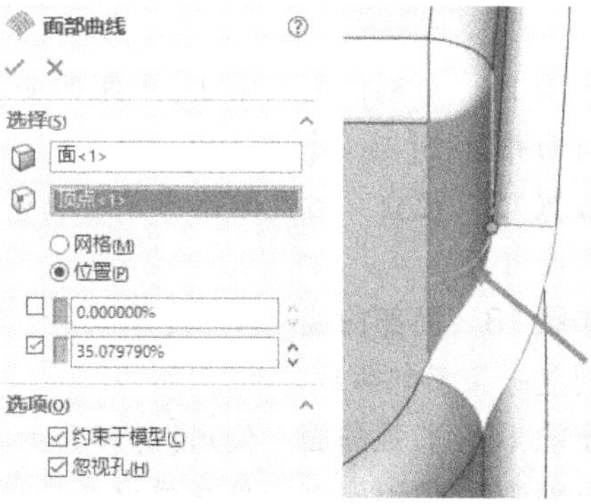

图 5-26　面部曲线

技巧 选取某个顶点后系统将自动选择【位置】选项。

请注意两条面部曲线的颜色：一条为粉红色，另一条为绿色。在本例中，需要的是粉红色曲线而不是绿色曲线。取消绿色曲线前面的复选框选中状态，单击【确定】✓。

步骤 8　编辑草图　在创建面部曲线时将自动生成 3D 草图，编辑该 3D 草图，选择如图 5-27 所示的圆角边线并单击【转换实体引用】。

注意 面部曲线与转换后边线必须在同一个草图内。

步骤 9　剪裁草图实体　使用【剪裁实体】，剪裁转换边线至与面部曲线交点处，如图 5-28 所示。

步骤 10　剪裁曲面　使用【剪裁曲面】移除如图 5-29 所示部分曲面。

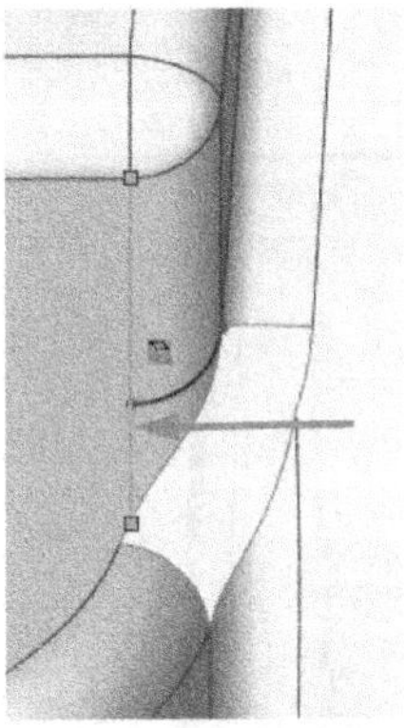

图 5-27　转换实体引用

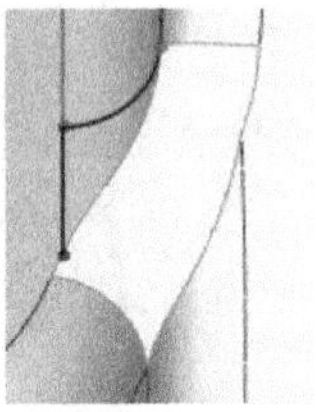

图 5-28　剪裁草图实体

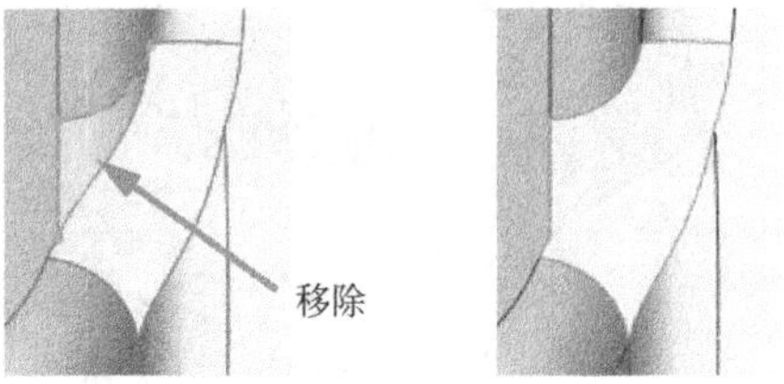

图 5-29　剪裁曲面

5.3.2　可选方法

以上用来剪裁圆角曲面的方法是比较好的，但在某些场合下这种方法可能并不适用，或者操作起来比较困难。所以，下面将尝试用另一种方法来剪裁圆角的其他面。

步骤 11　复制曲面　单击【等距曲面】，【等距距离】为 0.00mm。选取如图 5-30 所示圆角面并单击【确定】✓。

步骤 12　孤立　右键单击等距曲面，从快捷菜单中选择【实体】/【孤立】，现在只有复制的曲面可见。

步骤 13　面部曲线　单击【工具】/【草图工具】/【面部曲线】，经过图 5-31 所示顶点，创建一条面部曲线。

步骤 14　剪裁曲面　使用【剪裁曲面】，保留如图 5-32 所示部分。

步骤 15　退出孤立　单击弹出工具栏中的【退出孤立】，显示步骤 12 中所隐藏的曲面实体。从所显示的斑驳颜色可以判断出，有两个面是重叠在一起的，如图 5-33 所示。

步骤 16　删除面　使用【删除面】的【删除】选项删除未剪裁的圆角面。

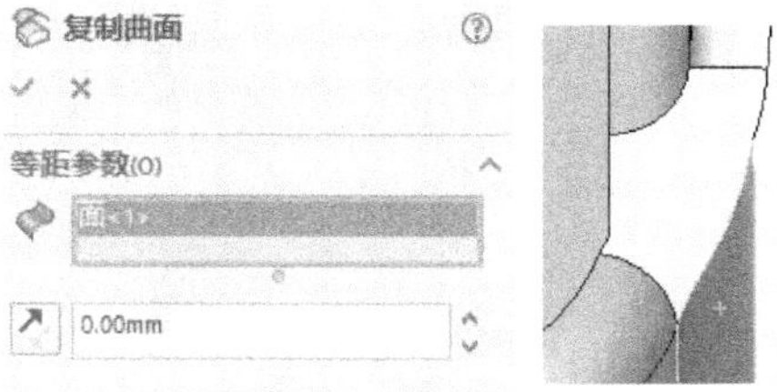

图 5-30　复制曲面

图 5-31　面部曲线

图 5-32　剪裁曲面

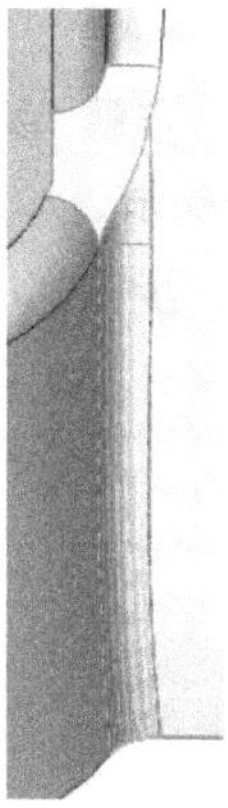

图 5-33　面重叠显示

步骤 17　缝合曲面　使用【缝合曲面】缝合剪裁后曲面与剩余曲面实体，现在剪裁后曲面已经替换了原先的圆角面。

5.3.3　曲面上的样条曲线

如图 5-34 所示，高亮显示的开口处边线同样也需要被剪裁。但此处并不适合使用面部曲线。取而代之的是直接在该曲面上绘制一条样条曲线作为剪裁的工具。

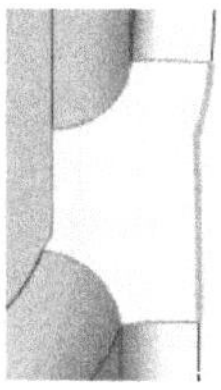

图 5-34　需要被剪裁部分

知识卡片

曲面上的样条曲线	当用户在曲面上绘制样条曲线时，曲线上的点将自动被约束在曲面上。当用户拖动样条曲线型值点时，这些点也只会沿着曲面移动。因此，样条曲线不可以绘制在多个曲面上。 【曲面上的样条曲线】可用于： 1）在零件与模具设计中，【曲面上的样条曲线】方便用户创建更直观、更精确的分型线或者过渡线。 2）在复杂扫描中，【曲面上的样条曲线】方便用户创建限制于某曲面几何体的引导曲线。
操作方法	• CommandManager：【草图】/【样条线】/【曲面上的样条曲线】。 • 菜单：【工具】/【草图绘制实体】/【曲面上的样条曲线】。

步骤 18　曲面上的样条曲线　单击【曲面上的样条曲线】。此步骤将创建一个新的 3D 草图。经过如图 5-35 所示两个顶点绘制一条 2 点样条曲线。

提示　高亮显示的曲面表示样条曲线绘制在该面上。

技巧 如果草图过定义，则删除“重合”关系。系统将自动捕捉穿透关系。

步骤 19　添加几何关系　在样条曲线与圆角边线之间添加【相切】几何关系，如图 5-36 所示。

步骤 20　剪裁曲面　使用【剪裁曲面】得到一个平滑边界，如图 5-37 所示。

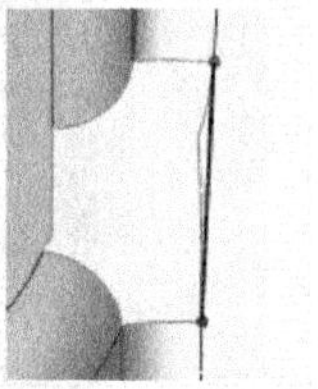

图 5-35　曲面上的样条曲线

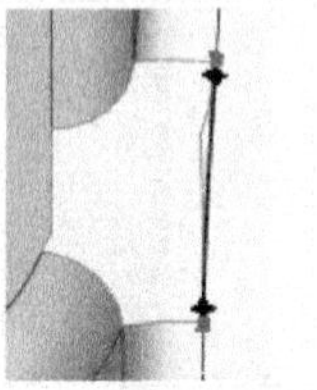

图 5-36　添加几何关系

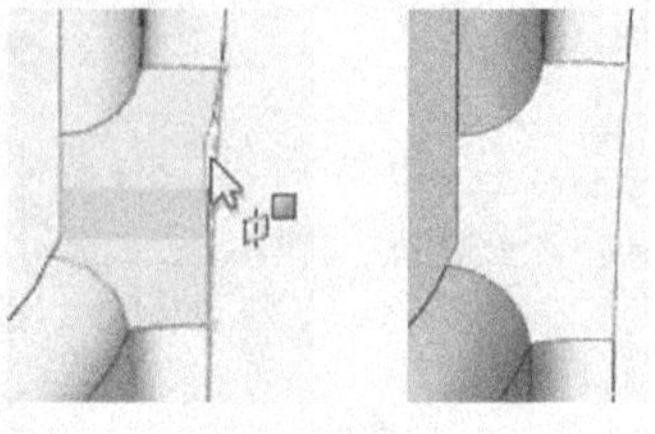

图 5-37　剪裁曲面

开口处仍有边线需要清理，如图 5-38 所示。

步骤 21　新建草图　在如图 5-39 所示的平面上新建草图。

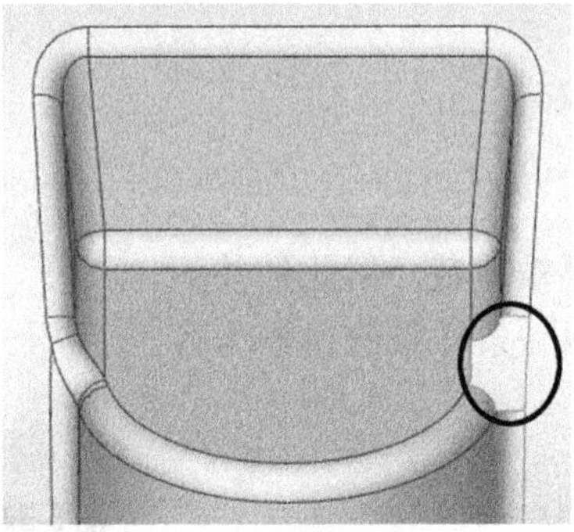

图 5-38　需清理的边线

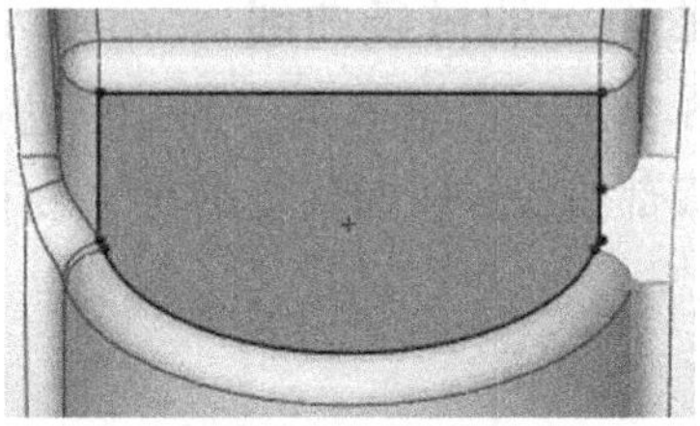

图 5-39　新建草图

选取该面后，单击【转换实体引用】以将平面边线复制到当前激活的草图中。

步骤 22　删除草图实体　删除如图 5-40 所示的两条短边线。

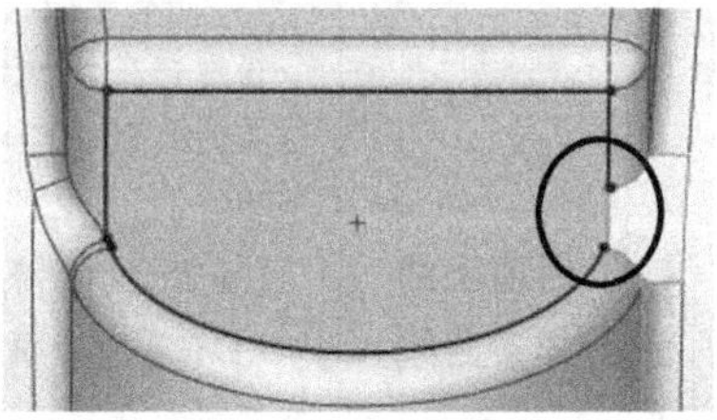

图 5-40　删除草图实体

步骤 23　绘制样条曲线　在开环顶点处绘制 2 点样条曲线。

步骤 24　添加几何关系　在样条曲线与转换边线间添加【相切】几何关系，如图 5-41 所示。

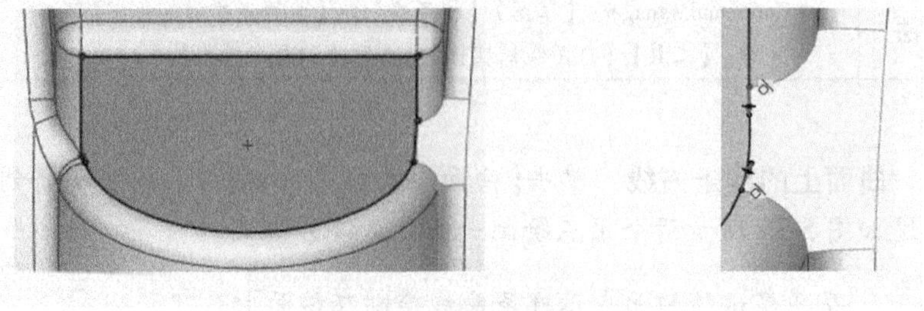

图 5-41　添加几何关系

步骤 25　删除面　退出草图并删除实体平面，如图 5-42 所示。

步骤 26　平面区域　选取草图并使用【平面区域】创建一个新的平面，如图 5-43 所示。

步骤 27　填充曲面　单击【填充曲面】，选择 6 条边线来定义边界，如图 5-44 所示。

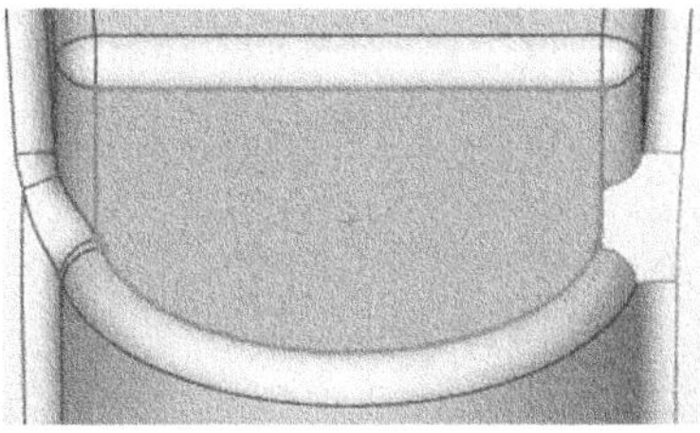

图 5-42　删除面

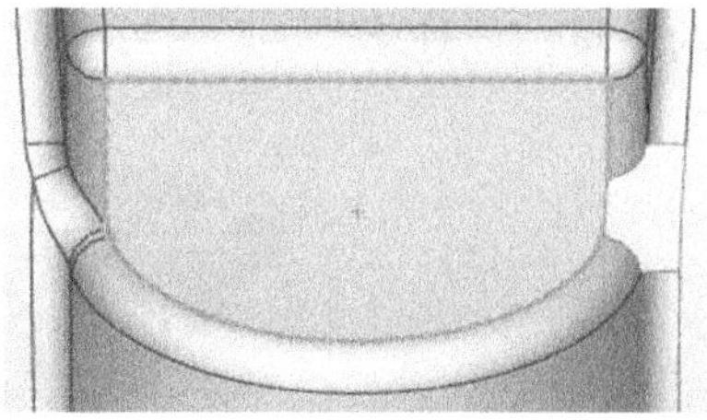

图 5-43　平面区域

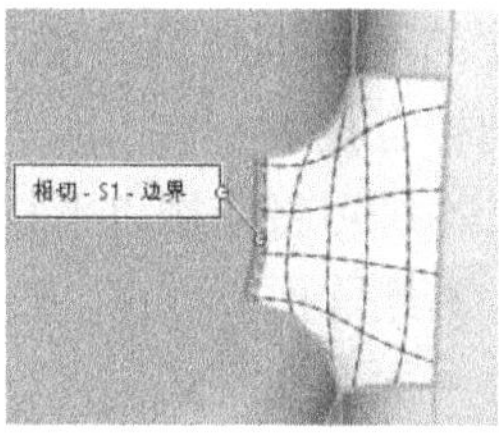

图 5-44　填充曲面

【边线设定】选择【相切】，并勾选【应用到所有边线】复选框。勾选【合并结果】和【创建实体】复选框，单击【确定】。

步骤 28　查看结果　模型一侧的接合完成，如图 5-45 所示。要完成模型的另一侧，下面将利用零件的对称性，将未修改的区域切除并镜像实体。

步骤 29　切除模型　单击【使用曲面切除】，选择前视基准面作为切除曲面。确保删除了未修改的模型一侧。

步骤 30　镜像实体　使用切除面作为镜像面来镜像实体，如图 5-46 所示。

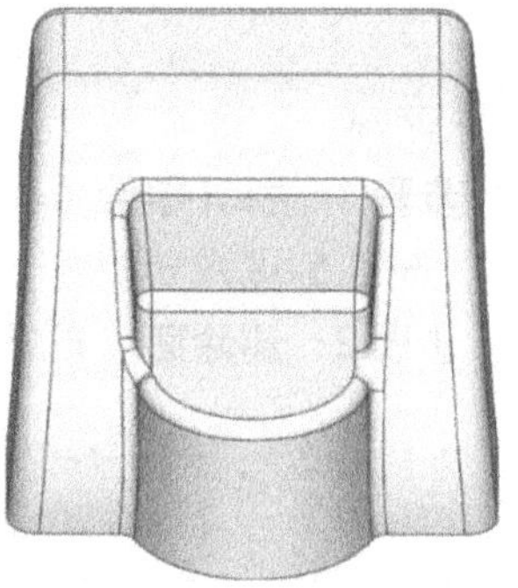

图 5-45　查看接合结果

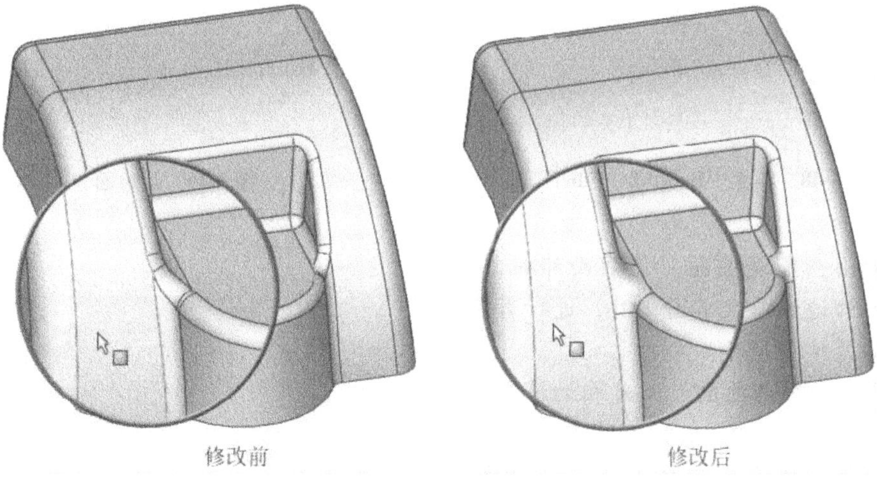

图 5-46　镜像实体

步骤 31　保存并关闭文件

练习 5-1　淋浴房圆角

许多铸模零件中，通常都会含有由多个圆角接合成的相邻曲面部分，如图 5-47 所示。此区域(图 5-47)中的圆圈区域有时候称为“渐褪的面”，单一的倒圆角操作通常都不能得到符合要求的结果，此处将用到接合技术。

本练习将应用以下技术：

- 删除面。
- 面部曲线。
- 剪裁曲面。
- 填充曲面。
- 边角接合。

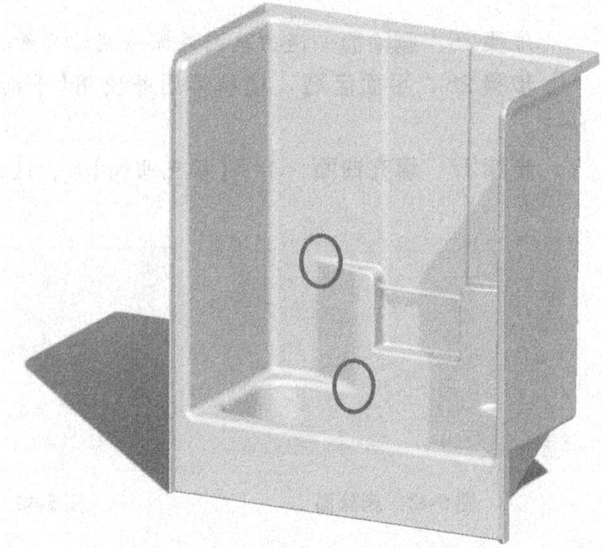

图 5-47　淋浴房圆角

操作步骤

步骤 1　打开零件　打开“Lesson05\Exercises”文件夹下的已有的零件“Bathtub_Fillet”，如图 5-48 所示。

步骤 2　删除面　删除圆角处不需要的面，如图 5-49 所示。

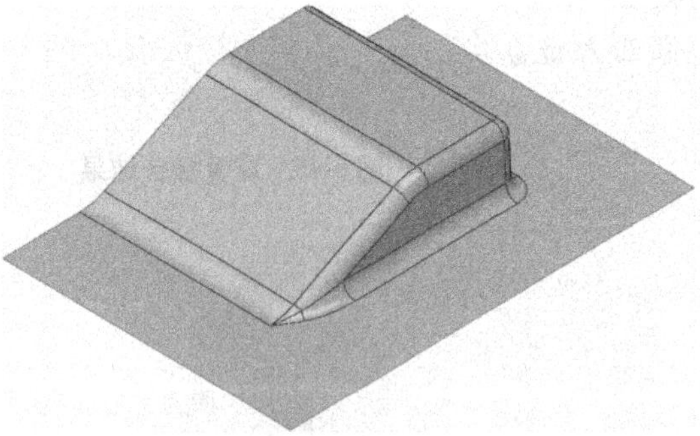

图 5-48　零件“Bathtub _ Fillet”

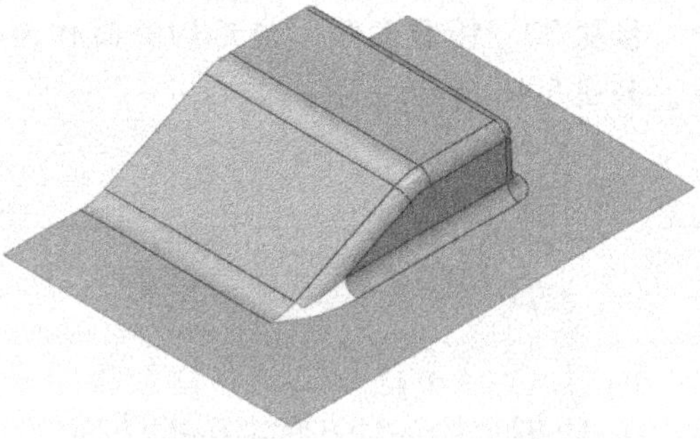

图 5-49　删除面

步骤 3　剪裁曲面　使用面部曲线、转换引用的边线以及草图工具，进行剪裁操作，如图 5-50 所示。

步骤 4　填充曲面　创建相切填充曲面来修补圆角处缺口，如图 5-51 所示。

步骤 5　缝合与加厚　缝合曲面后，曲面【加厚】设为 2mm，如图 5-52 所示。

步骤 6　保存并关闭文件

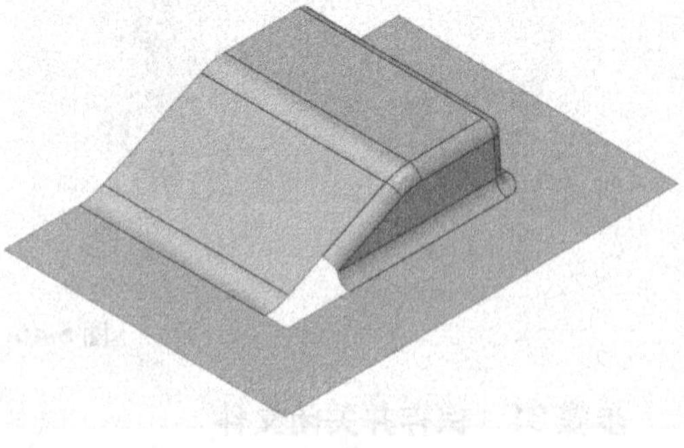

图 5-50　剪裁曲面

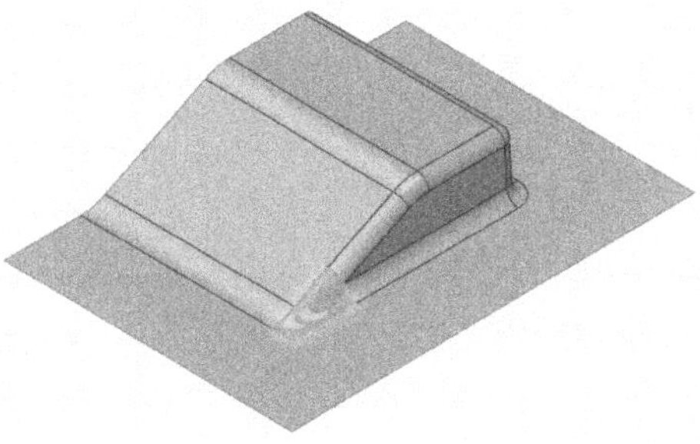
图 5-51　填充曲面

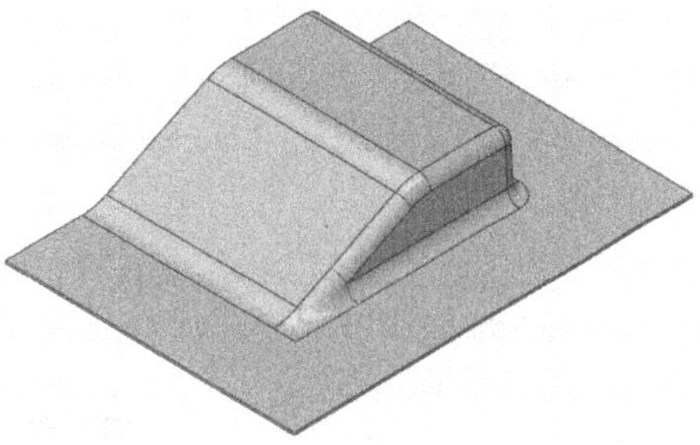
图 5-52　缝合与加厚

练习 5-2　边角接合练习

本练习需要创建如图 5-53 所示圆圈所指部分的边角过渡。

本练习将应用以下技术：

- FilletXpert。
- 面部曲线。
- 边角接合。
- 曲面上的样条曲线。

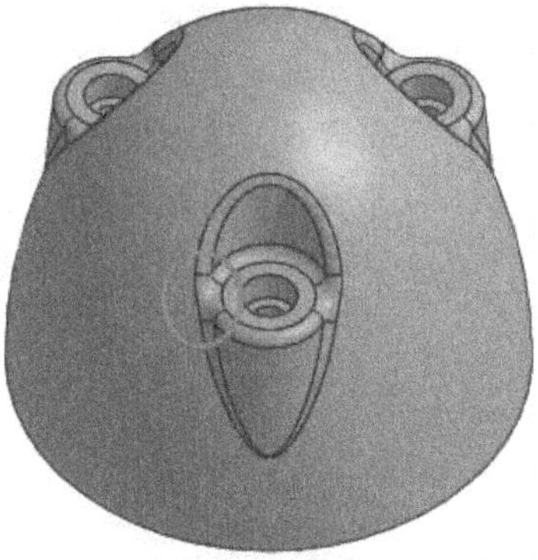
图 5-53　边角接合练习模型

操作步骤

步骤 1　打开零件　打开“Lesson05 \ Exercises”文件夹内的已有零件“Corner_Blend”，如图 5-54 所示。

步骤 2　添加圆角　在图 5-55 所示边线处创建半径为 4mm 的圆角特征。

> 提示　已使用名为“Pocket”的自定义视图方向保存模型，以图 5-55 所示方向定向模型。

步骤 3　再次添加圆角　在形成凹坑的两个面上添加半径为 2.5mm 的圆角，如图 5-56 所示。

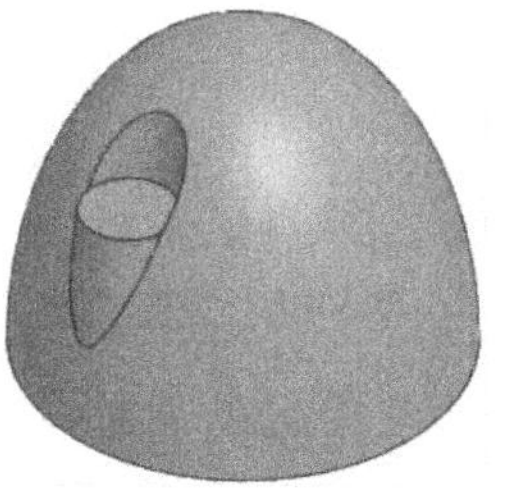
图 5-54　零件“Corner_Blend”

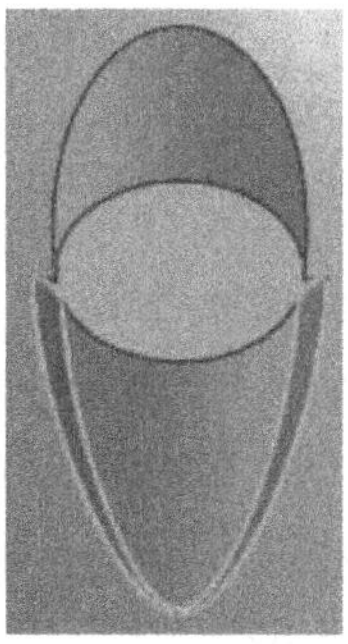
图 5-55　添加圆角

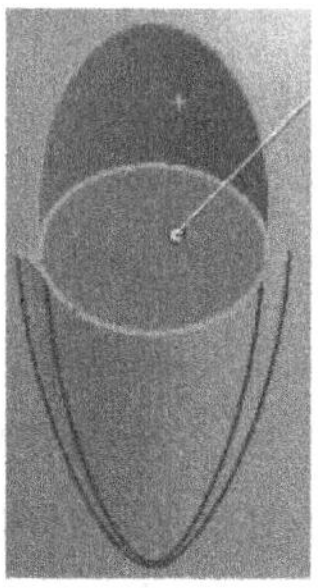
图 5-56　再次添加圆角

步骤 4　FeatureXpert　系统显示一条消息表明创建圆角有问题，如图 5-57 所示。单击【FeatureXpert】，此工具将尝试把圆角分成多个特征以创建几何体。

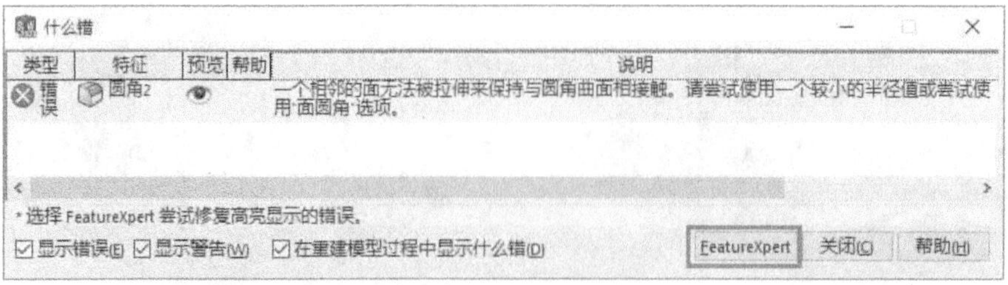

图 5-57　创建圆角有问题

步骤 5　查看结果　系统将 3 个单独的圆角特征添加到零件以生成结果，如图 5-58 所示。要清理接合区域，首先将删除面和剪裁边线以创建良好的边界，然后添加填充的曲面。由于凹坑特征是对称的，因此只需修改一侧然后进行镜像。

步骤 6　移除模型边角面　删除如图 5-59 所示的边角。

步骤 7　剪裁曲面　使用【面部曲线】、【转换实体引用】以及【曲面上的样条曲线】工具来剪裁曲面开口处，如图 5-60 所示。

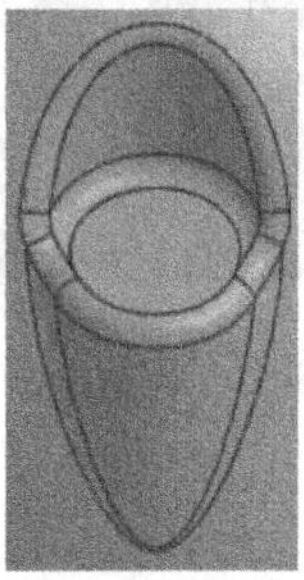

图 5-58　查看结果

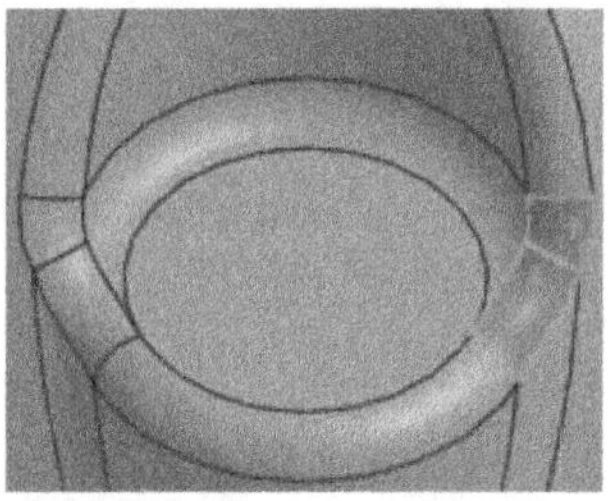

图 5-59　删除模型边角面

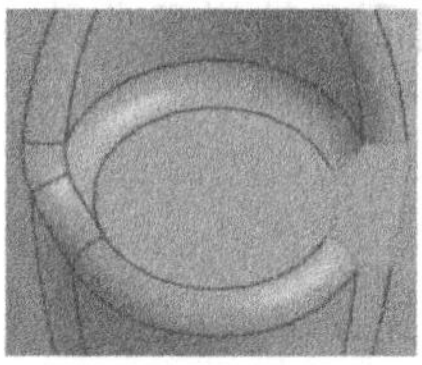

图 5-60　剪裁曲面

技巧　如果剪裁曲面时遇到困难，可参阅“5.3　边角接合”。将圆形作为平面区域的轮廓。

步骤 8　缝合曲面　使用【缝合曲面】将曲面缝合在一起，以方便选择填充曲面的边界。

步骤 9　填充曲面　单击【填充曲面】，右键单击一个开放的边线并单击【选择开环】。在所有边线处创建【相切】修补，勾选【合并结果】和【创建实体】复选框以生成实体模型。如图 5-61 所示。

步骤 10　切除模型　单击【使用曲面切除】，选择右视基准面作为切除曲面。确保移除了模型中未修改的一侧。

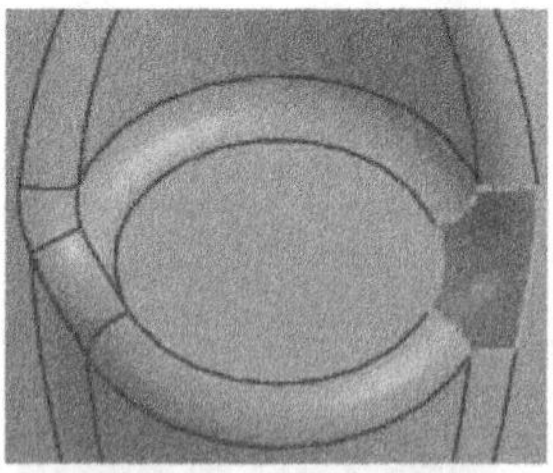

图 5-61　填充曲面

步骤 11　镜像实体　使用切除面作为镜像面以镜像实体。

步骤 12　添加 M6 凹头盖螺钉的柱形沉头孔　使孔中心与凸台平面圆弧边圆心重合。设置【终止条件】为【完全贯穿】，如图 5-62 所示。

步骤 13　编辑旋转特征　将【旋转类型】改为【两侧对称】，并设置【角度】为 120°，重建模型，如图 5-63 所示。

步骤 14　抽壳　添加【厚度】为 1.5mm 的【抽壳】特征，并移除模型底面以及两个侧面，如图 5-64 所示。

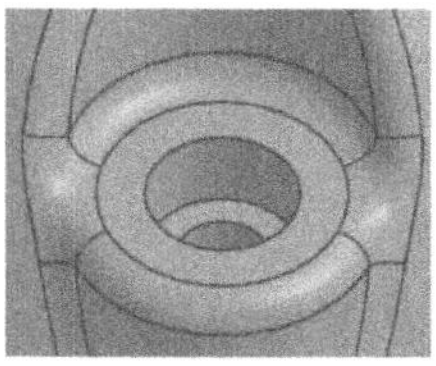

图 5-62　柱形沉头孔

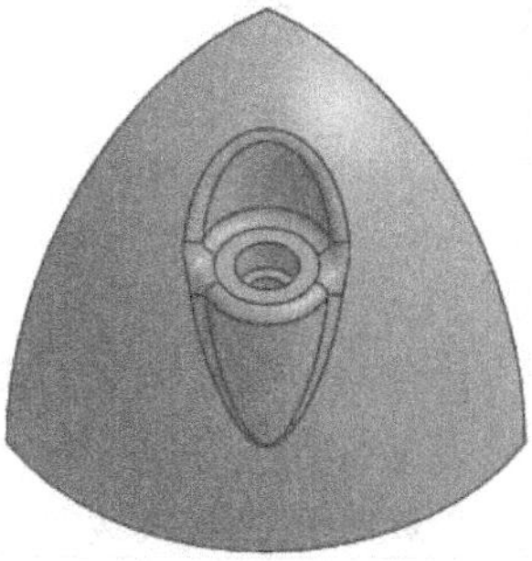

图 5-63　编辑旋转特征

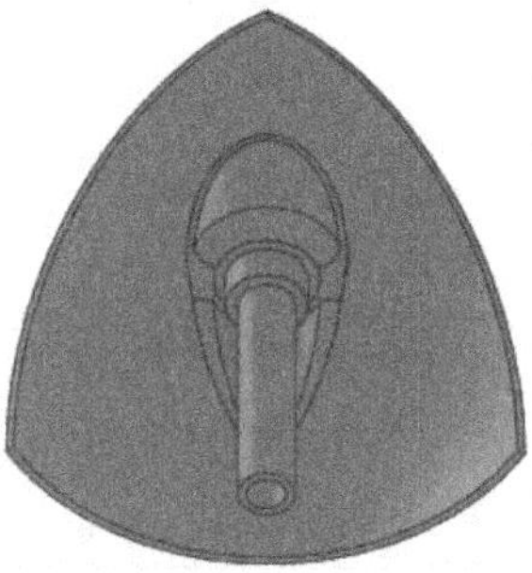

图 5-64　抽壳

步骤 15　移动面　使用【移动面】移动沉头孔下端面 38mm，以缩短凸台长度。使用【等距】选项以避免指定移动方向，如图 5-65 所示。

步骤 16　阵列实体　利用零件中心临时轴，圆周阵列该实体。设置【实例数】为 3，如图 5-66 所示。

步骤 17　组合实体　利用【组合】特征将阵列后的 3 个实体合并成一个实体模型，如图 5-67 所示。

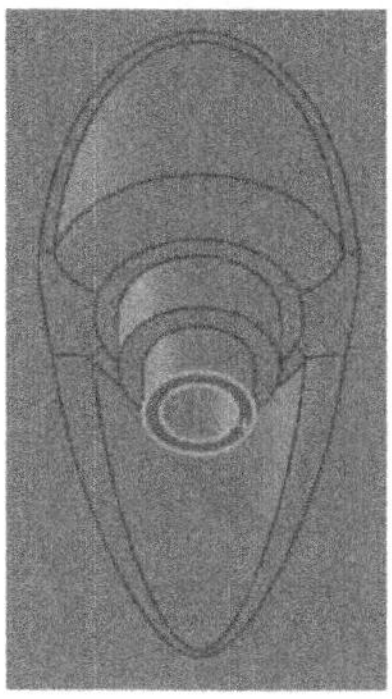

图 5-65　移动面

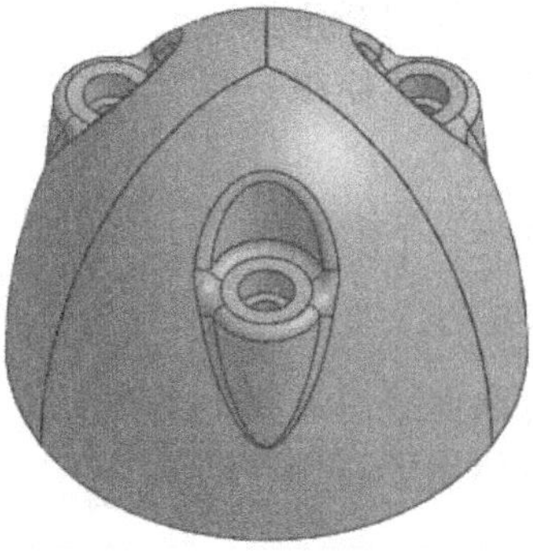

图 5-66　阵列实体

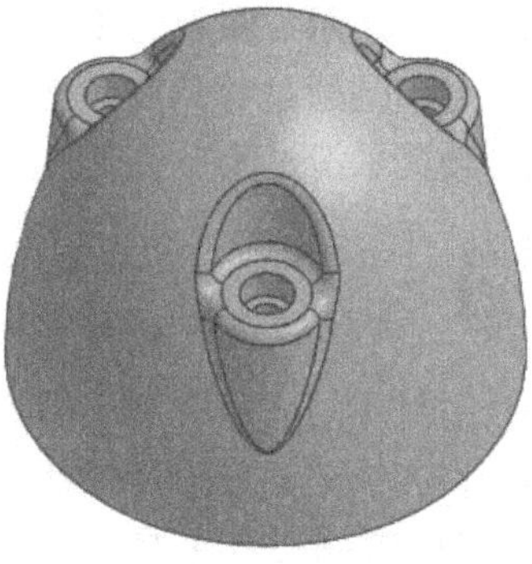

图 5-67　组合实体

步骤 18　保存并关闭文件

第 6 章　复杂的接合

学习目标

- 剪裁曲面为接合特征创建必要的边线
- 各形状间的平滑接合
- 在填充曲面、放样曲面以及边界曲面中设置曲率连续
- 使用自由形特征

6.1　复杂的接合概述

复杂的接合在曲面建模中是一种非常困难的操作，复杂接合的实例包括 T 形、X 形、K 形以及 Y 形。在本例中，用户将学习如何创建良好的接合，如图 6-1 所示。

图 6-1　复杂的接合

如图 6-2 所示，图中的接合形状并非使用圆角特征直接生成，而是通过剪裁实体交叉区域，然后使用一些特征组合使其平滑过渡来实现的。

> **提示**　本章中的图片均是在开启【RealView 图形】功能的状态下捕捉成像的。

高反射材质的应用有利于用户察觉曲面平滑过渡中有可能存在的缺陷。最为理想的状态是使用了高反射材质后，在曲面接缝处丝毫看不出有缝隙存在。

若【工具】/【选项】/【文件属性】/【图像品质】中的参数标准设置较低，这将对用户及时察觉曲面以及接合处的品质产生影响，同时还会时常看到在未缝合的曲面边界处存在一条明显的裂缝。当相邻曲面被缝合后，需要提高接合处的显示品质以检查曲面的过渡情况。

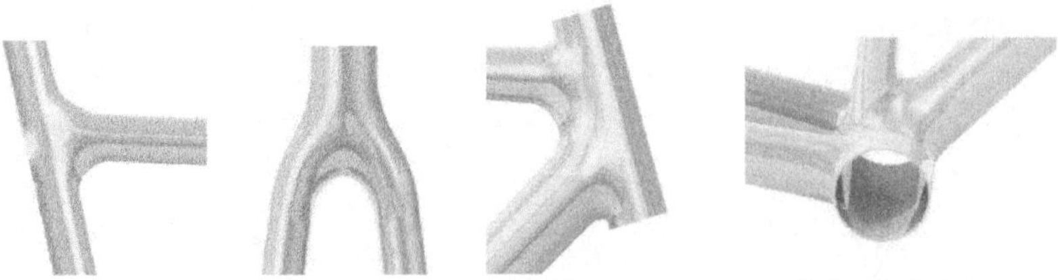

T 形接合　　Y 形接合　　K 形接合　　修改后的 K 形接合

图 6-2　接合示例

> **技巧**　如果用户的计算机不能实现 RealView 图形功能，可以适当添加高光泽度的光源来获得一定的显示效果。

6.1.1 操作流程

在本章中，现有的实体均为相互独立的管件。它们之间尚未做任何连接，用户需要使用接合技术将它们接合起来。最后的几个接合操作将作为本章课后练习内容。

本章将练习接合各种形状的分离管件并最终生成一个完整的自行车架。考虑到操作的方便性，整个自行车架已经被事先划分成多个相互分离的零件，如图 6-3 所示。

1. 剪裁管件以适应接合　为接合操作做准备，首先要确定的是每个管件需要剪裁成什么形状以及需要剪去多少面积。接合过渡区太短，有可能会产生褶皱，太长时又需要添加更多的面块至接合处，如图 6-4 所示。

2. 剪裁每个实体生成不同的边线　接合过程必须分成几个部分来完成，因为不可能在一个特征中将所有的实体接合起来。此技术需要用到剪裁后分割开来的边界，而不是一个完整的轮廓。通过这种剪裁方式来得到分割边线，可以将每个线段用作轮廓，以作为曲面特征的边界，如图 6-5 所示。

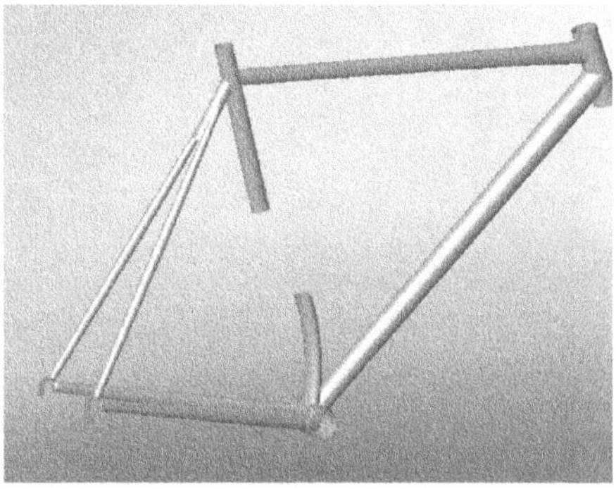

图 6-3　自行车架

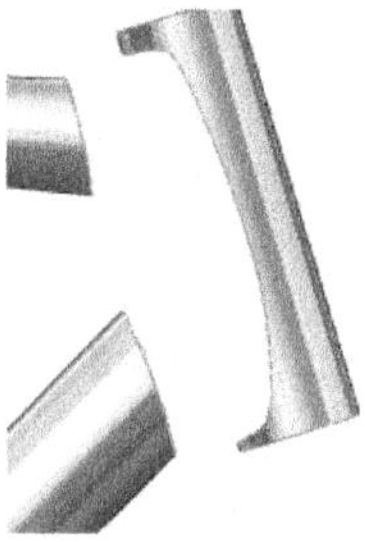

图 6-4　剪裁管件

图 6-5　生成边线

3. 放样生成封闭周边　分割的边线用来创建简单的放样或边界曲面，然后生成一个封闭的周边以用于更加复杂的修补操作。这些曲面通常要用到相邻管件的边线作为轮廓，并设置成曲率过渡。但在部分实例中，通常还会使用引导线或者中间轮廓来得到正确的形状，如图 6-6 所示。

4. 填充修补　【填充曲面】命令可以理想地完成一些不规则形状的修补任务。使用该命令时，【边线设定】使用【曲率】选项生成的修补面将是最好的。有时选择【曲率】选项可能无效，而必须设置为【相切】，这时用户就需要使用前面章节讲解的评估和分析技术，来确定使用【相切】选项得到的曲面结果是否令人满意。填充曲面的效果如图 6-7 所示。

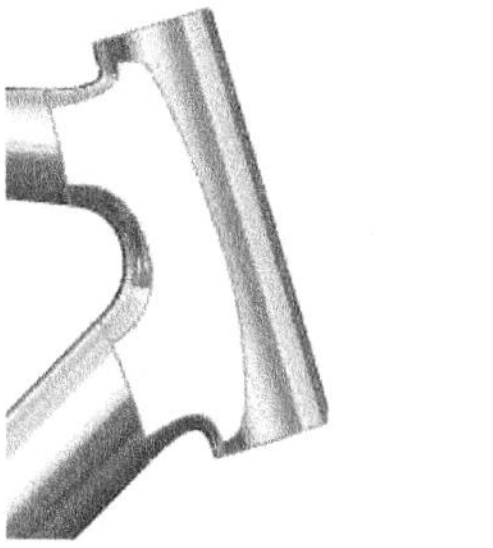

图 6-6　放样曲面

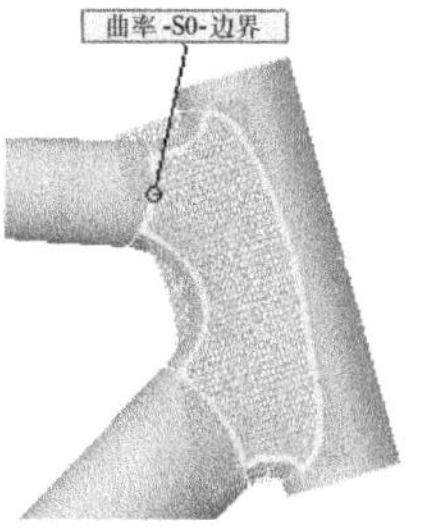

图 6-7　填充曲面

扫码看视频　扫码看视频　扫码看视频

操作步骤

步骤1　打开零件　打开“Lesson06\Case Study”文件夹内的已有零件“Bicycle_Frame”。作为参考，车架各部分标示如图6-8所示。在零件中已经创建了几个草图，这些草图用于将曲面剪裁到应开始接合的位置。

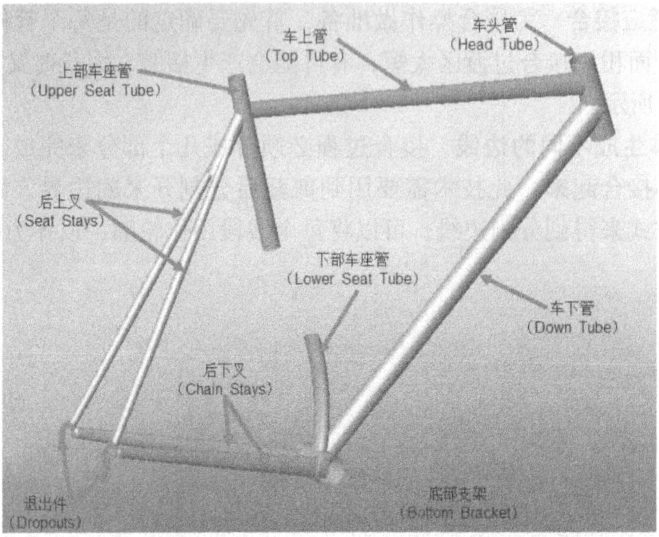

图6-8　车架各部分标示

提示　只有零件的“Dropouts”部分是实体模型，其余几何体均为曲面实体。

步骤2　RealView　在前导视图工具栏中，单击【视图设定】，然后从列表中选取【RealView图形】。

步骤3　查看“Upper Seat Tube Blend”草图　选择“Upper Seat Tube Blend”草图并单击【编辑草图】。该草图将定义管件“Upper Seat Tube”和管件“Top Tube”之间的接合开始边线，创建的边线也将用于接合处放样曲面特征的轮廓，如图6-9所示。

步骤4　剪裁曲面　单击【剪裁曲面】并选择要保留的部分，不要剪裁管件“Seat Stays”，如图6-10所示。

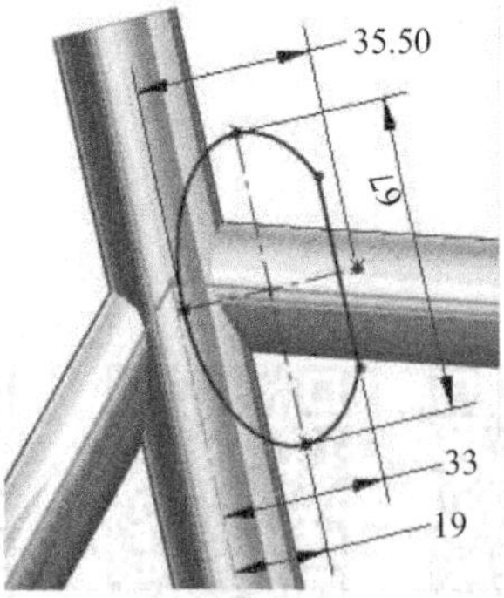

图6-9　查看“Upper Seat Tube Blend”草图

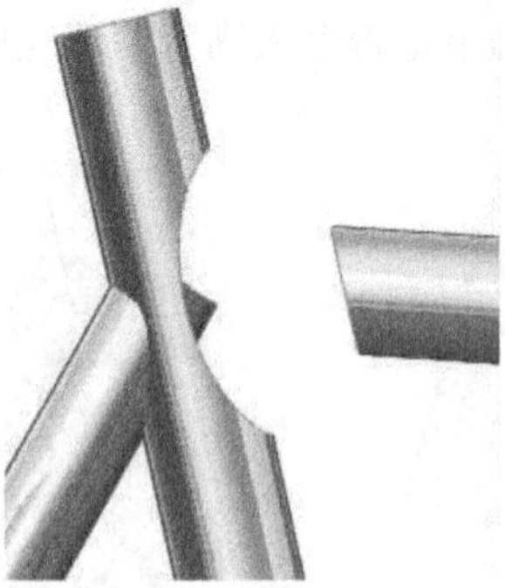

图6-10　剪裁曲面

步骤5 创建放样 在两个开环边界间放样曲面，如图6-11所示。【起始/结束约束】均选择【与面的曲率】选项。

如有必要，通过拖动图形窗口箭头或直接输入具体数值来调节【相切长度】。本例中使用默认值“1”。

用户可能需要拖动交叉处顶部或底部连接线的端点，以避免放样产生的扭曲。用户也可以手动添加连接线，不勾选【应用到所有】复选框并单独控制其曲率。需要注意“Top Tube”下方和“Upper Seat Tube”的前方，若【相切长度】设置过大，有可能使曲面产生褶皱甚至裂缝。单击【确定】✓，结果如图6-12所示。

提示 若要添加连接线，右键单击一条边线并选择【添加连接线】。

技巧 可以显示右视基准面以帮助对齐连接线的端点。

步骤6 查看结果 本例中【相切长度】使用默认值“1”。可尝试用不同的数值来观察结果曲面，此处并没有唯一正确的答案，结果如图6-13所示。

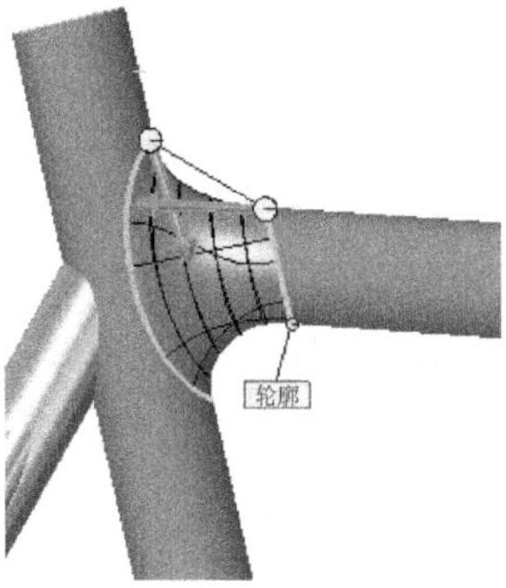

图6-11 创建放样

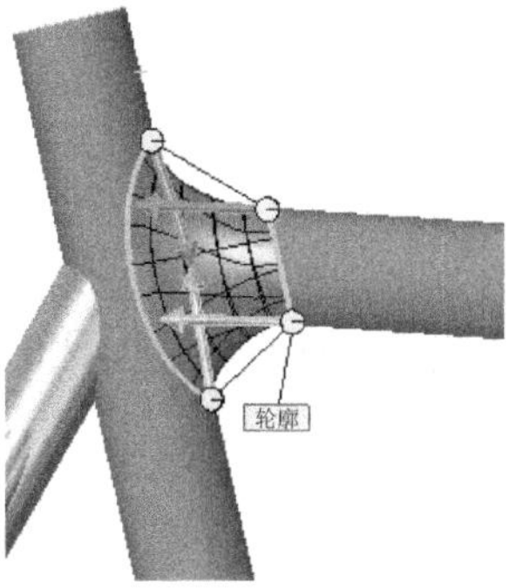

图6-12 添加连接线和设置相切长度

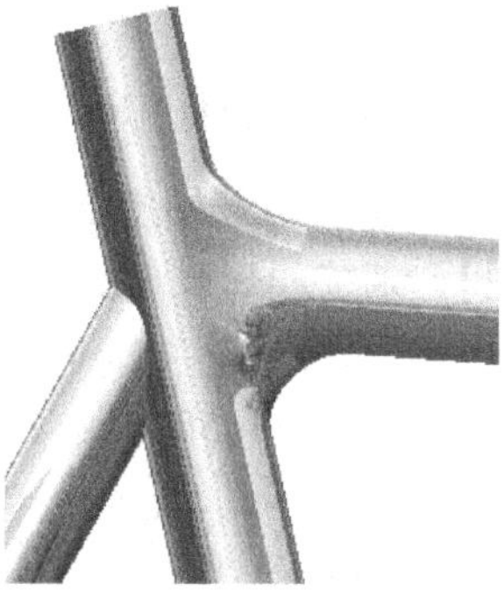

图6-13 查看结果

6.1.2 分割剪裁边界

剪裁曲面时，任何一个分割点均对应了剪裁边界的一个顶点。如图6-14所示，剪裁工具为一个圆，且已使用【分割实体】工具分割成了4段圆弧。当使用它来剪裁曲面时，剪裁边界同样也分成了4段，每一段分别对应剪裁草图中的某段圆弧。

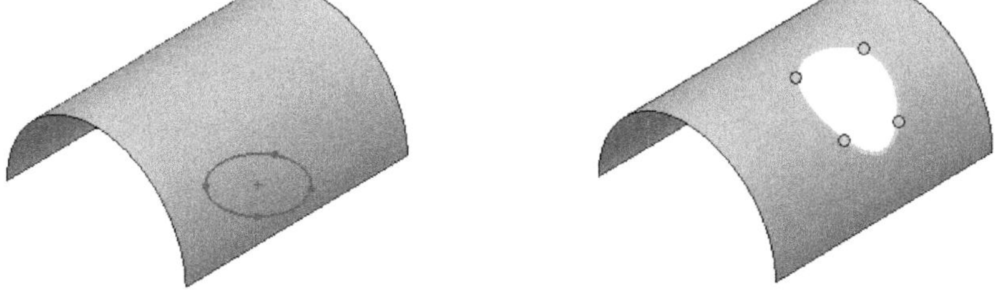

图6-14 分割剪裁边界

这种技术较为有用，因为这允许用户在某一段边界间进行放样，而不需要像步骤5那样在整个边界间进行放样操作。

提示 图6-14中的示例模型可以在“Lesson06/Case Study”文件夹中找到。

步骤7　查看“Head Tube Blend”草图　选择“Head Tube Blend”草图并单击【编辑草图】。该草图由2个圆弧和1条样条曲线组成，如图6-15所示。每个实体已被分成多段，以在接合边界处创建分段的边线。每个线段将用于接合处边界曲面特征的轮廓。

步骤8　剪裁曲面　单击【剪裁曲面】并选择要保留的部分，请注意，每个单独的草图线段均在剪裁边界处产生了单独的边线，如图6-16所示。下一步是在成对的边线之间进行接合。

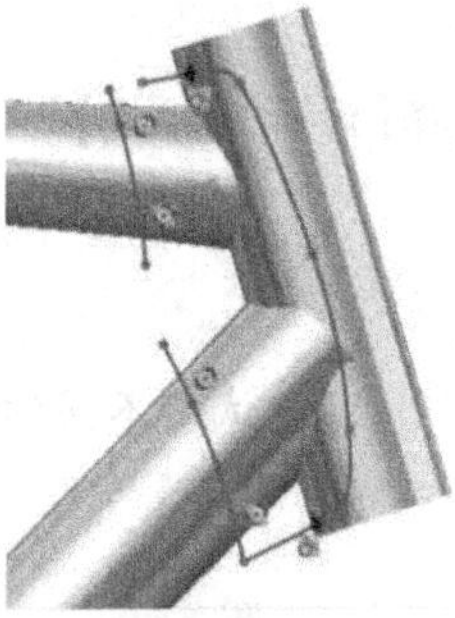

图6-15　查看“Head Tube Blend”草图

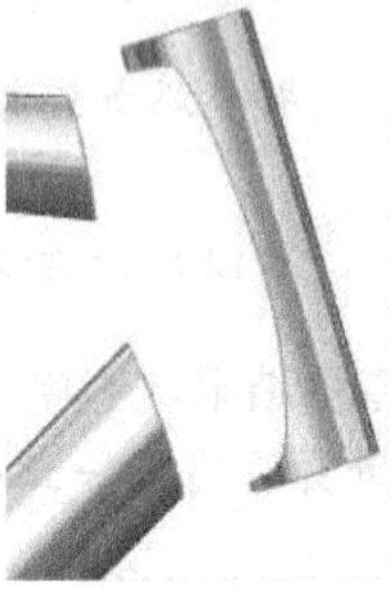

图6-16　剪裁曲面

步骤9　开始接合　单击【边界曲面】，为每条边线选择【与面的曲率】作为【相切类型】。调节相切长度值，直到满意为止。使用预览查看，当出现褶皱时，表明相切数值偏大。在本示例中，“Top Tube”(边线1)的切线长度为“0.60”，而“Head Tube”(边线2)的切线长度为“1.50”，如图6-17所示

提示 选择边线轮廓的不同顺序可能会产生不同结果。

步骤10　继续接合　再创建两个【边界曲面】特征：一个在“Top Tube”和“Down Tube”之间，另一个在“Down Tube”和“Head Tube”之间。在每个边线使用【与面的曲率】。可以根据需要调整切线的长度。为了与本示例保持一致，在图6-18中标注了使用的【切线长度】值和轮廓顺序。

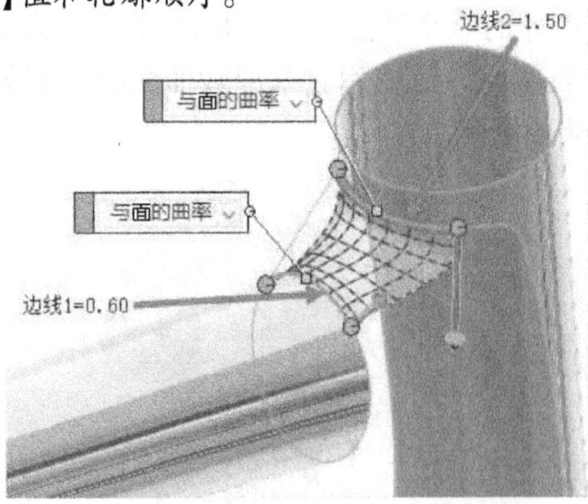

图6-17　调节相切长度值

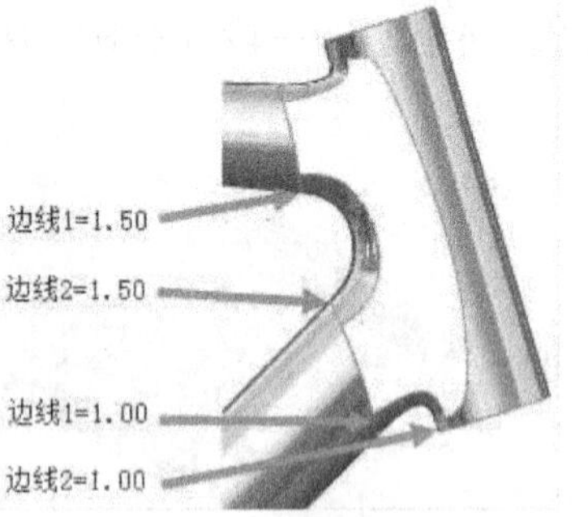

图6-18　继续接合

提示 用户也可以使用放样特征创建相似的曲面。通常是经过反复试验或对比结果来决定是使用放样特征还是边界特征的。

步骤 11 填充曲面 现在已经有了闭合的曲面边界，在这种情况下，【填充曲面】是较好的选择。

在【边线设定】处选择【曲率】，并勾选【应用到所有边线】复选框，如图 6-19 所示。

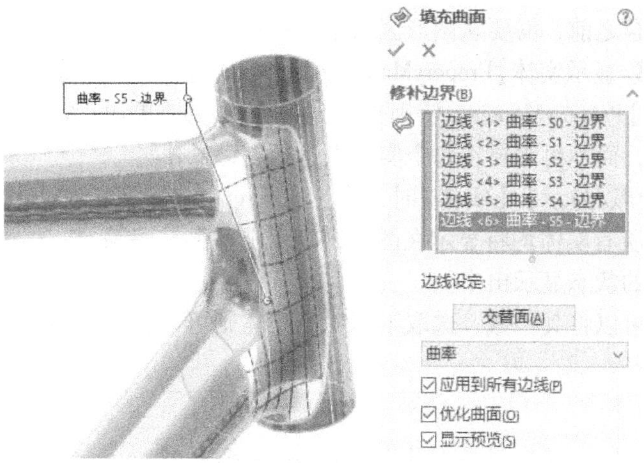

图 6-19 填充曲面

步骤 12 镜像填充曲面 以右视基准面来【镜像】填充曲面，结果如图 6-20 所示。

步骤 13 缝合曲面 单击【缝合曲面】，选择 “Top Tube”“Down Tube”“ Head Tube” 以及剩下的 5 个接合曲面，如图 6-21 所示。请注意，在镜像边线处显示有缝隙。这些缝隙在缝合公差范围内，因此将被自动闭合。单击【确定】。

提示 用户可以在 PropertyManager 中选择缝隙以查看它们的位置，如图 6-22 所示。

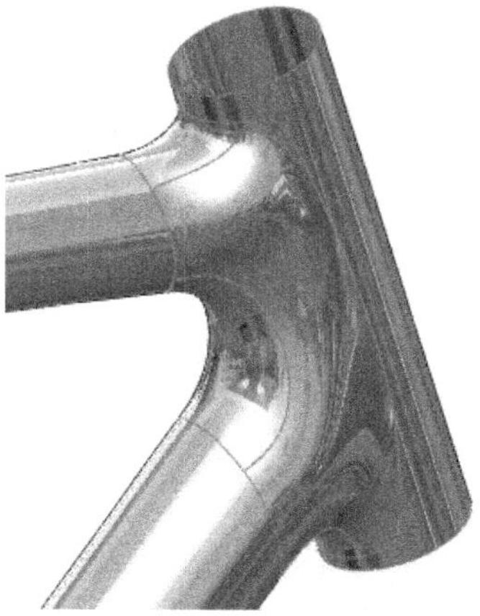

图 6-20 镜像填充曲面

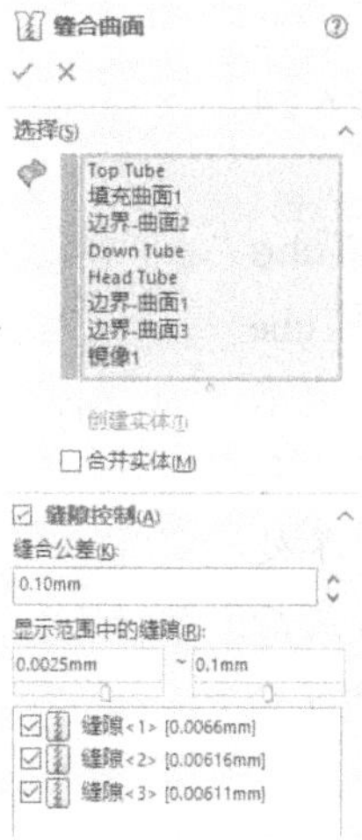

图 6-21 缝合曲面

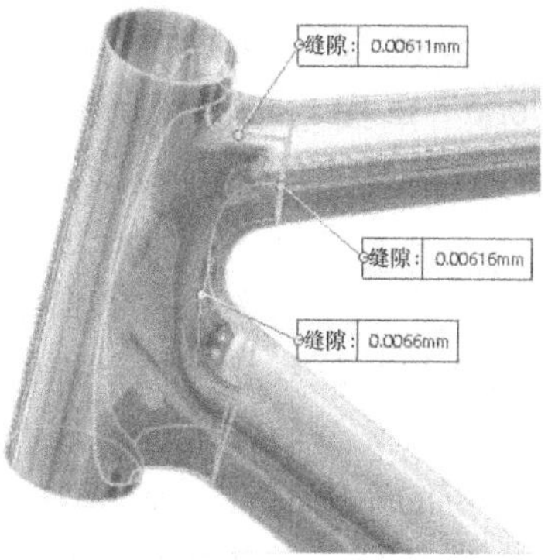

图 6-22 查看缝隙位置

6.1.3 偏差累积影响

接合一侧的缝隙表明其并不对称。这是偏差的累积影响。在模型中创建的每条边线和曲面都是在某个公差范围内计算的，因此，随着添加更多的特征，这些公差的累积会在模型中产生微小的变化。在某些情况下，缝隙或不对称性可能足够大，进而需要使用其他技术，如创建单独的【填充曲面】特征，或切除一部分零件并镜像实体，如前面的示例所示。

6.1.4 隐藏/显示实体

在创建下一个接合之前，需要从图形区域隐藏一些实体。在本示例中，将使用【隐藏/显示实体】ProperyManager 和〈Tab〉键。

【隐藏/显示实体】ProperyManager 使用户可以非常方便地更改实体或曲面的可见性，而不再需要在每个实体上进行右键操作。

单击【视图】/【隐藏/显示】/【实体】时，会出现 PropertyManager，如图 6-23 所示。所有实体均将显示在图形窗口，那些已被隐藏的实体也将以半透明的状态显示出来。

选取可见的实体可以将其隐藏，选取半透明的实体则可以使其正常显示。

图 6-23 【隐藏/显示实体】PropertyManager

知识卡片	隐藏/显示实体	• 菜单：【视图】/【隐藏/显示】/【实体】。

技巧

1）用户可以拖动鼠标来框选对象，拖动方向可以是从左向右，也可以是从右向左。

2）为【视图】/【隐藏/显示】/【实体】定义一个快捷键，如〈Ctrl + H〉。

另一种隐藏/显示实体的方法是将光标移动到实体上，然后按〈Tab〉键。此方法一次只能隐藏一个实体，这对于某些特定的区域较为适用。

通过将光标悬停在隐藏的实体所在区域并按键盘上的〈Shift + Tab〉键可以显示被隐藏的实体。

步骤 14　隐藏实体　使用【隐藏/显示】/【实体】命令或〈Tab〉键隐藏图 6-24 中突出显示的实体。

步骤 15　查看“Lower Seat Tube Blend”草图　选择“Lower Seat Tube Blend”草图并单击【编辑草图】。该草图由两条直线组成，如图 6-25 所示。每条直线已被分成多段，以在接合边界处创建分段的边线。此接合将使用与最后一个接合类似的技术。但这种接合需要对“Bottom Bracket”进行单独剪裁。

步骤 16　剪裁曲面　单击【剪裁曲面】并选择要保留的部分，如图 6-26 所示。

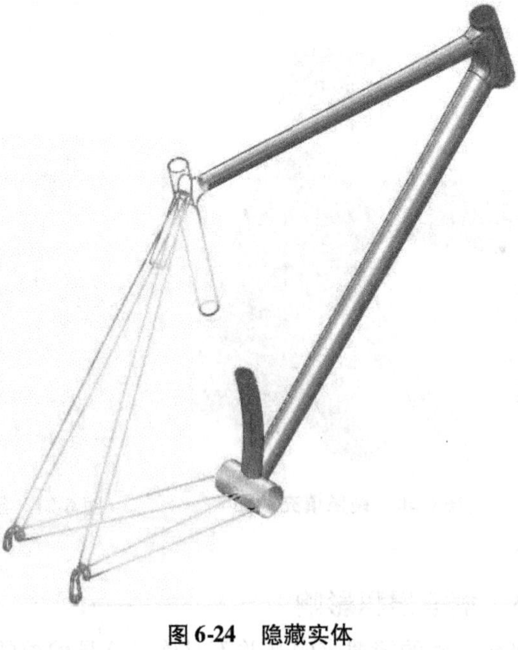

图 6-24 隐藏实体

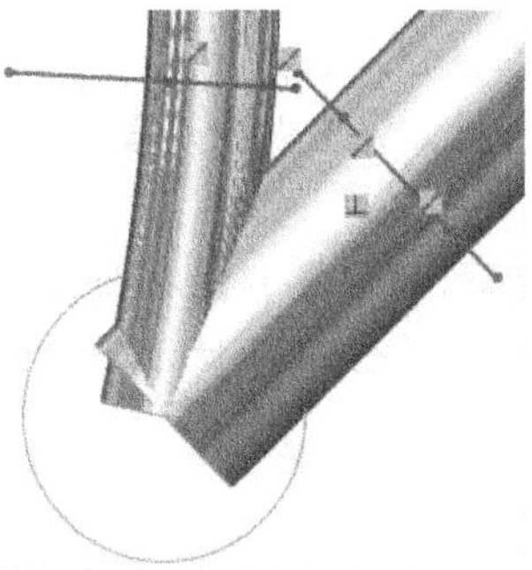

图 6-25 查看“Lower Seat Tube Blend”草图

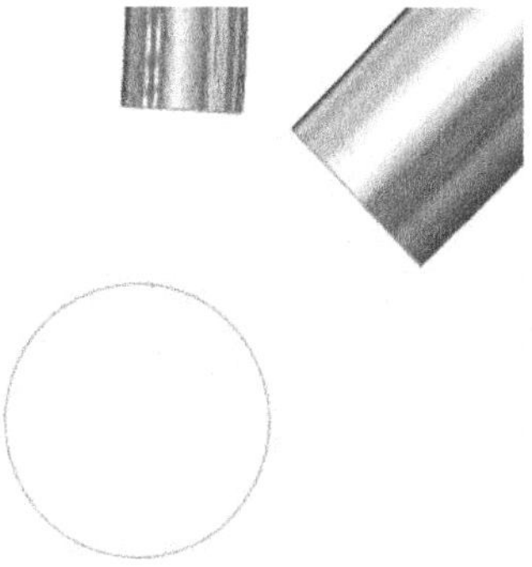

图 6-26 剪裁曲面

6.1.5 剪裁管件“Bottom Bracket”

剪裁管件“Bottom Bracket”相对来说比较困难，本章一直使用投影平面草图至曲面以生成剪裁曲线的方法。但对于圆柱面来说，当剪裁角度超过180°时，投影方法就不适用了。

本例将使用【包覆】特征(【刻划】选项)来剪裁管件“Bottom Bracket”，如图6-27所示。

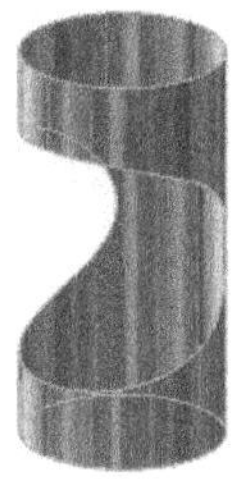

图 6-27 剪裁管件“Bottom Bracket”

步骤17 孤立 右键单击“Bottom Bracket”并选择【孤立】。现在，“Bottom Bracket”是唯一可见的实体。

步骤18 查看“Bottom Bracket Blend”草图 选择“Bottom Bracket Blend”草图并单击【编辑草图】。该草图的椭圆被分为4段，如图6-28所示。它是在与“Bottom Bracket”相切、与“Tube Centerlines”草图中构造几何体垂直的平面上创建的。单击【退出草图】。

步骤19 包覆 预选“Bottom Bracket Blend”草图，并单击【包覆】。在【包覆草图的面】内选择“Bottom Bracket”的表面，单击【确定】，结果如图6-29所示。

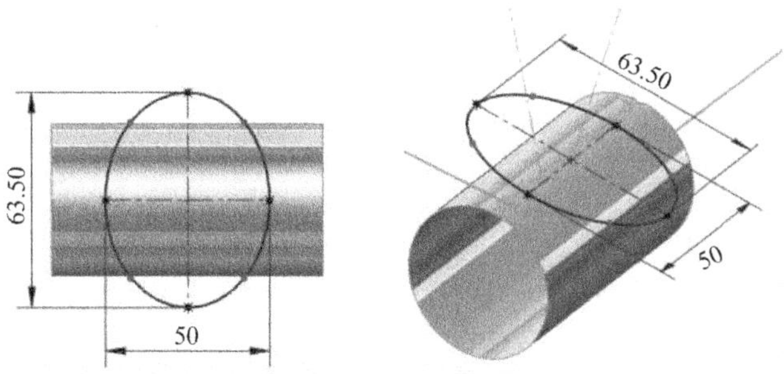

图 6-28 查看“Bottom Bracket Blend”草图

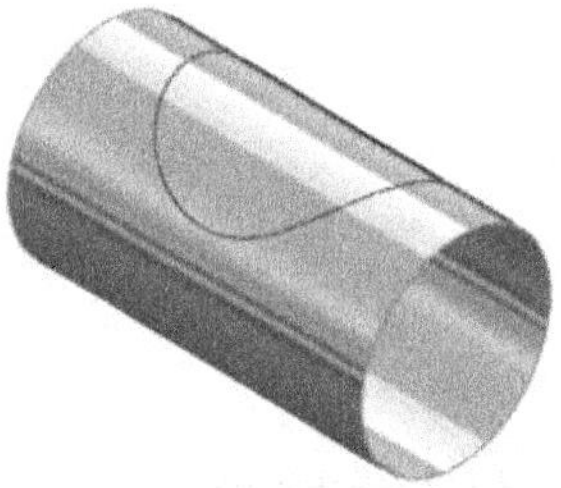

图 6-29 包覆

提示 对于曲面实体，【刻划】是唯一有效的包覆选项。

步骤20　删除面　使用【删除面】删除刻划曲线范围内的曲面，可看到保留面的边界已被分成了几段，如图6-30所示。

步骤21　退出孤立　从弹出工具栏中单击【退出孤立】，将重新显示管件“Seat Tube”与“Down Tube”，恢复了孤立实体之前的显示内容。

步骤22　放样　使用【放样曲面】特征为【填充曲面】的边界创建接合，该特征的每个【开始约束】和【结束约束】均为【与面的曲率】。为了匹配如图6-31所示的示例，请使用注明的轮廓顺序和切线长度。

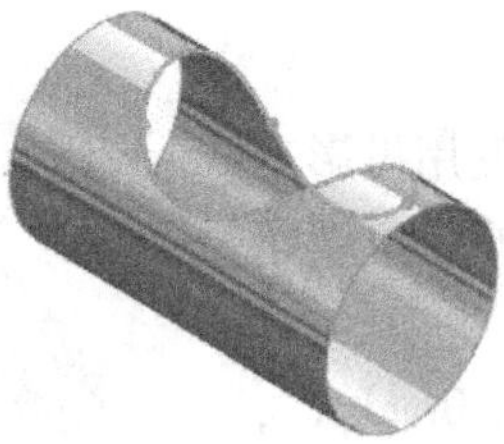

图6-30　删除面

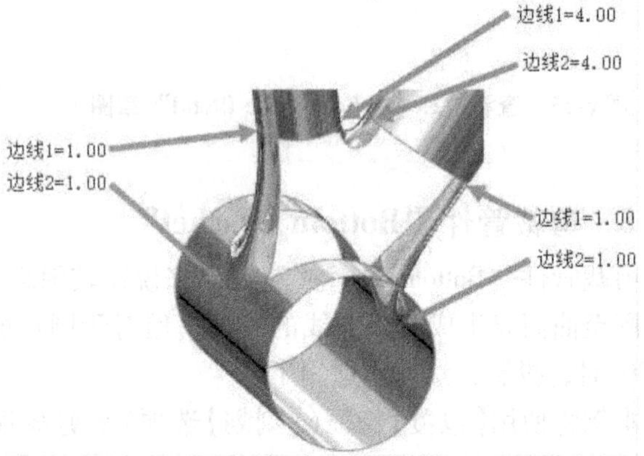

图6-31　放样

步骤23　填充修补　使用【填充曲面】工具来修补当前缺口，【边线设定】处选择【曲率】选项，如图6-32所示。在另一侧进行相同的操作。

步骤24　保存并关闭零件　完成的零件如图6-33所示，本章的课后练习仍将使用该零件以完成其余的接合操作。

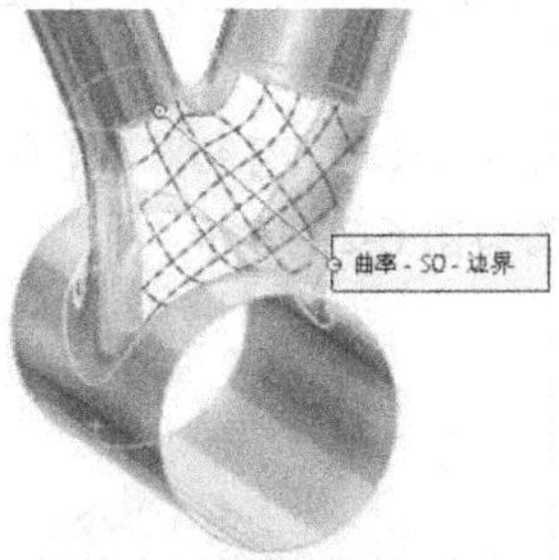

图6-32　填充修补

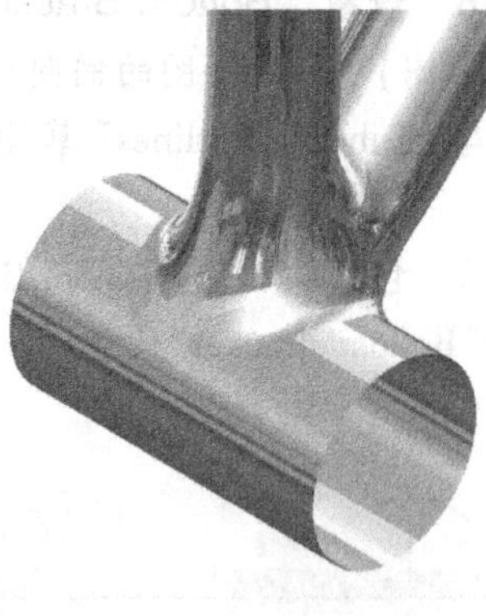

图6-33　完成的零件

6.2　自由形特征

使用自由形特征，可以修改实体或者曲面实体的表面形状。首先创建曲面的控制曲线以及控制点，然后推拉控制点以更改曲面外形，进而直接交互式地控制变形。用户可以同时选取单一控制曲线上的一组点，但不能选取多条曲线上的点。

【自由形】特征通常用于下列情况：

- 非常有机的形状（具有自然外观和流畅弯曲外观的图形）。
- 使用草图特征（如扫描或放样）很难实现的建模形状。
- 调整诸如【填充曲面】这些命令生成的结果。

本例将使用之前创建的尖顶饰零件。前面步骤已经创建了其包覆体以及螺旋卷轴特征。

下面将要讲解尖顶饰顶部的叶状阵列体，如图 6-34 所示。

扫码看 3D

图 6-34　尖顶饰顶部的叶状阵列体

知识卡片

自由形	【自由形】可以使用户直接编辑曲面的面部曲线。所选面可以是实体或曲面实体的一部分。用户可以在面的边线处创建连续性条件，或将其定义为【可移动】的。
操作方法	• CommandManager：【曲面】/【自由形】。 • 菜单：【插入】/【特征】/【自由形】。 • 菜单：【插入】/【曲面】/【自由形】。

操作步骤

步骤 1　打开零件　打开“Lesson06\Case Study”文件夹内的已有零件“Finial_Leaf”。

步骤 2　压缩特征　为减少系统资源需求，【压缩】除草图特征“Leaf Outline ”以外的其他所有特征。

步骤 3　拉伸凸台/基体　单击【拉伸凸台/基体】，使用【两侧对称】的终止条件，将“Leaf Outline”草图拉伸 12.5mm。单击【确定】，如图 6-35 所示。

步骤 4　自由形特征　单击【自由形】，在【面设置】中选择实体的平面，如图 6-36 所示。

扫码看视频

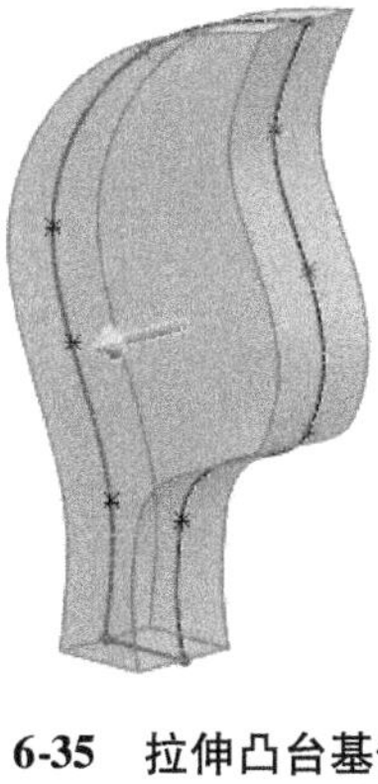

图 6-35　拉伸凸台基体

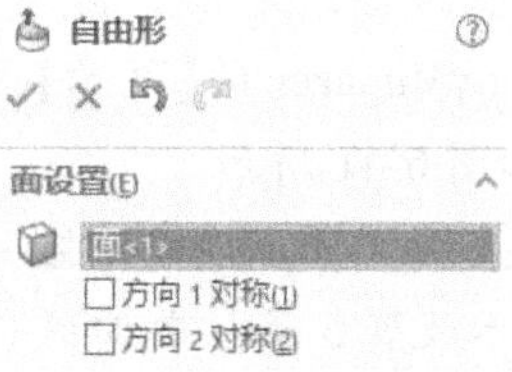

图 6-36　自由形特征

6.2.1　网格方向

网格线显示此面是由四边形曲面生成的，然后进行剪裁以适应三边形轮廓。对多于四条边的表面（通常称之为 n 边面），网格线通常是这种情况，如图 6-37 所示。详见“1.3.8　四边曲面”

中的内容。在本练习中将会产生一个问题，因为被添加用来控制表面变形的曲线会随着网格线的变化而变化。对于此特定的零件而言，希望控制线随着叶子的边界变动，而不是随着矩形栅格变化。

通过创建一个四边面可以解决此问题。

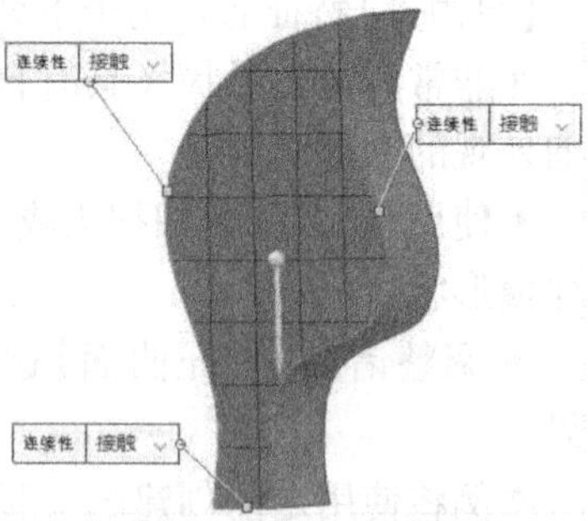

图 6-37　网格线

步骤 5　取消　取消【自由形】特征。

步骤 6　删除　【删除】步骤 3 中生成的拉伸凸台/基体。

步骤 7　创建新草图　在前视基准面上新建草图。向外等距草图“Leaf Outline”中已存在的样条曲线，等距距离为 2.50mm。

绘制底部直线段以封闭草图轮廓，在如图 6-38 所示箭头处绘制一条直线段，剪裁边角的样条曲线。当创建拉伸特征时，将得到一个四边面，从而获得希望的网格方向。

步骤 8　拉伸　拉伸该草图，使用【两侧对称】的终止条件，拉伸深度为 12.5mm，如图 6-39 所示。单击【确定】。

步骤 9　自由形特征　单击【自由形】，在【面设置】处选取实体平面，如图 6-40 所示。

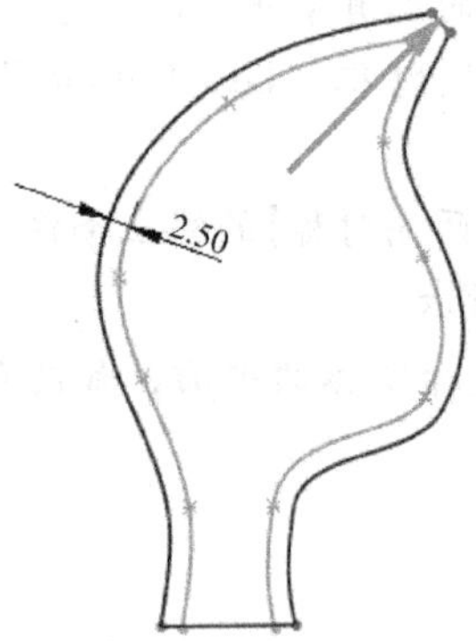

图 6-38　创建新草图

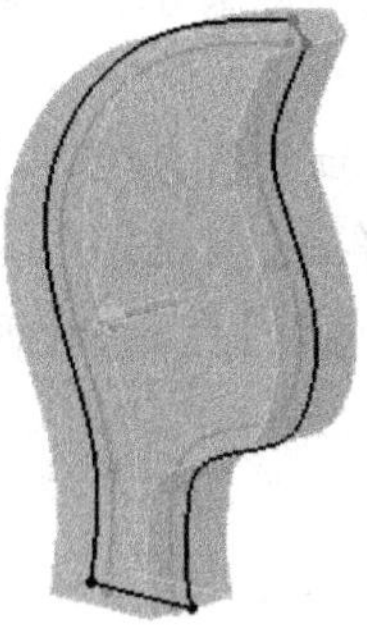

图 6-39　拉伸

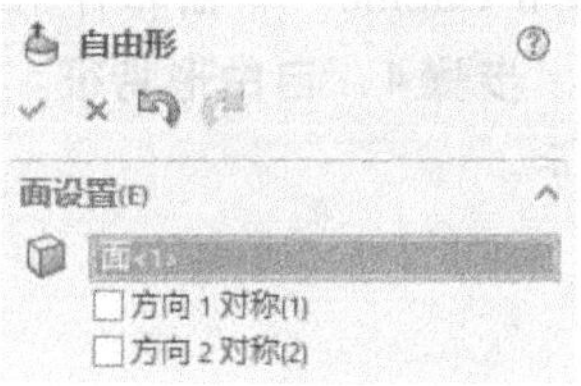

图 6-40　自由形特征

观察网格线是如何沿着平面边界而分布的情况。在 PropertyManager 的【显示】区，用户可以控制【网格密度】，如图 6-41 所示。

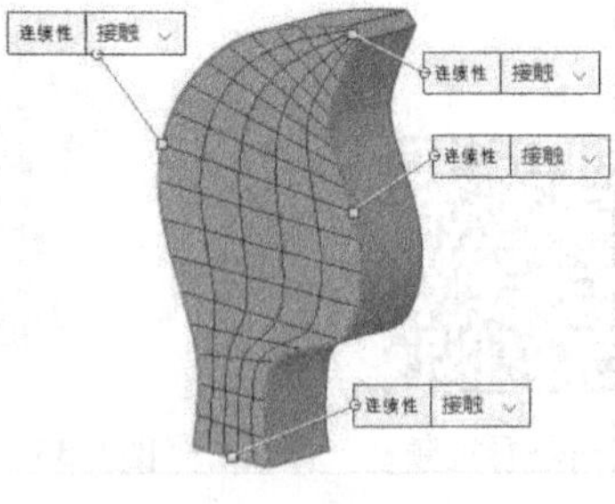

图 6-41　网格密度

步骤 10　添加控制曲线　单击【添加曲线】，如图 6-42 所示放置 5 条控制曲线（白色），大致均分原有网格。曲线一旦定位，其相对位置是不可移动的。若用户需要更改曲线位置，可以单击【撤销】，然后再重新放置曲线。

曲线放置应沿叶面顶端至底端方向，假如预览曲线方向与图示方向垂直，可以通过按键盘上的〈Tab〉键，或者单击 PropertyManager 中的【反向（标签）】按钮来切换曲线方向。

技巧　用户可以利用预览的网格作为参考来定位新插入的控制曲线。

步骤 11　添加控制点　有 3 种方法可以帮助用户由添加控制曲线切换至添加控制点模式，如下：

- 在 PropertyManager 中单击【添加点】。
- 当最后一条曲线添加完毕后单击鼠标右键。
- 在图形区域中单击右键，然后选择【添加点】。【控制点】对话框如图 6-43 所示。

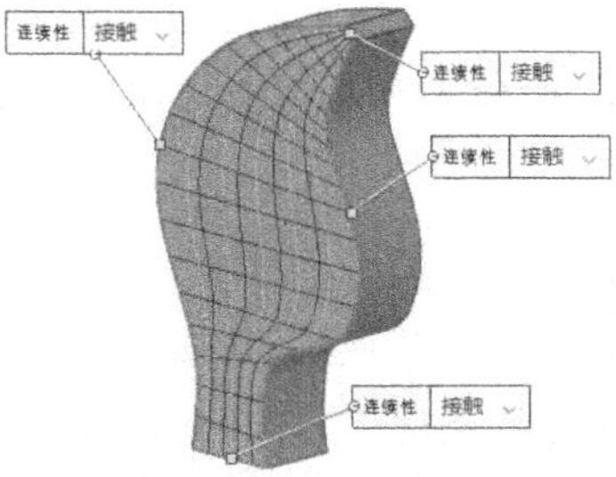

图 6-42　添加控制曲线

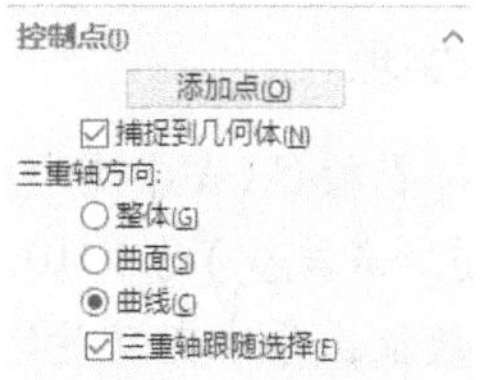

图 6-43　【控制点】对话框

在第 1、3、5 条曲线(已在步骤 10 中获得)上分别添加 3 个控制点，用户每次仅能看到其中一条曲线上的点。第 2、4 条曲线用于面的固定，以得到所需要的形状，如图 6-44 所示。

当最后一个点添加完毕后单击鼠标右键。

步骤 12　选取点　选择中间曲线，所选曲线上的所有点均将显示。然后选取其中一个点，出现该点所对应的三重轴方向控制，如图 6-45 所示。利用三重轴移动某点的位置，查看结果。单击【撤销】。

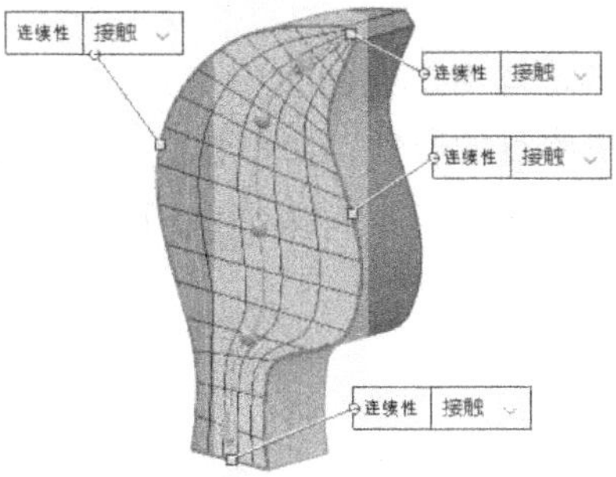

图 6-44　添加控制点

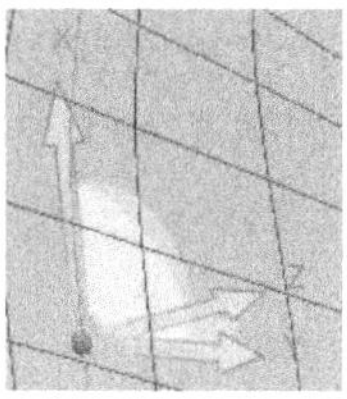

图 6-45　选取点

6.2.2　使用三重轴

使用三重轴有如下几种方法：

1）每个箭头代表了一个方向，如果拉动其中某个箭头，控制点将只在箭头所对应的方向上移动，这使得 3D 操作变得更为简单，如图 6-46 所示。

2）在每对箭头之间是一个平面，如果用户选取并拖动平面，控制点将只在该面上移动。

3）如果拖动三重轴的原点，控制点将在整个 3D 空间内自由移动。

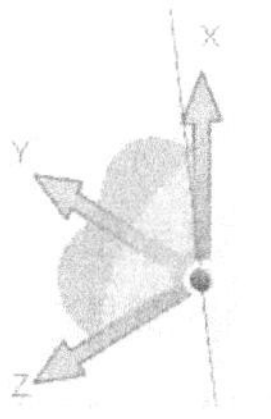

图 6-46　三重轴

4）如果用户按住〈Ctrl〉键然后选取多个点，可以实现同时拖动这些点。

5）在【自由形】特征的 PropertyManager 中用户可以控制三重轴定位，如图 6-47 所示。

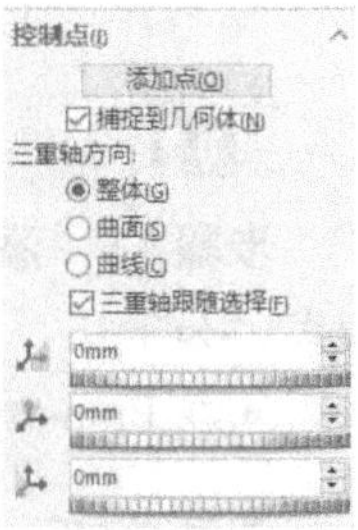

图 6-47　三重轴定位

6）【整体】、【曲面】或【曲线】方向选项确定了三重轴是否使用了零件的原点，当使用【曲面】或【曲线】选项时，三重轴方向将随着点的移动而变化。

7）【三重轴跟随选择】意味着三重轴将自动捕捉至所选点（勾选该复选框），或者一直保持在原有位置（不勾选该复选框）。

8）三重轴各个方向的移动可以通过在 PropertyManager 中输入具体数值、使用箭头或者拖动旋转数值指轮来实现。

> **技巧**　在按住〈Alt〉键的同时使用箭头或使用滚动指轮来改变数值，每次变动量（增加或减少）为 1/10。而按住〈Ctrl〉键的同时使用箭头或使用滚动指轮来改变数值，每次变动量（增加或减少）为 10 倍。也就是说，若默认的转动框数值为 10mm，按住〈Alt〉键时，变动量为 1mm，而按住〈Ctrl〉键时的变动量为 100mm。

6.2.3　移动控制点

注意避免在曲面中形成波纹。拖动【自由形】控制点，类似于样条曲线中的型值点。当用户向上拖动其中一个点时，临近固定点外侧的曲面将随之下凹，如图 6-48 所示箭头指向区域。

如果用户想要创建局部的变形，为了尽可能缩小波纹的影响，可以先将曲面分割成小面，然后在小面上操作变形。

与样条曲线一样，平滑度是评价曲面质量好坏的关键，为了得到更平滑的结果，应尽可能少地使用控制点。

一般来说，一旦控制点被插入后，就没办法移动了。若用户在曲线中点处（也就是网格的 50% 位置）放置了控制点，那么此点就会一直保持其曲线中点的属性，而不管它相对于整个零件如何移动。如果用户将控制点移动至曲线端点处，可以看到控制点移动方向的网格被压缩，而另一侧网格被拉伸，如图 6-49 所示。

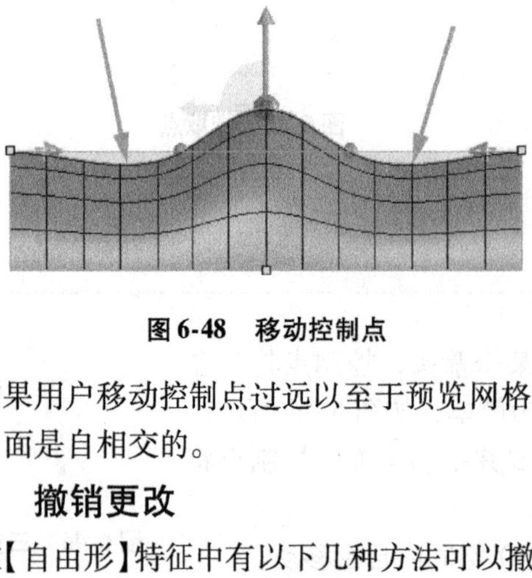

图 6-48　移动控制点

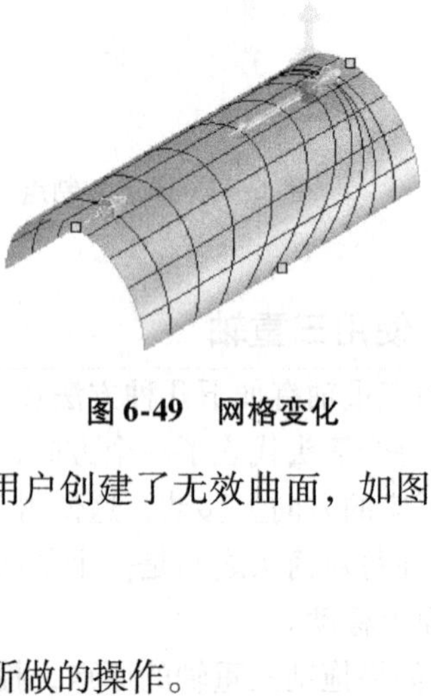

图 6-49　网格变化

如果用户移动控制点过远以至于预览网格消失，则表明用户创建了无效曲面，如图 6-50 所示，曲面是自相交的。

6.2.4　撤销更改

在【自由形】特征中有以下几种方法可以撤销或更改前面所做的操作。

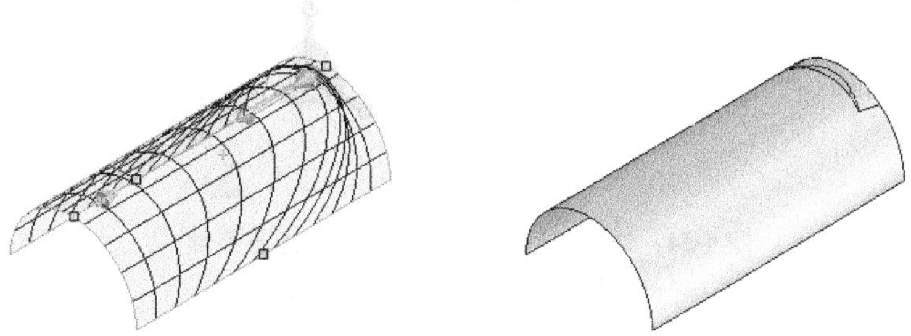

图 6-50　曲面自相交

- 单击 PropertyManager 顶部的【撤销】。
- 右键单击图形区域并选择【撤销】。
- 选取点或者曲线并按键盘上的〈Delete〉键以将其删除。
- 按键盘上的〈Ctrl + Z〉键（而按键盘上的〈Ctrl + Y〉键将重做撤销的编辑）。

步骤 13　选取多个点　按住〈Ctrl〉键并选取中间曲线上的所有控制点，拖动箭头向零件外侧移动控制点。

在此过程中，用户可能会发现需要添加或者删除部分点，以使曲面形状更为平滑，如图 6-51 所示。

步骤 14　第 1 条曲线和第 5 条曲线变形　使用同样的步骤移动第 1 条曲线和第 5 条曲线上的相应控制点，必要时可以再添加控制点数量，直到对变形后的曲面满意为止。

变形后曲面形状类似于叶子，如图 6-52 所示。

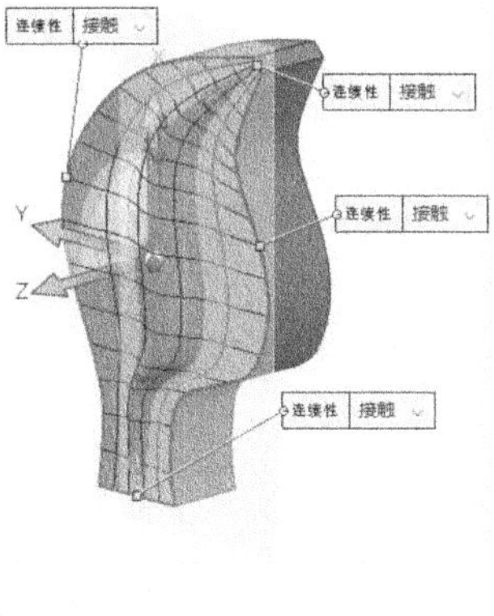

图 6-51　选取多个点

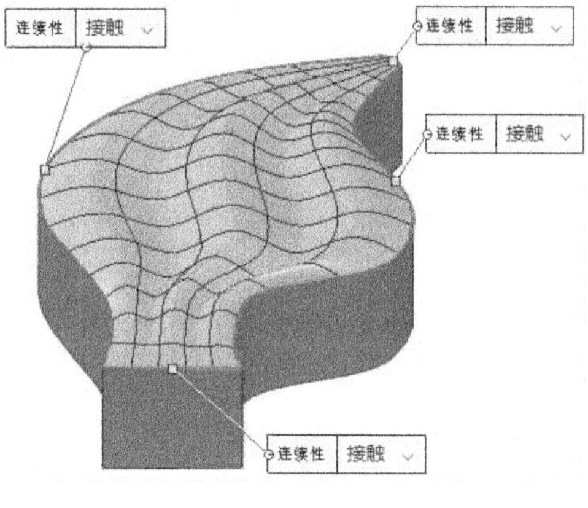

图 6-52　变形后曲面

6.2.5　边界条件

【自由形】特征的边线周围的标注条件决定了完成后曲面相对于原始曲面的关系。

- 【接触】——新面与原始面沿边界保持接触，不保持相切或曲率连续，即 C0 连续，如图 6-53 所示。
- 【相切】——新面与原始面沿边界保持相切，即 C1 连续，如图 6-54 所示。
- 【曲率】——新面与原始面沿边界保持曲率连续，即 C2 连续，如图 6-55 所示。
- 【可移动】——原始边界可以通过延伸或修剪相邻曲面来移动，如图 6-56 所示。

- 【可移动/相切】——原始边界可以移动，并且会保持其与原始面平行的原始相切。

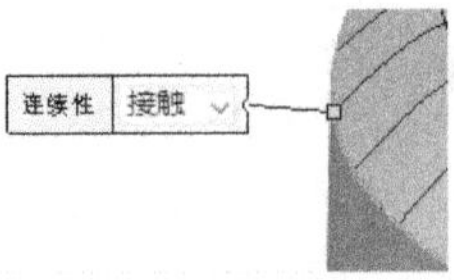

图 6-53　边界条件——接触

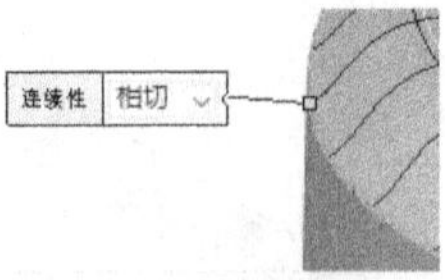

图 6-54　边界条件——相切

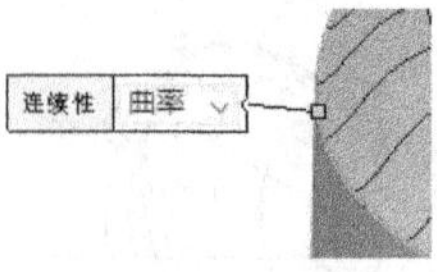

图 6-55　边界条件——曲率

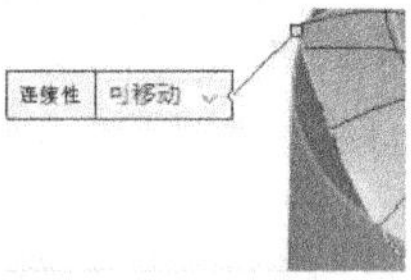

图 6-56　边界条件——可移动

步骤 15　在边线处添加控制点　设定图 6-57 所示边界线的边界条件为【可移动】。单击【添加点】，在外侧边界处添加 1 个控制点。

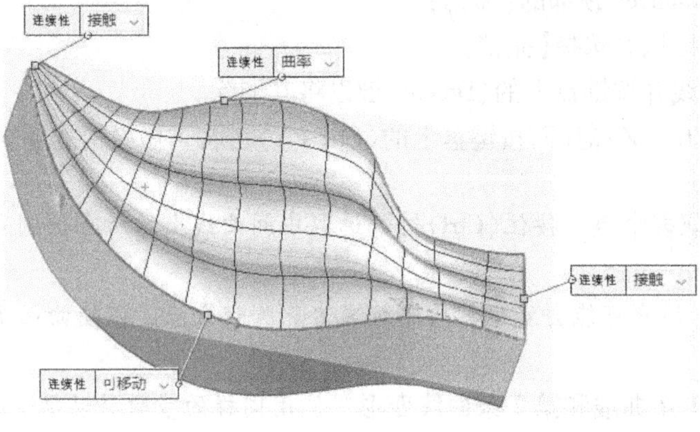

图 6-57　添加控制点

步骤 16　调整控制点位置以得到边界形状　当特征创建完毕后需注意是否有曲面裂口或者交叠产生，如图 6-58 所示。

步骤 17　单击【确定】✔　查看结果，如图 6-59 所示。

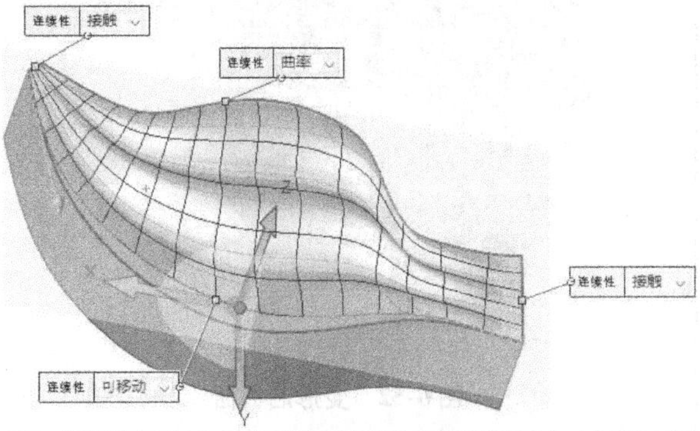

图 6-58　调整控制点位置

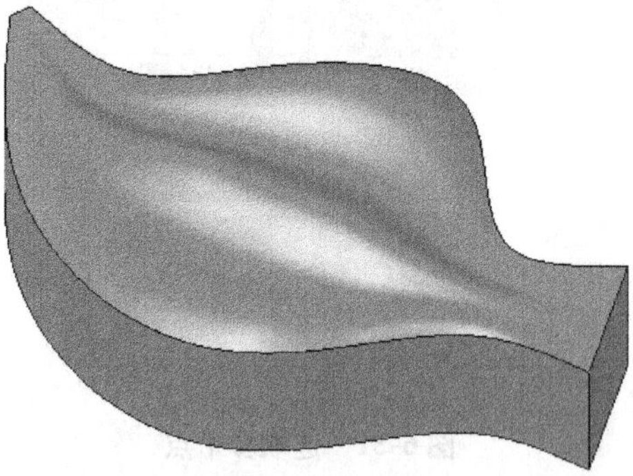
图 6-59　结果

步骤 18　剪裁　叶子的外形现为 4 边形状。使用草图“Leaf Outline”拉伸切除叶子实体，如图 6-60 所示。

本示例中的后续步骤为可选操作。

步骤 19　边角倒圆　使用变半径圆角特征对叶子边角倒圆，具体数值如图 6-61 所示。

提示　叶子倒圆的成败取决于曲面如何变形，有可能产生局部曲率半径小于圆角半径的情况。

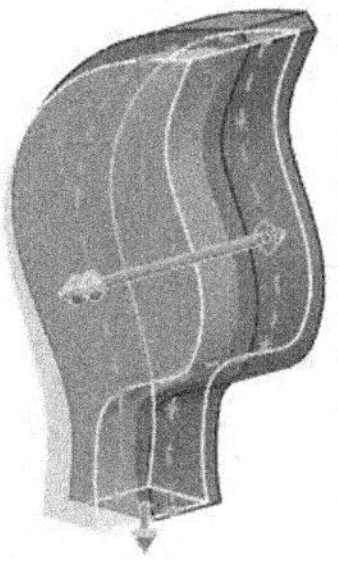

图 6-60　剪裁

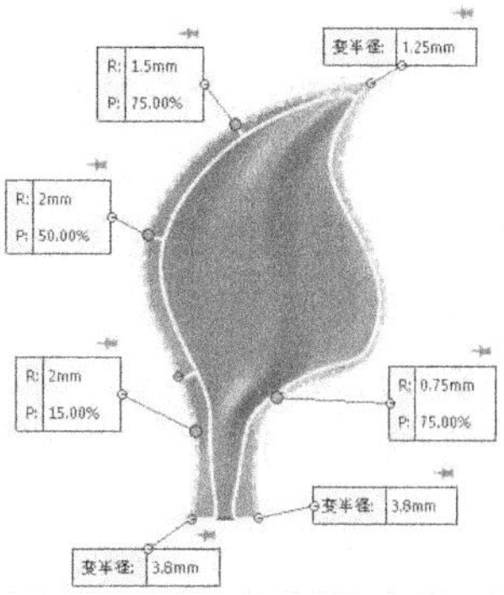

图 6-61　边角倒圆具体数值

步骤 20　排列实体　移动、旋转、镜像以及复制现有叶子实体，得到一束叶子，如图 6-62 所示。

步骤 21　组合所有实体　将之前压缩的所有特征解除压缩，然后使用【组合】将所有实体组合成单一实体，如图 6-63 所示。

步骤 22　保存并关闭零件

图 6-62　排列实体

图 6-63　完成的零件

练习 6-1　自行车架

本练习将创建各个独立管件间的接合特征，如图 6-64 所示。

本练习将应用以下技术：

- 剪裁曲面。
- 放样曲面。
- 填充曲面。
- 边界曲面。

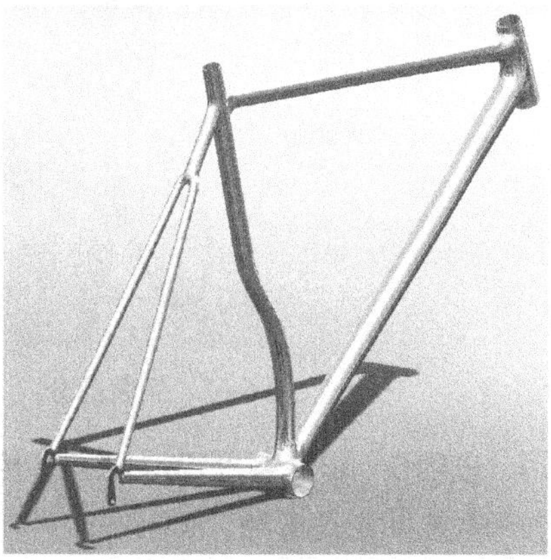

图 6-64　自行车架

操作步骤

步骤 1　打开零件　打开“Lesson06\Exercises”文件夹内的已有零件“Bicycle_Frame_Lab”。

步骤 2　利用放样创建简单的接合　使用【放样曲面】命令在“Upper Seat Tube”和 Lower Seat Tube”之间创建接合，【起始/结束约束】均选择【与面的曲率】选项。

打开网格预览显示，以确认放样后曲面未产生扭曲，若有扭曲，可适当调整接头位置。调整【相切长度】的具体数值，直到得到满意的形状为止，如图 6-65 所示。

> **技巧** 考虑显示右视基准面以帮助对齐连接线的端点。

步骤 3　新建草图用于剪裁　在右视基准面上新建草图，如图 6-66 所示绘制近似形状草图，分别为直线与部分椭圆。注意椭圆弧的端点不要与另一根接管重叠。

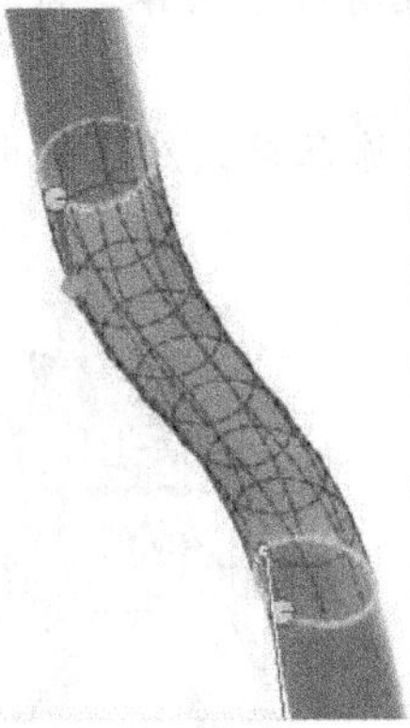

图 6-65　放样曲面

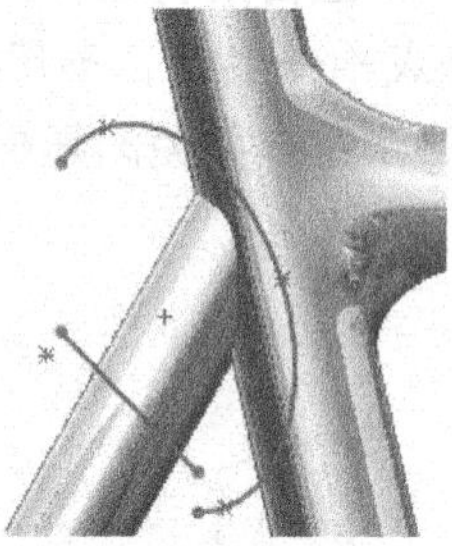

图 6-66　新建草图

步骤 4　剪裁曲面　使用步骤 3 中创建的草图来剪裁曲面，保留如图 6-67 所示部分，不剪裁“Seat Stays”。

步骤 5　放样　利用两个闭合边线作为轮廓，生成放样曲面。【起始/结束约束】均选择【与面的曲率】选项。调整连接线端点的位置使其与右视基准面对齐，调整【相切长度】的具体数值，直到得到满意的形状为止，如图 6-68 所示。

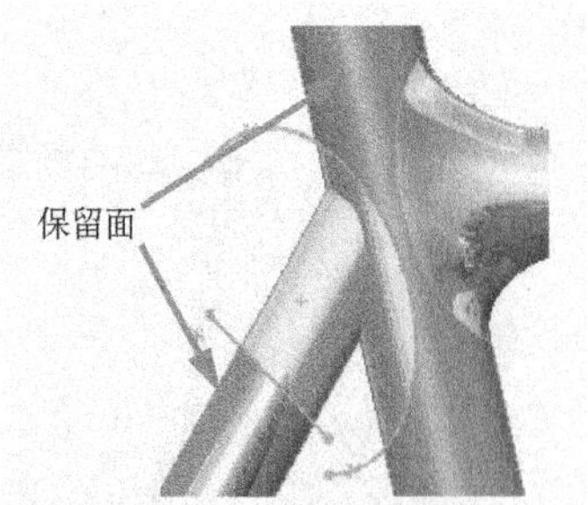

图 6-67　保留部分

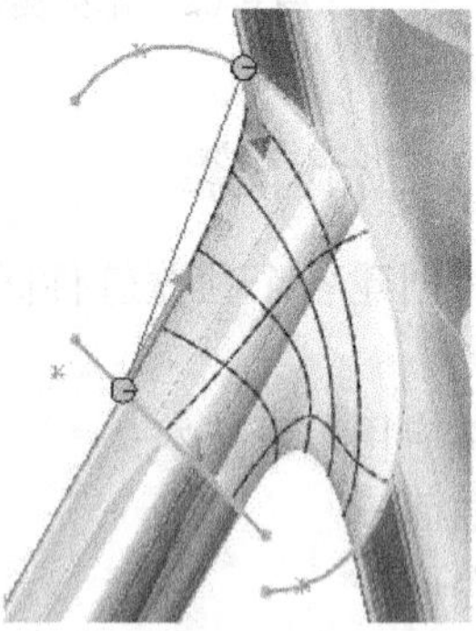

图 6-68　放样

步骤 6　定义基准面　显示草图“Tube Centerlines”，新建一个基准面，该面与右视基准面垂直且经过管件“Seat Stays”的中心线。

将基准面重命名为“Seat Stay Plane”，此基准面将用于创建剪裁管件“Seat Stays”的草图，如图6-69所示。

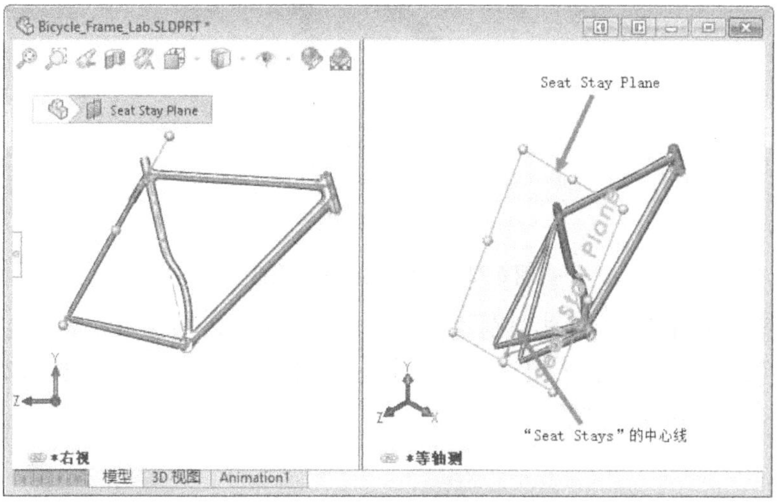

图6-69 定义基准面

步骤7 新建草图剪裁管件“Seat Stays”

> **提示** 为了更清楚地显示，部分曲面已被隐藏。

在步骤6中生成的基准面“Seat Stay Plane”上新建草图，如图6-70所示绘制草图并标注相关尺寸。

使用【分隔实体】工具在图示红色箭头处插入6个分割点。将尺寸685mm标注至零件的原点，并使各直线段关于中心线对称。

步骤8 剪裁曲面 使用【剪裁曲面】并保留如图6-71所示面片。

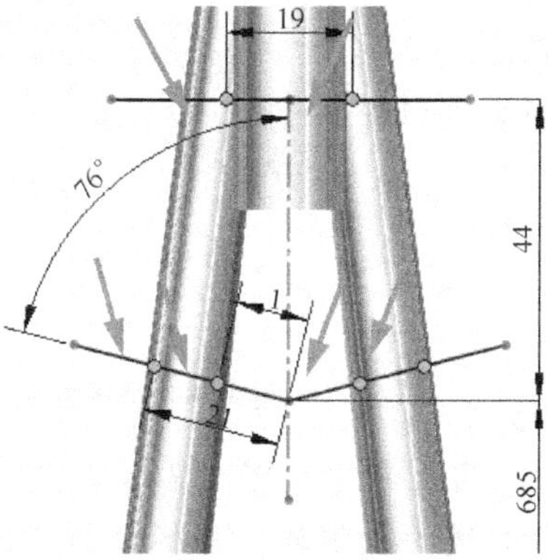

图6-70 标注尺寸

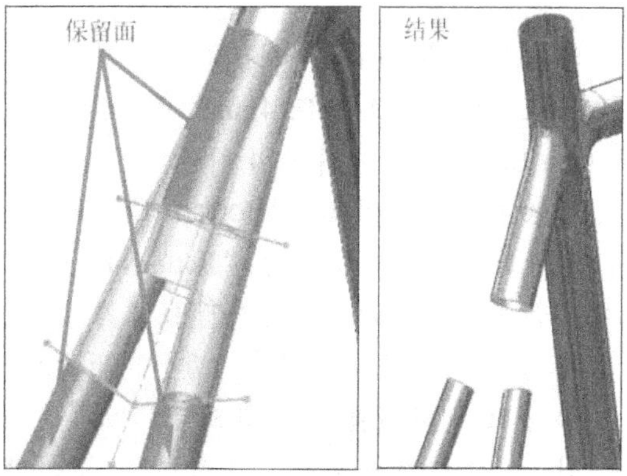

图6-71 剪裁曲面

步骤9 使用边界特征接合 对于此区域中的接合，利用【边界曲面】特征创建【填充曲面】使用的边界。在每个边线处使用【与面的曲率】选项，根据需要调整【相切长度】数值。为了与本示例中的图示匹配，需使用图6-72所示的轮廓顺序和相切长度值。

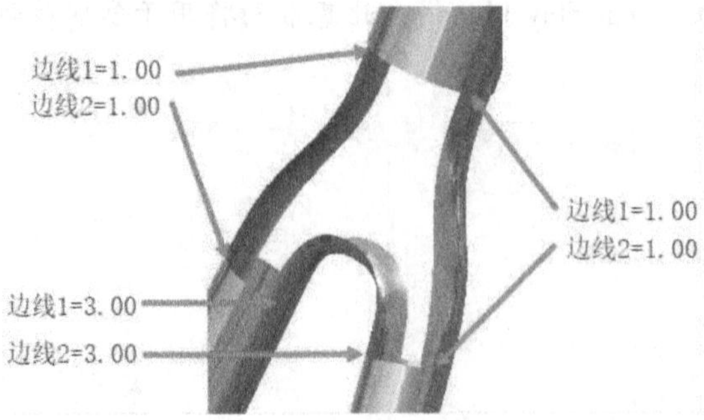

图 6-72　使用边界特征接合

步骤 10　填充曲面　现在已经创建了一个以曲面为边界的区域。要在边界内创建修补，将使用【填充曲面】特征。【边线设定】均选择【曲率】选项，并勾选【应用到所有边线】复选框。结果如图 6-73 所示。

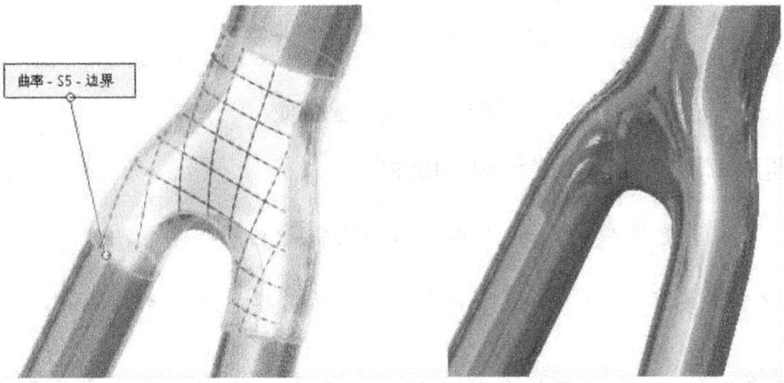

图 6-73　填充曲面

步骤 11　创建第二个填充曲面　使用相同的设置在车架的另一侧创建第二个填充曲面。

步骤 12　等距曲面　选取管件“Chain Stays”两个曲面进行等距操作，向外等距 4mm。等距后曲面将用来剪裁管件“Bottom Bracket”，如图 6-74 所示。

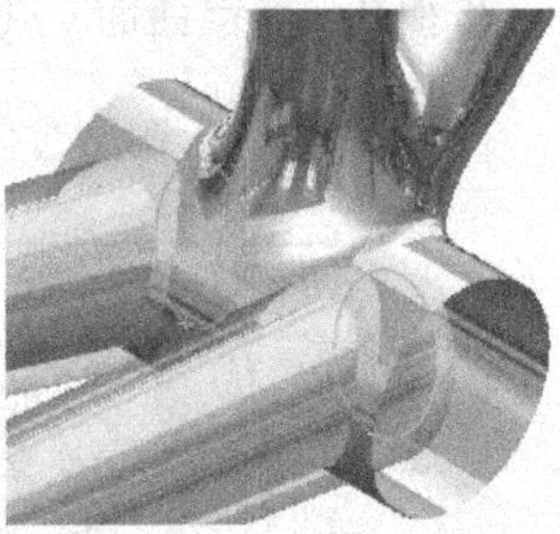

图 6-74　等距曲面

步骤 13　剪裁管件“Bottom Bracket”　利用步骤 12 中创建的等距曲面，剪裁管件“Bottom Bracket”，此处需要进行两次剪裁操作，因为需要两个剪裁工具。

步骤 14　隐藏　【隐藏】两个等距曲面，如图 6-75 所示。

步骤 15　剪裁管件“Chain Stays”　在右视基准面上新建草图，显示草图“Tube Centerlines”，绘制一条垂直于管件“Chain Stays”中心线的直线段，并标注与“Bottom Bracket”中心的距离，如图 6-76 所示。剪裁两根管件“Chain Stays”。

步骤 16　放样　使用【放样曲面】，在管件“Chain Stay”末端与管件“Bottom Bracket”剪裁后缺口间创建接合。

使用【SelectionManager】工具，选取管件“Bottom Bracket”开口处的边线，如图 6-77 所示。

图 6-75 隐藏等距曲面

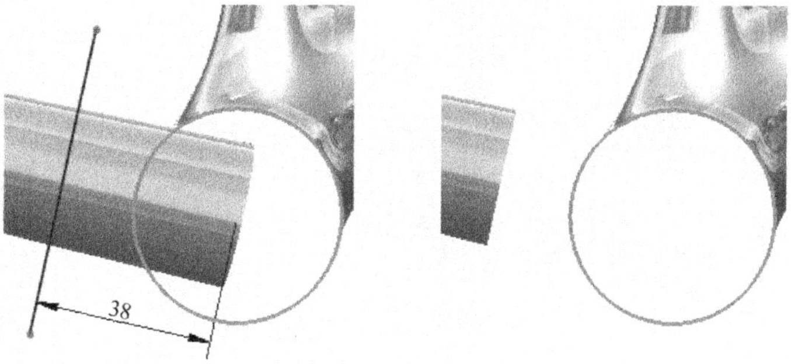

图 6-76 标注距离并剪裁管件

两侧边线均使用【与面的曲率】选项，预览的曲面消失。这说明此处的接合不能使用【曲面放样】特征来完成。单击【取消】✕。

步骤 17 边界曲面 单击【边界曲面】，选择管件“Chain Stay”的边线和管件“Bottom Bracket”的边线作为【方向 1】。使用【SelectionManager】工具，选取管件“Bottom Bracket”开口处的边线，如图 6-78 所示。

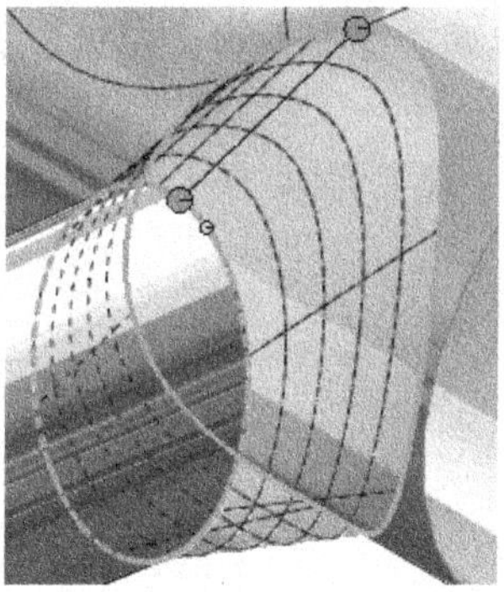

图 6-77 放样

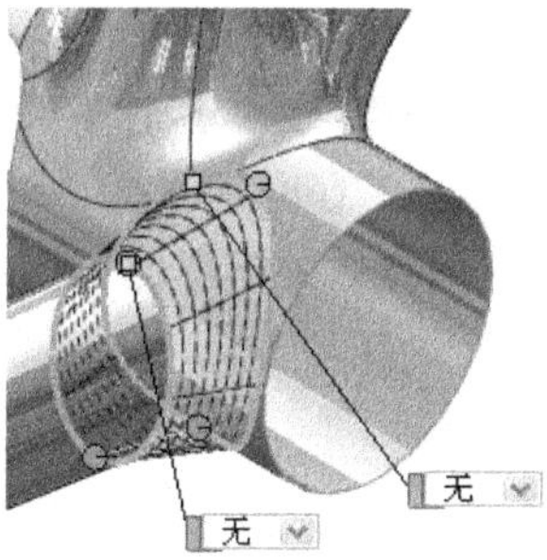

图 6-78 边界曲面(一)

右键单击其中某一条连接线并选择【添加连接线】，切换至右视图显示。拖动接头至侧影轮廓线的顶部和底部，如图 6-79 所示。

技巧 用户可自主关闭曲率梳显示预览并增加网格线的数量。

两侧边线均使用【与面的曲率】选项。根据需要调整【相切长度】值，管件“Bottom Bracket”【相切长度】数值设为 0.5，管件“Chain Stay”【相切长度】数值设为 1.5，单击【确定】✓。结果如图 6-80 所示。

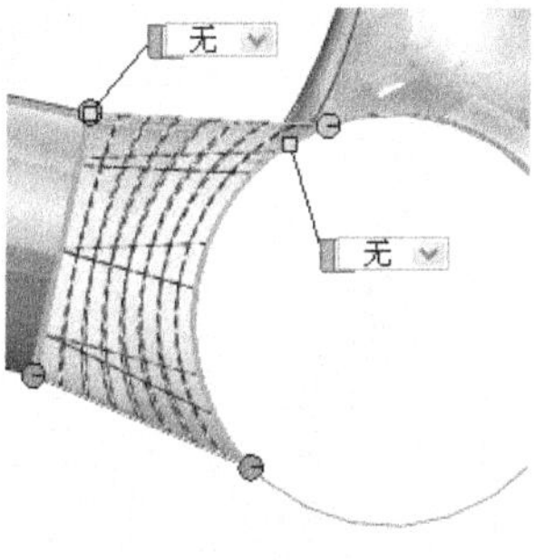

图 6-79 边界曲面(二)

步骤 18 创建第二个边界曲面特征 重复操作步骤 17，创建第二个【边界曲面】特征，如图 6-81 所示。

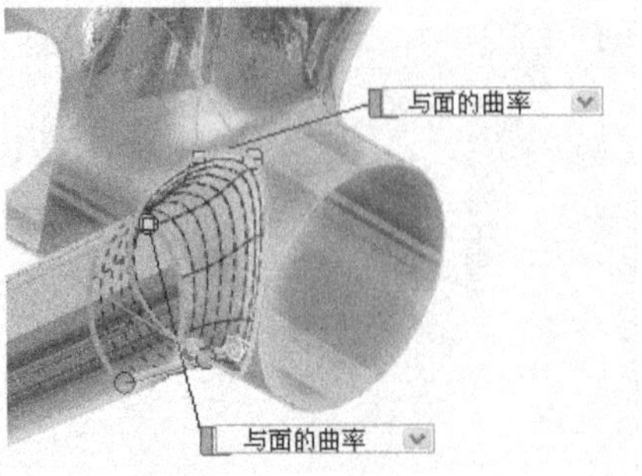

图6-80　与面的曲率

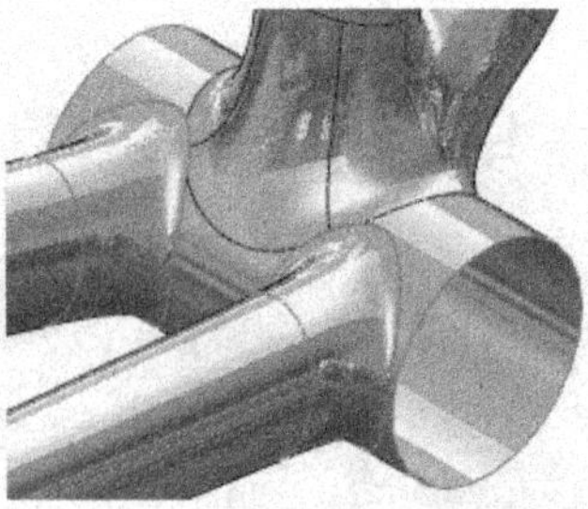

图6-81　重复操作

步骤19　创建平面区域　创建【平面区域】特征，选取车架的5处开口圆形边线。这一个特征便可完成所有平面曲面实体的创建，即使它们并不在同一个平面上，如图6-82所示。

步骤20　缝合并生成实体零件　除管件“Chain Stays”的两个等距曲面之外，选取所有的曲面实体。

选取曲面有一种简单的方法，首先展开“曲面实体”文件夹，然后使用键盘〈Shift〉键选取列表中所有曲面实体，再按住键盘〈Ctrl〉键选取两个等距曲面。勾选【创建实体】复选框。

步骤21　抽壳　对整个车架实体进行抽壳操作，设置厚度为1.5mm，选取管件“Head Tube”“Seat Tube”以及“Bottom Bracket”的端平面。

步骤22　保存并关闭零件　完成的零件如图6-83所示。

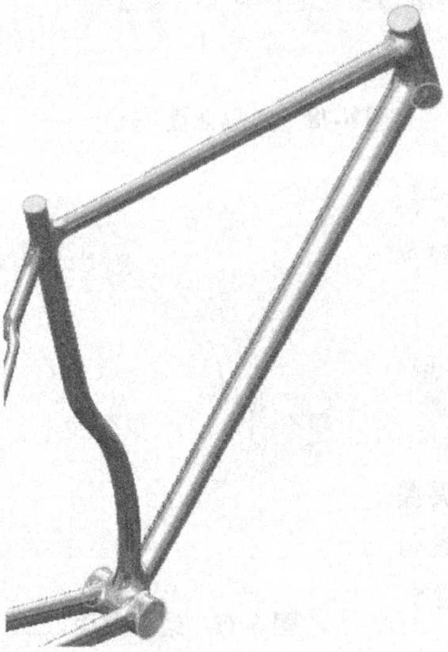

图6-82　创建平面区域

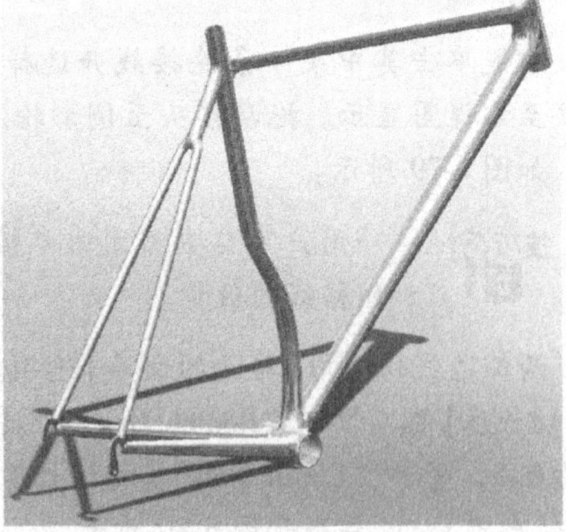

图6-83　完成的零件

练习 6-2　修补形状

本练习将修补并改善零件中不理想的形状，如图 6-84 所示。

本练习将使用以下技术：

- 填充曲面。
- 自由形。

扫码看 3D

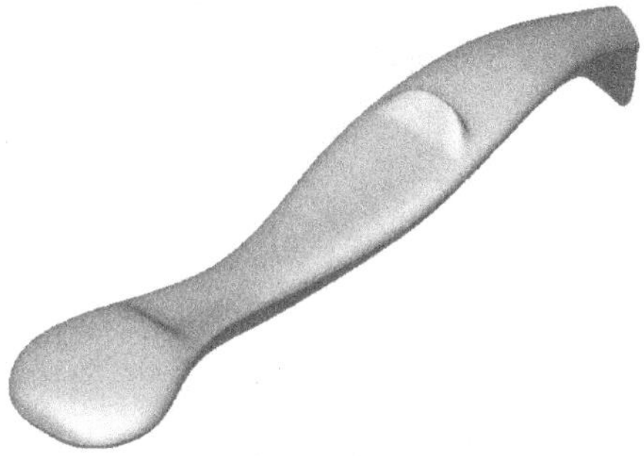

图 6-84　修补形状练习模型

操作步骤

步骤 1　打开零件　打开“Lesson06\Exercises”文件夹内的已有零件“Grip”。

步骤 2　检查零件　注意手柄的圆形端，两侧均存在“小酒窝”形状。这是由放样特征创建而成的，现需要修改使其更加平滑，如图 6-85 所示。

零件的局部凸起是由于奇点的存在，而奇点是由放样产生的，如图 6-86 所示。

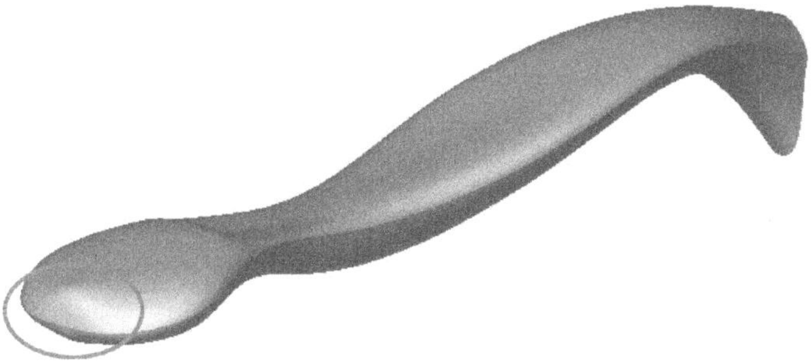

图 6-85　零件“Grip”

图 6-86　零件的局部凸起

如图 6-87 所示，零件还需添加一处搁指台。

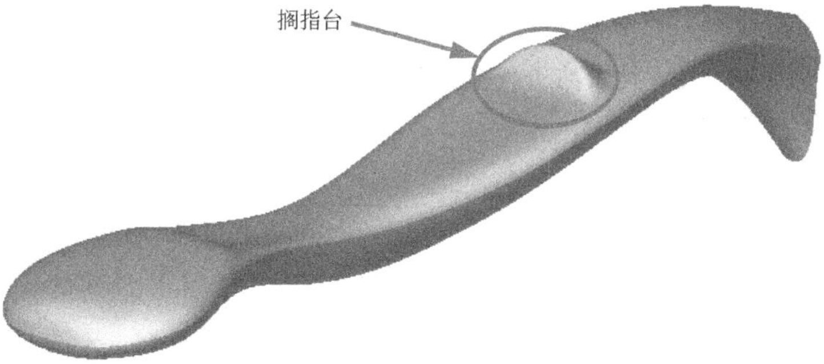

图 6-87　搁指台

步骤 3　绘制草图　在上视基准面上新建草图，绘制一个草图圆，并标注如图 6-88 所示尺寸，圆心与原点【竖直】对齐。

步骤 4　分割线　利用草图圆创建【分割线】特征，分割零件的上下表面。由于零件是关于右视基准面镜像得到的，故用户需选取 4 个曲面实体来进行分割，如图 6-89 所示。

步骤 5　删除面　删除分割后端部的 4 个面，如图 6-90 所示。

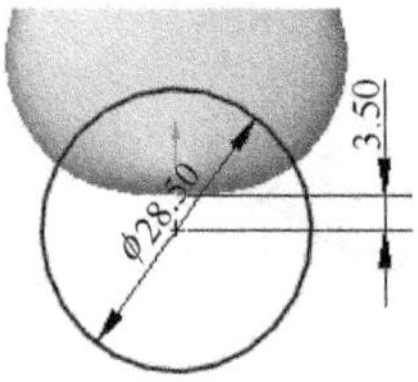

图 6-88　绘制草图

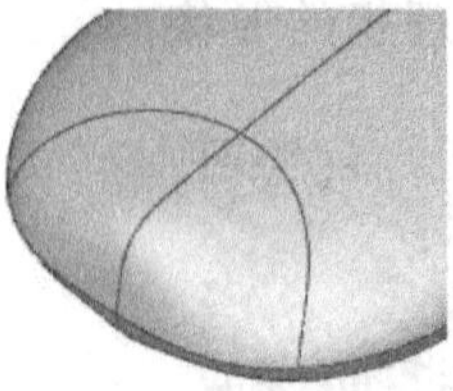

图 6-89　分割线

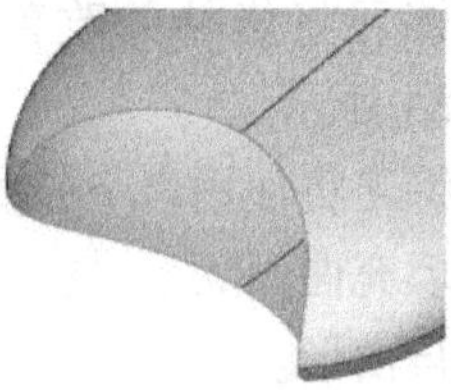

图 6-90　删除面

步骤 6　显示两个隐藏的曲面实体　展开“曲面实体”文件夹，选取曲面实体“Surface-Sweep1”与“Mirror1[4]”，右键单击曲面实体并选择【显示】，如图 6-91 所示。

步骤 7　复制曲面　复制步骤 6 中显示的两个曲面实体，【隐藏】曲面实体“Surface-Sweep1”与“Mirror1[4]”。

步骤 8　剪裁曲面　再次使用特征“分割线 1”中的草图圆剪裁两个复制曲面，结果如图 6-92 所示。

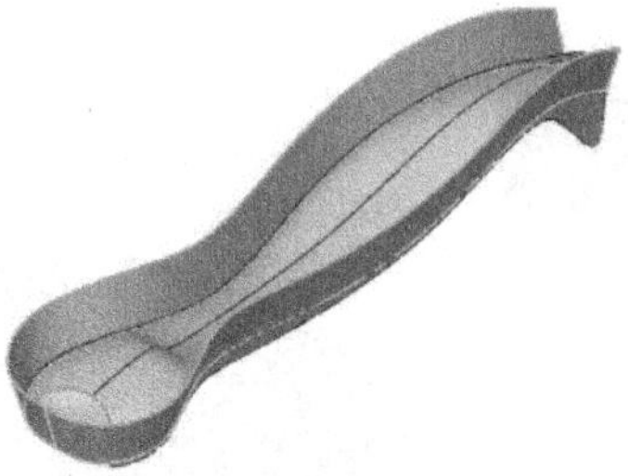

图 6-91　显示隐藏的曲面实体

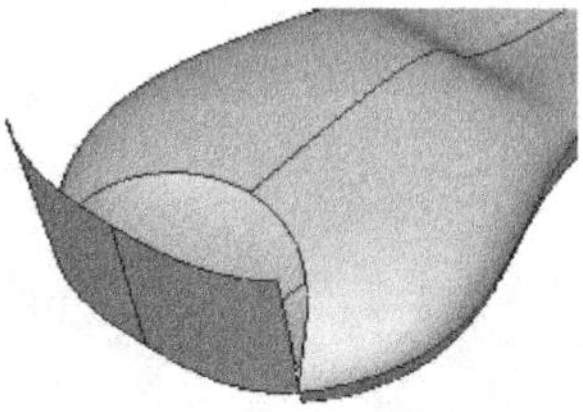

图 6-92　剪裁曲面

步骤 9　显示草图　将视图切换至右视方向。

展开文件夹“Folder1”以及特征“Surface-Loft1”，显示草图“Sketch3”。图 6-93 中显示的是手柄端部的形状。

步骤 10　填充曲面　利用新剪裁后参考曲面边线和由“分割线 1”特征创建的下边线，创建一个【填充曲面】特征，所有边线的【边线设定】均设为【曲率】选项。先不要单击【确定】，如图 6-94 所示。

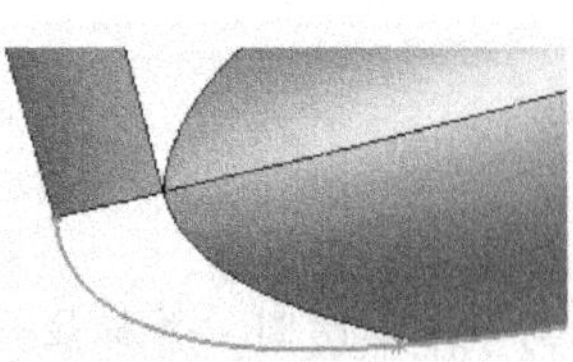

图 6-93　显示草图

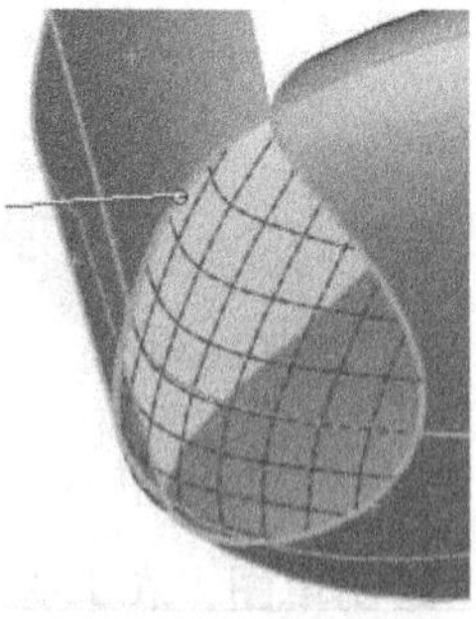

图 6-94　填充曲面

步骤 11　比较　视图切换至右视方向，对比草图“Sketch3”，可以看出曲面偏离得较远，取消【填充曲面】命令，如图 6-95 所示。

步骤 12　约束曲线　在右视基准面上新建草图。使用【转换实体引用】命令将草图“Sketch3”中的曲线复制到当前激活的草图中，然后隐藏草图“Sketch3”。

在转换后的样条曲线上插入一个【分割实体】点，分割点与模型下边线间添加【穿透】约束。删除复制曲线的较长段，退出草图，如图 6-96 所示。

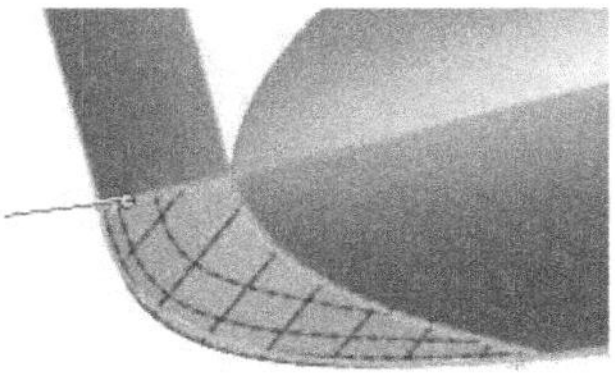

图 6-95　比较

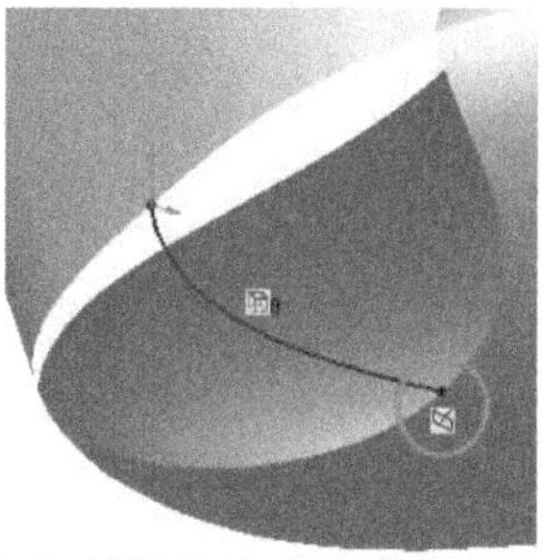

图 6-96　约束曲线

步骤 13　填充曲面　再次尝试【填充曲面】，利用步骤 12 中创建的草图曲线作为约束曲线。生成的结果比原先好了许多，如图 6-97 所示。

步骤 14　使用相同的步骤修补上表面　隐藏剪裁后参考曲面，显示曲面实体“Ruled Surface1”与“Mirror1[3]”。

使用特征“分割线 1”中的草图圆，剪裁“Ruled Surface1”和“Mirror1[3]”曲面。创建一个无约束曲线【填充曲面】特征。隐藏参考曲面，如图 6-98 所示。

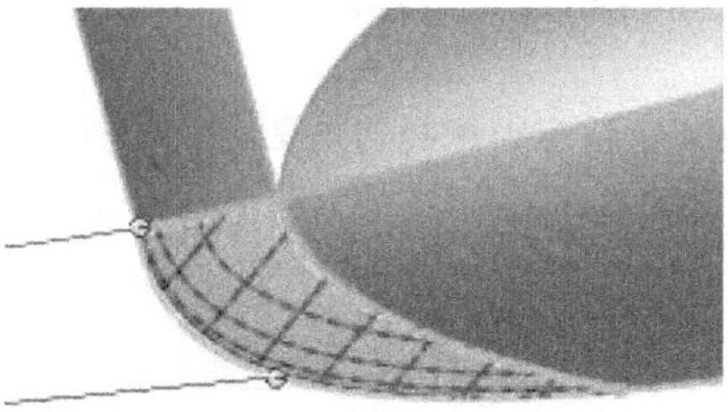

图 6-97　填充曲面

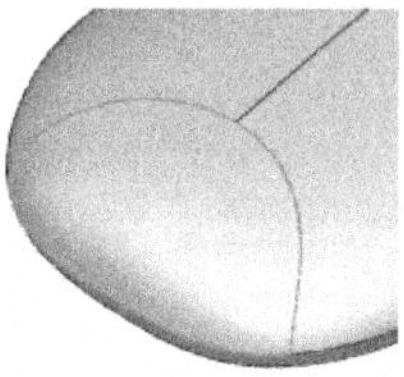

图 6-98　修补上表面

下面将使用【自由形】特征来创建搁指台外形，如图 6-99 所示。

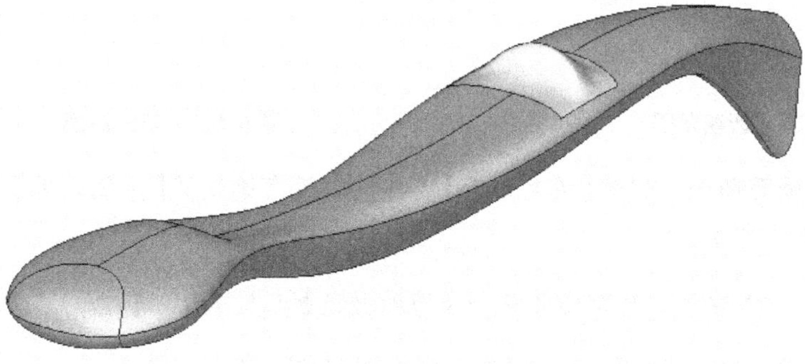

图 6-99　创建搁指台外形

提示

【自由形】特征需要有一个单一的面，但需要修改的区域是在两个面上。同时，【自由形】特征仅是对已有面的修改，而不会根据边线选择来新建曲面。

对于如图 6-100 所示分割零件的上表面，将得到两个 4 边面，【自由形】特征仍无法适用。

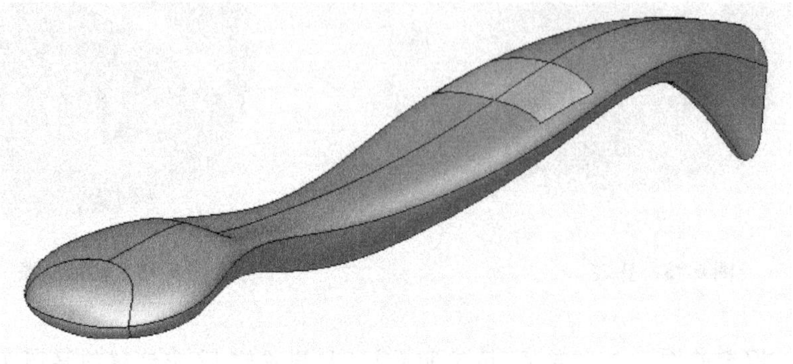

图 6-100　分割零件上表面

所以需要先剪裁曲面以删除分割线内侧两个面，然后创建一个单一的 4 边面，以使用【自由形】特征进行修改。

步骤 15　新建草图　在上视基准面上新建草图，绘制如图 6-101 所示直线及圆弧段，并标注相应尺寸。在两段圆弧的中心和零件原点之间添加【竖直】的关系。尺寸 102mm 为标注到零件原点位置。

步骤 16　剪裁曲面　使用【剪裁曲面】移除草图轮廓内侧的曲面部分，如图 6-102 所示。

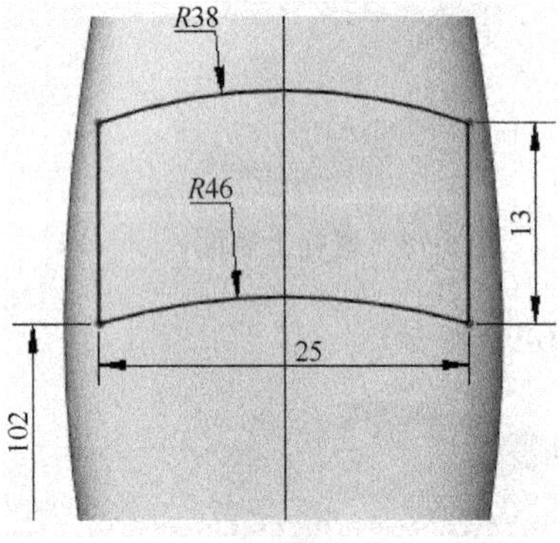

图 6-101　新建草图

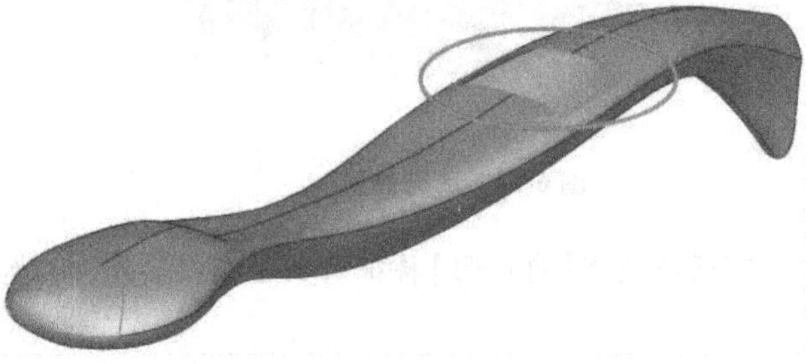

图 6-102　剪裁曲面

步骤 17　填充曲面　创建【填充曲面】特征，所有边线的【边线设定】均设为【曲率】选项，如图 6-103 所示。

技巧

右键单击开口处任意一条边线并选择【选择开环】。

步骤 18　自由形　单击【自由形】，选取刚创建的填充曲面。

步骤19 选择对称 此选项可以保证面两侧的状态对称，选择【方向1对称】或【方向2对称】取决于创建填充时选择边线的顺序。

步骤20 添加控制曲线 单击【控制曲线】内的【添加曲线】按钮，如图6-104所示放置5条曲线，若曲线预览方向不正确，可按〈Tab〉键进行调整。

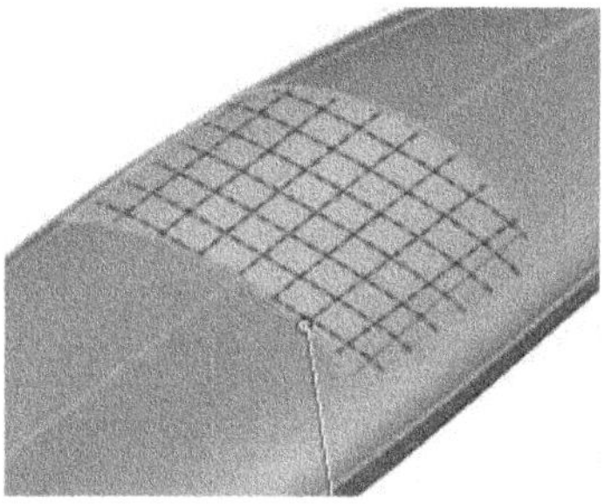

图6-103 填充曲面

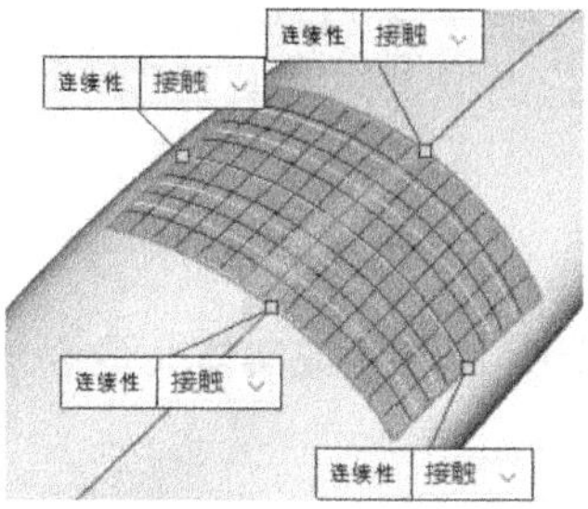

图6-104 添加控制曲线

步骤21 添加控制点 在曲线添加完毕后，切换至添加点模式。在每条曲线的对称面处均放置一个控制点。当添加的点位于对称面时，对称面将自动高亮显示，如图6-105所示。

步骤22 添加更多控制点 如图6-106所示，在第2、3、4条曲线上各添加一对控制点。由于选取了【方向1对称】选项，当用户在对称面一侧添加点时，系统会自动在另一侧添加相应对称点。

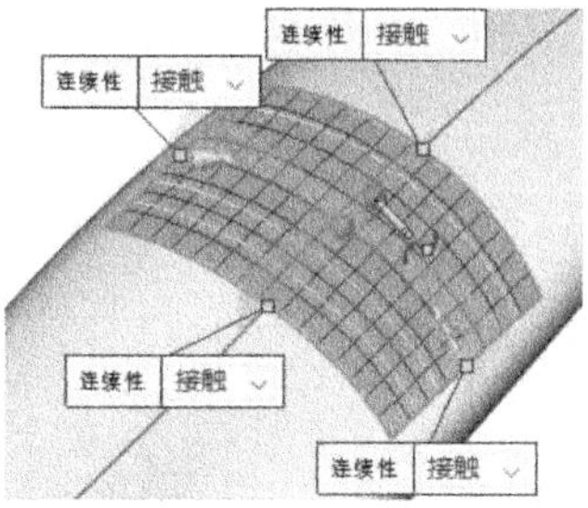

图6-105 添加控制点

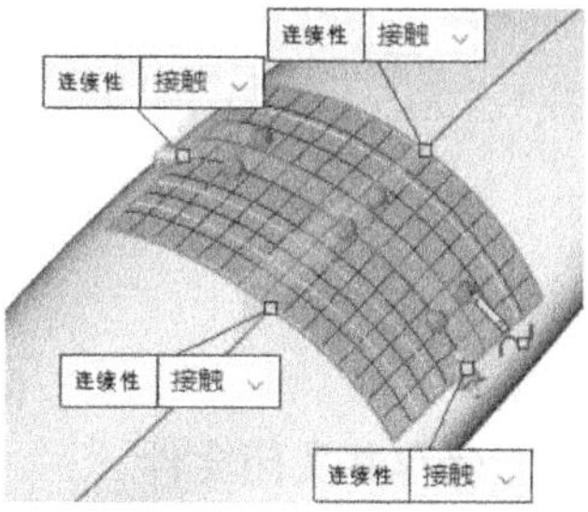

图6-106 添加更多控制点

步骤23 设定边界条件 设置边界条件均为【曲率】，如图6-107所示。

步骤24 移动点 【三重轴方向】选择【整体】，尝试为搁指台创建一个铲子的形状。拖动各曲线控制点，调整其位置直到得到满意形状为止，如图6-108所示。

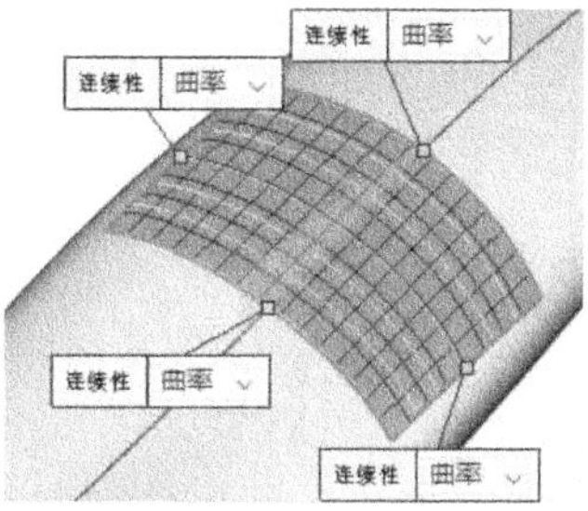

图6-107 设定边界条件

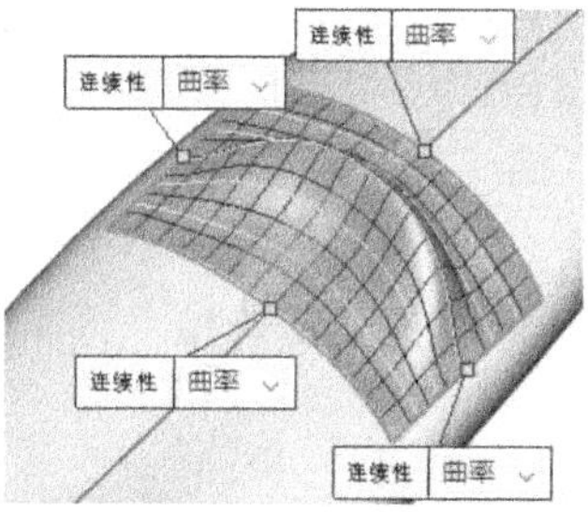

图6-108 移动点

技巧 按下〈Ctrl〉键的同时选取多个点，这样便可同时移动所选的多个点。

【自由形】特征生成的曲面形状可参考图 6-109，基本满意后，单击【确定】。

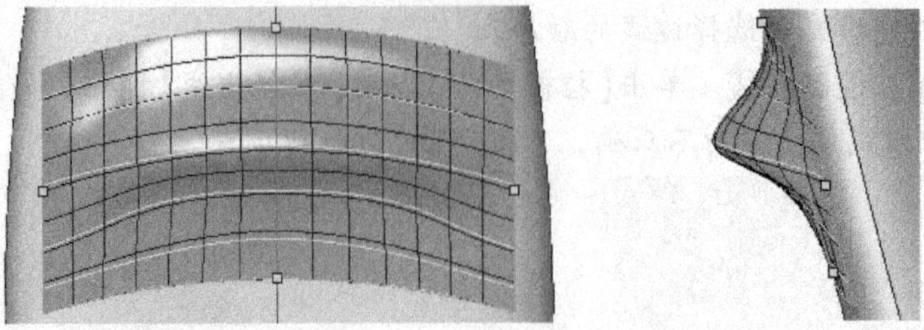

图 6-109　曲面形状

步骤 25　缝合生成实体　缝合除构造曲面以外所有的曲面实体，并生成一个实体模型，如图 6-110 所示。

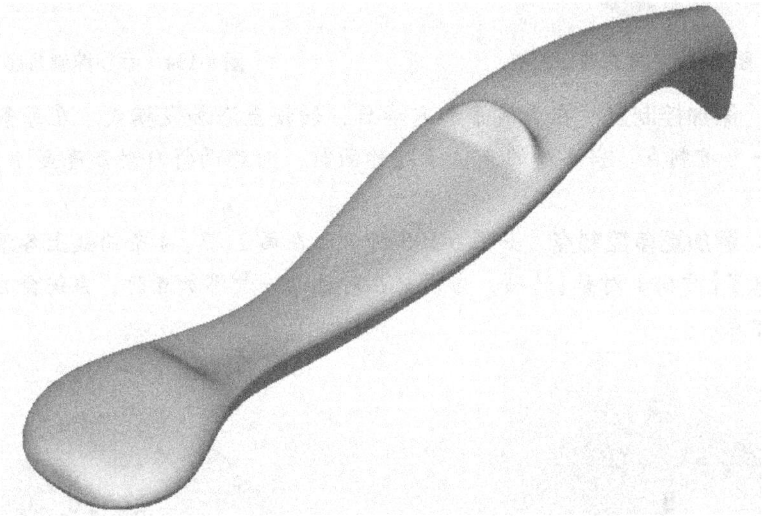

图 6-110　完成的零件

步骤 26　保存并关闭文件

第 7 章　高级曲面建模

学习目标

- 使用草图图片来捕获曲面模型的设计意图
- 使用构造曲面创建拔模和连续性条件
- 分析曲面和边线
- 使用 Instant3D 动态编辑模型
- 使用【填充曲面】命令替换实体表面

7.1　操作流程

本章将完成图 7-1 所示遥控器模型的建模。首先完成上、下壳体的表面的建模，如图 7-2 所示。

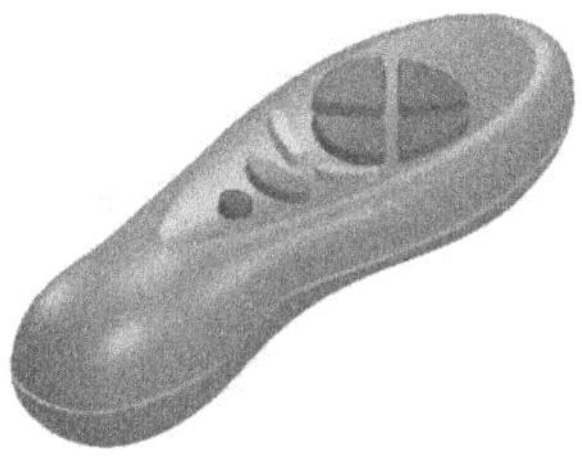

图 7-1　遥控器模型

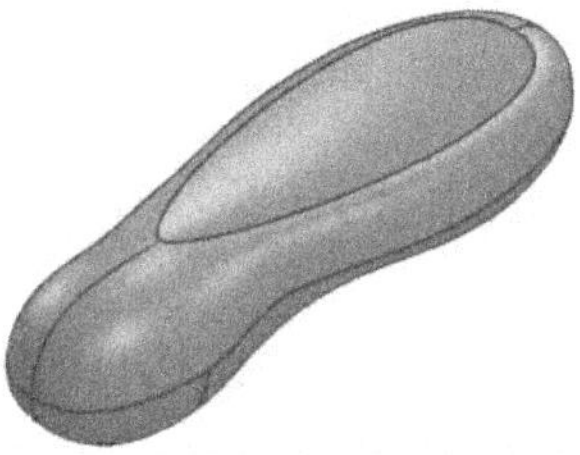

图 7-2　上、下壳体的表面

扫码看视频　扫码看视频　扫码看视频

由于曲面的复杂性以及曲率的原因，将把零件的每个面创建为单独的曲面。此模型建模过程中的一些关键流程包括：

1. 捕获设计意图　工业设计中提供的仅是遥控器的设计概念或草绘轮廓，用户可以将相关图像文件插入草图中，图像的轮廓线在建模过程中可以起到引导作用，如图 7-3 所示。

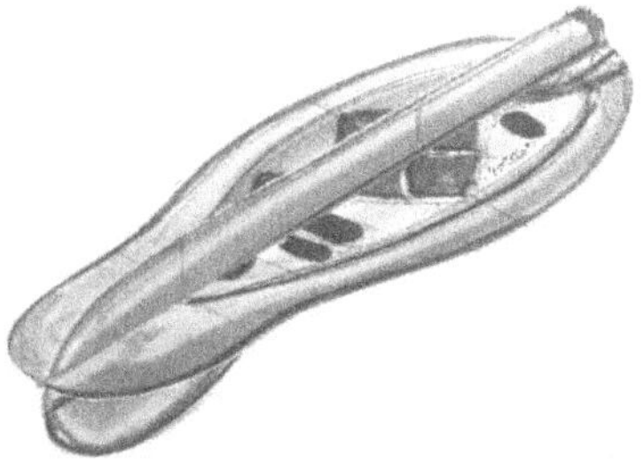

图 7-3　遥控器的草绘轮廓

2. 使用对称　此零件是左右对称的。为了确保真正的对称性并简化建模任务，将仅对零件的一半建模，然后对实体进行镜像。

3. 绘制样条曲线　样条曲线用于在零件中创建平滑、曲率连续的形状。许多消费品的特征是无法使用直线和圆弧对其形状进行建模的。样条曲线是实现这些特征的最佳草绘工具。

4. 定义分型线和拔模角度　创建的第一个曲面将用于创建拔模的分型面和参考曲面。对于大多数自由形式的零件，用户必须在建模时创建拔模。否则，以后无法将拔模作为本地特征进行添加。

5. 建模表面 使用几种不同的曲面特征创建零件的表面，如图 7-4 所示。

6. 创建实体 若模型的表面是一组完整的曲面，便可以将其缝合在一起并转化为实体。

7. 评估并更改设计 在完成设计之前，将评估零件并进行一些设计更改。

7.1.1 使用草图图片

下面将以工业设计师提供的概念设计手绘草图开始建模过程，这些图片将指导用户创建出零件的基本曲线。

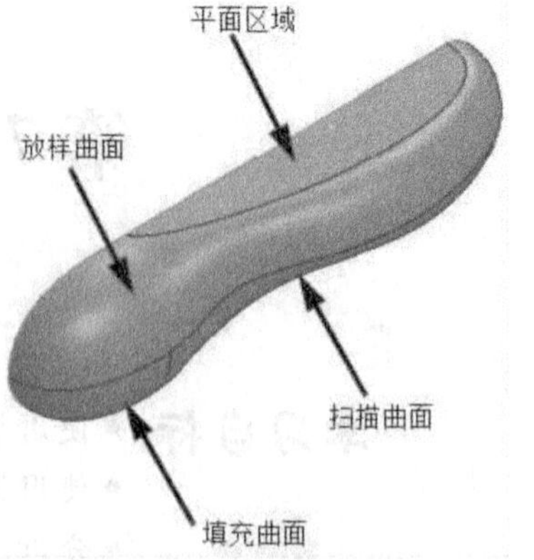

图 7-4 建模表面

操作步骤

扫码看 3D

步骤 1 创建新零件 使用模板“Part_MM”新建零件，并命名为“Remote_Control”。

步骤 2 侧视草图 在右视基准面上新建草图。如图 7-5 所示绘制一条水平直线，它将作为后续步骤的参考线。

步骤 3 草图图片 单击【工具】/【草图工具】/【草图图片】。

> 提示：相关图片文件位于“Lesson 07\Case Study\Sketches from ID”文件夹中。

选取图片“Remote-side-view. tif”，单击【打开】。插入后的图片看起来非常大，宽度已经超过 1000mm。

步骤 4 调整图片大小 取消勾选【启用缩放工具】复选框，确保勾选【锁定高宽比例】复选框，将【宽度】尺寸设置为 146mm，如图 7-6 所示。

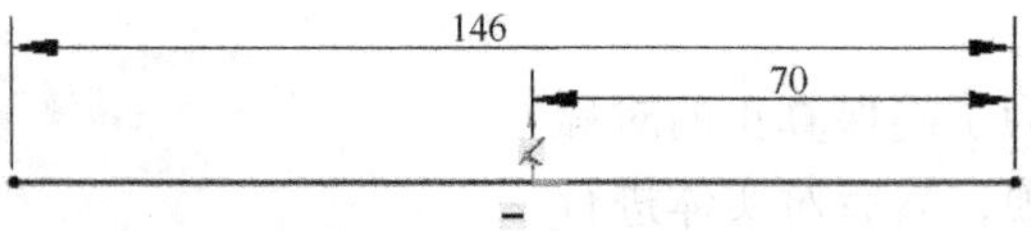

图 7-5 侧视草图

图 7-6 调整图片大小

将图片与绘制的参考线对齐，结果如图 7-7 所示。

步骤 5 透明度 展开【透明度】组框，选择【用户定义】，单击图片中的白色背景区域来重定义透明颜色。设置【透明度】为 1.00，如图 7-8 所示。单击【确定】。

步骤 6 重命名草图 退出草图，将草图重命名为“Side View Sketch”。

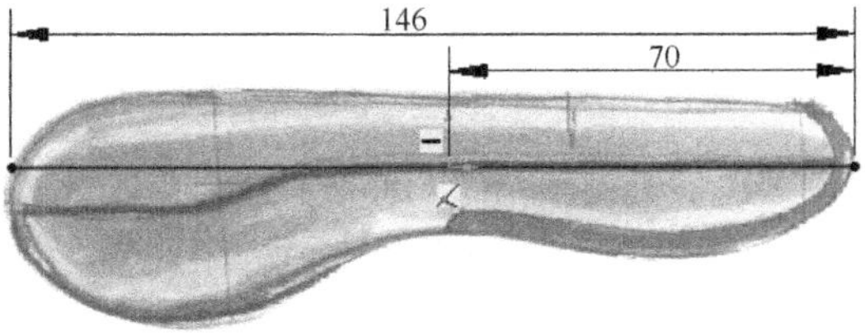

图 7-7　调整图片位置

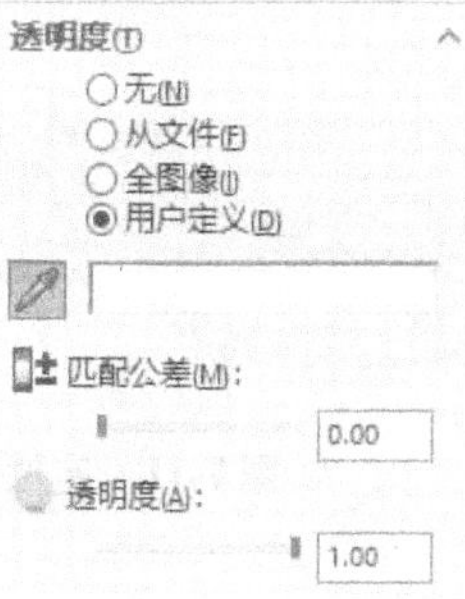

图 7-8　透明度

步骤 7　上视草图　在上视基准面上新建草图，插入图片“Remote-top-view. tif”。旋转图片，输入【角度】为 90°。确保已勾选【锁定高宽比例】复选框，将【宽度】尺寸设置为 146mm。

调整图片，使其与第一个草图中的参考线对齐，如图 7-9 所示。

展开【透明度】组框，选择【用户定义】，单击图片中的白色背景区域以重定义透明颜色，设置【透明度】为 1.00。

步骤 8　重命名草图　退出草图，将草图命名为“Top View Sketch”。结果如图 7-10 所示。

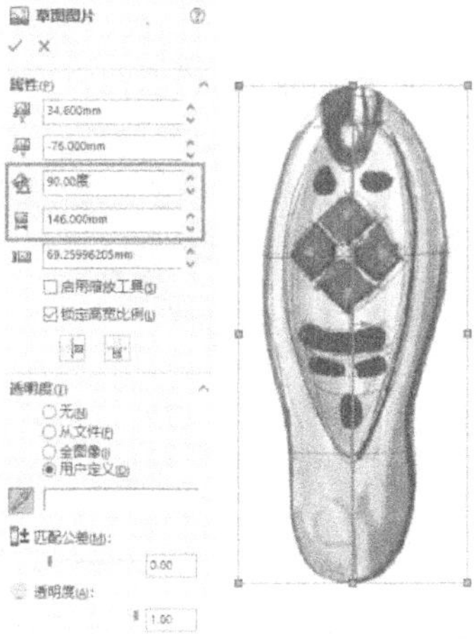

图 7-9　上视草图

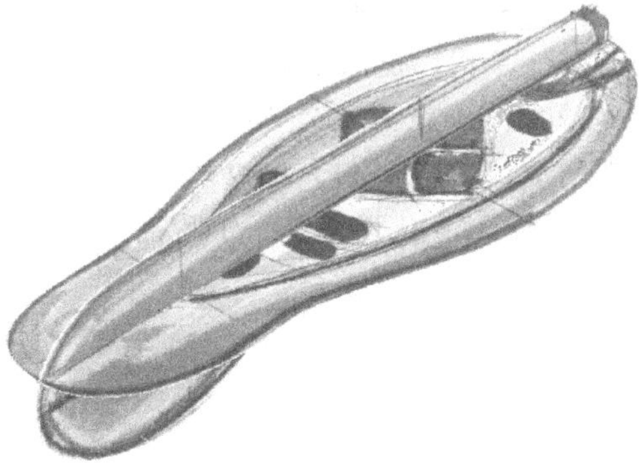

图 7-10　完成的草图

7.1.2　创建分型面

本示例设计过程的下一步将是在零件的上壳体和下壳体之间创建分型面。

步骤 9　绘制分型线　在右视基准面上新建草图。使用【转换实体引用】来复制“Side View Sketch”中的参考线至当前草图中。拖动线段的端点以对其进行定位，标注尺寸，如图 7-11 所示。使用【切线弧】与【直线】命令，绘制如图 7-12 所示分型线。

步骤 10　标注尺寸　添加尺寸标注，如图 7-13 所示。在两个圆弧之间添加【相等】几何关系。

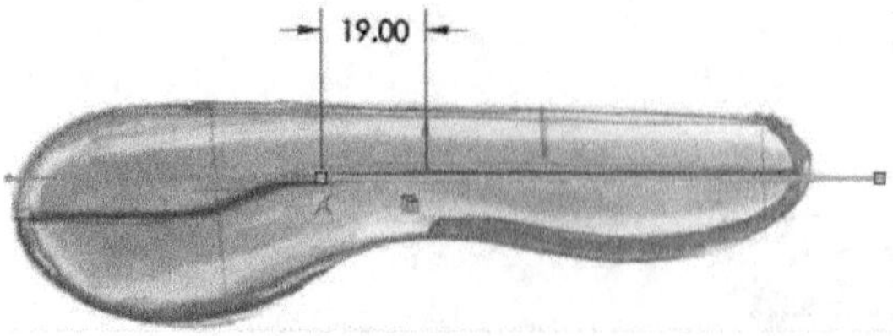

图 7-11　定位线段的端点

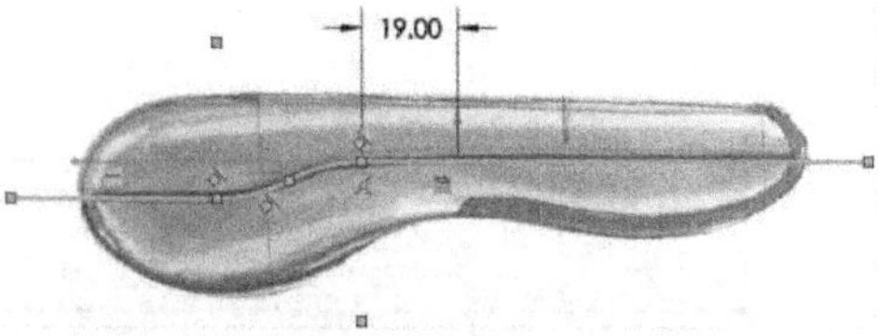

图 7-12　绘制分型线

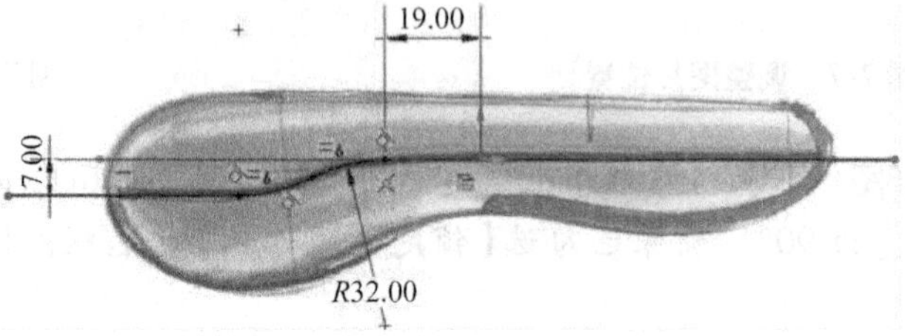

图 7-13　标注尺寸

步骤 11　套合样条曲线　单击【套合样条曲线】，不勾选【闭合的样条曲线】复选框，如图 7-14 所示。

右键单击直线并选择【选择链】，单击【确定】✔。系统将自动创建一条样条曲线，并将原始草图实体转换成构造几何体。

步骤 12　重命名草图　退出草图，并将其重命名为“Side Parting Line”。

步骤 13　拉伸曲面　拉伸“Side Parting Line”草图，使深度超出模型的最外侧边缘即可。距离设为 40mm 比较合理，如图 7-15 所示。用户可以使用如图 7-16 所示的 RGB 值设置零件外观。

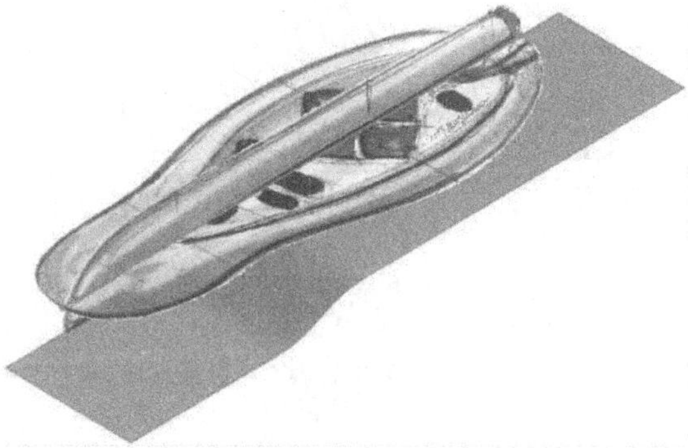

图 7-15　拉伸曲面

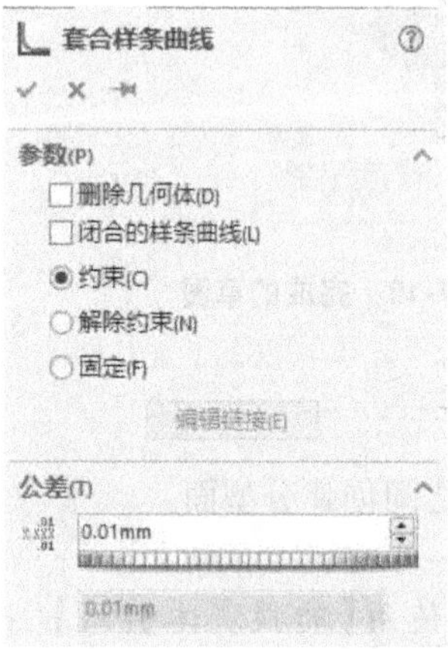

图 7-14　套合样条曲线

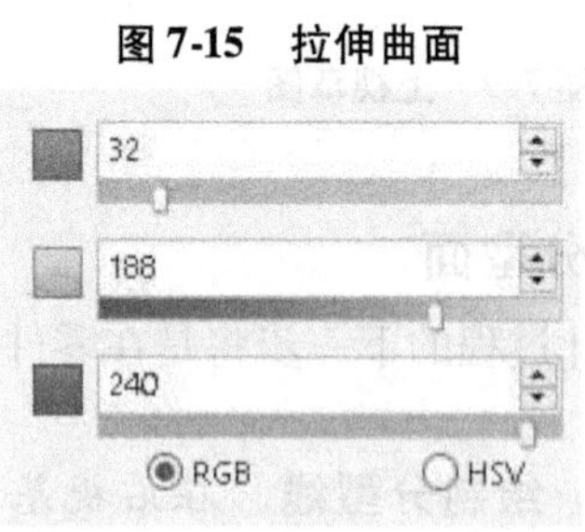

图 7-16　设置零件外观

提示　这里只需拉伸一个方向即可，因为在下面步骤中还将使用镜像命令来生成对称几何体。

步骤14 隐藏曲面 【隐藏】拉伸曲面，这将有利于后续步骤中的草图绘制。

步骤15 绘制侧视轮廓 在上视基准面上新建草图，绘制4点样条曲线。样条曲线的两个端点与“Side View Sketch”中参考直线的端点分别重合。使两个端点处的样条曲线控标水平。

从样条曲线快捷菜单中单击【显示控制多边形】和【显示曲率梳形图】，调整各型值点的位置基本与草图图片轮廓线重合，如图7-17所示。

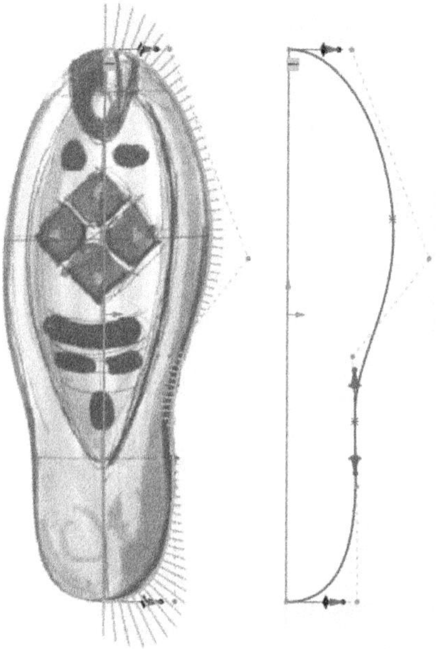

图7-17 创建侧视轮廓

步骤16 重命名草图 退出草图，并将其重命名为“Top Parting Line”。

步骤17 显示曲面 【显示】步骤14中隐藏的分型面。

步骤18 隐藏草图 【隐藏】“Side View Sketch”和“Top View Sketch”草图。

步骤19 剪裁分型面 单击【剪裁曲面】，【剪裁类型】选择【标准】，【剪裁工具】选择“Top Parting Line”草图。

单击【保留选择】，选取需要保留的曲面部分。单击【确定】，如图7-18所示。

图7-18 剪裁分型面

7.1.3 构造曲面

下面将创建一个参考曲面，该参考曲面沿着分型面的边线并具有3°的角度。在后续步骤中将使用此曲面在零件的上壳体中定义拔模。

步骤20 直纹曲面 单击【直纹曲面】，如图7-19所示，【类型】选择【锥削到向量】。【距离/方向】输入12.000mm，此距离值并不重要，只要其足够大且方便进行操作即可。【参考向量】选择上视基准面，并单击【反向】。【角度】设为3.00°。【边线选择】中选择剪裁曲面的边界。

确认将要生成的直纹曲面为锥形“向外”，若不是，单击【交替边】。单击【确定】。

步骤21 显示草图 【显示】“Side View Sketch”和“Top View Sketch”草图。

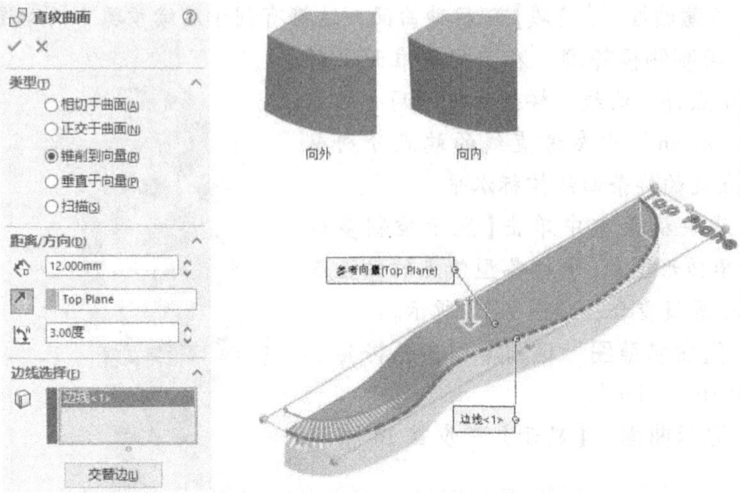

图 7-19　直纹曲面

7.1.4　放样曲面

要为上部外壳创建放样曲面，如图 7-20 所示，需要绘制一些轮廓和引导曲线。首先为键盘区域的边线创建草图，这将是引导曲线之一。然后，在构造曲面和绘制的引导曲线之间创建样条曲线轮廓。

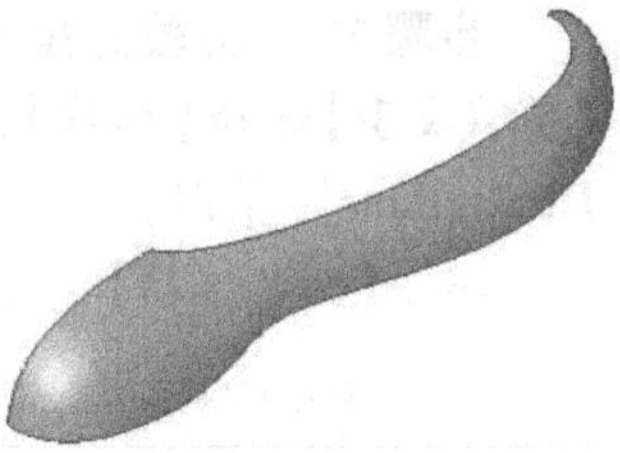

图 7-20　放样曲面

步骤 22　等距面　创建一个平行于上视基准面的等距面，并命名为“Plane 1”。此面用来绘制按键区域的轮廓，如图 7-21 所示。

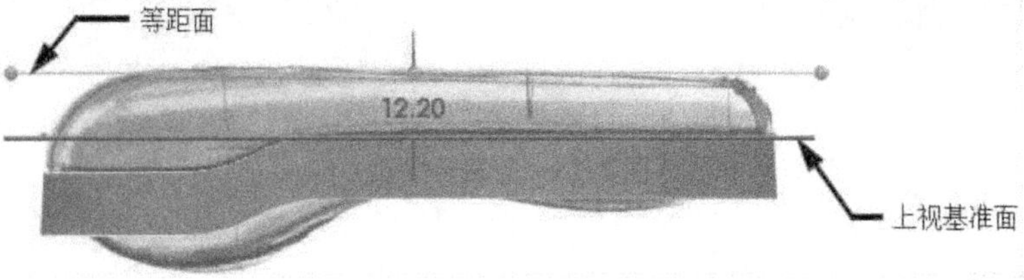

图 7-21　等距面

提示　由草图图片来看，遥控器上表面与上视基准面成一定角度，但从工业设计角度来说，可以把两者当作是相互平行的。

步骤 23　新建草图　在“Plane 1”平面上新建草图，绘制 3 点样条曲线。

将样条曲线的两个端点与“Side View Sketch”草图中参考直线的端点分别重合。使两个端点处的样条曲线控标水平。添加尺寸。

从样条曲线快捷菜单中单击【显示控制多边形】和【显示曲率梳形图】，调整各型值点的位置使之基本与草图图片轮廓线重合，如图 7-22 所示。

提示　最终的曲线不应出现任何弯曲。

步骤 24　重命名草图　退出草图，并将其重命名为“Keypad Outline”。

步骤 25　隐藏草图　【隐藏】“Side View Sketch”和“Top View Sketch”草图。

步骤 26　创建第一条轮廓曲线　在右视基准面上新建草图，将其命名为“Loft Profile 1”。该轮廓为 2 点样条曲线，通过以下几个步骤来完成。

1）草绘样条曲线，其中一个端点与引导线（步骤 23 中创建）的端点重合，且位于直纹曲面边角处，如图 7-23 所示。

2）在样条曲线与直纹曲面边线间添加【相切】约束，以保证当放样曲面时曲面形成 3°的拔模角度，如图 7-24 所示。

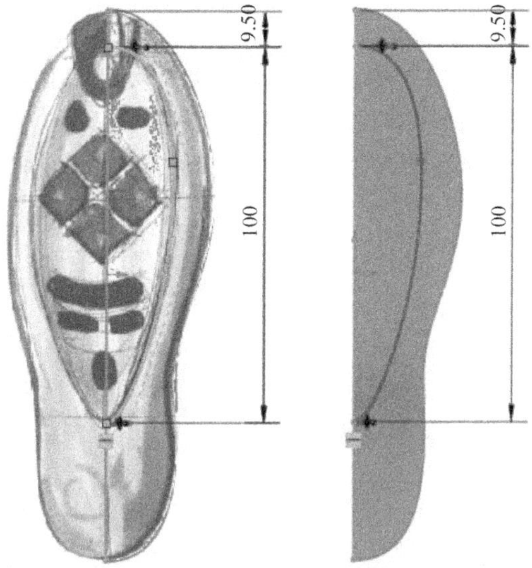

图 7-22　新建草图

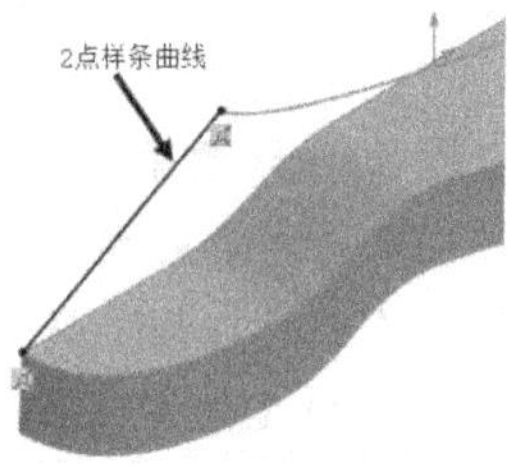

图 7-23　2 点样条曲线

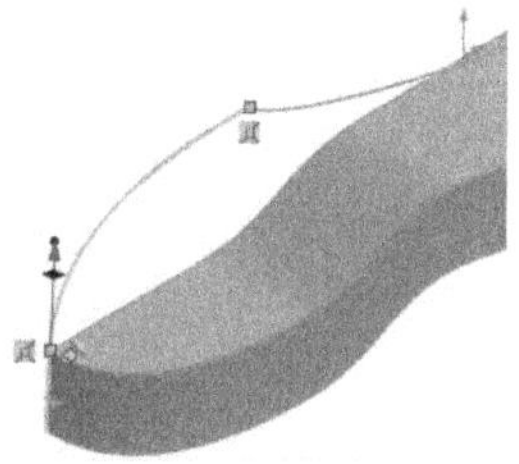

图 7-24　相切约束

3）绘制构造线，设定角度为 2.00°，在构造线与样条曲线之间添加【相切】几何关系，如图 7-25 所示。

4）【显示】“Side View Sketch”草图。调整样条曲线控标的长度直至满意为止，如图 7-26 所示。

5）退出草图。

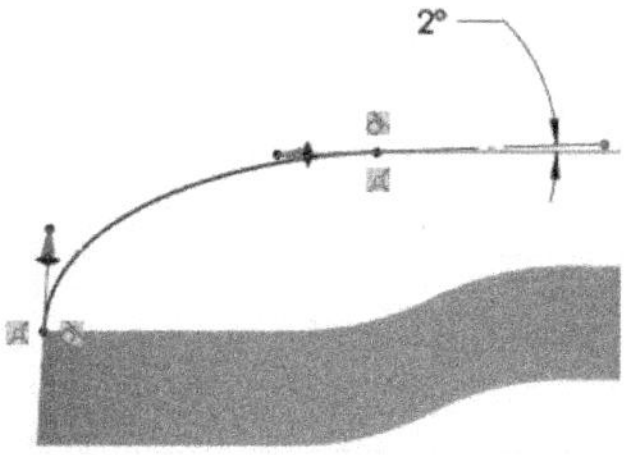

图 7-25　绘制构造线

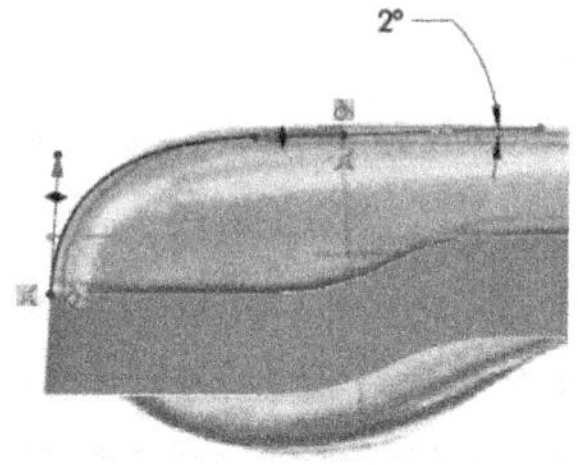

图 7-26　调整样条曲线

步骤 27　创建第二条轮廓曲线　重复前面步骤，在右视基准面上新建草图，将其命名为“Loft Profile 2”，完成如图 7-27 所示的遥控器前端轮廓曲线。这次使用 5.00°的拔模角度。

步骤28　创建等距面　创建一个平行于前视基准面的等距面，等距距离为19mm，命名为“Plane 2”，此面将作为第三条轮廓曲线的草图面，如图7-28所示。

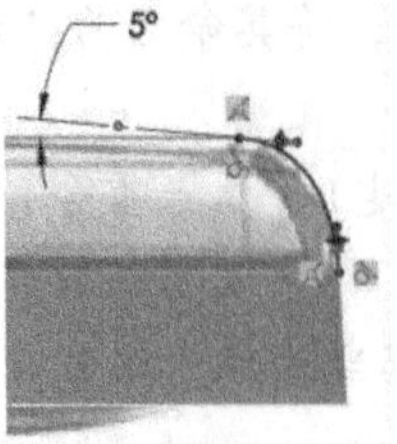

图7-27　创建第二条轮廓曲线

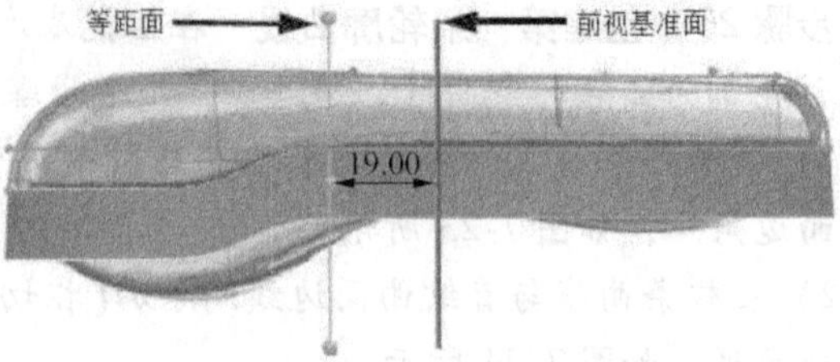

图7-28　创建等距面

步骤29　创建第三条轮廓曲线　在“Plane 2”上新建草图，视图切换至前视状态。绘制一条2点样条曲线。在样条曲线端点与引导线以及直纹曲面边线间分别添加【穿透】几何关系。绘制两条构造线并按如图7-29所示标注相应角度尺寸。在样条曲线和构造线之间添加【相切】几何关系。

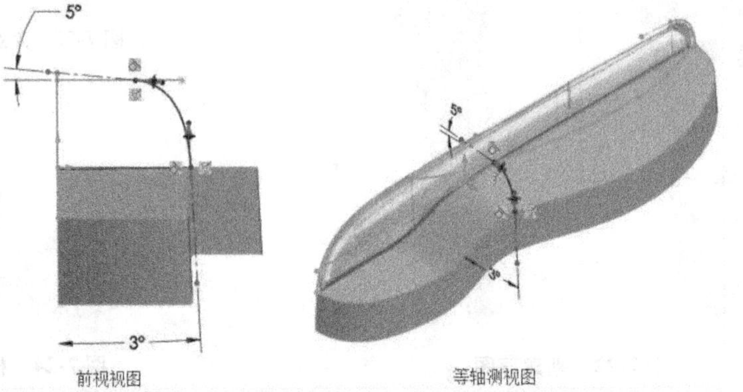

图7-29　创建第三条轮廓线

调整相切控标的长度，直到对曲线形状满意为止。此时，草图图片并不能提供引导，因此需用户自己判断。

步骤30　重命名草图　退出草图，并将其重命名为“Loft Profile3”。

步骤31　隐藏元素　【隐藏】“Side View Sketch”草图和分型面，如图7-30所示。

步骤32　放样曲面　单击【放样曲面】，选取3条轮廓曲线。【起始/结束约束】均选择【垂直于轮廓】，引导线选择“Keypad Outline”和直纹曲面边线，边线的相切类型选择【与面相切】，“Keypad Outline”草图的相切类型选择【无】。如图7-31所示，单击【确定】。

步骤33　观察结果　切换至前视视图方向，如图7-32所示，观察图中圈出的部分，曲面形状看上去并不是很圆滑。

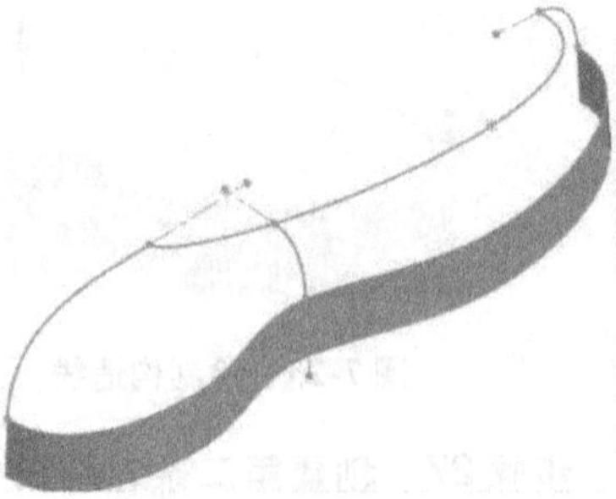

图7-30　隐藏元素

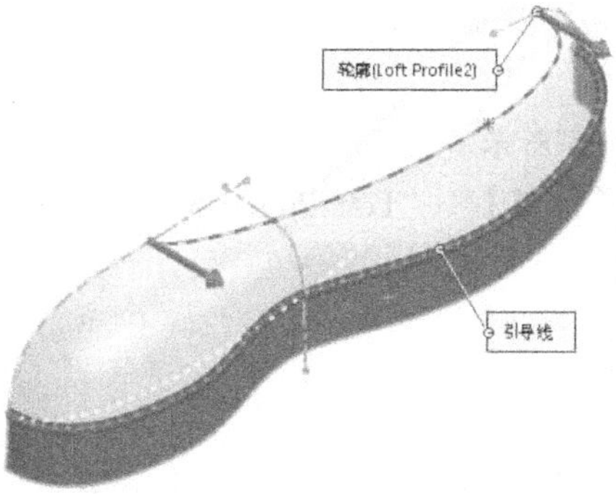

图 7-31　放样曲面

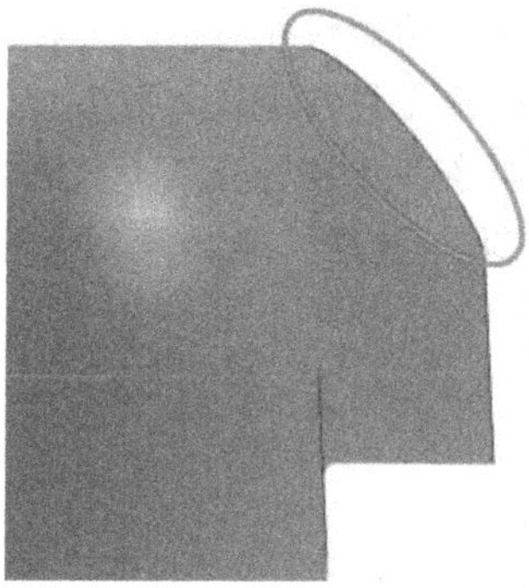

图 7-32　观察结果

7.1.5　添加放样截面

为了更好地控制现有放样特征的形状，用户可以添加一个或多个放样截面(轮廓)，这样就不用先删除此特征，再创建新的轮廓，然后再次选择所有内容的方式来修改放样特征。

当用户添加放样截面时，系统将自动生成截面轮廓以及临时基准面，放样截面将自动在其端点与内部引导线的交点处生成穿透点。用户可拖动平面至一个新的位置，这样便能生成新的放样截面。同样，用户也可以使用预先创建好的基准面(在放样特征之前创建)来定位新的放样截面。

一旦用户创建好新的放样截面，仍旧可以通过快捷菜单对其进行编辑。编辑放样截面的过程跟编辑草图相同(添加尺寸、添加约束、修改形状等)。

步骤 34　添加放样截面　右键单击放样后的曲面，选择【添加放样截面】。系统将自动生成横截面和穿越曲面的轮廓曲线。用户可以通过拖动操作来移动和旋转此横截面，如图 7-33 所示。

步骤 35　使用所选基准面　在 PropertyManager 中，勾选【使用所选基准面】复选框。选择前视基准面，单击【确定】✔，如图 7-34 所示。

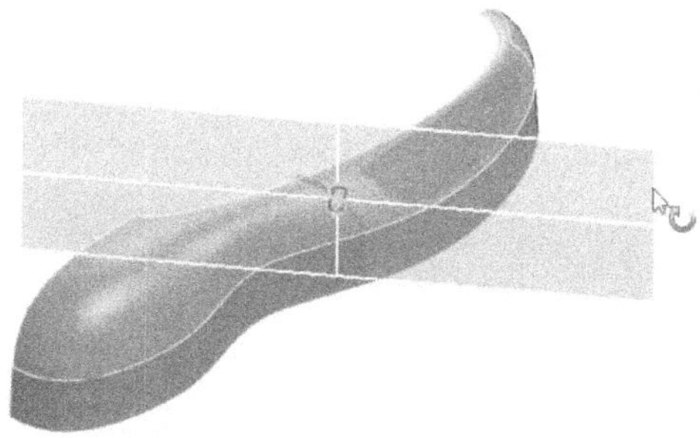

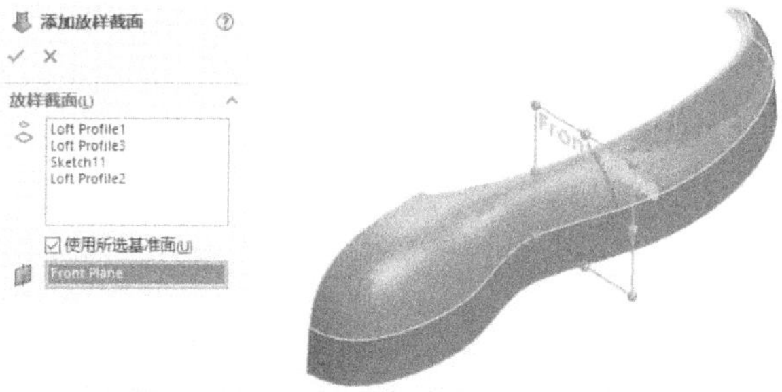

图 7-33　添加放样截面　　　　图 7-34　使用所选基准面

步骤 36　显示草图　为了便于在下个步骤中编辑新的放样截面，先将“Loft Profile 3”和“Keypad Outline”草图显示出来。

步骤 37　编辑草图　编辑新放样截面草图，观察草图约束，在曲线端点与引导线以及直纹曲面边线间已经创建【穿透】几何关系。

绘制两条构造线并与第二个轮廓草图中的构造线间分别添加【平行】关系。

在构造线与样条曲线之间添加【相切】关系。

调整样条曲线控标直至形状满意为止，如图 7-35 所示。

步骤 38　重建　退出草图并重建放样曲面，【隐藏】“Loft Profile 3”和“Keypad Outline”草图，结果如图 7-36 所示。

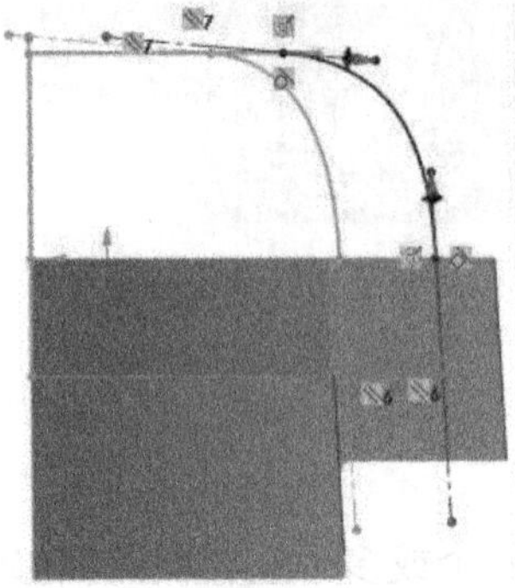

图 7-35　编辑新放样截面草图

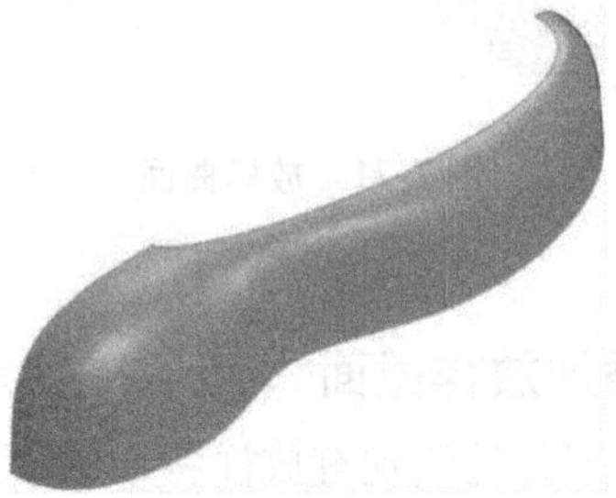

图 7-36　重建放样曲面

7.1.6　另一种方法

在高级曲面建模中，通常同一个几何体可以通过多种不同的方法来创建，其中某些方法可能得到的结果会更好些。很多时候，并不能提前知道哪种方法会更好，因此，尝试使用其他方法有可能会得到较好的效果。

在本例中，将保存零件的副本并使用键盘轮廓线作为中心线来修改放样。最后再比较两个结果。

步骤 39　另存为副本并打开　单击【另存为】，选中【另存为副本并打开】选项，将其命名为“Remote_Control_v2”，如图 7-37 所示。

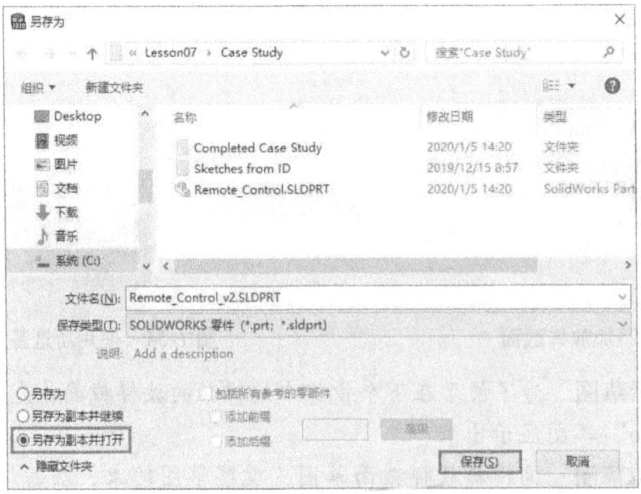

图 7-37　另存为副本并打开

步骤 40　编辑放样曲面　选择放样曲面并单击【编辑特征】。

步骤 41　修改选择项　在【轮廓】中删除添加的放样截面。在【引导线】中删除“Keypad Outline”。展开【中心线参数】组框，并选择“Keypad Outline”作为中心线，如图 7-38 所示。单击【确定】。

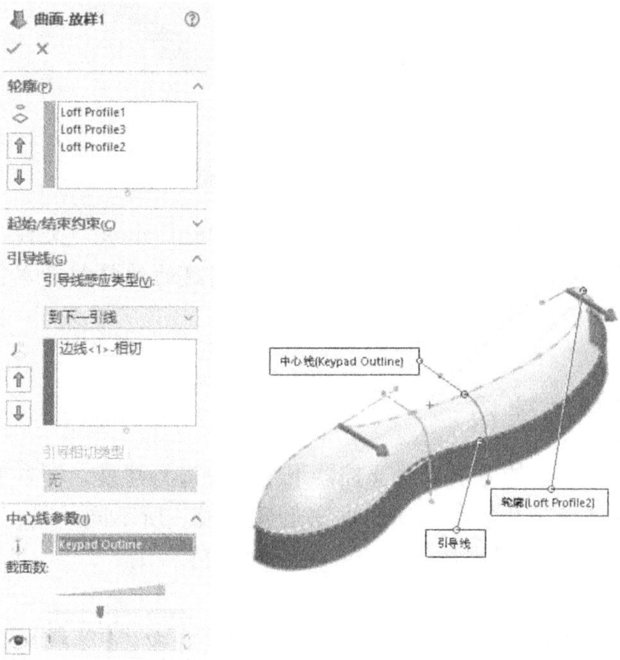

图 7-38　修改选择项

步骤 42　隐藏草图　【隐藏】已添加的放样截面草图，结果如图 7-39 所示。

步骤 43　查看前视图　切换到前视图，此时不存在另一个放样曲面中所看到的问题区域，如图 7-40 所示。

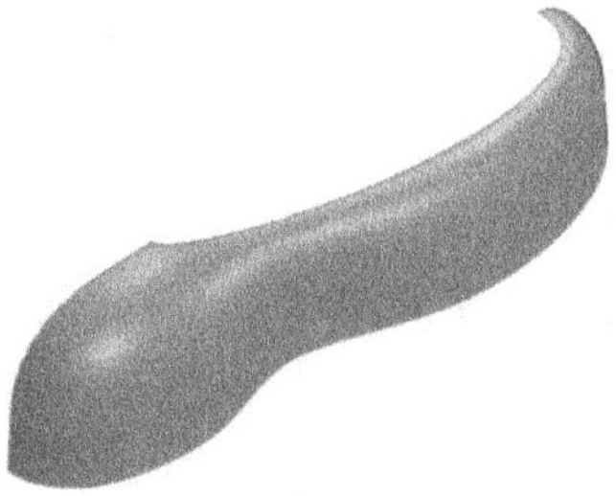

图 7-39　隐藏草图

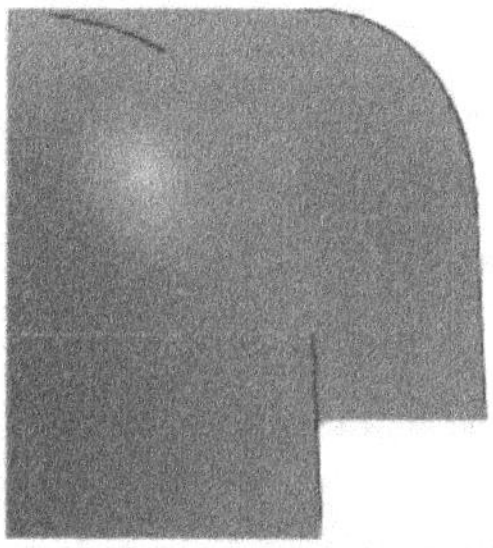

图 7-40　查看前视图

步骤 44　对比放样曲面　单击【窗口】/【纵向平铺】，显示两个版本曲面的【曲率】，如图 7-41 所示。在这种情况下，中心线放样看起来是较好的结果。

技巧　用户可以通过右键单击该表面，展开快捷菜单，然后在【面】类别中单击【曲率】来仅显示选定表面的曲率。

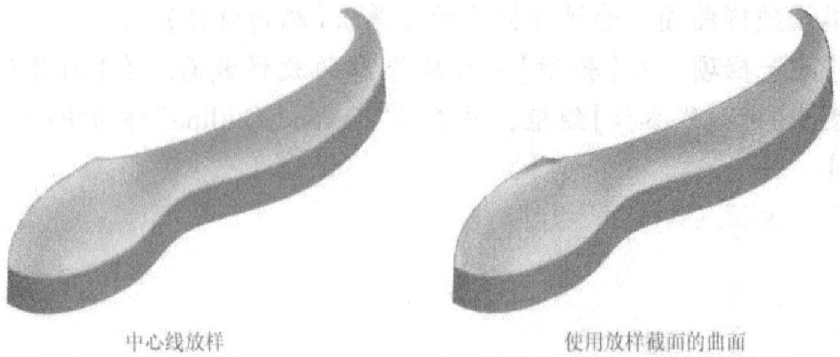

图 7-41　对比放样曲面

步骤 45　清理　【关闭】第一个版本的“Remote_Control”文件，下面将继续使用“Remote_Control_v2”文件。【删除】在步骤 34 中创建的放样截面草图。【隐藏】在步骤 20 中创建的直纹曲面。关闭【曲率】。

7.2　零件下半部分的建模

下面将使用与上一节类似的方法来对遥控器下半部分进行建模，即本节仍将使用草图图片作为引导来帮助创建零件外形，并使用构造曲面来创建拔模。所不同的是，将使用带有【引导线】选项的【扫描曲面】和【填充曲面】来替代之前的【放样曲面】。

步骤 46　隐藏和显示曲面　【显示】剪裁后的分型面，【隐藏】放样生成的上部外壳曲面，如图 7-42 所示。

步骤 47　创建直纹曲面　创建第二个直纹曲面，同样是 3°的拔模角度，使用上视基准面作为【参考向量】，这次应该从分型面的边线向上延伸，如图 7-43 所示。此曲面的边线将用作扫描特征的第一条引导线。【隐藏】剪裁后的分型面。

图 7-42　隐藏和显示曲面

步骤 48　创建样条曲线　在右视基准面上新建草图。【显示】“Side View Sketch”草图。创建一条 5 点样条曲线，在两个端点与直纹曲面边角点之间分别添加【重合】几何关系，在样条曲线与直纹曲面边线间分别添加【相切】几何关系。

从样条曲线的快捷菜单中单击【显示控制多边形】和【显示曲率梳形图】，调整样条曲线直至附和图 7-44 所示形状。

这是扫描中所要使用到的第二条引导线。

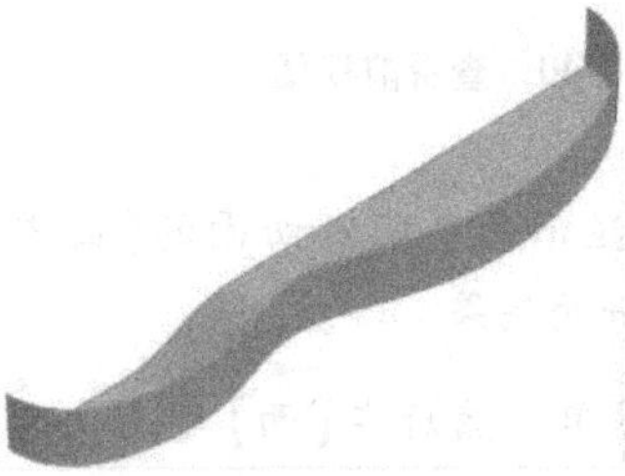

图 7-43　创建直纹曲面

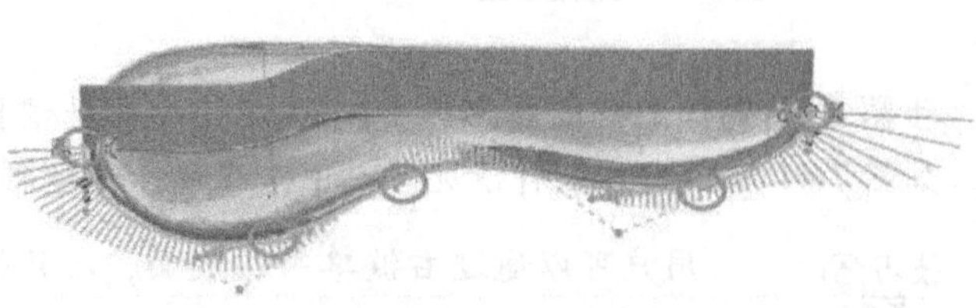

图 7-44　创建样条曲线

步骤49 重命名草图 退出草图，并将其重命名为“Sweep Guide Curve”。

步骤50 等距面 创建一个平行于前视基准面的等距面，等距距离为44.50mm，其将作为扫描轮廓的草图面，命名为“Plane 3”，如图7-45所示。【隐藏】“Side View Sketch”草图。

步骤51 绘制扫描路径 在右视基准面上新建草图，绘制一条经过原点的水平直线。直线的其中一个端点与样条曲线端点重合，另一个端点与“Plane 3”重合，如图7-46所示。

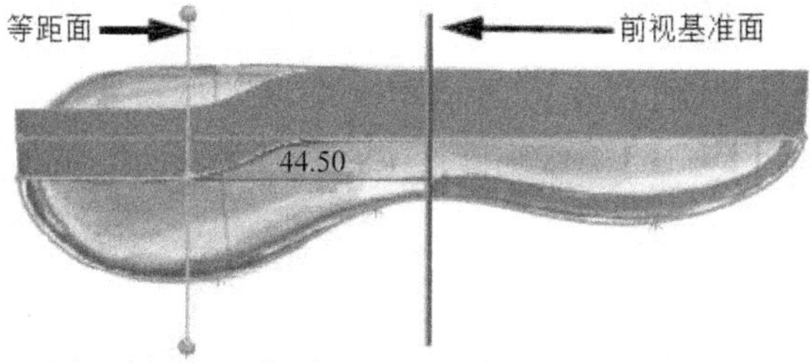

图7-45 等距面

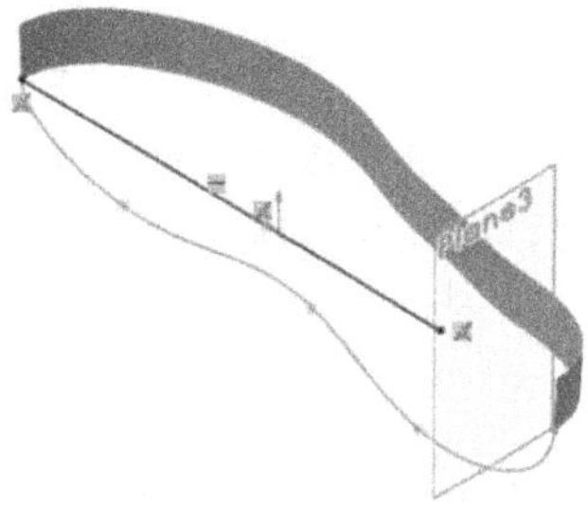

图7-46 绘制扫描路径

步骤52 重命名草图 退出草图，并将其重命名为“Sweep Path”。

知识卡片

部分椭圆	【部分椭圆】命令类似于【圆心/起/终点画弧】命令。 1）首先单击鼠标以指定椭圆圆心位置。 2）接着移动鼠标并单击来指定长轴或短轴的末端。 3）接着，单击定义椭圆的宽度和部分曲线的起点。 4）最后，单击鼠标以放置曲线的另一个端点。
操作方法	• CommandManager：【草图】/【椭圆】/【部分椭圆】。 • 菜单：【工具】/【草图绘制实体】/【部分椭圆】。

注意 为了完全定义椭圆草图，用户必须对其标注尺寸或者约束其长短轴长度，同时还应约束其长短轴的方向。其中一种方法是在椭圆中心与长轴端点之间添加【水平】几何关系。

步骤53 绘制扫描轮廓 在“Plane 3”上新建草图。按照以下步骤创建和约束部分椭圆扫描轮廓。

1）单击【部分椭圆】，按图7-47所示绘制部分椭圆。图中的数字代表创建部分椭圆时所需的鼠标单击顺序。

提示 在空白处绘制草图，以免无意间捕捉到不需要的几何关系。

2）在椭圆圆心与短轴端点间绘制一条水平构造线，再在椭圆圆心与椭圆弧端点间绘制一条构造线。

在两条构造线间标注3.00°的角度尺寸，如图7-48所示。

3）在椭圆弧的端点与直纹曲面底边间添加【穿透】几何关系，如图7-49所示。

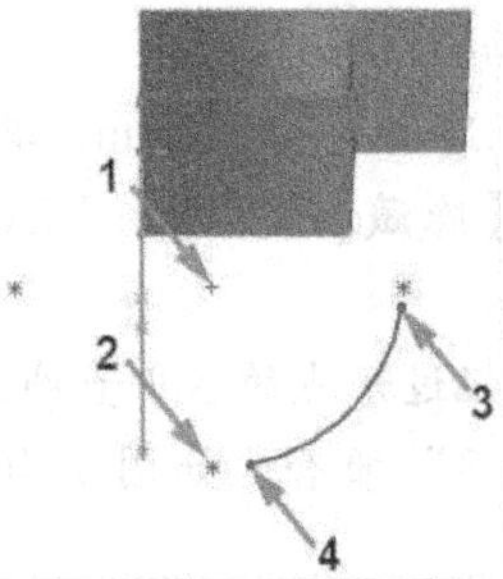

图 7-47　部分椭圆

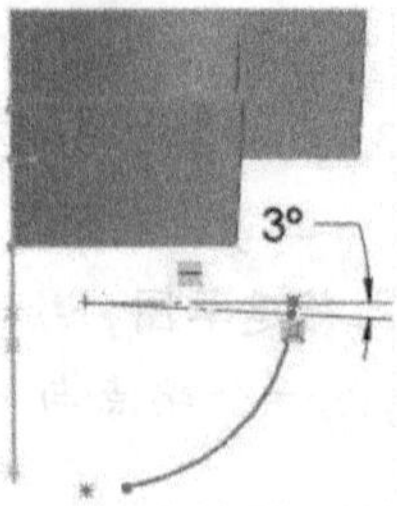

图 7-48　标注角度

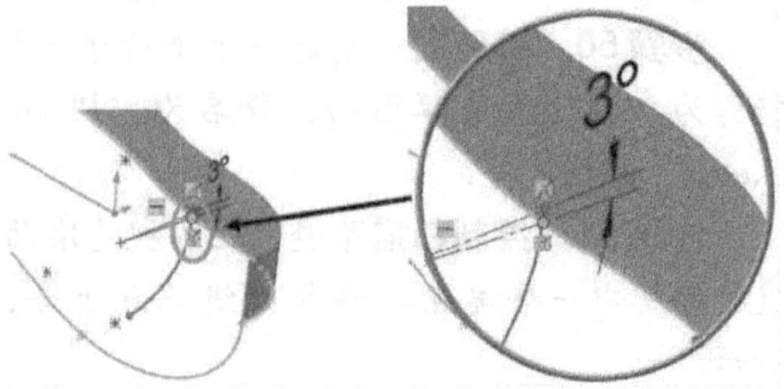

图 7-49　穿透几何关系(一)

4）在椭圆弧另一个端点与长轴端点间添加【重合】几何关系，如图 7-50 所示。

5）再在椭圆弧的端点与引导线间添加【穿透】几何关系，如图 7-51 所示。

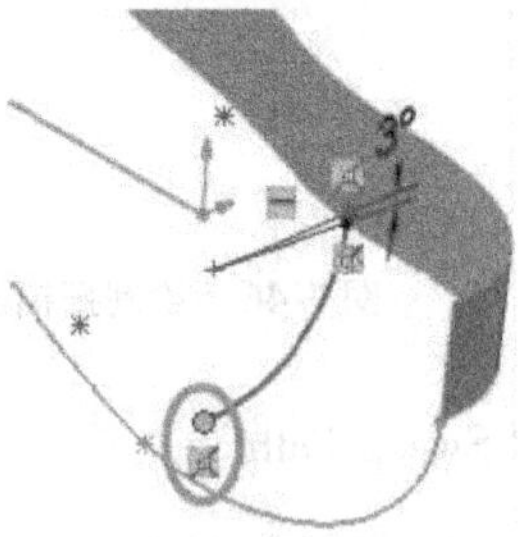

图 7-50　重合几何关系

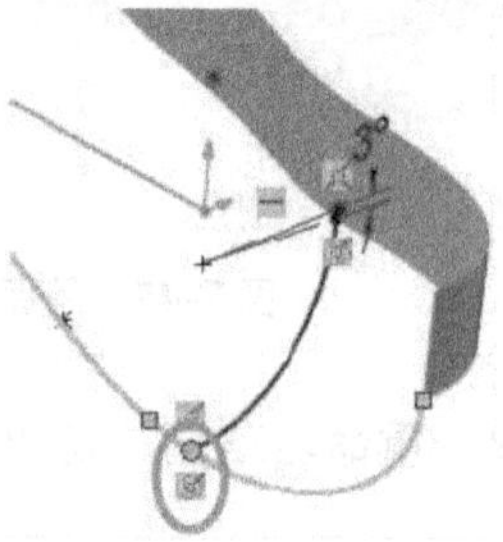

图 7-51　穿透几何关系(二)

步骤 54　重命名草图　退出草图，并将其重命名为“Sweep Profile”。

步骤 55　扫描曲面　单击【扫描曲面】，选择轮廓、路径、两条引导线创建扫描曲面，如图 7-52 所示。单击【确定】。

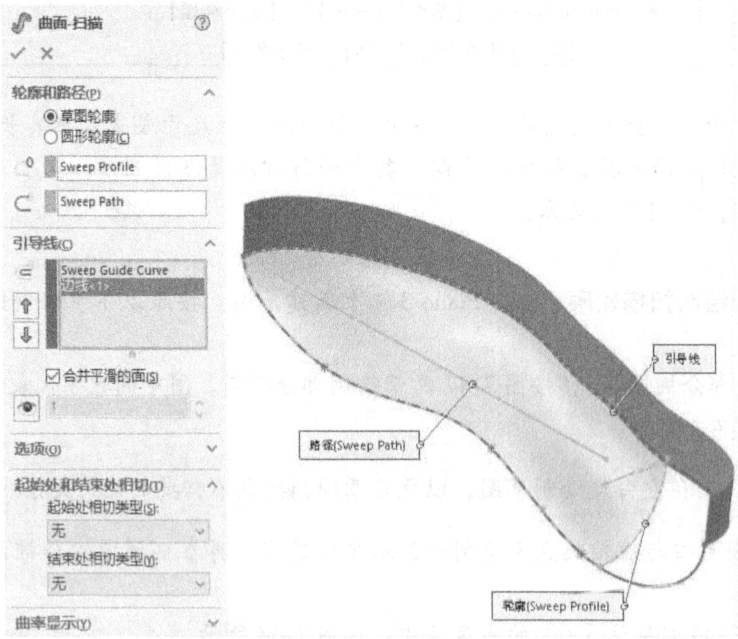

图 7-52　扫描曲面

7.2.1 使用填充曲面前的准备

下壳体的其余曲面将使用【填充表面】创建。为了正确地接合填充的曲面，将首先创建一些构造曲面。通过使用曲面，而不是使用曲线作为【填充曲面】的边界，用户将能够创建边界条件，例如与面【相切】和与面【曲率】相匹配。

步骤56 剪裁曲面 使用“Plane 3”作为剪裁工具来剪裁带有3°拔模角度的参考曲面。保留下来的曲面部分将作为填充曲面的参考曲面，如图7-53所示。

步骤57 拉伸曲面作为第二个参考曲面 在右视基准面上新建草图。使用【转换实体引用】来转换引导线至当前激活草图中。绘制一条竖直的构造线，端点与“Plane 3”重合，然后用它来剪裁转换后的曲线。拉伸曲面，方向如图7-54所示，拉伸深度为12mm。

步骤58 填充曲面 单击【填充曲面】。【边线设定】选择【相切】，并勾选【应用到所有边线】复选框。选取3个曲面的边线，如图7-55所示。单击【确定】。

图7-53 剪裁曲面

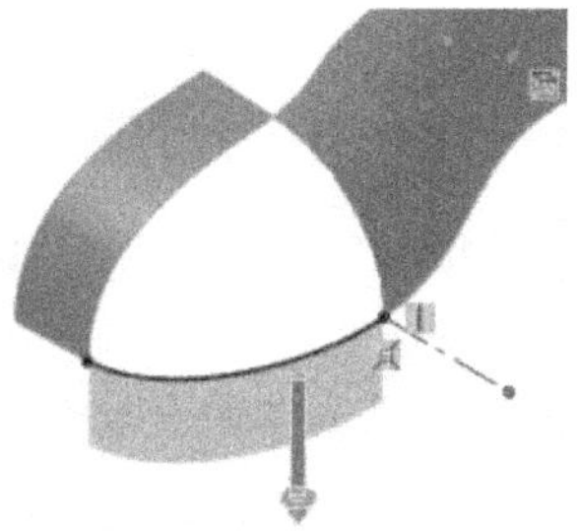

图7-54 拉伸曲面

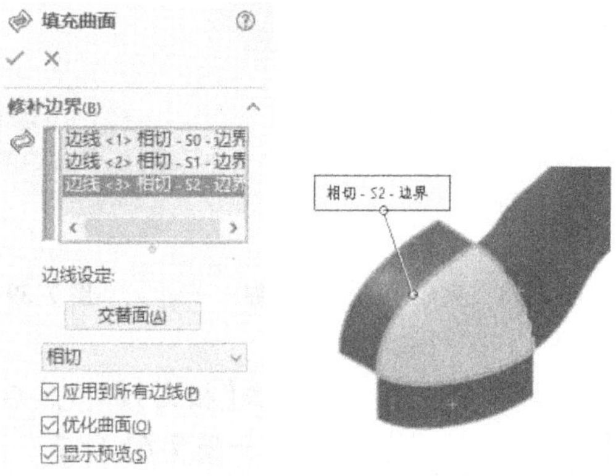

图7-55 填充曲面

步骤59 隐藏和显示曲面 【隐藏】参考曲面，并【显示】放样曲面，如图7-56所示。

步骤60 评估曲面 使用【斑马条纹】【曲率】评估曲面品质以及它们是如何接合在一起。对于填充曲面部分需要特别注意，观察它是如何过渡至扫描曲面的，如图7-57所示。确认完毕后，关闭评估工具。

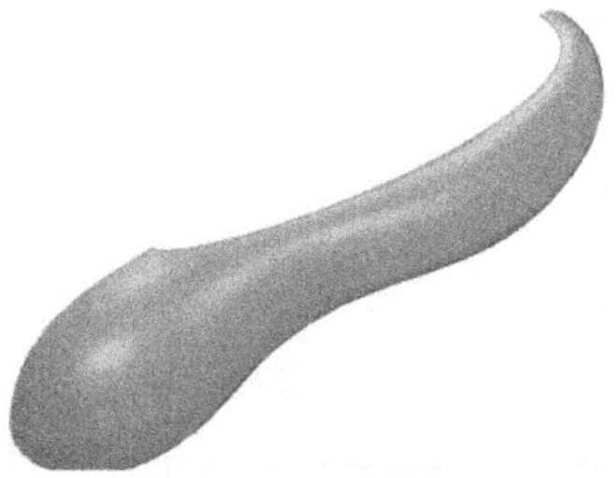

图7-56 隐藏和显示曲面

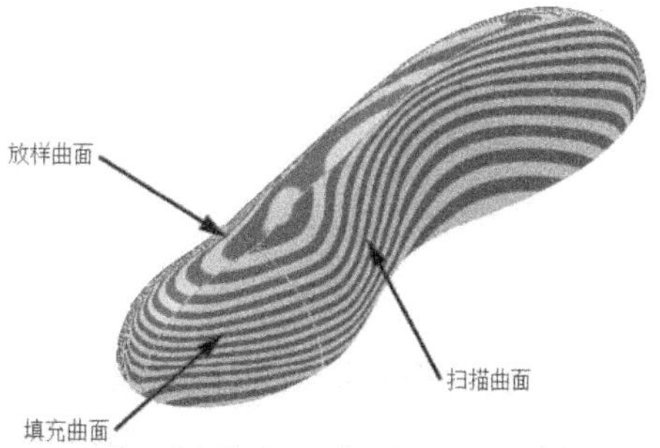

图7-57 评估曲面

7.2.2 完成实体模型

为了完成“Remote_Control”这一部分的表面并将其转换为实体零件，下面将为键盘区域创建一个曲面，然后缝合曲面，并使用【相交】特征。

步骤61 完成平面区域边界 单击【通过参考点的曲线】，选取如图7-58所示两个顶点，单击【确定】✔。

步骤62 平面区域 单击【平面区域】。选取步骤61中新建的曲线以及放样曲面的边界，单击【确定】✔，如图7-59所示。

步骤63 【隐藏】曲线

步骤64 缝合曲面 使用【缝合曲面】将平面区域和扫描曲面、放样曲面以及填充曲面缝合在一起，闭合发现的所有缝隙。结果如图7-60所示。

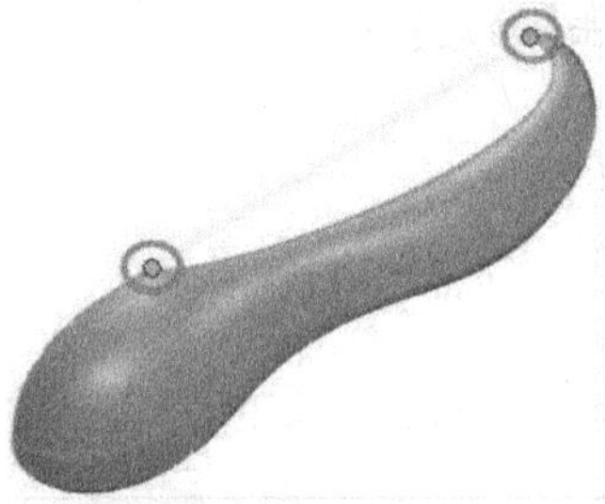

图7-58 完成平面区域边界

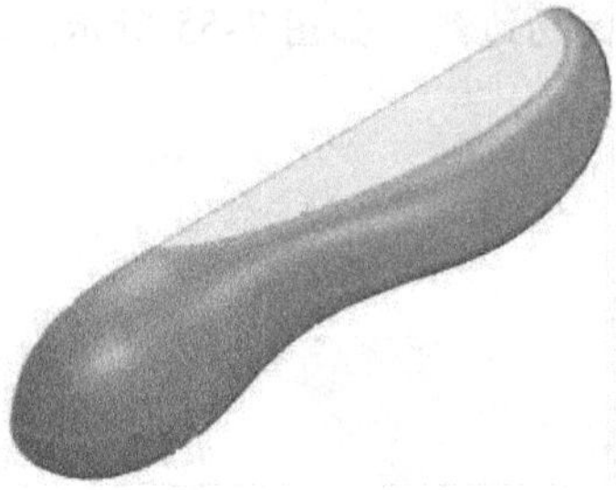

图7-59 平面区域

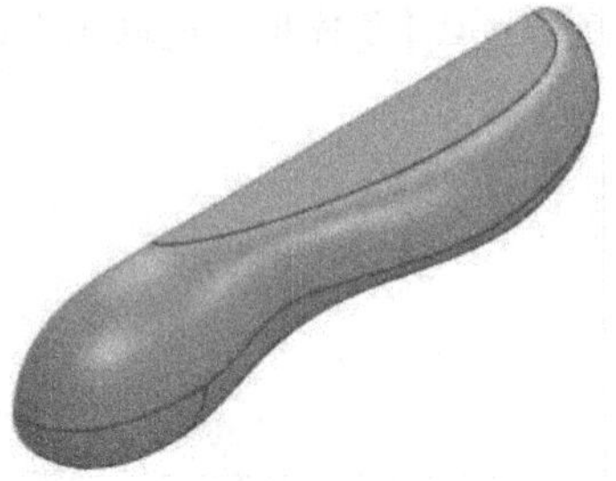

图7-60 缝合曲面

步骤65 相交 单击【相交】，然后选择右视基准面和缝合的曲面体。在PropertyManager中单击【相交】，如图7-61所示。

步骤66 设置要排除的区域 本例仅有一个区域，不能将其排除，因此不要在【要排除的区域】中选择任何内容。

步骤67 设置选项 勾选【合并结果】复选框，勾选【消耗曲面】复选框并单击【确定】✔。

步骤68 查看结果 FeatureManager设计树中已显示了零件中存在的实体，如图7-62所示。

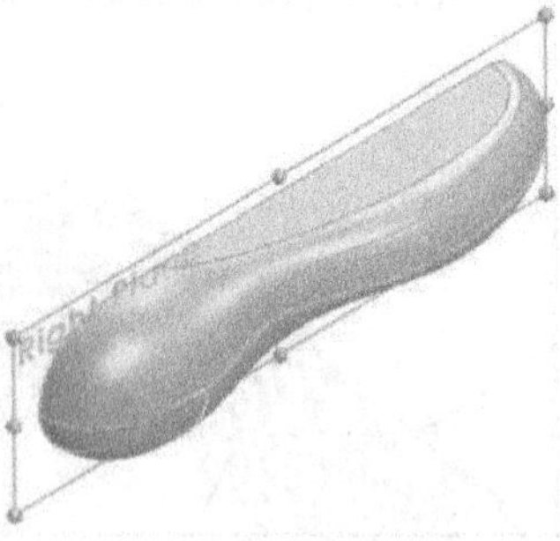

图7-61 相交

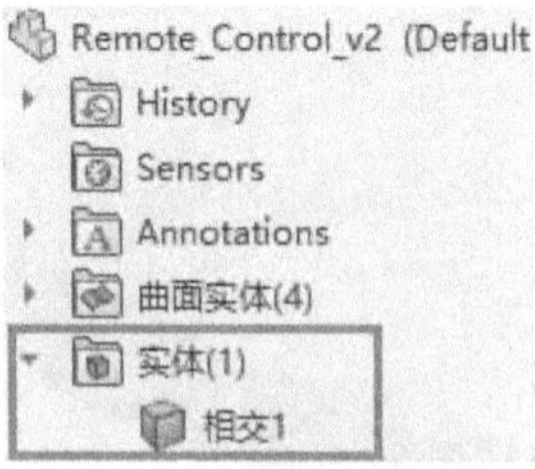

图7-62 查看结果

提示 如果设计树中没有出现“实体”文件夹，右键单击FeatureManager设计树并选择【隐藏/显示树项目】。

步骤 69　镜像实体　单击【镜像】，选取平面区域作为【镜像面/基准面】的镜像实体。展开【要镜像的实体】选择框，并选取零件中的实体。勾选【合并实体】复选框，单击【确定】✓，如图 7-63 所示。

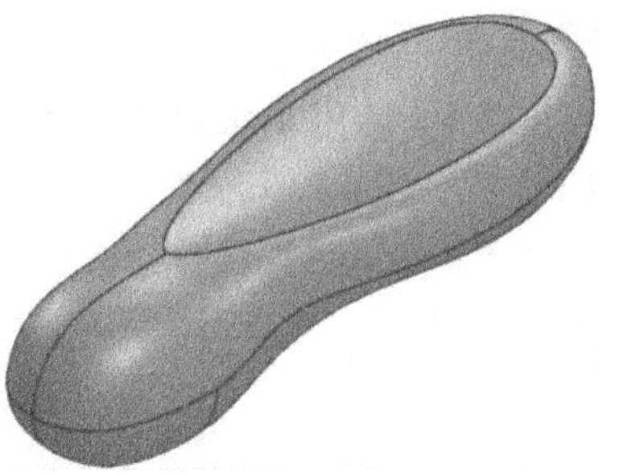

图 7-63　镜像实体

7.3　设计更改

下面对该零件进行一些评估，零件中有 3 个区域需要改进，如图 7-64 所示。

1）分型线曲线与按键区边线两者形状不是很协调。

2）遥控器前端形状不够圆滑。

3）按键区形状太过单———是纯平面的。

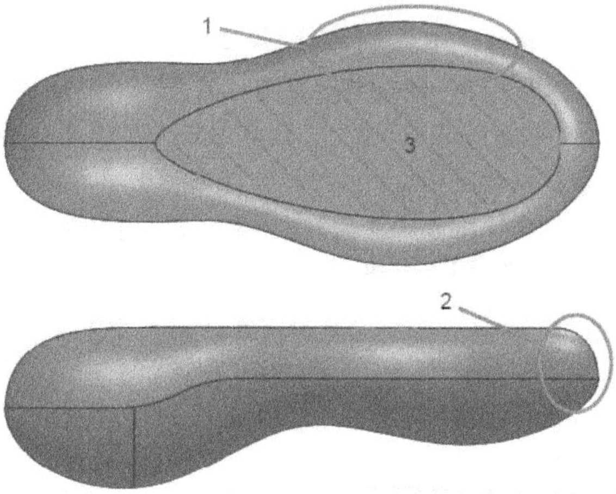

图 7-64　更改意图

7.3.1　动态修改特征

最终控制遥控器外形轮廓的曲线是分型线，它内嵌于“曲面-剪裁 1”特征中，如图 7-65 所示。

当用户编辑该草图时，零件将会回退并且所有几何体都会消失，导致用户只能在毫无外部参考的情况下盲目地对遥控器外形进行修改，这个过程将会很漫长且很容易出错，如图 7-66 所示。

图 7-65　“曲面-剪裁 1”特征

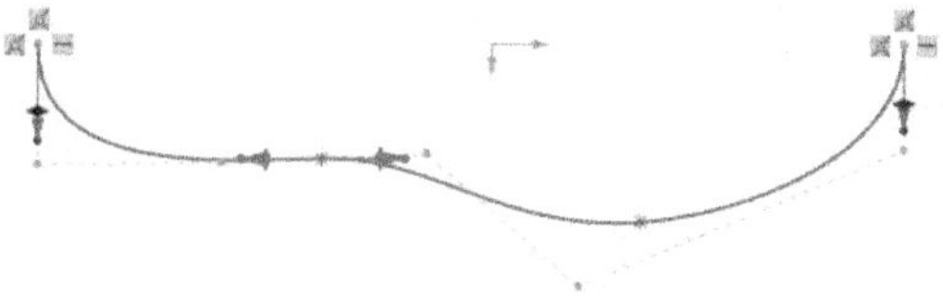

图 7-66　编辑草图状态

【Instant3D】命令允许用户在不退回零件特征的状态下来编辑该零件的特征以及草图，用户可以很直观地看到修改后的模型效果。

知识卡片

Instant3D	【Instant3D】命令允许用户动态地对零件特征进行编辑操作。当用户拖动草图实体时，不管该草图自身是否开环，拖动后一旦释放鼠标按键，模型立刻更新预览。
操作方法	• CommandManager：【特征】/【Instant3D】。

操作步骤

步骤 1　使用 Instant3D　单击【Instant3D】展开特征“曲面-剪裁 1”，【显示】“Top Parting Line”草图。单击样条曲线以访问样条曲线的控标和控制多边形。通过拖动样条曲线型值点和控制多边形，以调整曲线形状，如图 7-67 所示。双击图形区域或单击【重建模型】以重建模型。

扫码看视频

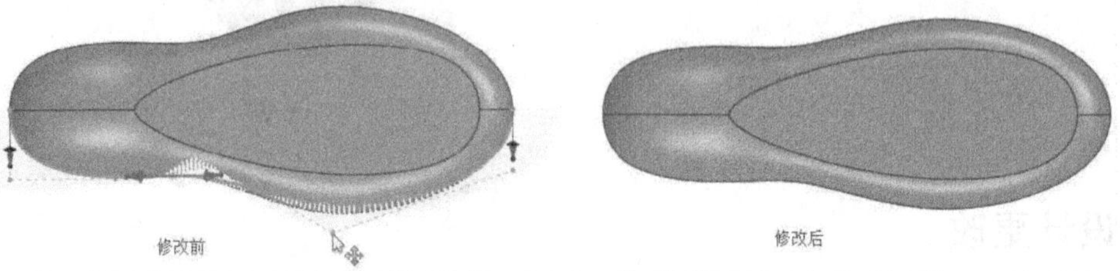

图 7-67　使用 Instant3D

操作完毕后，【隐藏】草图。

步骤 2　动态编辑草图　展开“曲面-放样 1”特征并【显示】“Loft Profile2”草图，该草图定义了上壳体的前部。单击样条曲线以访问样条曲线控标，并根据需要操纵曲线，如图 7-68 所示。双击图形区域或单击【重建模型】以重新建模。操作完毕后，【隐藏】草图。

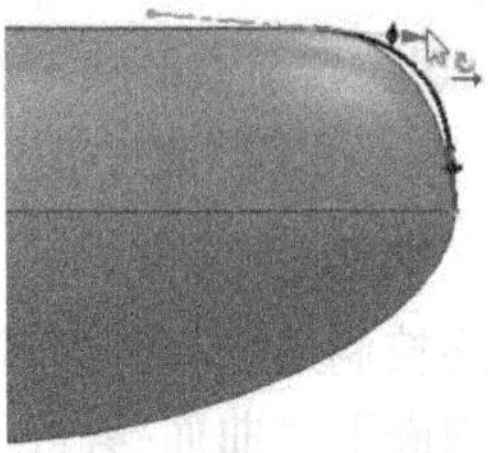

图 7-68　动态编辑草图

提示　本练习仅是从个人审美角度来修改模型，并不存在结果对与错的说法。

7.3.2　替换平面

要创建一个新的凹面来替换平面，需要使用【填充曲面】命令。当【填充曲面】特征的所有边界都属于同一实体时，【合并结果】选项可用于替换实体中的面。为了定义【填充曲面】，将首先创建约束曲线，该约束曲线将用于对曲面形状进行调整。

步骤 3　绘制圆弧　在右视基准面上新建草图。使用【3 点圆弧】绘制一条圆弧，并如图 7-69 所示标注尺寸。使端点与平面顶点【重合】。

步骤 4　重命名草图　退出草图，并将其重命名为“Filled1”。

步骤 5　创建基准面　创建一个平行于前视基准面的基准面，且基准面与步骤 3 中所绘圆弧的圆心重合，如图 6-70 所示，将其命名为“Plane 4”。

步骤 6　绘制第二条圆弧　在“Plane 4”上新建草图。使用【圆心/起/终点画弧】绘制圆弧，圆弧端点与平面边线分别添加【穿透】几何关系。

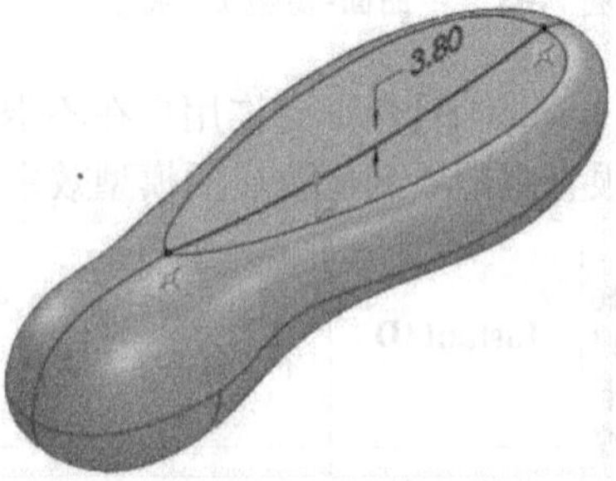

图 7-69　绘制圆弧

在圆弧上绘制一个【点】■，在该点与之前所绘第一条圆弧间添加【穿透】几何关系。如图 7-71 所示。

步骤 7　退出草图　退出草图，将草图命名为“Filled 2”。

步骤 8　填充曲面　单击【填充曲面】◈。在【边线设定】中选择【相触】，并选取平面的两条边线。在【约束曲线】中，选取之前所创建的两个圆弧。在【选项】中，勾选【合并结果】复选框。如果需要，在【曲率显示】中勾选【网格预览】，如图 7-72 所示。单击【确定】✔。

图 7-70　创建基准面

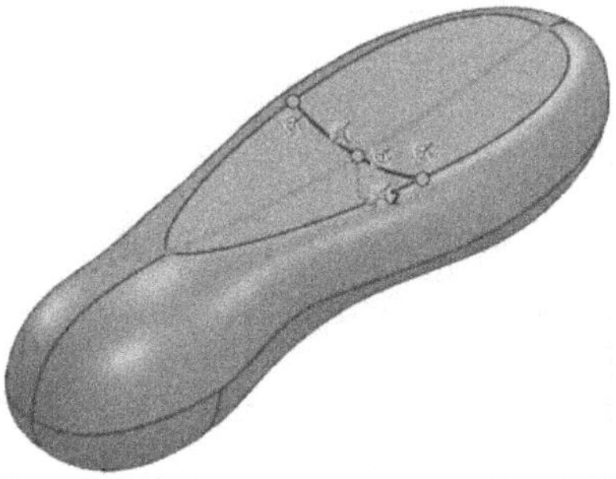

图 7-71　绘制第二条圆弧

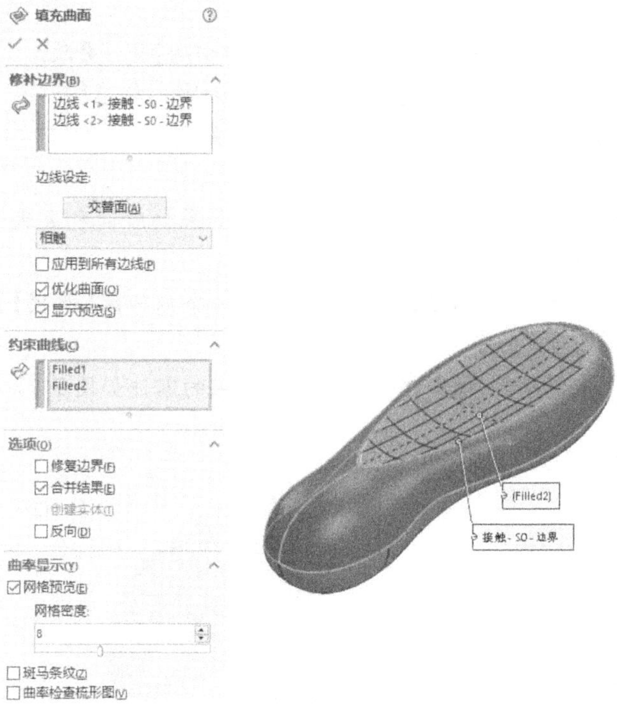

图 7-72　填充曲面

步骤 9　查看结果　平面被凹面代替，如图 7-73 所示。若结果与预期不符，需要编辑特征并勾选【反向】复选框。

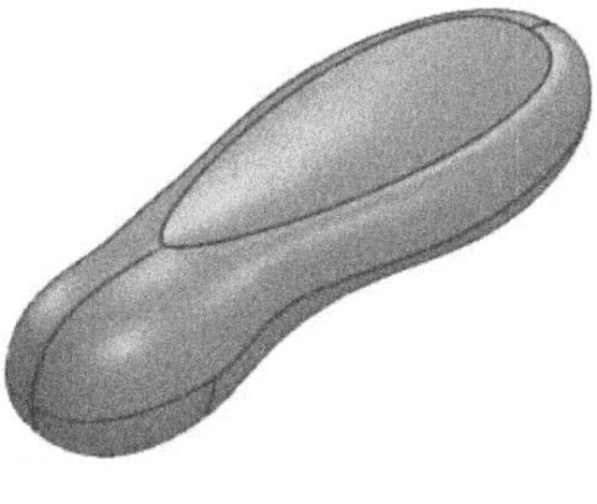

图 7-73　查看结果

7.3.3 创建平面

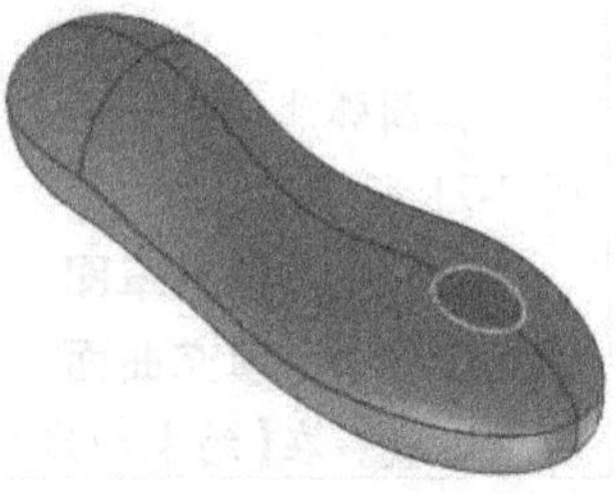

图 7-74　创建平面

“Remote_Control”所需的最后一个特征将是零件底部的平面，以便其可以固定在桌面上，如图 7-74 所示。要创建此特征，下面将使用草图直线创建一个切除特征。

步骤 10　绘制草图　在右视基准面上新建草图。绘制两条【共线】线段，并将最左侧的线段更改为构造几何体，与侧影轮廓边线之间添加【相切】几何关系，如图 7-75 所示。调整直线角度，使其刚好与遥控器前端的底部相交。

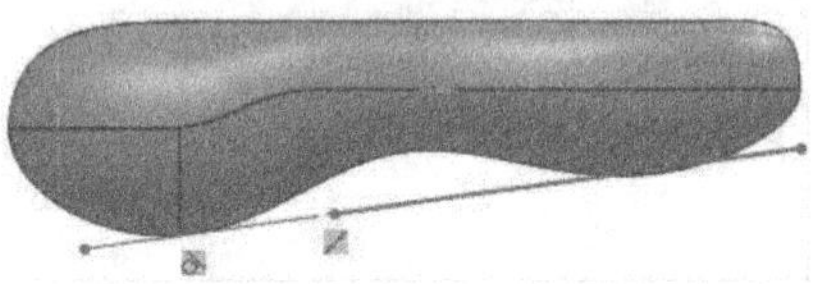

图 7-75　绘制草图

步骤 11　贯穿切除　单击【拉伸切除】，更改结束条件为【完全贯穿-两者】。如有必要，勾选【反侧切除】复选框以修改切除方向，结果如图 7-74 所示。

步骤 12　根据需要进行调整　如果切除面积太大或太小，可以使用【Instant3D】来动态调整草图。

步骤 13　创建圆顶特征　创建一个内凹的【圆顶】特征，深度为 1.65mm（用户可适当调整），如图 7-76 所示。

步骤 14　保存并关闭文件　完成的零件如图 7-77 所示。

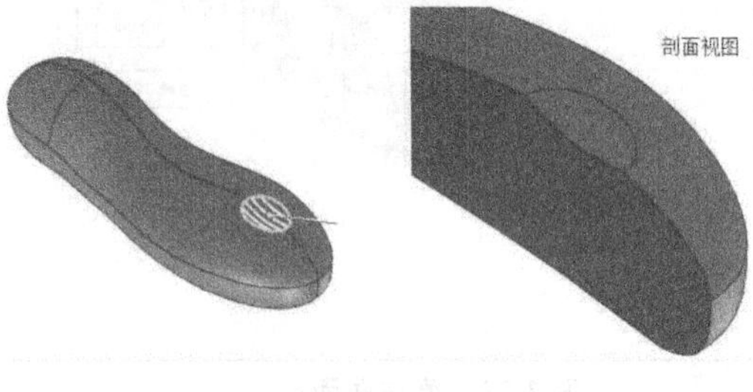

图 7-76　创建圆顶特征

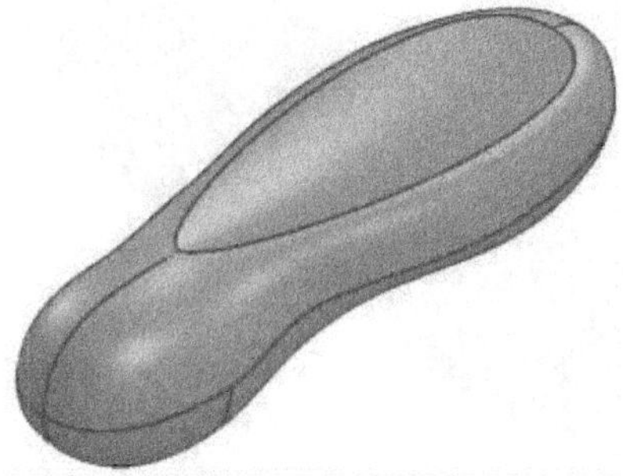

图 7-77　完成的零件

练习 7-1　鼠标模型

使用曲面特征来生成如图 7-78 所示的实体模型，本练习只要求用户建模得到完整的鼠标实体即可，在以后的练习中再将其分割成多个实体零件。

本练习将使用以下技术：

- 构造曲面。
- 放样曲面。
- 填充曲面。
- 部分椭圆。
- 完成实体模型。

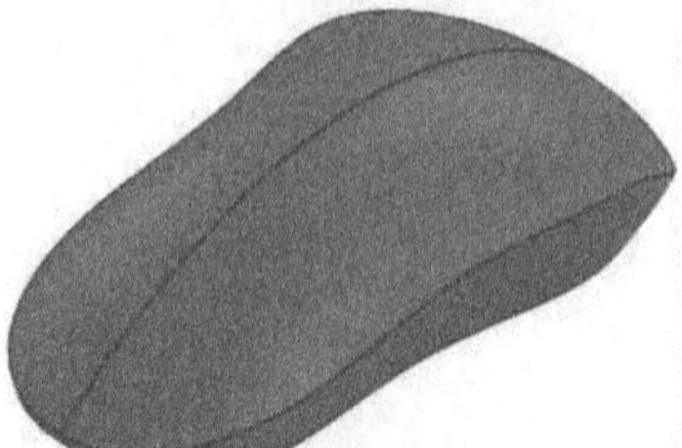

图 7-78　鼠标模型

本练习的设计意图为：

1）零件相对右视基准面是对称的。

2）鼠标底面的尺寸为123mm×54mm。

操作步骤

步骤1 新建零件 使用“Part_MM”模板新建零件，将其命名为“Mouse”。

步骤2 绘制草图 在上视基准面中，绘制如图7-79所示的矩形草图。

步骤3 退出草图 退出草图，将草图重命名为“Size Reference”。该草图将帮助用户绘制一条尺寸大致准确的自由形态样条曲线。

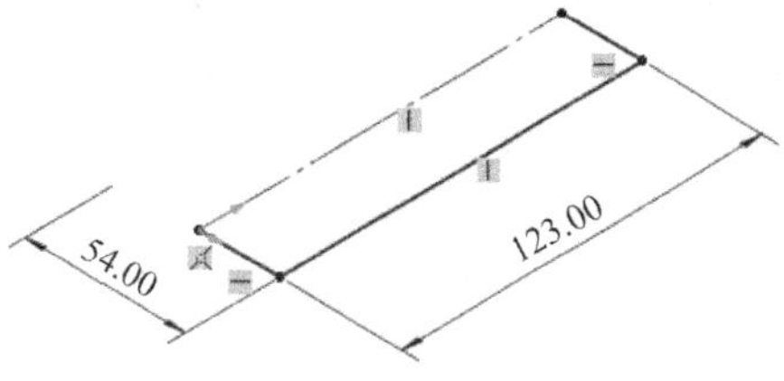

图7-79 草图“Size Reference”

步骤4 绘制底边 在上视基准面上新建草图，绘制一条5点样条曲线作为鼠标底边轮廓。只需绘出一半形状即可，调整曲线使其呈花生形。

为曲线端点与前面参考矩形中的端点分别添加【重合】约束，如图7-80所示。

步骤5 添加约束 在样条曲线端点的控标处添加几何关系，以保证对称后图形为相切过渡，如图7-81所示。用户有以下选择：

- 在样条曲线控标处添加【水平】几何关系。
- 在样条曲线控标和草图“Size Reference”中的矩形之间添加【共线】几何关系。
- 在样条曲线和草图“Size Reference”中的矩形之间添加【相切】几何关系。

选取上面三种方法的任一种都可以。

步骤6 相切约束 要使得样条曲线相切于参考矩形边线，可以先绘制一条相切于样条曲线的构造线。构造线的一个端点落在样条曲线上，且构造线不与各型值点重合。定义该构造线为【竖直】。在构造线端点与草图“Size Reference”中的矩形边线间添加【重合】约束，如图7-82所示。

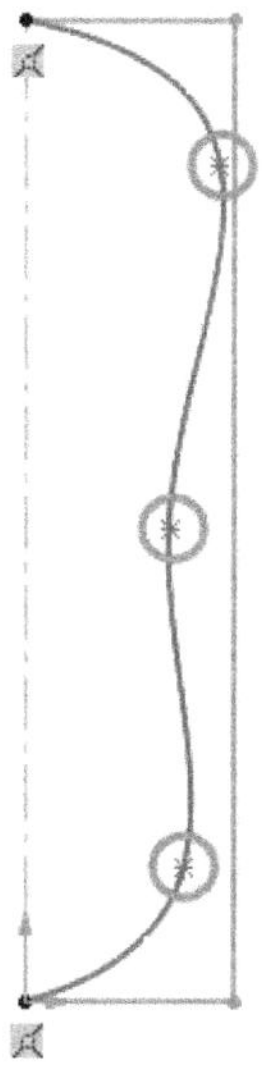

图7-80 绘制底边

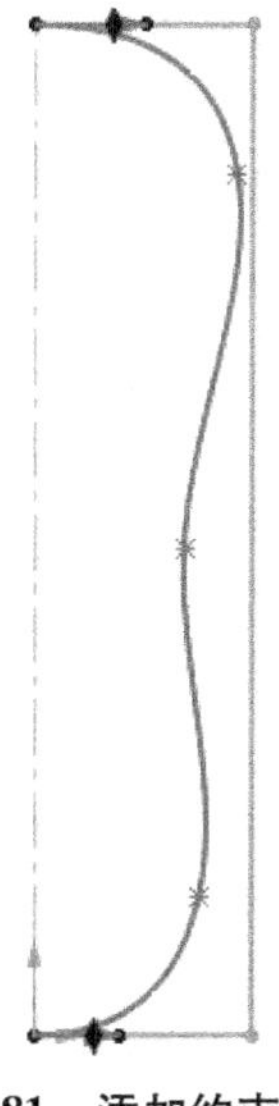

图7-81 添加约束（一）

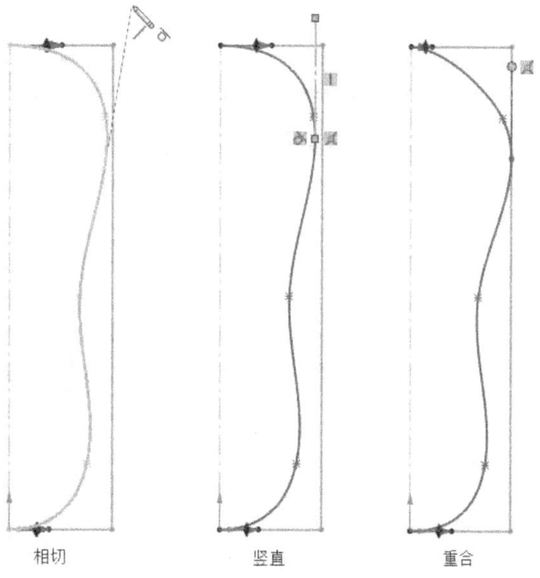

图7-82 添加约束（二）

提示 若直接在样条曲线与参考矩形边线间添加【相切】约束，那么以后对相切点以及样条曲线形状的控制将会变得困难。

步骤 7 调整样条曲线形状 拖动样条曲线控制多边形以调整其形状，此处无需调整 3 个型值点的控标，如图 7-83 所示。

步骤 8 退出草图 退出草图，将草图命名为“Bottom Edge”。

步骤 9 绘制分型线上视轮廓 在上视基准面中新建草图。在草图“Bottom Edge”中，样条曲线外侧再绘制一条样条曲线。在新绘样条曲线端点与草图“Bottom Edge”样条曲线端点之间添加【竖直】约束，并标注如图 7-84 所示尺寸。与步骤 5 类似，在样条曲线端点的控标处添加约束。

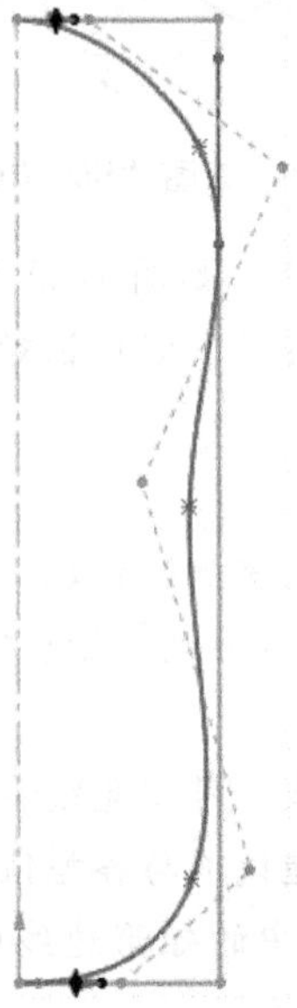

图 7-83 调整样条曲线形状

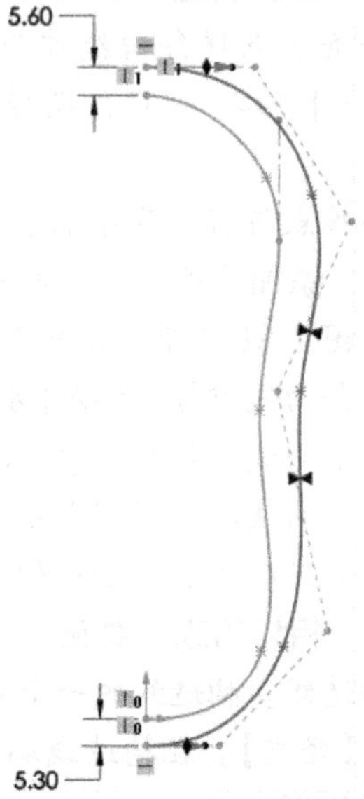

图 7-84 绘制分型线上视轮廓

【显示拐点】工具可以帮助用户定义样条曲线凹陷或者凸起的范围。

步骤 10 退出草图 退出草图，将草图命名为“PL Top Profile”。

步骤 11 绘制分型线侧面轮廓 在右视基准面中新建草图，并绘制如图 7-85 所示的样条曲线。在新绘样条曲线端点与草图“PL Top Profile”中样条曲线端点间添加【竖直】几何关系。样条曲线远离原点的那个端点控标处添加【水平】几何关系。将草图命名为“PL Side Profile”，并退出。

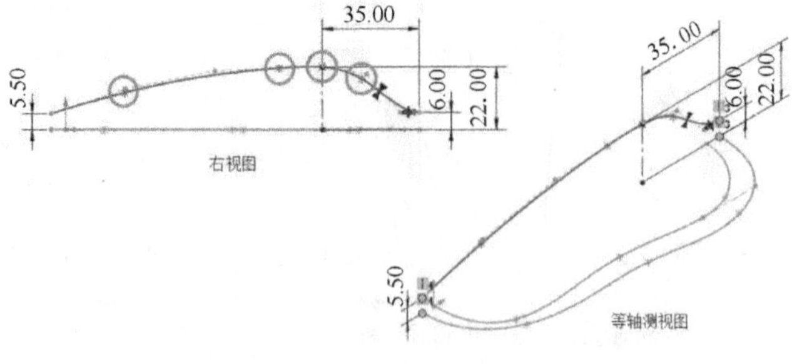

图 7-85 绘制分型线侧面轮廓

步骤 12　创建投影曲线　单击【投影曲线】，勾选【草图到草图】复选框。

选取草图 “PL Side Profile” 与 “PL Top Profile”，如图 7-86 所示。将投影曲线重命名为 “PL Curve”。

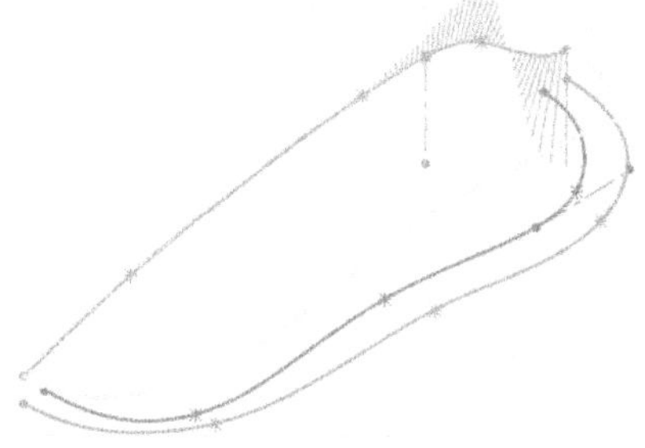

图 7-86　创建投影曲线

步骤 13　创建放样轮廓草图　在右视基准面中新建草图，绘制如图 7-87 所示的两段圆弧。

两段圆弧的内侧端点与草图 “Bottom Edge” 中样条曲线端点为【重合】约束，两段圆弧的外侧端点与曲线 “PL Curve” 的端点为【穿透】约束。将草图命名为 “PL End Profiles”。

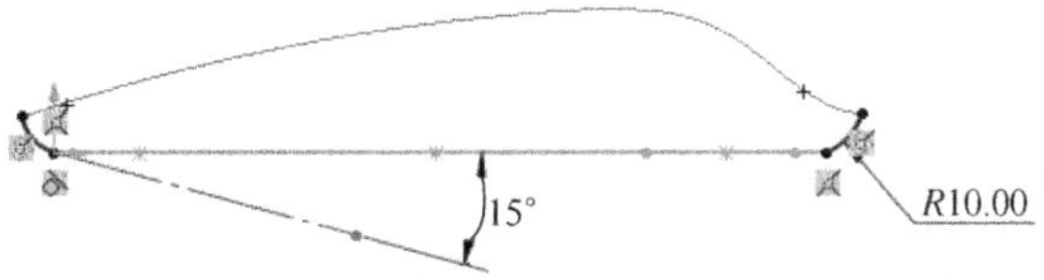

图 7-87　创建放样轮廓草图

> **提示**　使用 SelectionManager，可以在单个草图中选取并利用多个相互分离的草图轮廓。

步骤 14　创建第三个放样轮廓　创建一个平行于前视基准面且经过草图 “Bottom Edge” 样条曲线中间型值点的基准面，并命名为 “Mid Plane”，如图 7-88 所示。

步骤 15　中间轮廓　在基准面 “Mid Plane” 上新建草图。绘制一段圆弧，在圆弧底部端点与用于创建该基准面时所用样条曲线型值点之间添加【重合】几何关系。在圆弧顶部端点与曲线 “PL Curve” 之间添加【穿透】几何关系。在圆弧两个端点之间绘制一条构造线。

单击【智能尺寸】工具，选取构造线，然后按住〈Shift〉键的同时选取圆弧以标注尺寸，这样标注得到的尺寸等同于使用尺寸属性中【最小】圆弧条件。尺寸值为 1.25mm，如图 7-89 所示。

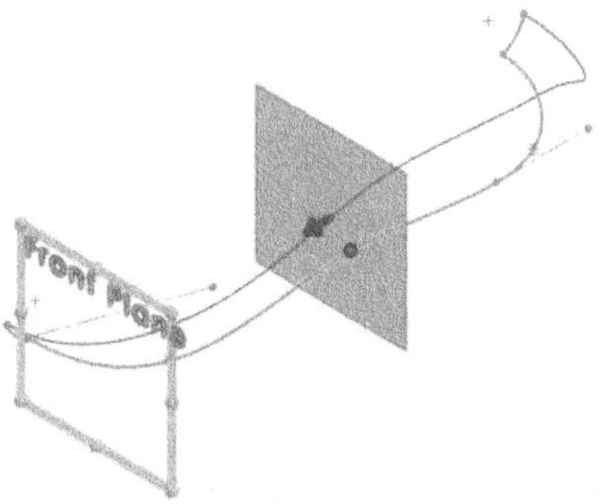

图 7-88　基准面 “Mid Plane”

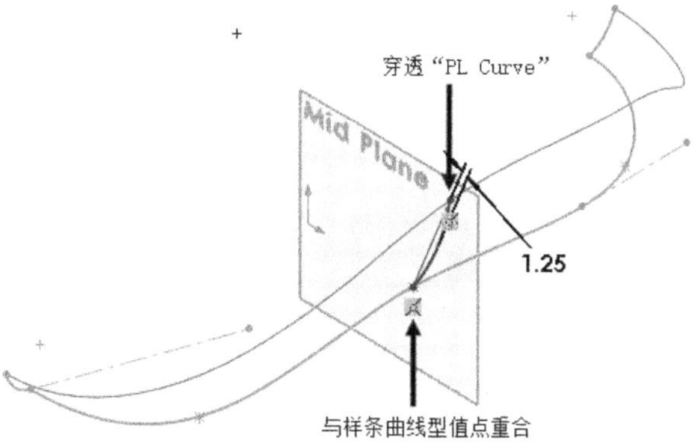

图 7-89　中间轮廓

步骤 16　退出草图　退出草图，将草图命名为 “Intermediate Profile”。

步骤 17　放样曲面　使用 SelectionManager 工具，选取两端的开环轮廓。草图“Intermediate Profile”的选取不需要使用 SelectionManager 工具。

【引导线】选取“PL Curve”与“Bottom Edge”。【起始约束】和【结束约束】均使用【垂直于轮廓】选项，以保证对称后实体面能够圆滑过渡。单击【确定】✓，如图 7-90 所示。

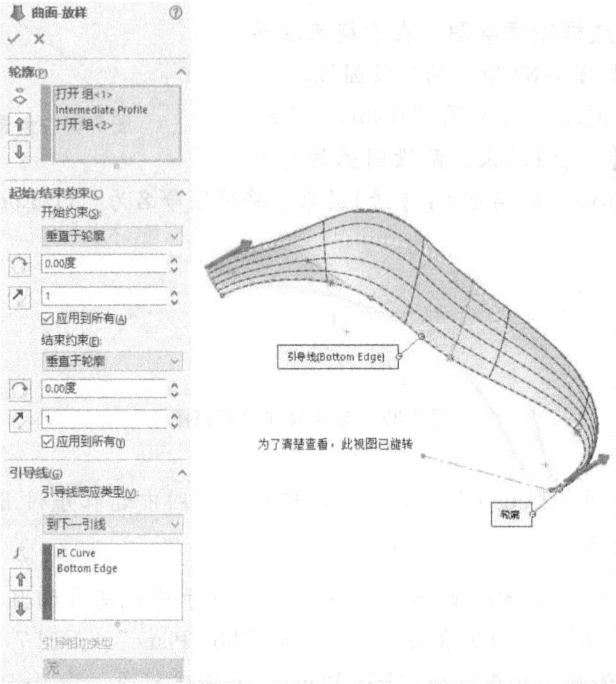

图 7-90　放样曲面

- **光照与颜色的技巧**

用户可以利用色彩的光学属性来判断一个曲面的品质以及平滑度。通常可以将【光泽度】属性值设为 1.00，在固定的光照条件下，曲面局部将出现高亮区，从而完全“洗掉”曲面上的颜色。

用户可以通过更改环境光源颜色的方法来减轻高亮的效果。如图 7-91 所示，在图中，零件颜色设为红色 =33、绿色 =177、蓝色 =170，环境光源的颜色与零件颜色相同，这样就可以缓解高亮的视觉效果。

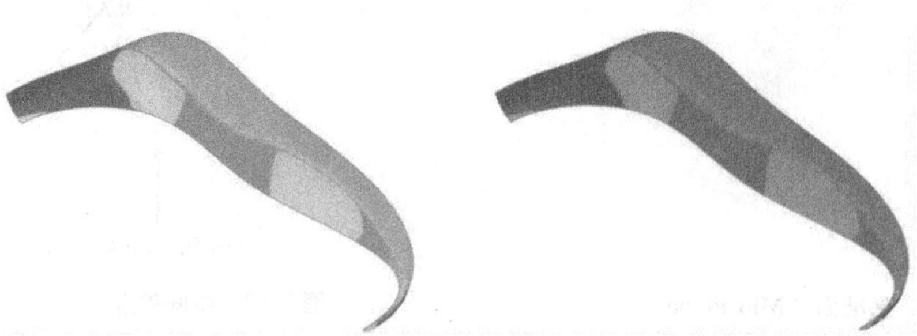

图 7-91　光照与颜色

步骤18 绘制鼠标上部形状 在右视基准面中新建草图，并绘制一个带角度的部分椭圆，如图7-92所示。在椭圆圆心与短轴端点间绘制一条构造线，并标注如图7-93所示的角度尺寸。在椭圆弧左右侧端点与曲线“PL Curve”间添加【穿透】几何关系。在椭圆弧右侧端点与长轴端点间添加【重合】几何关系。

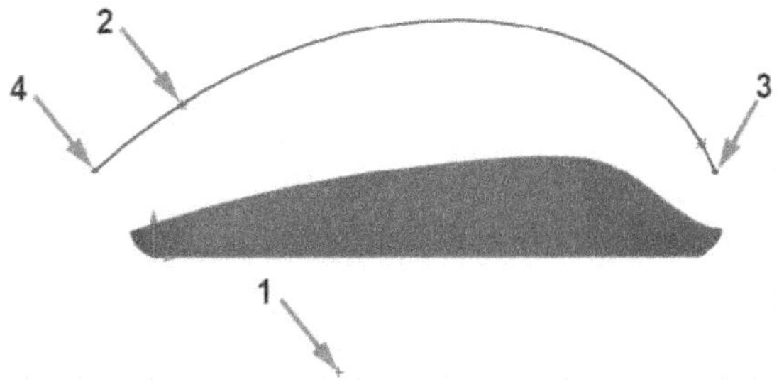

图7-92 绘制部分椭圆

步骤19 拉伸参考曲面 【填充曲面】需要有一个参考曲面来定义鼠标顶部的相切条件。拉伸部分椭圆草图，拉伸深度值任意，如图7-94所示。

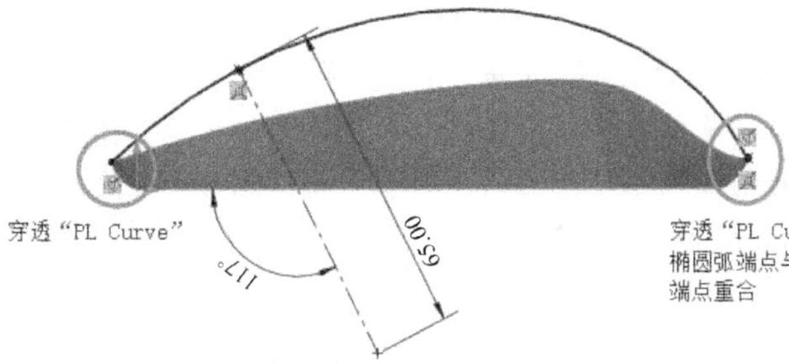

图7-93 添加尺寸和几何关系

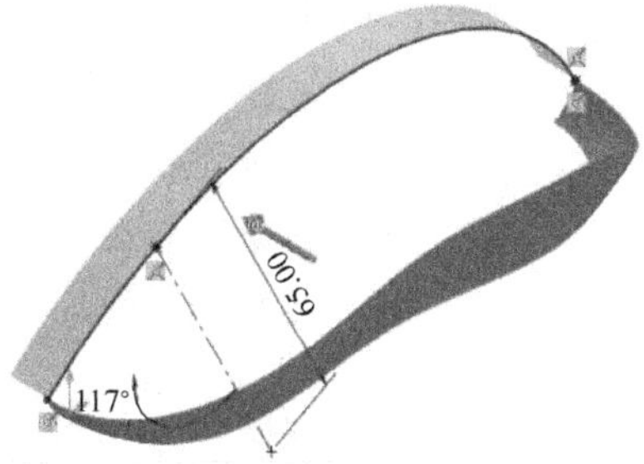

图7-94 拉伸参考曲面

- **创建鼠标上表面**

创建鼠标上表面有多种方法，最简单的方法是从上侧的拉伸曲面边界放样至下侧的放样曲面边界，如图7-95所示。图中的曲面形状看上去比较好，但是，注意观察它端点处的网格线，多条网格线交汇于单一点(曲面退化)。这种情况应该尽量避免，因为这可能会对之后的填充、抽壳、等距操作甚至加工产生不利的影响。在这里需要寻找另一种更好的建模方法。

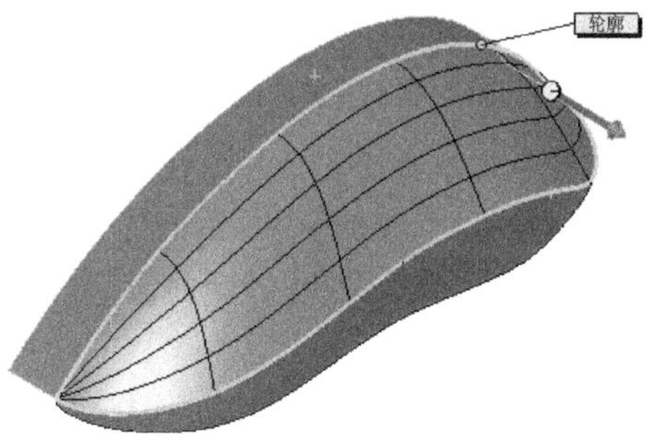

图7-95 创建鼠标上表面

步骤20 填充曲面 单击【填充曲面】。选取拉伸曲面以及放样曲面的边界线。拉伸曲面边线设定为【相切】，放样曲面边线设定为【相触】。

> **提示** 若勾选了【优化曲面】复选框，曲面会再次变成退化曲面，这是因为【优化曲面】选项运用了一个类似于放样曲面的简单曲面来修补。

不勾选【优化曲面】复选框，这将得到一个更好的4边面。单击【确定】，如图7-96所示。

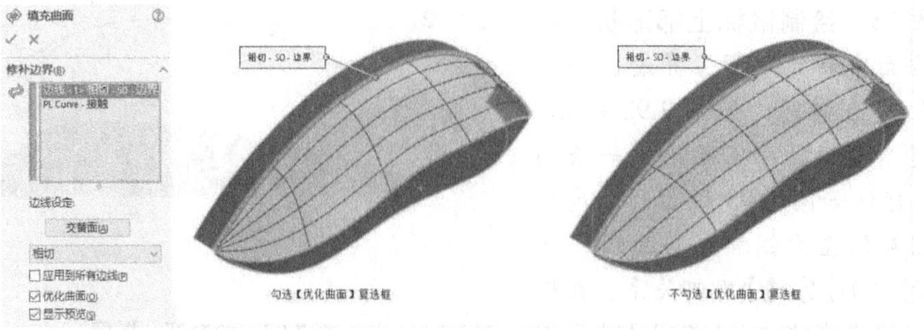

图 7-96　填充曲面

步骤 21　镜像曲面实体　隐藏拉伸曲面。单击【镜像】，选择右视基准面作为镜像面。在【要镜像的实体】组框内选取放样曲面以及填充曲面。勾选【缝合曲面】复选框，单击【确定】✔，如图 7-97 所示。

> **提示**　此处虽然勾选了【缝合曲面】复选框，【镜像】后还是得到了两个分离的曲面实体。放样曲面镜像体与原放样曲面缝合在一起，填充曲面镜像体与原填充曲面缝合在一起，但是前面两个缝合后的放样曲面和填充曲面并没有被缝合起来，如图 7-98 所示。

图 7-97　镜像曲面实体

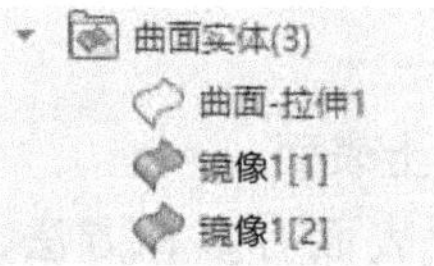

图 7-98　曲面未缝合

当镜像多个曲面实体时，较好的方式是不勾选【缝合曲面】复选框，而手动缝合这些曲面。这样对于【镜向】特征中的缝合和不缝合曲面不会造成混淆。

步骤 22　清除勾选【缝合曲面】复选框　编辑“镜向 1”特征，清除勾选【缝合曲面】复选框，单击【确定】✔。

步骤 23　平面区域　选取放样曲面及其镜像曲面的底部边线，创建平面曲面，如图 7-99 所示。

步骤 24　缝合曲面　缝合 5 个曲面实体，生成实体零件，如图 7-100 所示。

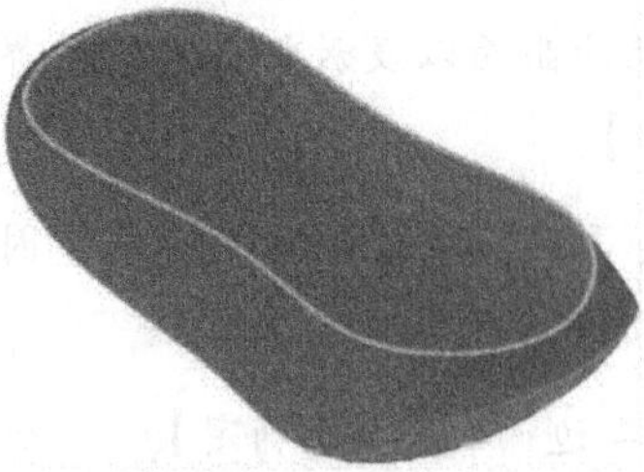

图 7-99　平面区域

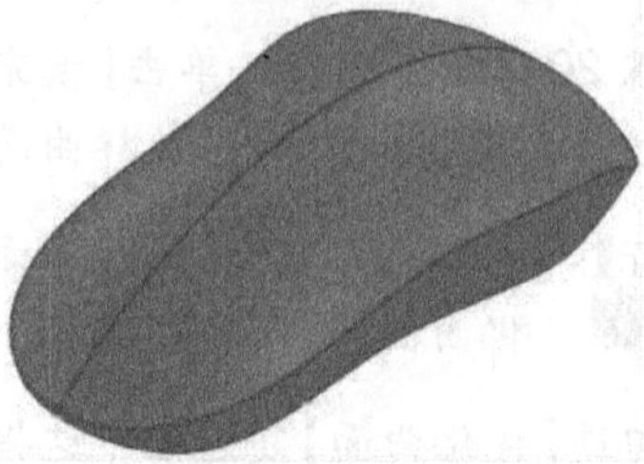

图 7-100　缝合曲面

步骤 25　保存并关闭文件　完成的零件如图 7-101 所示。

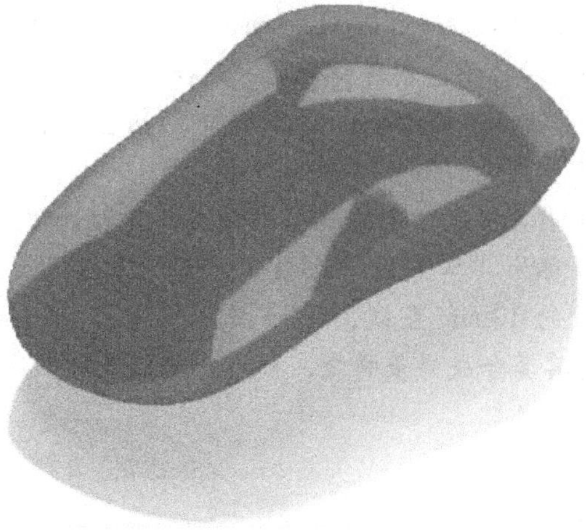

图 7-101　完成的零件

练习 7-2　香皂块

香皂块初步设计图如图 7-102 所示，下面使用曲面建模技术来创建相应的实体模型，以用于体积测定分析以及加工设计等。

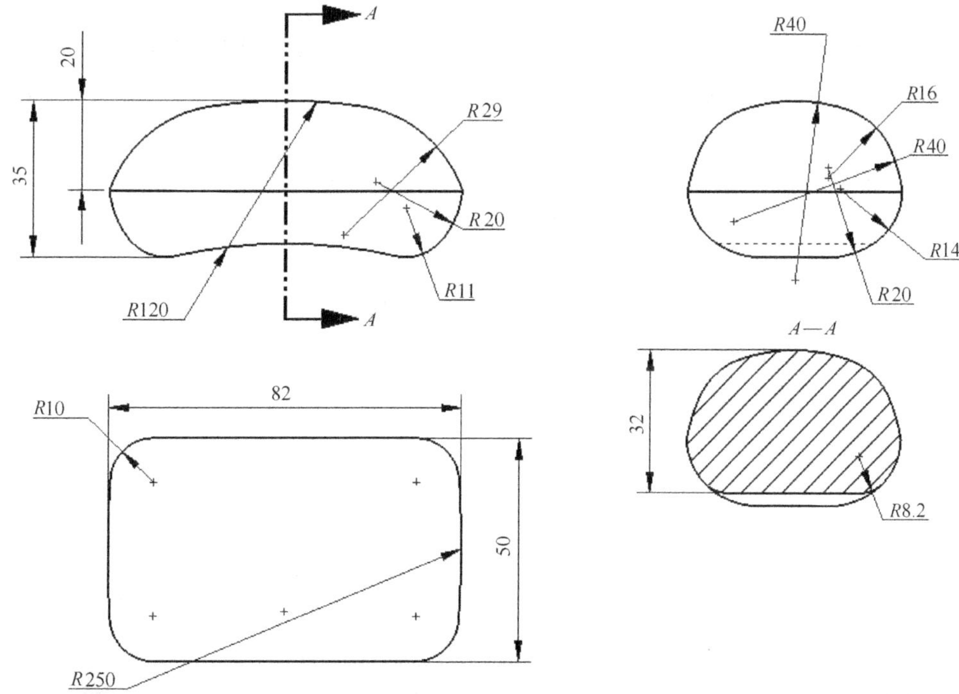

图 7-102　香皂块初步设计图

本练习将应用以下技术：

- 构造曲面。
- 使用填充曲面前的准备。
- 放样曲面。
- 完成实体模型。

操作步骤

步骤1 新建零件 打开“Lesson 07\Exercises”文件夹内的已有零件“100 gram Bar of Soap”。充分利用零件的对称性，创建四分之一的模型然后镜像操作。

步骤2 原始草图 “Layout Sketches”文件夹中已包含3个草图，草图按照初稿中的尺寸标注，侧视草图未完全定义，如图7-103所示。

步骤3 新建3个草图 创建位于右视基准面上，并相切于“Side Layout Sketch”草图中圆弧的12mm直线，称为“草图1”。创建位于前视基准面上，并相切于“Front Layout Sketch”草图中圆弧的12mm直线，称为“草图2”。实体引用草图“Top Layout Sketch”中曲线段，并将其套合成样条曲线，称为“草图3”。3个草图如图7-104所示。

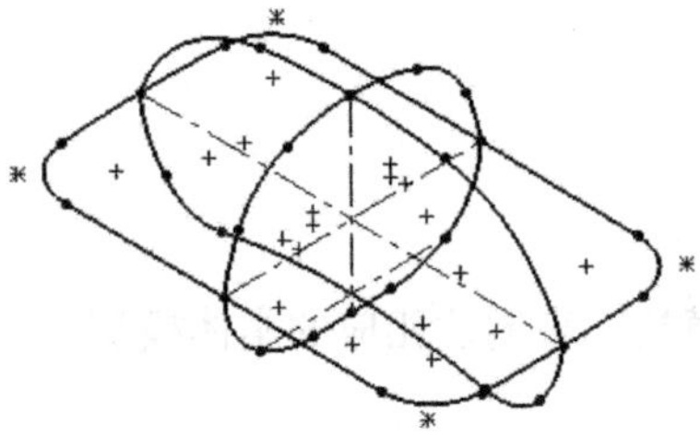

图7-103 原始草图

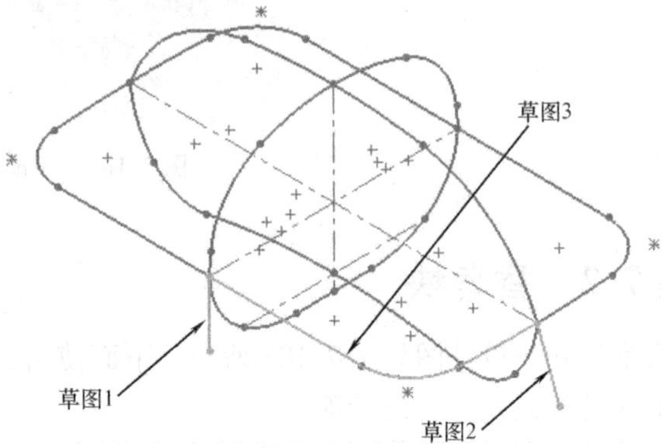

图7-104 套合成样条曲线

步骤4 带引导线放样曲面 利用“草图1”和“草图2”作为轮廓，“草图3”作为引导线，放样生成一个参考曲面，如图7-105所示。

步骤5 拉伸曲面 复制草图“Front Layout Sketch”右上侧1/4轮廓，生成一条样条曲线。拉伸得到参考曲面，拉伸深度为12mm，如图7-106所示。

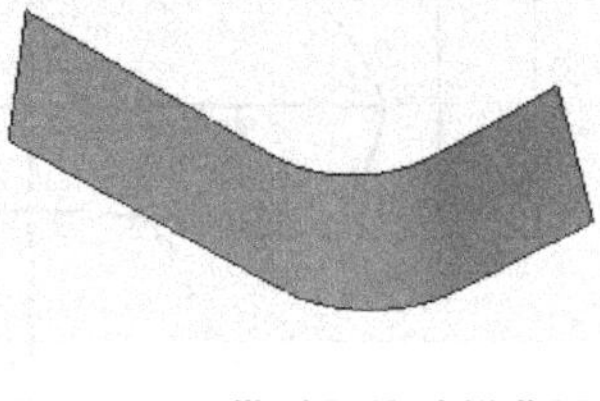

图7-105 带引导线放样曲面

步骤6 拉伸另一个曲面 复制草图“Side Layout Sketch”左上侧1/4的轮廓，生成一条样条曲线。拉伸得到另一个参考曲面，拉伸深度为12mm，如图7-107所示。

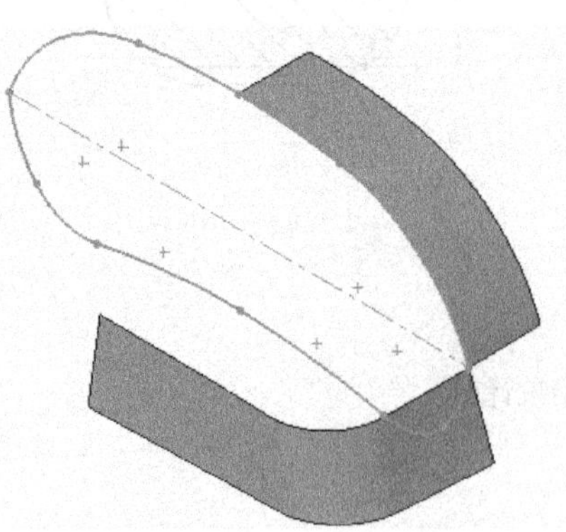

图7-106 拉伸曲面(一)

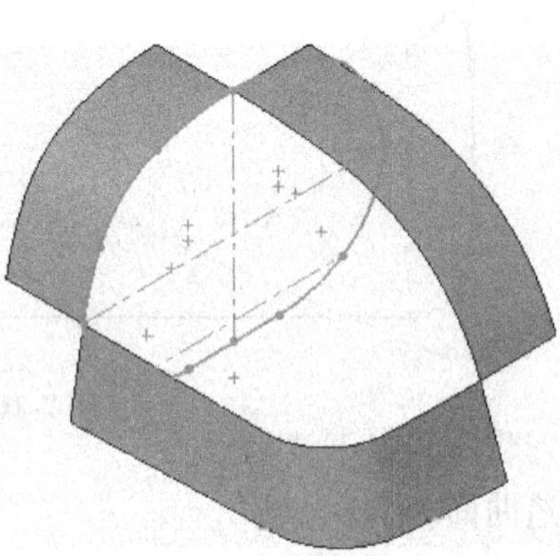

图7-107 拉伸曲面(二)

步骤 7　填充曲面　创建一个填充曲面，相切于 3 个参考曲面，如图 7-108 所示。

步骤 8　隐藏曲面　隐藏所有曲面实体，以便于对零件下半部分进行建模。

> **提示**　在模型接下来的部分中，将创建一个 N 边开口并利用【填充曲面】对其进行修补。若使用【填充曲面】功能生成特征，几何体不能与“Front Layout Sketch”草图对齐。因此后续步骤中将会采用另一种填充 N 边开口曲面的方法。对于该模型，此种结果会更加合理。

步骤 9　参考曲面　在右视基准面上创建草图。从“Side Layout Sketch”草图转换圆弧和水平构造线。创建半径为 8.2mm 的草图圆角，将草图几何体套合生成样条曲线，并拉伸得到一个参考曲面，如图 7-109 所示。

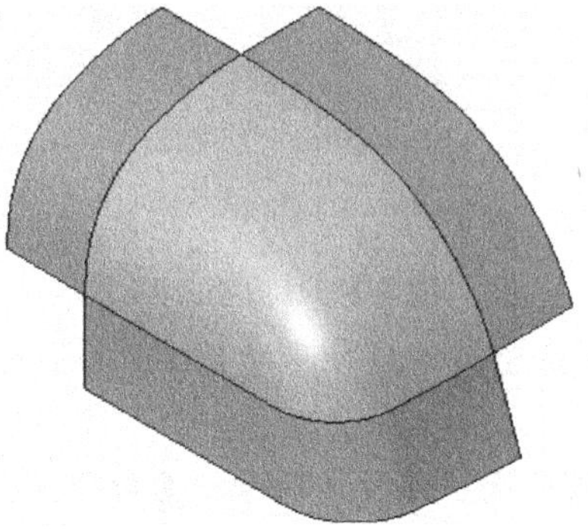

图 7-108　填充曲面

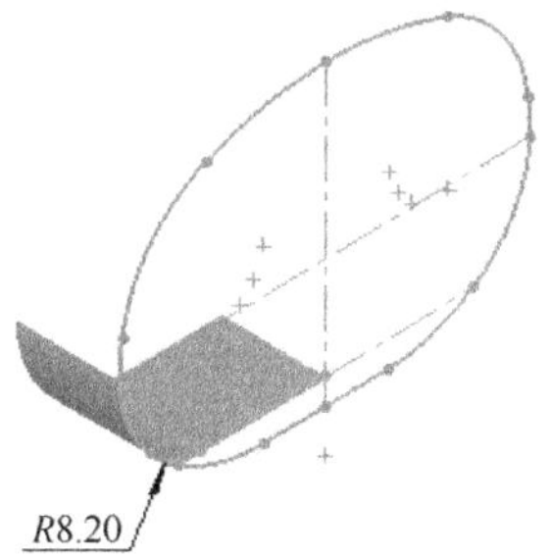

图 7-109　参考曲面(一)

步骤 10　另一个参考曲面　在前视基准面上创建草图。复制草图“Front Layout Sketch”右下侧 1/4 轮廓，生成一条样条曲线。拉伸得到一个参考曲面，拉伸深度为 12mm，如图 7-110 所示。

步骤 11　放样生成参考曲面　参照步骤 3 的做法，创建两个直线轮廓草图。使用两段直线作为轮廓，填充曲面的边作为引导线，放样生成一个参考曲面，如图 7-111 所示。

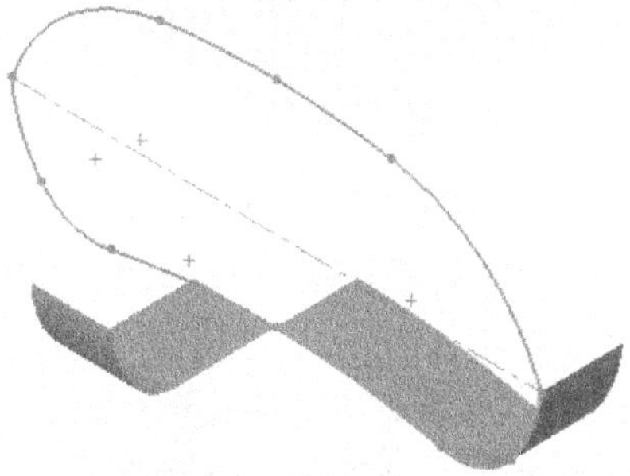

图 7-110　参考曲面(二)

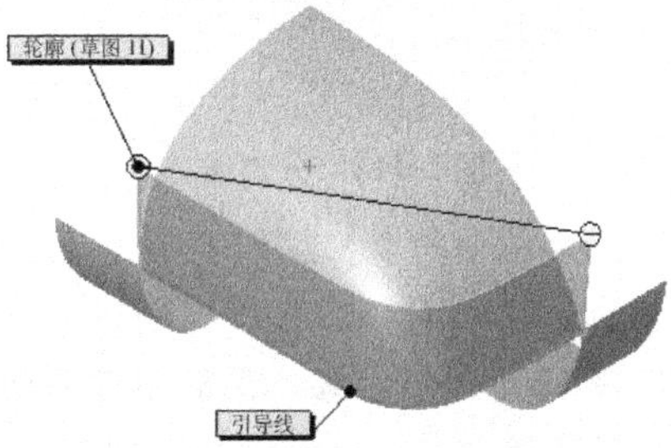

图 7-111　放样生成参考曲面

步骤 12　扫描曲面　在右视基准面上为轮廓创建草图。使用【转换实体引用】将参考曲面的边线复制到活动草图中。拖动转换边端点至如图 7-112 所示的大致位置。同样，转换另一个拉伸曲面边线生成扫描路径，如图 7-112 所示。

> **提示**　确保【起始处相切类型】设为【无】。

步骤 13　剪裁曲面　在上视基准面上新建草图。绘制一条样条曲线作为剪裁轮廓来剪裁扫描曲面，样条曲线的两端分别相切于水平和竖直构造线，如图 7-113 所示。

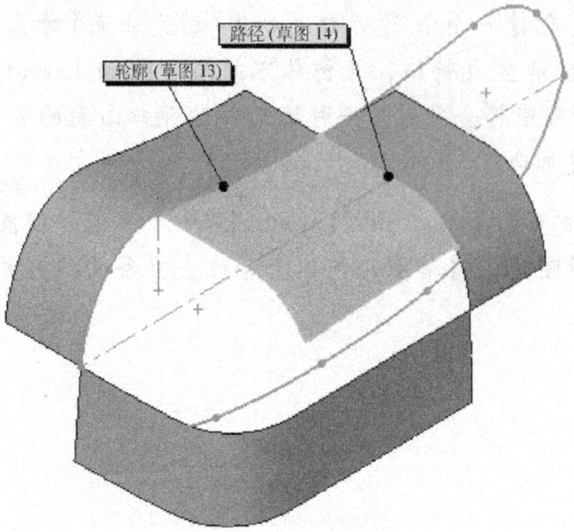

图 7-112　扫描曲面

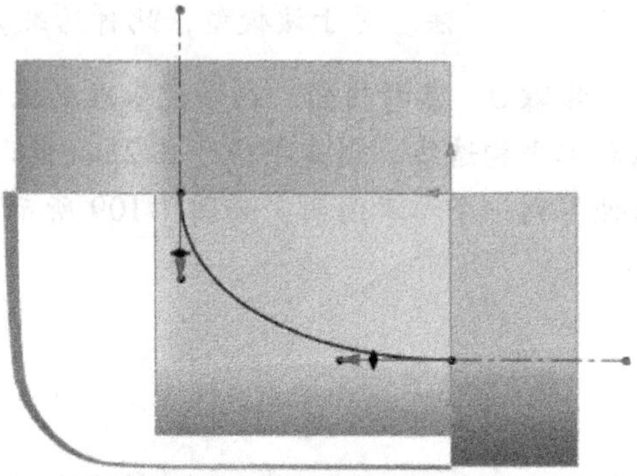

图 7-113　剪裁曲面

步骤 14　分割线　使用【分割线】工具来分割前面的两个拉伸参考曲面，分割线端点与剪裁曲面顶点重合，如图 7-114 所示。

步骤 15　放样曲面　如图 7-115 所示，使用已有曲面边界作为轮廓，图中边线作为引导线来放样曲面。

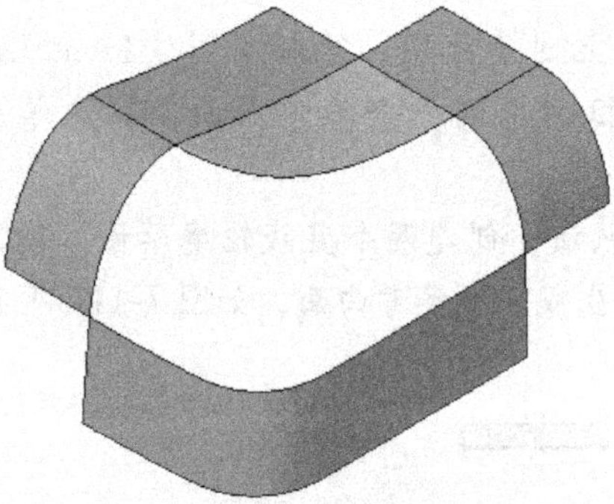

图 7-114　分割线

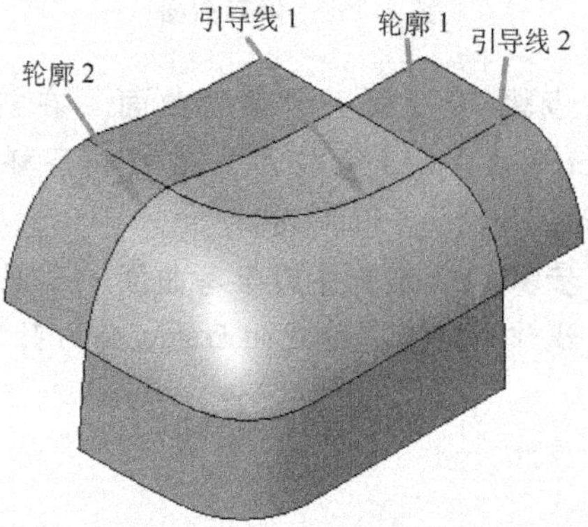

图 7-115　放样曲面

【起始/结束约束】选择【与面相切】，【引导线感应类型】选择【到下一引线】，【引导相切类型】选择【与面相切】。

步骤 16　评估结果　隐藏参考曲面，显示填充曲面、剪裁曲面以及放样曲面。显示草图“Front Layout Sketch”与“Side Layout Sketch”，如图 7-116 所示。

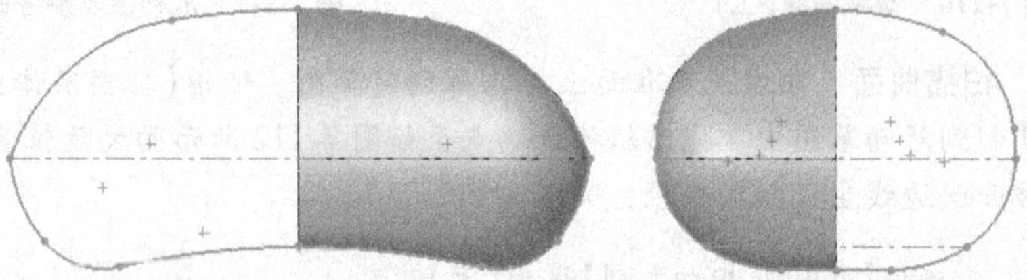

图 7-116　评估结果

步骤17　缝合曲面　缝合所有的曲面实体(不包括参考曲面)得到一个单一曲面实体，如图7-117所示。

步骤18　相交　使用【相交】工具，通过前视基准面(Front Plane)、右视基准面(Right Plane)和缝合曲面创建实体，如图7-118所示。

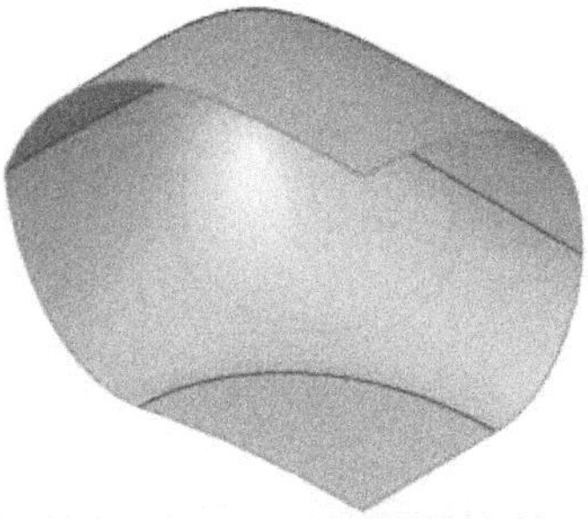

图7-117　缝合曲面

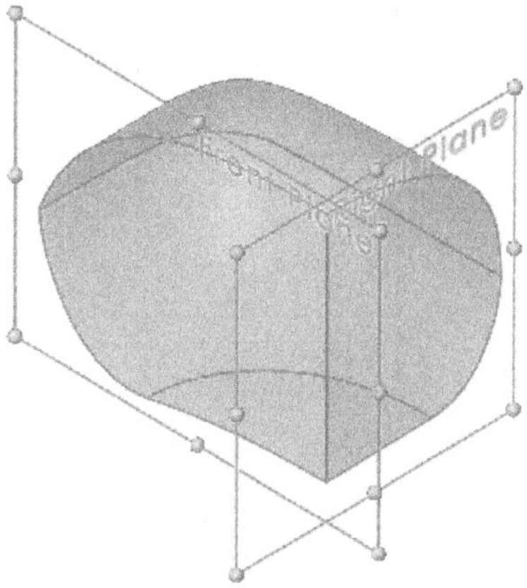

图7-118　相交

步骤19　镜像实体　先以右视基准面为镜像面镜像实体模型，再以前视基准面为镜像面进行镜像操作，如图7-119所示。

步骤20　评估剖面视图　显示右视基准面位置的剖面视图和草图“Side Layout Sketch”，验证实体边界与用户提供的初稿图是否一致，如图7-120所示。

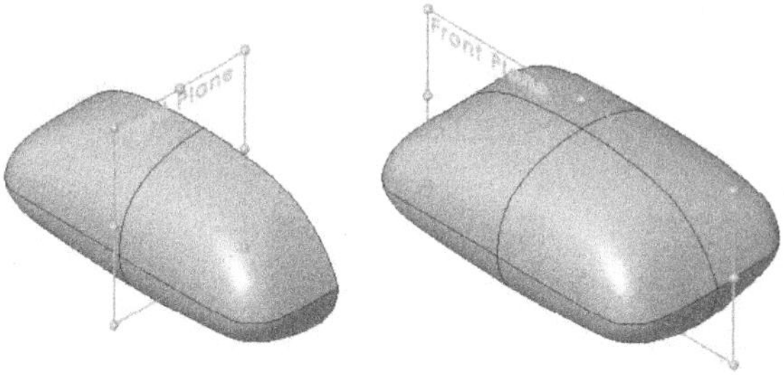

图7-119　镜像实体

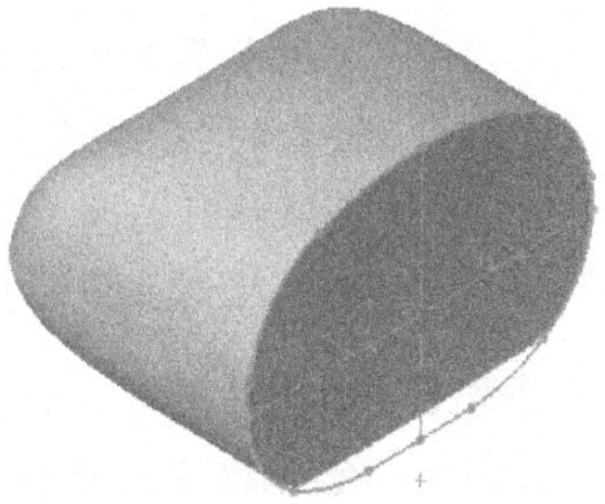

图7-120　评估剖面视图

步骤21　保存并关闭文件

练习7-3　把手

本练习的任务是通过下面的操作步骤创建如图7-121所示零件。

本练习将应用以下技术：

- 放样曲面。
- 构建曲面。
- 完成实体模型。

该零件设计意图如下：

1）零件是关于右视基准面对称的。

2）曲面是平滑的。

3）已经提供了零件的一些尺寸。

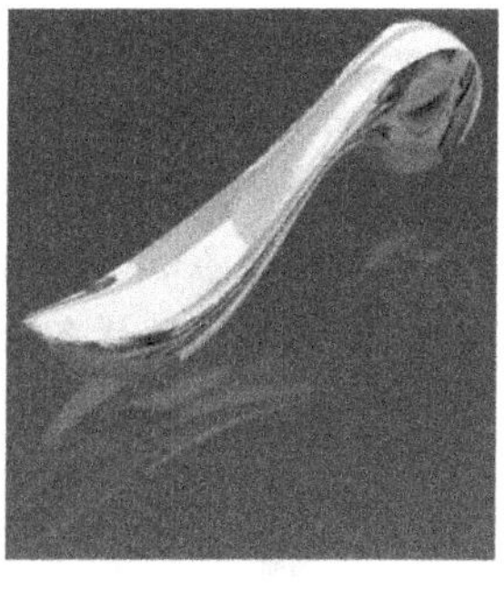

图7-121　把手

操作步骤

扫码看3D

步骤1　新建零件　使用“Part_MM”模板创建新零件，并命名为“Handle”。

步骤2　创建尺寸参考草图　在右视基准面上新建草图。绘制如图7-122所示草图，它由3个同心圆以及一条竖直线段组成。

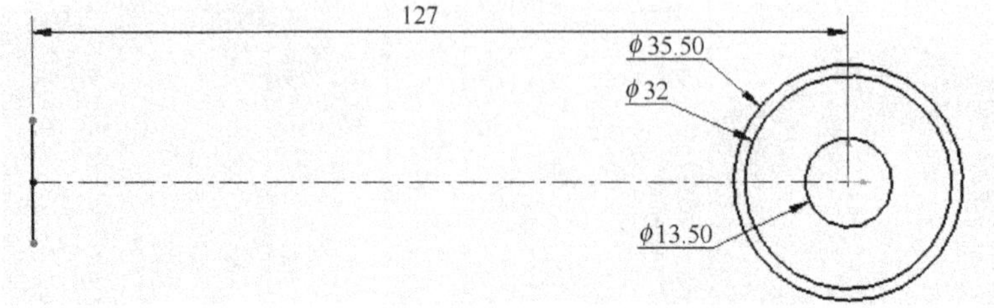

图7-122　创建尺寸参考草图

步骤3　退出草图　退出草图，将草图重命名为“Size Reference Sketch”。

步骤4　绘制样条曲线用于投影曲线　在右视基准面上新建草图，选择ϕ32mm圆弧并单击【转换实体引用】。如图7-123所示，在顶部创建一条与圆弧相切的样条曲线，在底部创建与圆弧相切的另一条样条曲线。使用【剪裁实体】和【套合样条曲线】命令来完成草图。

技巧　用户可以在绘制或者拖动草图的同时按下键盘的〈Ctrl〉键，这样可以临时关闭系统自动添加几何关系的功能。

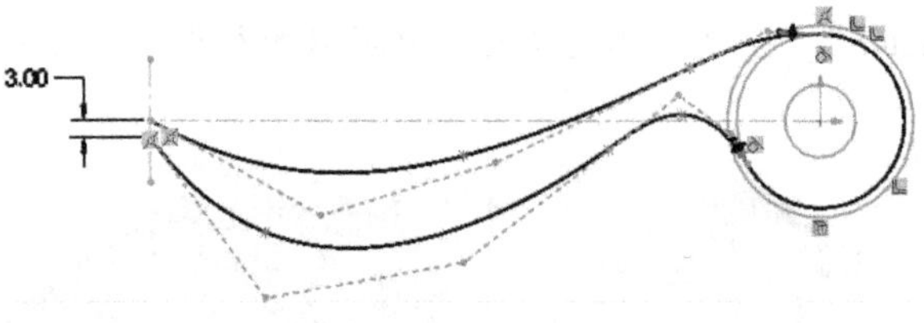

图7-123　样条曲线（一）

步骤5　退出草图　退出草图，将草图重命名为“Side Profile”。

步骤6　绘制第二条样条曲线用于投影曲线　在上视基准面上新建草图。如图7-124所示，图中显示了草图的两个不同视图，它们分别用来显示其标准投影视图以及与前一个草图之间的关系。

样条曲线与镜像面相交点的控标处应添加【水平】几何关系。使用水平构造线将样条曲线的另一端与“Size Reference Sketch”草图中的35.5mm圆相关联。

步骤7　退出草图　退出草图，将草图重命名为“Top Profile”。

步骤8　投影曲线　使用草图“Top Profile”与“Side Profile”，创建一条投影曲线，选择【草图到草图】选项，如图7-125所示。

步骤9　创建中心轮廓草图　在右视基准面上新建草图。从“Size Reference Sketch”草图中选择ϕ35.5mm圆弧，并单击【转换实体引用】。如图7-126所示，在顶部创建一条与圆弧相切的样条曲线，在底部创建与圆弧相切的另一条样条曲线。使用【剪裁实体】和【套合样条曲线】命令来完成草图。

提示　该样条曲线定义对称平面上的曲面形状，即侧影轮廓边线。

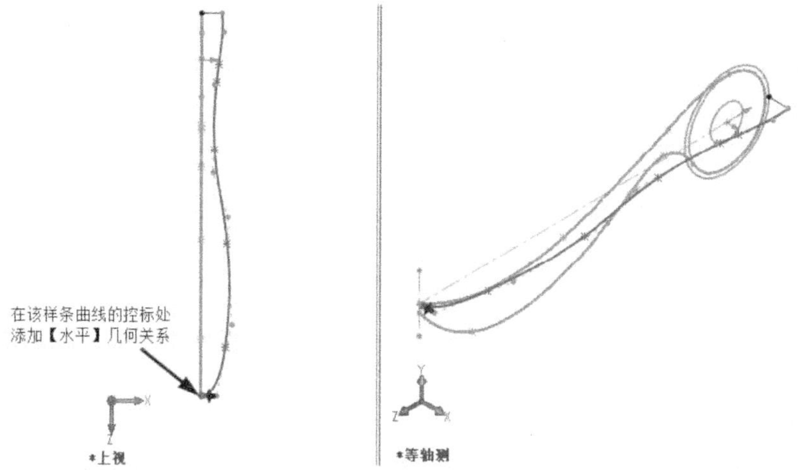

图 7-124　样条曲线(二)

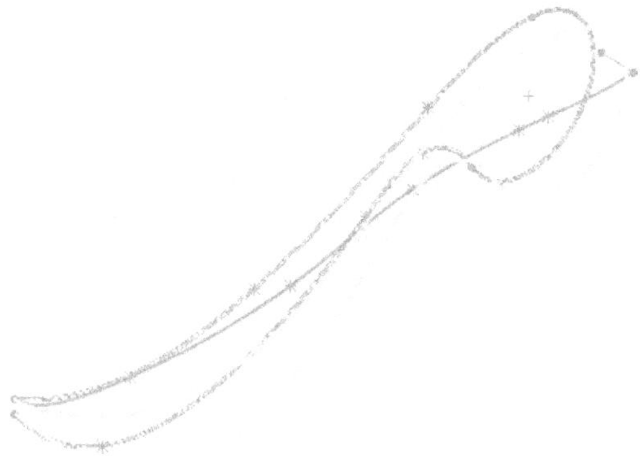

图 7-125　投影曲线

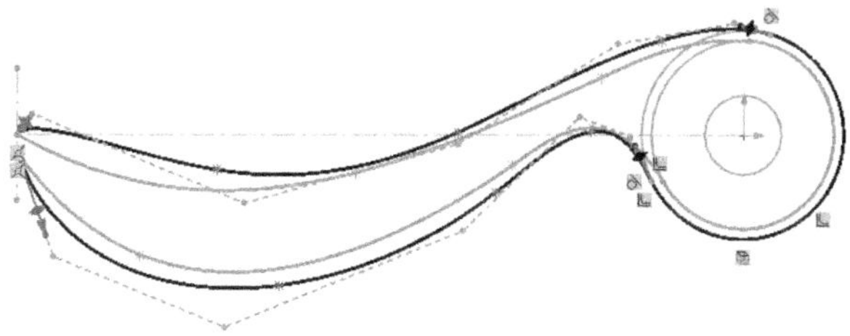

图 7-126　侧影轮廓边线

步骤 10　退出草图　退出草图，将草图重命名为“Center Profile”。

步骤 11　隐藏与显示　隐藏除草图“Center Profile”以外的其他所有草图。确保投影曲线为可见。

步骤 12　创建引导线　在上视基准面上新建草图。在靠近曲线环末端(接近原点)处，绘制一条 2 点样条曲线。在该曲线端点与草图“Center Profile”中曲线以及投影曲线间添加【穿透】几何关系。

样条曲线与草图“Center Profile”穿透点处的控标间应添加【水平】几何关系，如图 7-127 所示。

步骤 13　退出草图　退出草图，将草图重命名为“Guide Curve”。

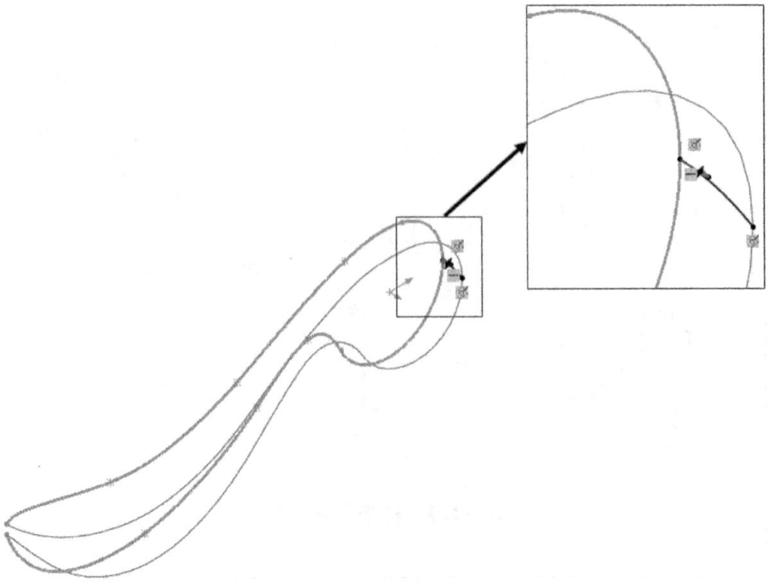

图 7-127　创建引导线

步骤 14　创建放样曲面　在【轮廓】内选取草图“Center Profile”以及投影曲线。与草图“Center Profile”相对应的【开始约束】设为【垂直于轮廓】。

> **提示**　【开始约束】对应的是用户所选的第一个轮廓，【结束约束】对应的是用户所选的最后一个轮廓。

在【引导线】内选取草图“Guide Curve”。【引导线感应类型】选择【整体】，如图 7-128 所示。

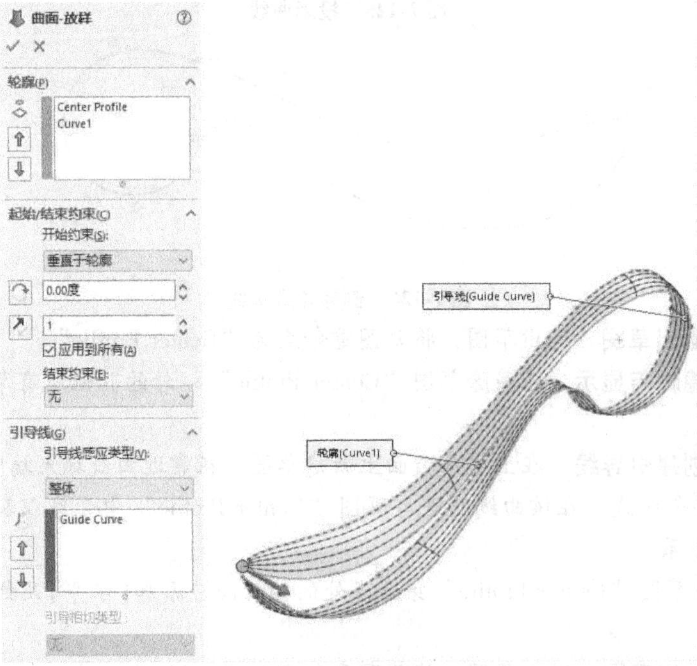

图 7-128　创建放样曲面

提示 放样曲面的端部交汇于一点，这在本例中是允许的，虽然这种建模方式有可能会导致以后的零件抽壳操作过程出错。较好的做法是裁掉末端的曲面，并使用【填充曲面】重建更好的面。

提示 图7-128中使用了带有【单白色】布景的【抛光黄铜】外观。

步骤15　构造曲面草图　在右视基准面上新建草图。如图7-129所示绘制圆弧，并标注尺寸，圆弧端点与放样曲面端点间添加【重合】几何关系。

步骤16　创建构造曲面　向放样曲面另一侧拉伸曲面，拉伸深度任意，如图7-130所示。

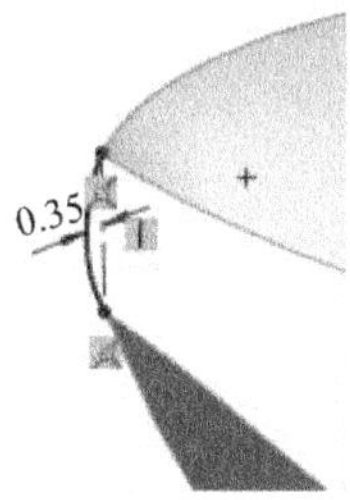

图7-129　绘制圆弧

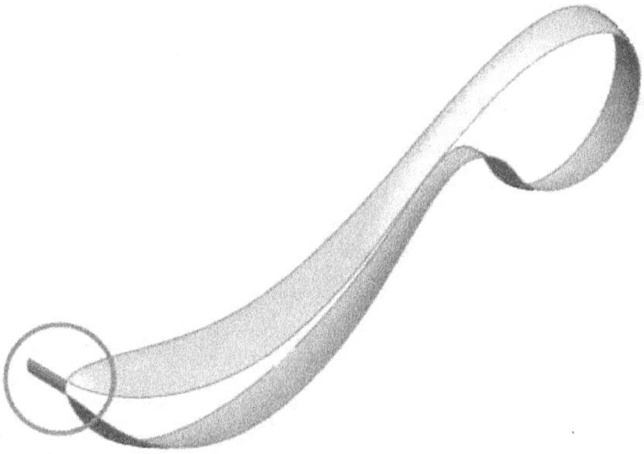

图7-130　创建构造曲面

步骤17　分割放样曲面　绘制一条通过原点的位于前视基准面的直线。使用直线按如图7-131所示单向分割放样曲面。放样曲面被分割成两个面，以便于将边线用作单独的轮廓。

步骤18　新建草图　在前视基准面上绘制一段圆弧，高度为1.25mm，两个端点具有与放样曲面的边线，如图7-132所示。

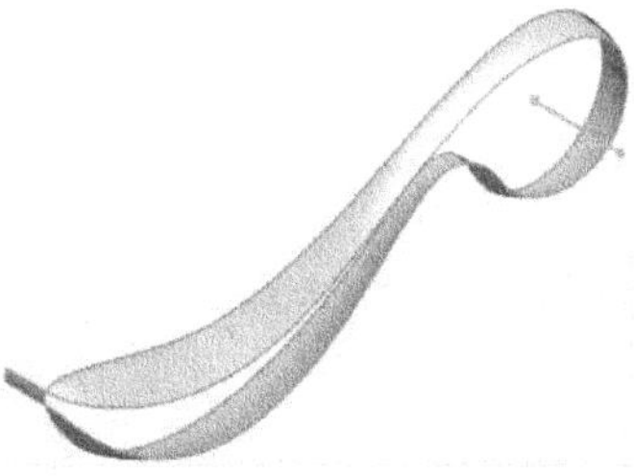

图7-131　分割放样曲面

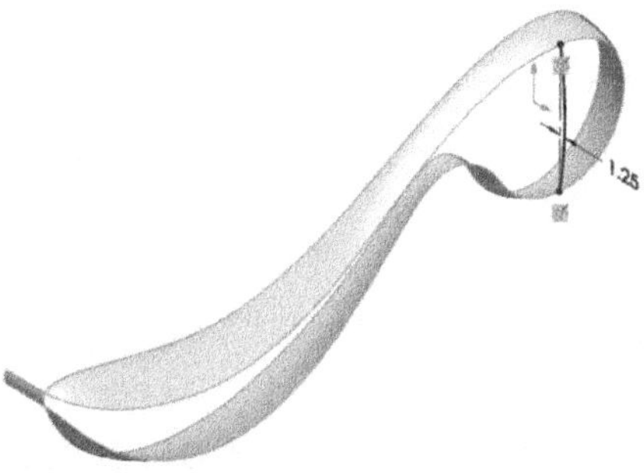

图7-132　新建草图(一)

步骤19　创建参考平面　将前视基准面偏移102mm，创建一个新的参考平面，将其命名为“Plane1”。

步骤20　新建草图　在新参考平面上创建一段圆弧，高度和约束关系与步骤18一致。如图7-133所示。

步骤21　创建边界曲面　在【方向1】中选择分割曲面的长边线，将两条边线的【相切类型】均设置为【无】。在【方向2】中选择步骤18和步骤20中的草图，并从拉伸的参考曲面中选择边线。将边线的【相切类型】更改为【与面相切】，如图7-134所示，单击【确定】✔。

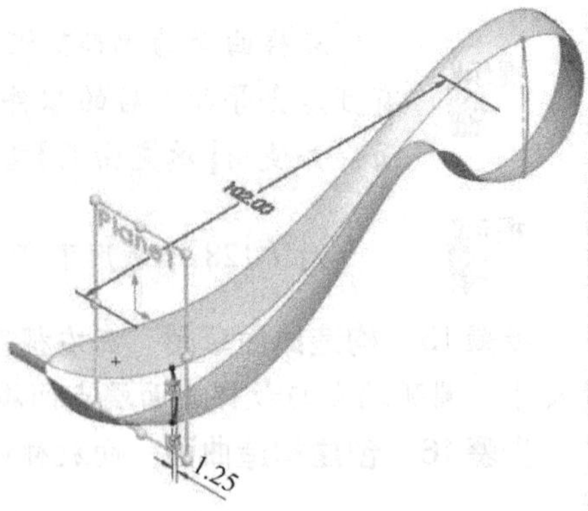

图7-133　新建草图(二)

步骤22　隐藏　隐藏拉伸参考曲面。

步骤23　缝合曲面　将放样曲面和边界曲面缝合在一起。

步骤24　创建实体并镜像　使用【相交】命令创建实体，并【镜像】实体，结果如图7-135所示。

步骤25　保存并关闭文件　完成零件的RealView图形如图7-136所示。

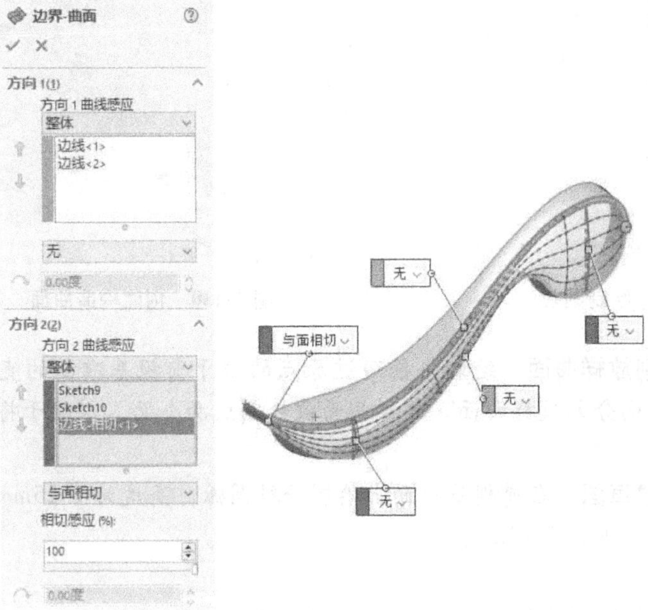

图7-134　创建边界曲面

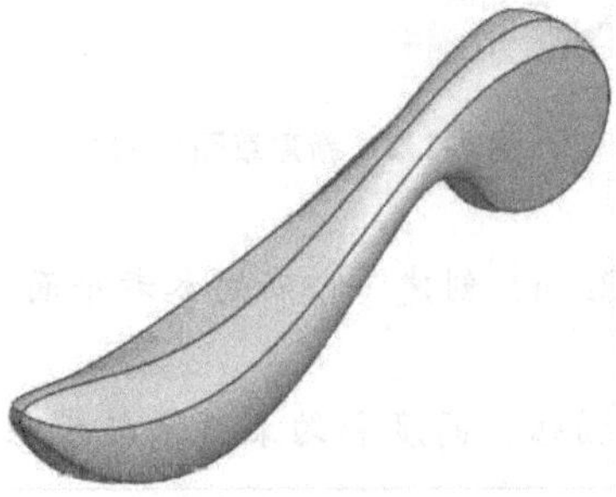

图7-135　创建实体并镜像

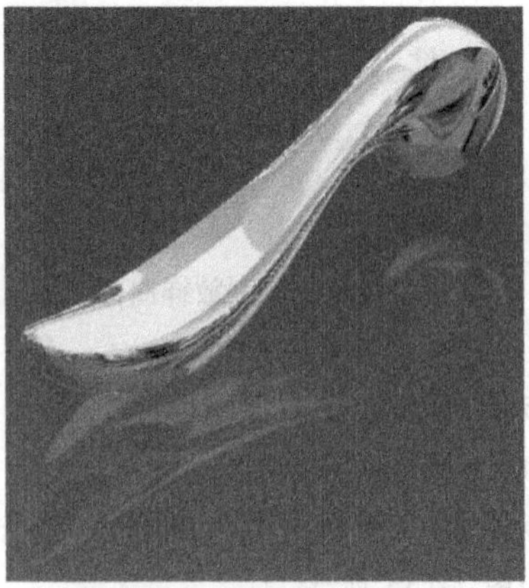

图7-136　RealView图形

第 8 章　主模型技术

学习目标

- 从曲面主模型创建和传递更改
- 从实体主模型创建和传递更改
- 添加通常与塑料消费产品相关的各种特征

8.1　关于主模型的介绍

主模型是一种由单个零件来驱动其他多个零件的技术，此零件包含了相关几何体的尺寸、位置以及装配关系等完整信息。几何细节一般体现在个别零件中。主模型技术不仅可以用在单个零件中，而且可以用在关联的装配体环境中。本课程主要讲解针对单个零件的技术。

当用户使用主模型时，一般可以使用以下 4 种基本技术：

- 【插入】/【零件】。
- 插入到新零件。
- 分割零件。
- 保存实体。

关联装配体建模，也称为自上而下的装配体建模，相关内容可参考《SOLIDWORKS® 高级装配教程(2018)版》。

本章将详细介绍两种方法：

1）使用【插入】/【零件】命令插入曲面主模型，如图 8-1 所示。

2）对实体主模型使用【分割】命令，如图 8-2 所示。

曲面主模型中用到如下技术：

- 【插入】/【零件】。
- 插入到新零件。

这两种技术同样也适用于实体主模型。

部分技术仅适用于实体主模型，而并不能应用于曲面主模型，例如：

- 分割。
- 保存实体。

8.1.1　传递曲线数据

使用【插入】/【零件】的方法时，用户可以组合以下转移选项：

- 实体。
- 曲面实体。
- 基准轴。

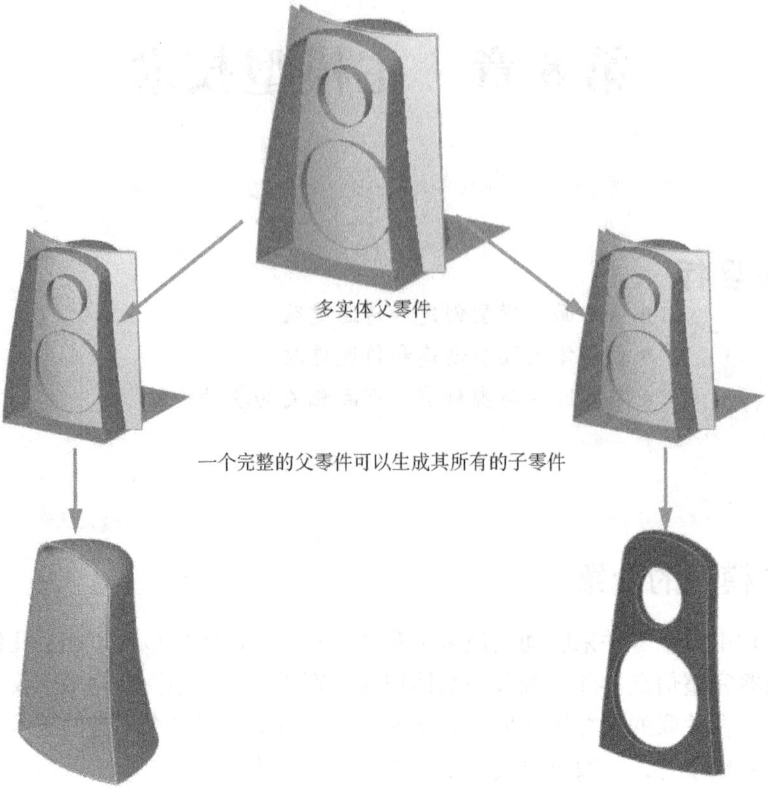

图 8-1　使用【插入】/【零件】命令的曲面主模型方法

- 基准面。
- 装饰螺纹线。
- 吸收的草图。
- 解除吸收的草图。
- 自定义属性。
- 坐标系。
- 模型尺寸。
- 异型孔向导数据。

然而曲线实体是不能被转移的。

若需由父零件传递曲线数据至子零件，可以先创建 3D 草图，再使用【转换实体引用】命令将该曲线实体复制到草图中，然后使用【解除吸收的草图】选项将该草图传递到子零件中。

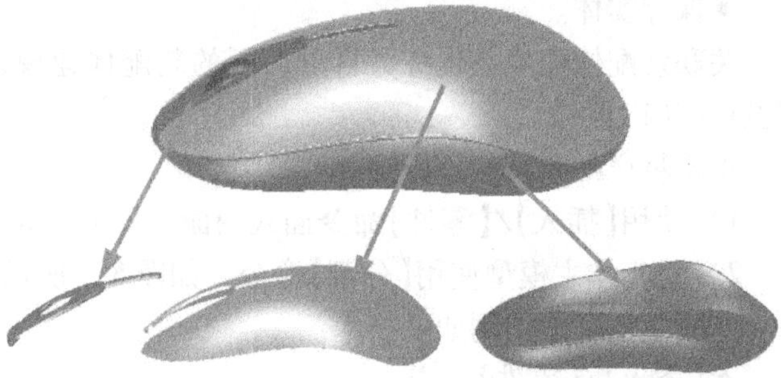

子零件由实体模型分割生成（每一部分均为单独的零件）

图 8-2　使用【分割】命令的实体主模型方法

8.1.2　推进与拖拉类型的操作

主模型技术可以划分为两组：

1）将实体从父零件“推进到”子零件的功能。

2）将实体从父零件“拖拉入”子零件的功能。

推进类型的功能仅对实体模型起作用。所有这些技术中，只有【插入】/【零件】调用了子零件，其余的都是直接调用父零件。

8.1.3　命名实体

在推进类型的操作中，插入的子零件中包含了所有的实体信息，但却并不包含特征信息。所以，事先为实体重命名是一种良好的习惯，这样用户就可以轻松地辨别出子零件中相应的实体了。

各种功能所对应的属性见表 8-1。

表 8-1　各种功能所对应的属性

推进操作		拖拉操作	
【分割】	【保存实体】	【插入】/【零件】	【插入到新零件】
适用对象			
实体模型	“实体”文件夹	所有实体、曲面实体、基准轴、基准面、装饰螺纹线、草图以及坐标系	“实体”“曲面实体”文件夹以及单个实体
是否在父零件中生成特征			
是	是	否	否
是否在子零件中生成特征			
是——库	是——库	是——零件	是——库
调用来源			
父零件	父零件	子零件	父零件
是否可以由子零件找到父零件			
是	是	是	是
是否可以由父零件找到子零件			
是	是	否	否
重命名父零件是否将导致之间链接的断裂			
否	否	是	是
重命名子零件是否将导致之间链接的断裂			
是	是	否	否
断开的链接可以被修复吗			
是	是	是	是
是否可以指定零件在特征历史中保存输出的位置			
是——特征位于保存实体的树中	是——特征位于保存实体的树中	否——可以使用配置来实现	否
当父零件中的实体数量发生改变时会怎样			
【分割】特征可以响应于分割几何形状或实体数量的变化，将关系重新分配给子零件	【保存实体】特征可以根据实体数量的变化将关系重新分配给子零件	当子零件中的【删除实体】特征找不到父零件中的相应实体时就会出错，除非对它重新编辑或者将它关闭。部分特征(例如肋)对于多个实体的存在非常敏感	当子零件中的【删除实体】特征找不到父零件中的相应实体时就会出错，除非对它重新编辑或者将它关闭。部分特征(例如肋)对于多个实体的存在非常敏感

8.1.4　指定父级配置

用户可通过【列举外部参考引用】命令，为所有 4 个主模型方法指定父级配置。

8.1.5　分割特征

编辑【分割】特征可以修改在父零件中的实体数量。当使用【分割】特征来保存实体时，SOLIDWORKS 会尝试重新指定分割实体到已存在的文件中。当然，用户也可以手动指定实体到已存在的文件中。

根据对父零件所做的修改，部分草图关系可能会丢失或者悬空，有些特征可能还会出错。例如，一个圆角的参考边线通过编辑【分割】特征后，分割到了两个实体中，圆角特征就会显示错误。

8.1.6　建议总结

这 4 种方法中最好的一种应该是【插入】/【零件】。首先它提供了对父零件配置的使用，其次子零件继承了最多数量的实体。

使用【插入】/【零件】的主要缺点是：

1）父零件无法确定该零件被其他哪些文件引用，但是可以借助 SOLIDWORKS Explorer 中的【使用处】功能来确定。

2）如果直接对父零件重命名，则链接将被破坏。用户可以使用 SOLIDWORKS Explorer 重命名父零件。

3）用户不能直接指定父零件的特征历史中的实体来源于哪里，但通过配置可以达到目的。

【分割】特征是将实体模型分割成多个实体的最佳选择。

8.2 曲面主模型技术

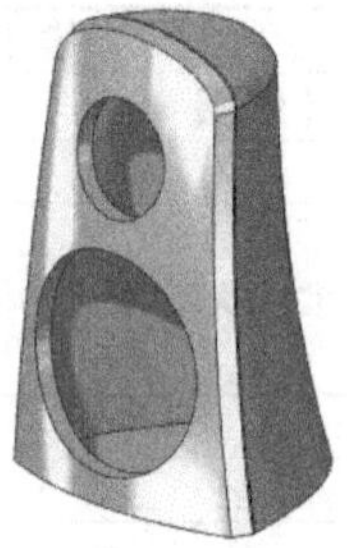

图 8-3 曲面主模型技术实例

本例将演示曲面主模型技术的简单应用。通过该简单的实例，用户可以将该技术应用至有更多个零件或者更复杂变量的模型中去，包括系列化尺寸的配置等。本例中的两个零件均由同一个主模型创建生成，然后再进行组装，如图 8-3 所示。

操作步骤

步骤 1 打开零件 “打开 Lesson08\Case Study” 文件夹内的已有零件 “Speaker_Surface_Master”。

步骤 2 检查主模型 零件中每个重要的特征均已被命名，该主模型将控制整个产品的所有主要外形的更改，如图 8-4 所示。

步骤 3 创建新零件 使用模板 “Part_MM” 创建一个新零件，将零件命名为 “Speaker_Housing”。

步骤 4 将主模型插入至新零件 单击【插入】/【零件】，并选取零件 “Speaker_Surface_Master”。

确认【转移】的【曲面实体】复选框已被勾选。在【找出零件】选项中不勾选【以移动/复制特征找出零件】复选框。单击【确定】✔将主模型插入至新零件的原点，如图 8-5 所示。

扫码看视频

扫码看视频

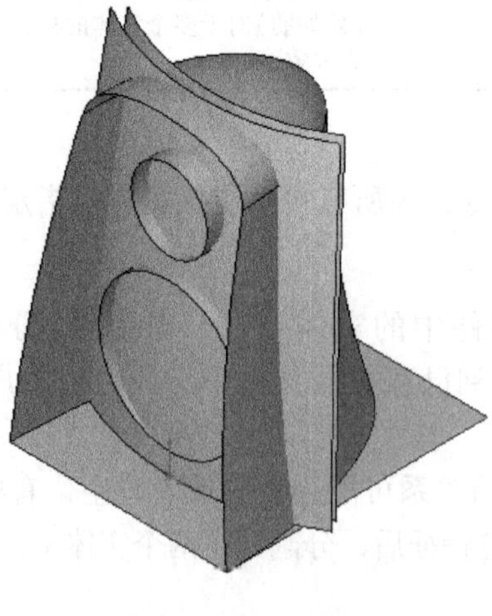

图 8-4 检查主模型

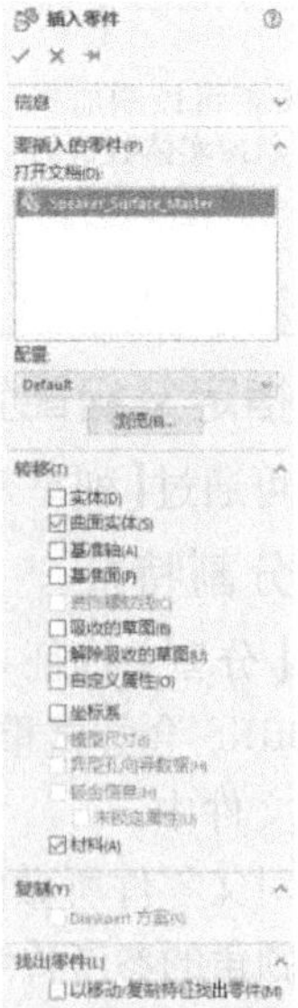

图 8-5 创建新零件

曲面实体在子零件的FeatureManager设计树中的两个不同的位置列出，如图8-6所示。

1）FeatureManager设计树顶部的“曲面实体”文件夹。

2）新插入零件的特征文件夹。

这样用户便可以很容易地区分各曲面实体各自的来源，又或者是本地创建的特征。

步骤5　创建另一个新零件　使用模板“Part_MM”创建另一个新零件，将零件命名为“Speaker_Baffle”。

步骤6　插入主模型　重复步骤4，在新零件的原点处插入主模型。

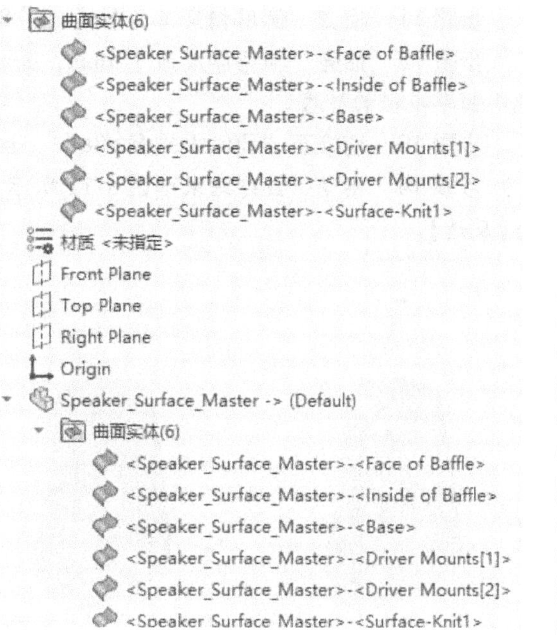

图8-6　FeatureManager设计树

若曲面间已完全相互穿透而不仅是恰好接触，那么对于剪裁曲面的操作将会变得更加容易而可靠。

用户可以在每个子零件的内部进行延伸曲面操作，但是最好还是直接对主模型进行操作，因为这样既方便操作又能确保所有子零件的一致性。这也正是使用主模型技术的主要原因之一。

步骤7　主模型　切换至零件“Speaker_Surface_Master”视图窗口。

步骤8　延伸高亮边线　使用【延伸曲面】命令，将五条高亮显示的边线向外延伸5mm。【延伸曲面】命令一次仅能操作一个曲面实体，而本例中的边线分属于3个曲面实体，故用户需要使用3个延伸特征来完成此操作，如图8-7所示。

步骤9　切换至“Speaker_Housing”　切换至零件“Speaker_Housing”视图窗口。

步骤10　删除多余实体　本例只需要用到6个曲面实体中的3个。删除如图8-8所示高亮显示的曲面实体。

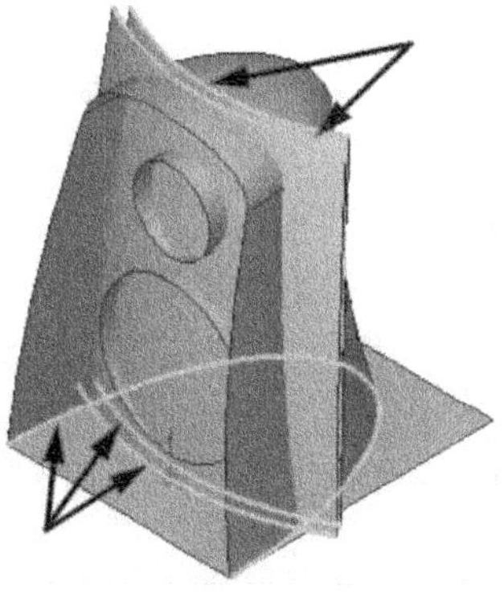

图8-7　延伸高亮边线

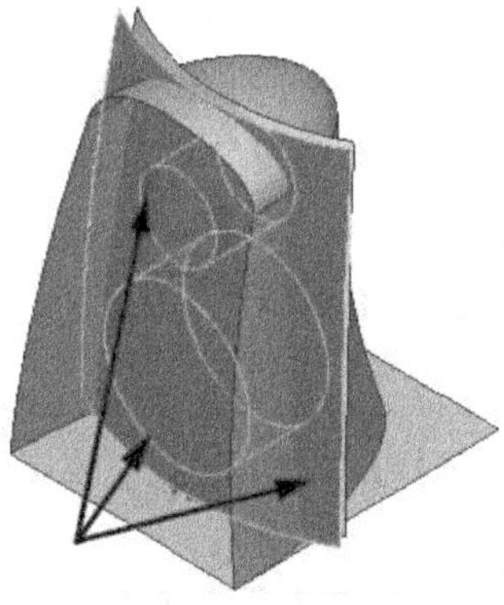

图8-8　删除多余实体

步骤 11　相交　使用相交工具创建如图 8-9 所示的实体。

步骤 12　抽壳　抽壳厚度为 3.5mm，并移除正面。如图 8-10 所示，忽略弹出的关于最小曲率半径的警告。

步骤 13　切换至“Speaker_Baffle”　切换至零件“Speaker_Baffle”视图窗口。

步骤 14　相交　最终结果如图 8-11 所示，选择形成扬声器外壳正面的区域，然后单击【反选】。

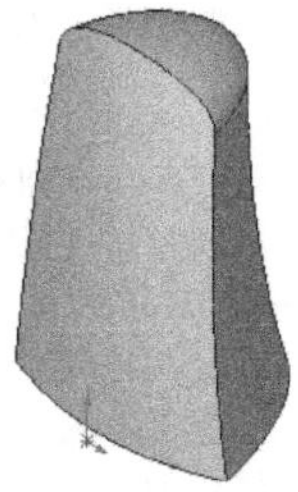

图 8-9　相交（一）

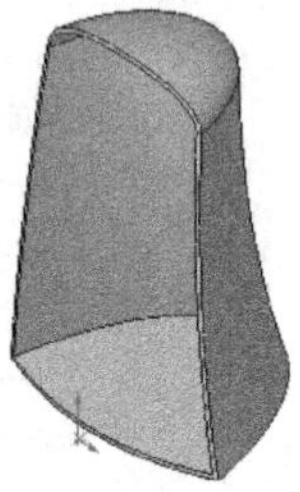

图 8-10　抽壳

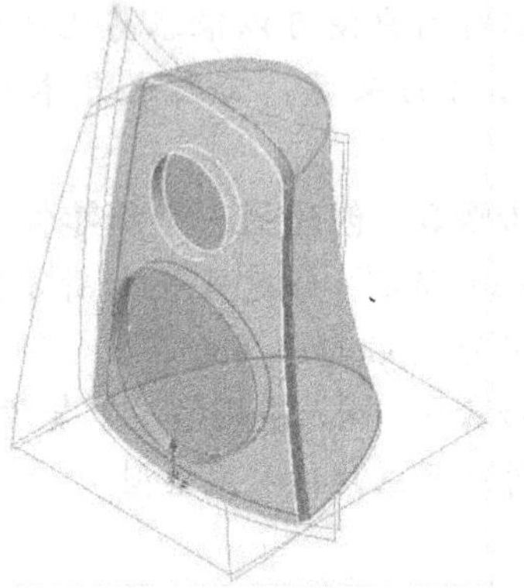

图 8-11　相交（二）

提示　图 8-11 中，将被排除部分的实体显示为透明。

步骤 15　直纹曲面　下面需要在“Speaker_Baffle”周围创建斜面。可以通过创建一个带锥度的直纹面然后将其用作剪裁工具来实现。

单击【直纹曲面】。【类型】选择【锥销到向量】，【距离】为 25mm，【参考向量】选择前视基准面。【角度】为 20°，确认曲面锥度朝内。

选择“Speaker_Baffle”背面的 3 条相切连续的边，确认曲面的锥销方向朝里，如图 8-12 所示。选择边线时若有需要可以单击【交替边】。

勾选【剪裁和缝合】复选框并单击【确定】。

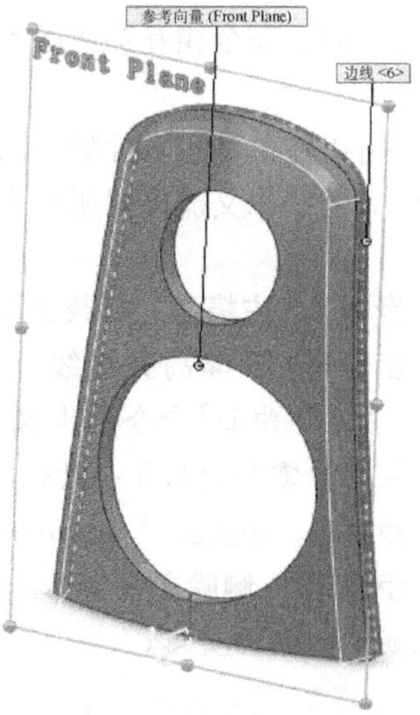

图 8-12　直纹曲面

步骤 16　延伸曲面　延伸直纹曲面底部以及背部的边线，延伸距离为 3mm，如图 8-13 所示。

提示　为了更加清晰地显示，实体已被隐藏。

步骤 17　移动曲面实体　选择下拉菜单中的【插入】/【特征】/【移动/复制】。在 Z 轴方向移动直纹延伸曲面 3mm（$\Delta Z = 3$mm）。

这样可以围绕零件创建一圈更小的边线，如图 8-14 所示。

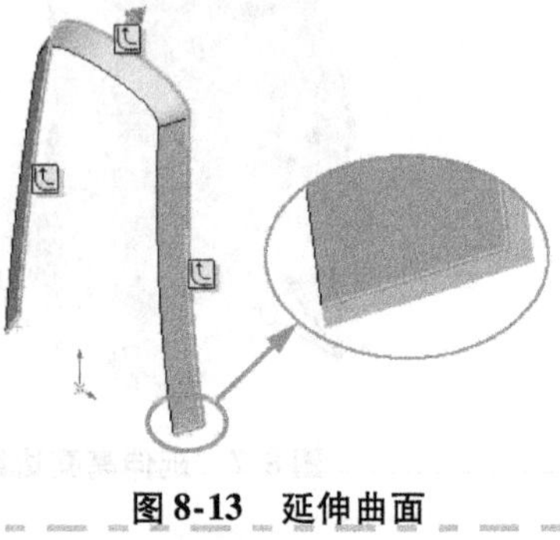

图 8-13　延伸曲面

步骤18　切除　利用【使用曲面切除】命令，用刚创建的曲面来切除实体零件。箭头所指的一侧材料将被移除，如图8-15所示。

步骤19　抽壳　对模型进行抽壳操作，设置【厚度】为4mm，移除挡板的背面，如图8-16所示。

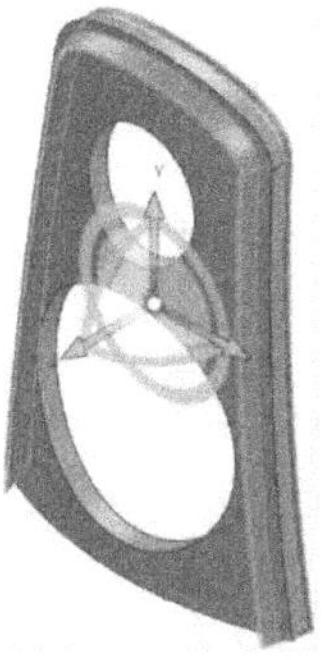

图8-14　移动曲面实体

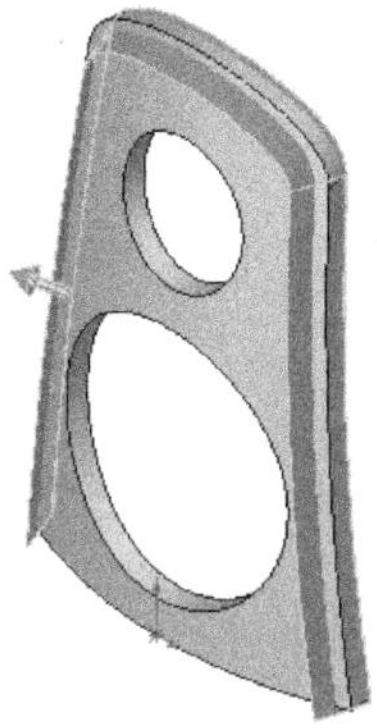

图8-15　切除

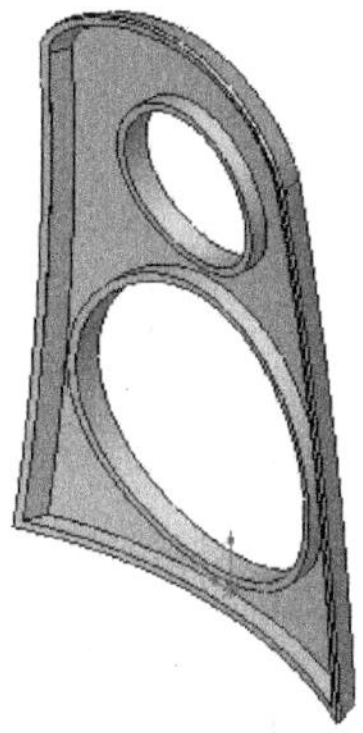

图8-16　抽壳

步骤20　清除曲面实体　右键单击“曲面实体”文件夹，选择【删除实体】，重命名特征为“Clean Up”。

步骤21　创建装配体　单击【从零件/装配体制作装配体】。选取模板“Assembly_MM”。将两个零件放置于装配体原点位置，如图8-17所示。将装配体另存为“Speaker_Assembly”。

步骤22　排列窗口　按如图8-18所示方式排列窗口(主模型、音箱盒、挡板以及装配体)。

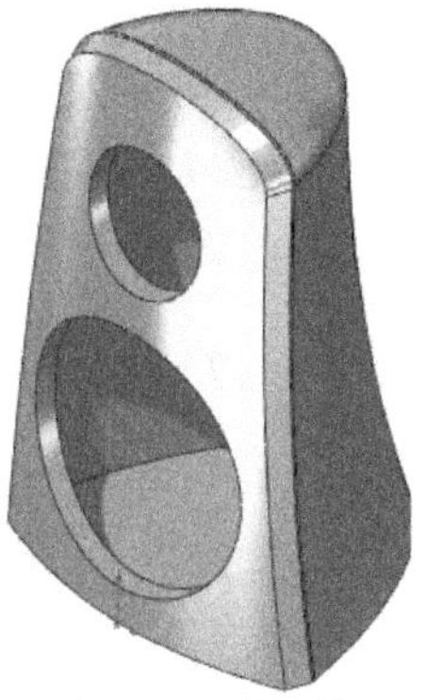

图8-17　装配体

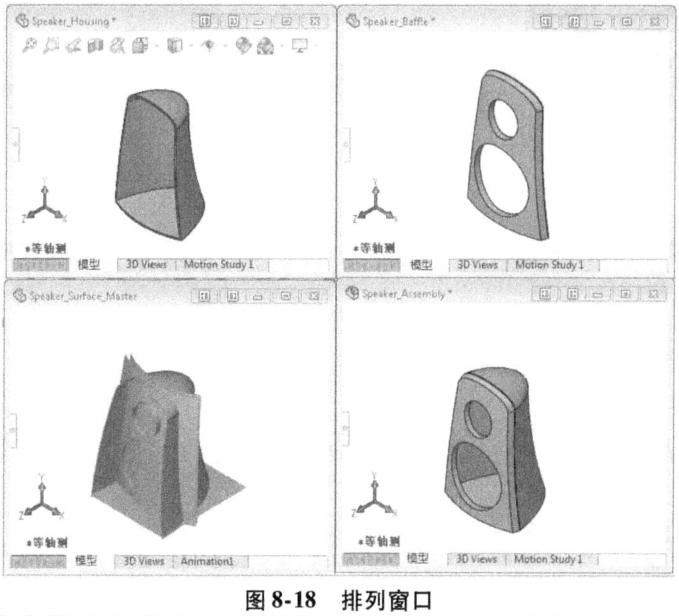

图8-18　排列窗口

步骤 23　修改　按如下方法修改主模型。在修改的同时，观察相应零件及装配体的变化。

1）在旋转曲面“Face of Baffle”的草图中，将尺寸 25mm 更改为 50mm。单击另一个视图窗口，观察相应视图窗口中零件的更新，如图 8-19 所示。

2）将基准面“Housing Loft Top”的等距距离改为 240mm，如图 8-20 所示。

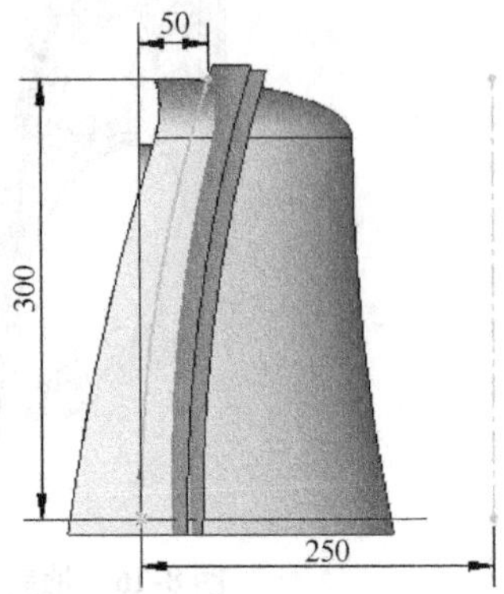

图 8-19　修改主模型（一）

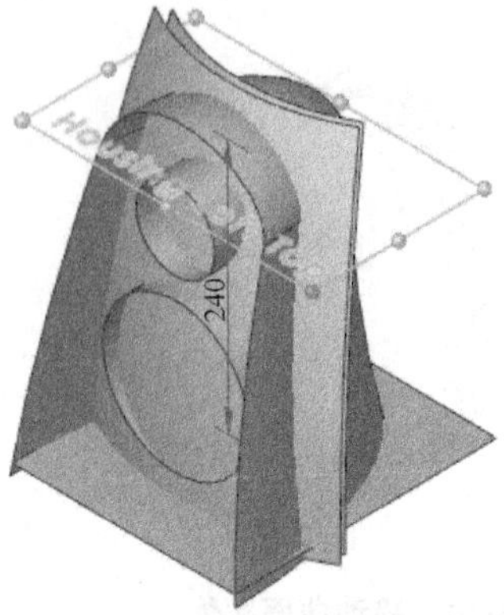

图 8-20　修改主模型（二）

3）如图 8-21 所示修改特征“driver mounts”中的相应尺寸。

步骤 24　保存并关闭所有文件　完成的装配体如图 8-22 所示。

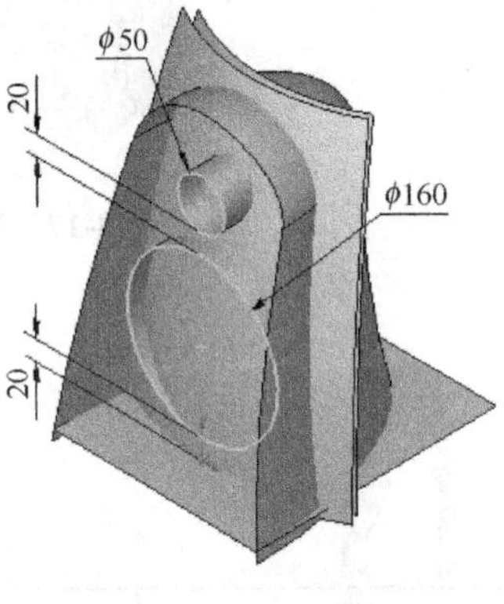

图 8-21　修改主模型（三）

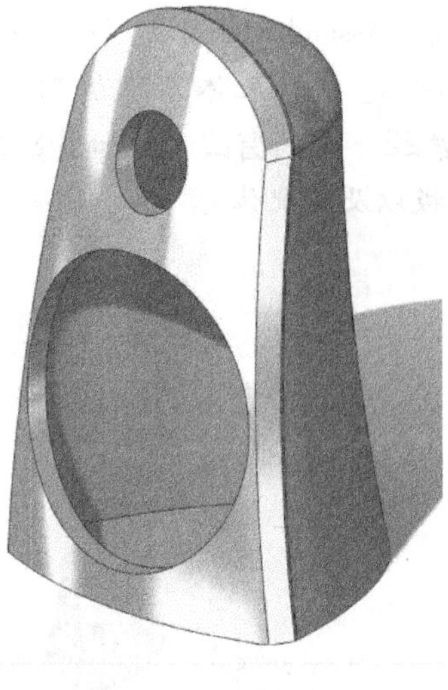

图 8-22　完成的装配体

8.3　实体主模型的应用

本节将进行以下操作：

1）将零件分割成几个独立实体，每个实体对应了遥控器模型的某个主要部件。

2）零件抽壳。

3）定义按键区基本几何外形。

4）创建扣合特征。

5）将每个独立实体保存为单一零件文件。

扫码看 3D

8.3.1　分割零件

将零件分割成多个实体的相关内容可参考《SOLIDWORKS®高级零件教程(2018 版)》。

以下所使用的“Remote_Control”为本书第 7 章中所创建的模型。

操作步骤

扫码看视频

步骤 1　打开零件　打开“Lesson08\Case Study”文件夹内的已有零件“Remote_Control_Master”，如图 8-23 所示。

步骤 2　拉伸分型面　重用分型线草图“Side Parting Line”并将其拉伸成一个曲面。【终止条件】选择【两侧对称】，拉伸深度适当超出实体范围即可，如图 8-24 所示。

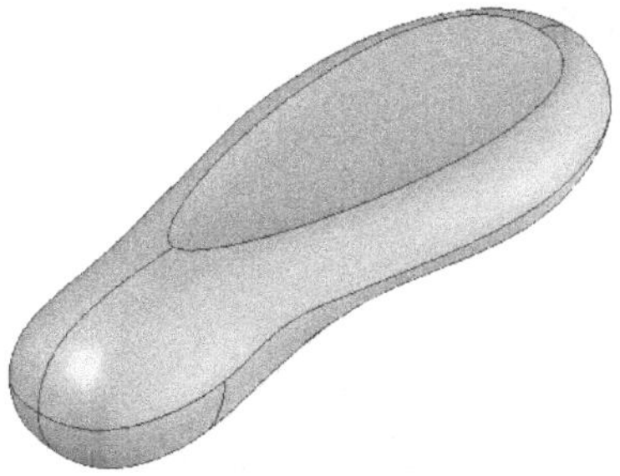

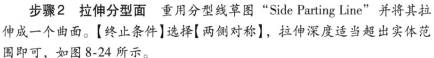

图 8-23　零件“Remote _Control _Master”

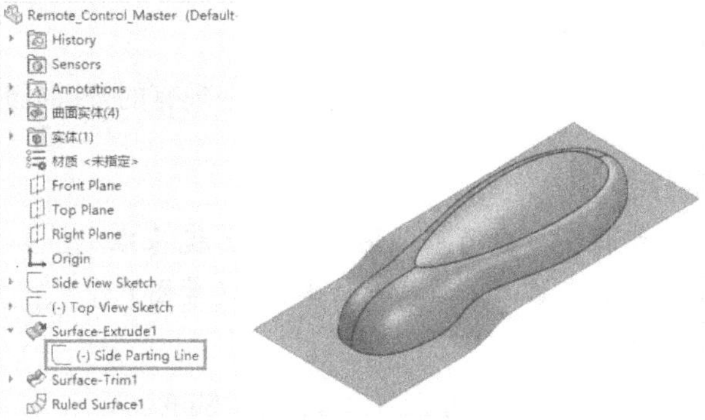

图 8-24　拉伸分型面

步骤 3　分割零件　单击【分割】，或者单击【插入】/【特征】/【分割】。选取分型面作为剪裁工具，如图 8-25 所示。

单击【切割实体】，系统将自动计算剪裁工具与零件间的交叉关系并得到分割后的结果。

现在希望得到的是两个分割后的实体而不是将其保存为相互独立的零件。

选取两个实体所对应的复选框，文件名称仍保留默认的“<无>”，并取消【消耗切除实体】复选框的选中状态。

单击【确定】，如图 8-26 所示。

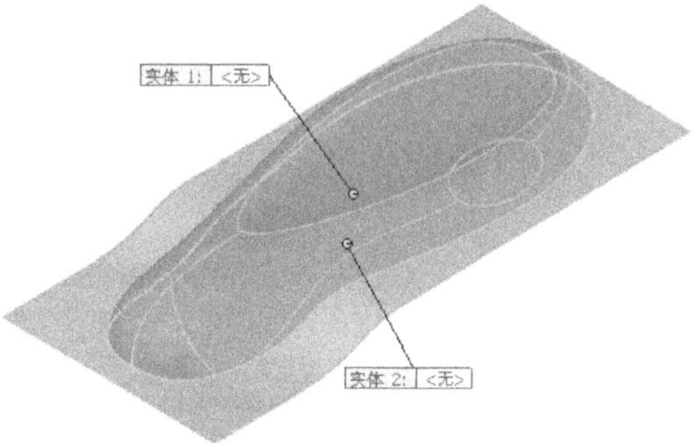

图 8-25　分割零件

步骤 4　隐藏分型面

步骤 5　重命名实体模型　展开“实体”文件夹。将实体分别重命名为“Upper Housing”与“Lower Housing”，如图 8-27 所示。

将上下两个实体设置成不同颜色，以显示其相互分离。

步骤 6　隐藏“Lower Housing”

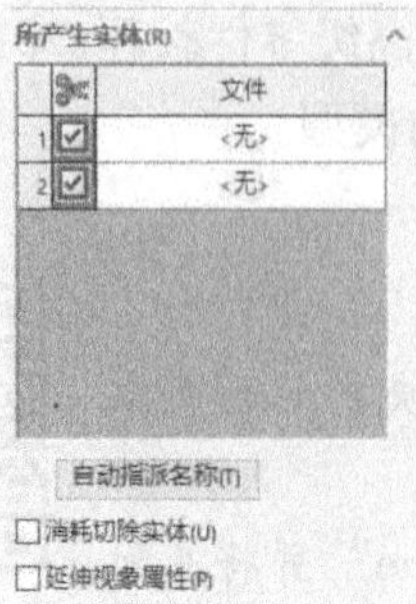

图 8-26　产生实体

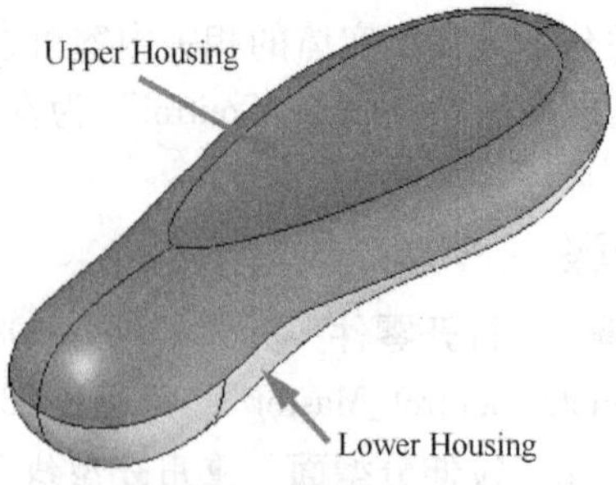

图 8-27　重命名实体模型

8.3.2　按键区建模

为节省时间，下面将直接使用一个现有的按键区开孔草图库特征。

操作步骤

步骤 1　参考基准面　显示上视基准面，将要在该面上插入一个库特征（草图），如图 8-28 所示。

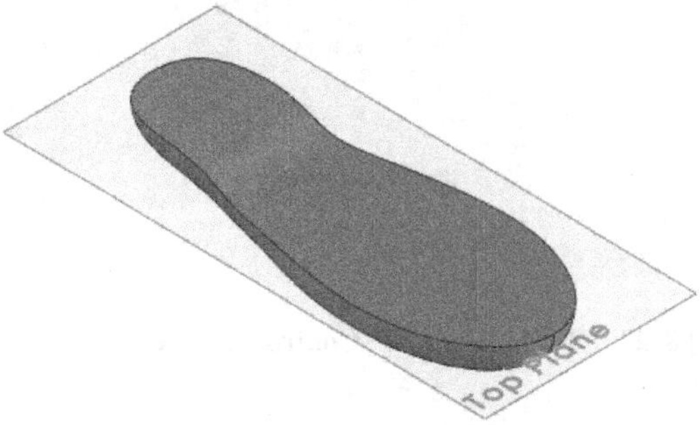

图 8-28　参考基准面

> **技巧** 用户可以按住 < Shift > 键并按两次向上箭头，将零件翻转过来。

步骤 2　库特征　从 Windows 资源管理器或任务窗格中的 SOLIDWORKS 文件探索器中浏览到“Lesson08\Case Study”文件夹，将名为“Sketch for Keypad”的库特征拖放至上视基准面，如图 8-29 所示。

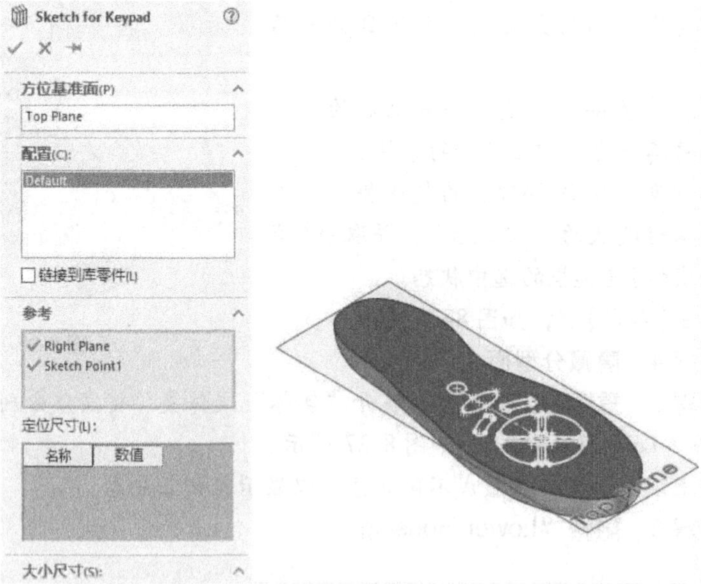

扫码看视频

图 8-29　库特征

指定草图定位参考，分别选取零件右视基准面与原点，单击【确定】✓。

步骤3 解散库特征 右键单击库特征，选择【解散库特征】。

步骤4 拉伸切除 两个方向均为【完全贯穿】，拔模角度为1.00°，如图8-30所示。

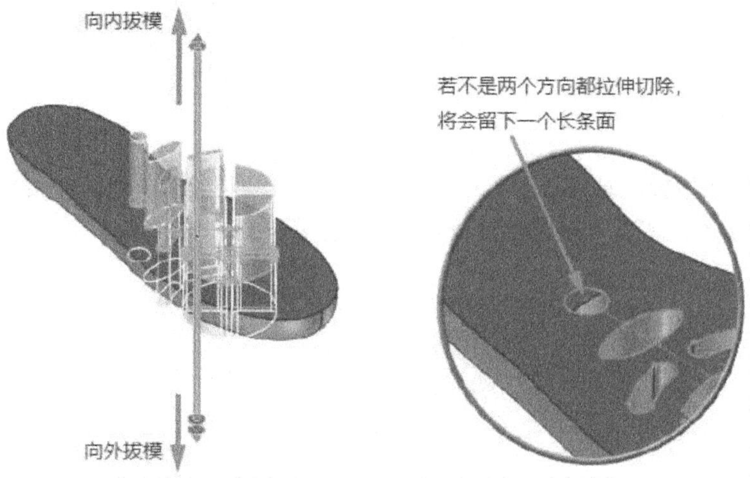

图8-30 拉伸切除

步骤5 抽壳 对实体“Upper Housing”进行抽壳操作，厚度为2mm，如图8-31所示。

步骤6 参考基准面 创建一个平行于基准面“Plane1”且距离为6.0mm的基准面，方向如图8-32所示。重命名新基准面为“Plane5”。

> **提示** 尺寸6.0mm是0.2mm、2mm的抽壳厚度和圆弧尺寸3.8mm相加的总和，它被用作约束曲线圆弧上的尺寸(7.3.2节步骤3)。

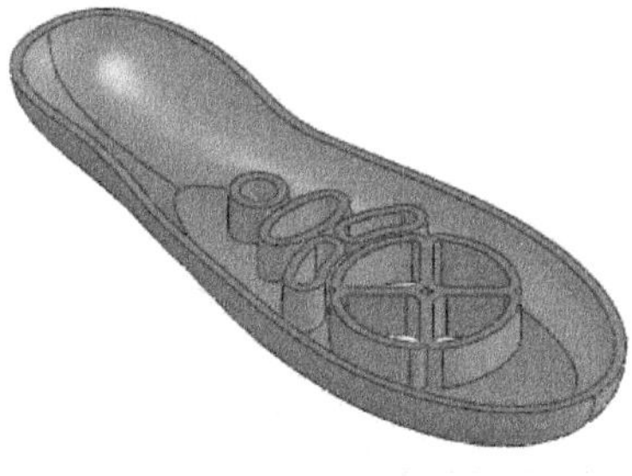

图8-31 抽壳

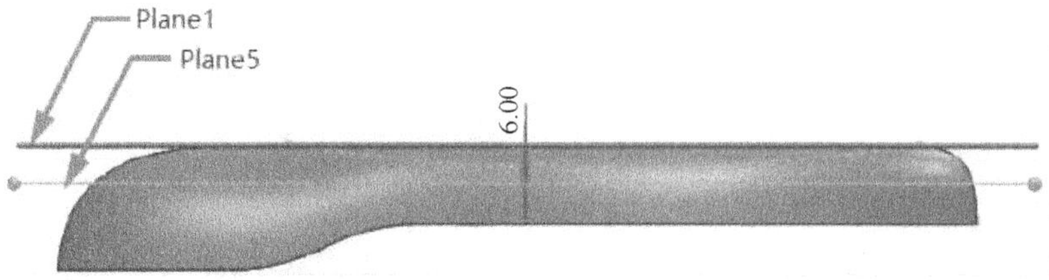

图8-32 参考基准面

步骤7 交叉曲线 在基准面“Plane5”上新建草图。单击【工具】/【草图工具】/【交叉曲线】，选取“Upper Housing”的两个内侧面，如图8-33所示。

关闭【交叉曲线】工具并隐藏基准面“Plane5”。

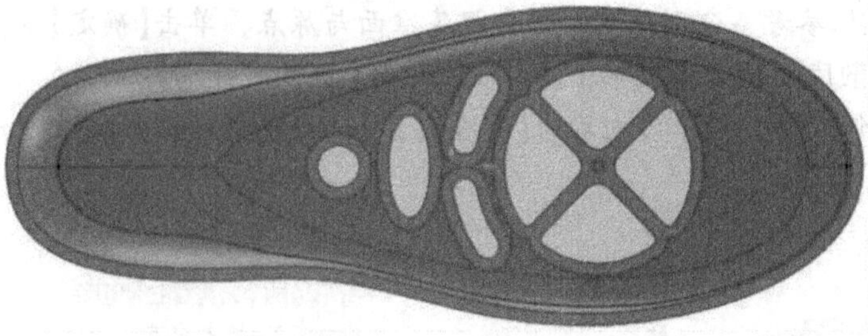

图 8-33　交叉曲线

步骤 8　绘制按键区轮廓草图　将这两条交叉曲线转换为构造线，并按图 8-34 所示绘制按键区轮廓草图，可通过绘制椭圆和矩形然后剪裁得到。

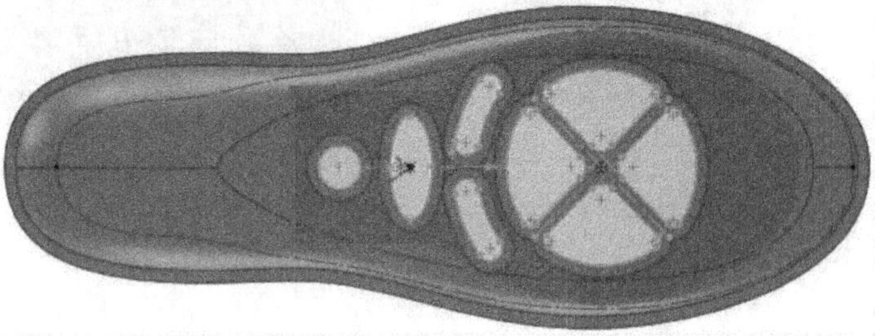

图 8-34　绘制按键区轮廓草图

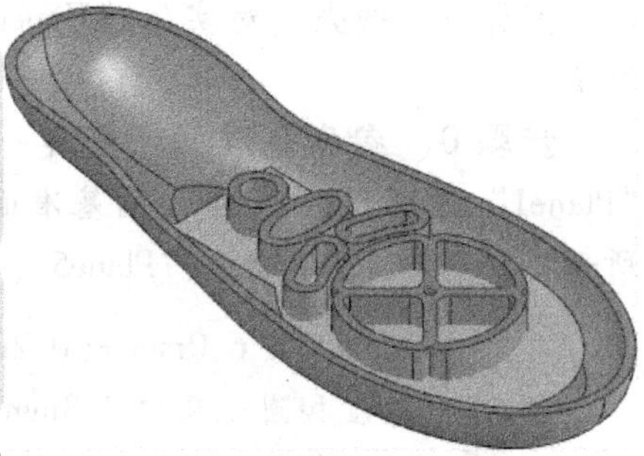

图 8-35　平面区域

技巧　显示按键区的草图（步骤 2），以帮助定位椭圆和矩形的中心，此处将使用【中心矩形】。

提示　交叉曲线作为参考，以确保按键区不会与零件内侧面产生干涉。

步骤 9　平面区域　使用当前激活的草图创建平面曲面，如图 8-35 所示。

步骤 10　使用曲面切除　单击【使用曲面切除】，在【曲面切除参数】下选取新建的平面区域。

单击【确定】，如图 8-36 所示。

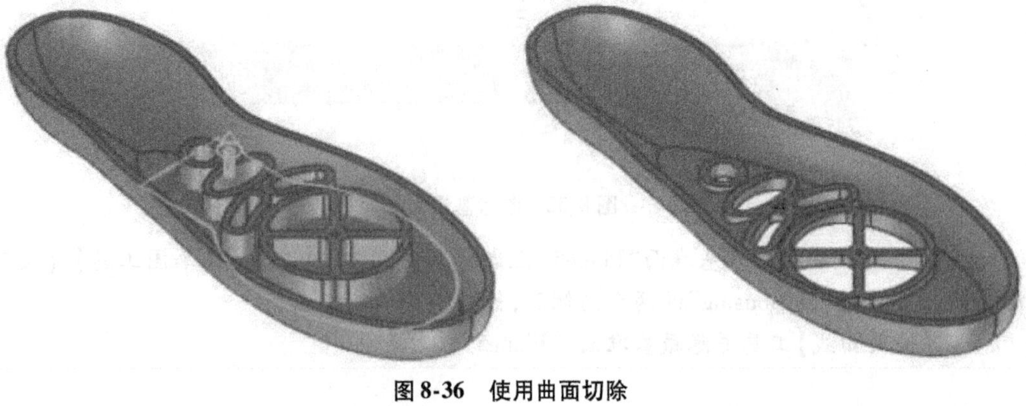

图 8-36　使用曲面切除

> **提示**
>
> 为何不直接使用基准面“Plane5”作为切割面，而要选用平面区域？
>
> 这是因为切割范围受曲面边界的限制。假如使用基准面“Plane5”作为切割面，那么该面上部的所有实体将被移除，而不仅仅是按键区的部分实体被切除，如图 8-37 所示。

步骤 11　加厚　设置【厚度】为 2.00mm，不勾选【合并结果】复选框，如图 8-38 所示。预览检查结果。

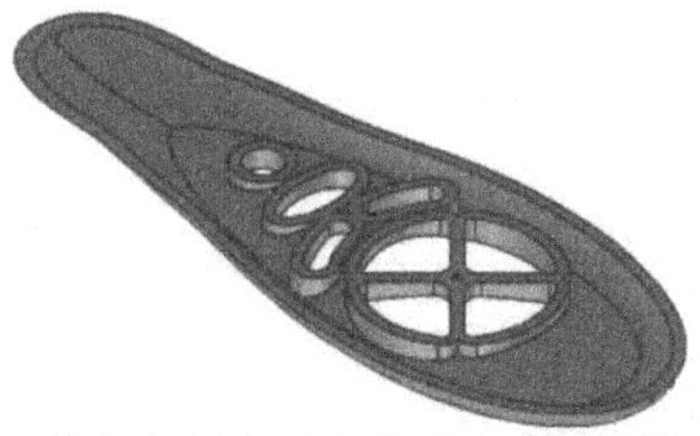

图 8-37　使用“Plane5”切除

图 8-38　加厚

选择【加厚侧边 1】或【加厚侧边 2】，进行实体加厚操作。单击【确定】✔，如图 8-39 所示。

步骤 12　重命名　将加厚后的实体命名为“Keypad”。

步骤 13　等距边线　在实体“Keypad”的上表面新建草图，以绘制按键草图，如图 8-40 所示。

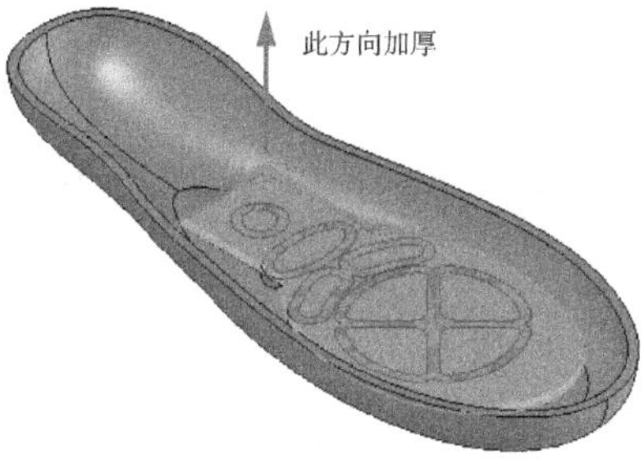

图 8-39　加厚方向

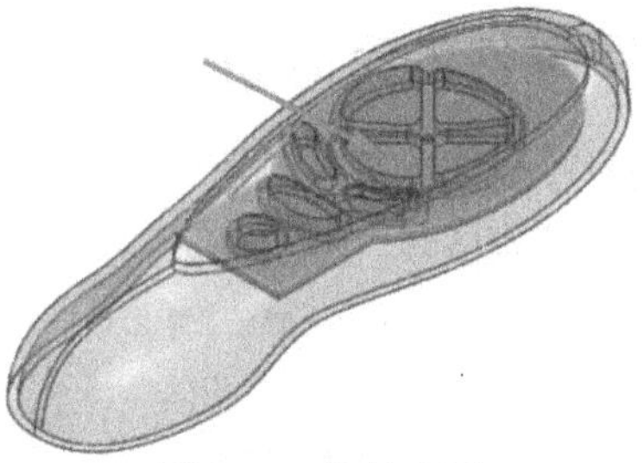

图 8-40　按键草图

> **提示**　为了显示清晰，将实体“Upper Housing”透明显示。

按键切除拔模面底部的边线需要向内偏移 0.25mm 才能创建按钮的轮廓。用户可以分别选择和偏移边线的环，也可以考虑使用下面的替代方法：

1）定向到上视图。

2）打开面的选择过滤器(键盘上的快捷键是 <X> 键)。

3）在按键的拔模切除上从左到右框选，拔模面将被选择。

4）单击【交叉曲线】，将在拔模面与草图平面相交的地方创建草图实体。

5）关闭面的选择过滤器(按 <X> 键)。

6）框选草图实体，然后使用【等距实体】向内偏移 0.25mm。勾选【构造几何体】的【基本几何体】复选框可将相交曲线转变为构造线。结果如图 8-41 所示。

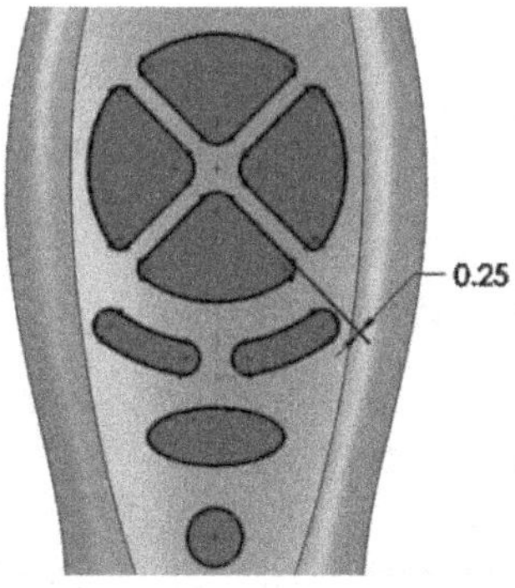

图 8-41　等距实体

步骤 14　拉伸凸台　拉伸草图，选择【到离指定面指定的距离】选项，【等距距离】为 2.5mm。【拔模斜度】设为 1.00°，方向向内。

勾选【合并结果】复选框，【特征范围】处选取实体“Keypad”。修改“Keypad”实体的外观，如图 8-42 所示。

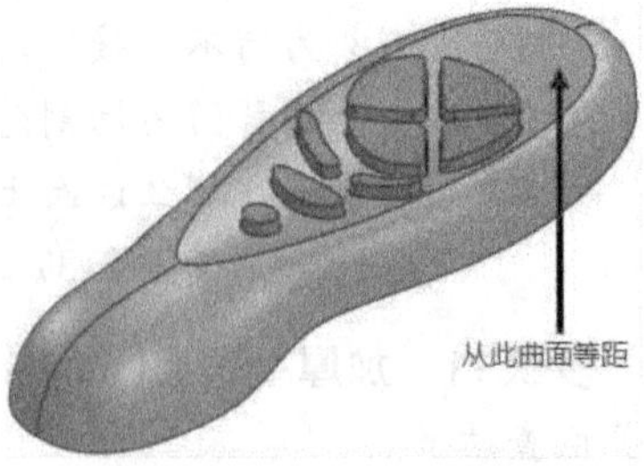

图 8-42　拉伸凸台

步骤 15　圆顶　在圆形按钮顶部创建高度为 1.25mm 的圆顶特征，方向向上，如图 8-43 所示。

步骤 16　添加圆角　在按钮边线处添加半径为 0.5mm 的圆角特征，如图 8-44 所示。

图 8-43　圆顶

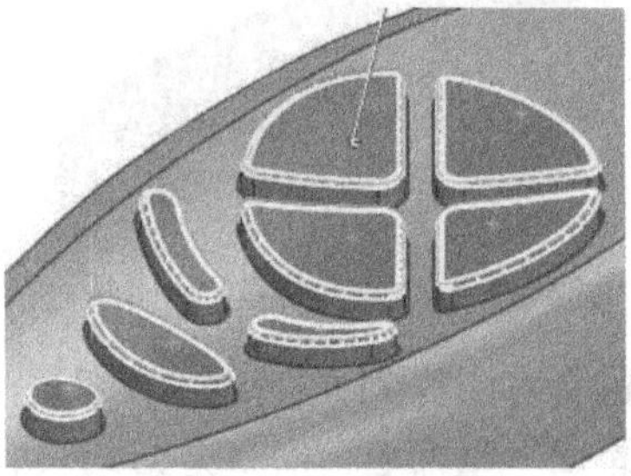

图 8-44　添加圆角

8.4　塑料零件的专有特征

许多塑料零部件中含有诸如弹簧扣、装配凸台、零部件连接处的间隙和侧壁。SOLIDWORKS 软件可以自动创建这些类似特征。

知识卡片

扣合特征	【扣合特征】简化了塑料件生成共性特征的过程。用户可以用它来创建： 1)装配凸台。 2)弹簧扣。 3)弹簧扣凹槽。 4)通风口(也适用于钣金零件)。 5)唇缘/凹槽。
操作方法	• CommandManager：【特征】/【扣合特征】。 • 菜单：【插入】/【扣合特征】。 • 工具栏：【扣合特征】。

技巧　单击【工具】/【自定义】，在【快捷方式栏】标签中的弹出工具栏中拖动【扣合特征】至 CommandManager 的【特征】选项卡中，或者在【工具栏】标签中勾选【扣合特征】工具栏。

8.4.1　装配凸台

下面将创建装配凸台。【装配凸台】特征可以创建两种类型的凸台：

- 硬件凸台。
- 销凸台。

用户可以控制凸台的所有参数，包括是否有肋板或角撑板，以及这些角撑板的形状，如图 8-45 所示。

如图 8-46 所示，红色高亮部分就是装配凸台。

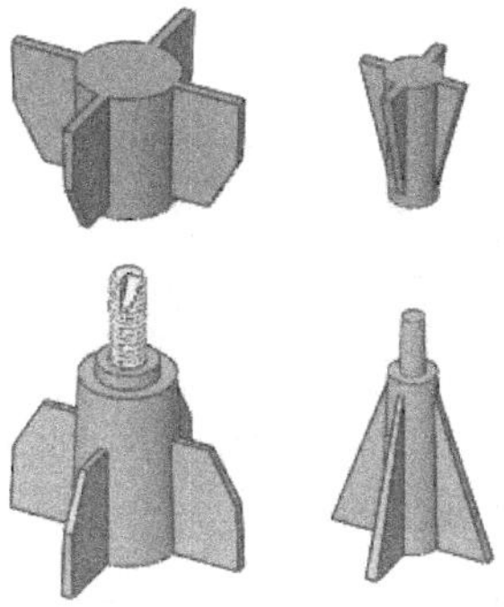

图 8-45　装配凸台

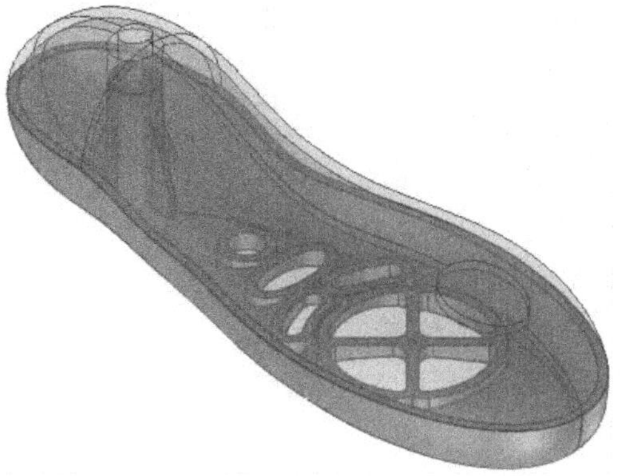

图 8-46　装配凸台

扫码看视频

操作步骤

步骤 1　隐藏和显示实体　隐藏实体“Upper Housing”和“Keypad”，显示实体“Lower Housing”，如图 8-47 所示。

步骤 2　抽壳　对实体“Lower Housing”进行抽壳操作，抽壳厚度设为 2mm，如图 8-48 所示。

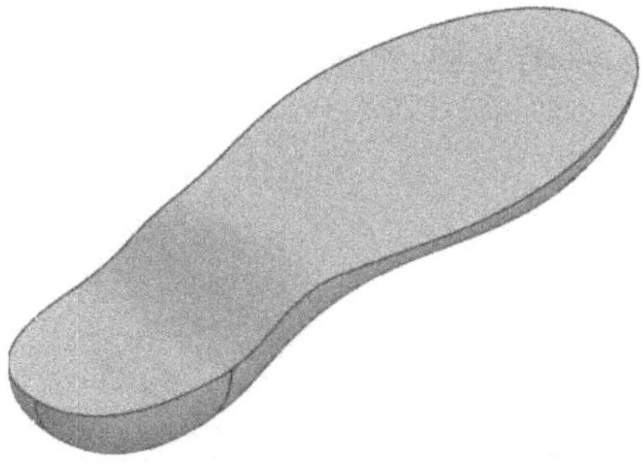

图 8-47　隐藏和显示实体

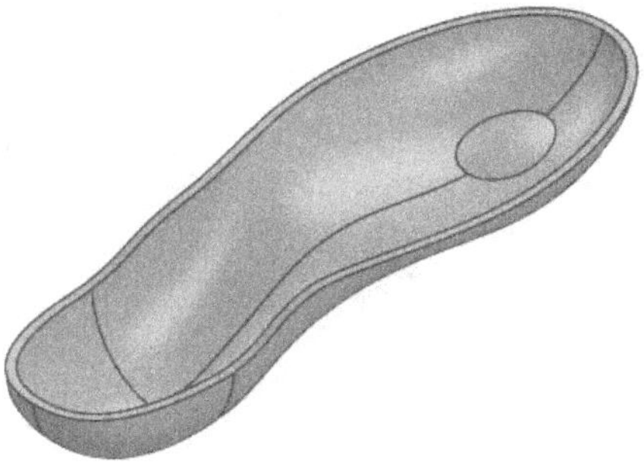

图 8-48　抽壳

1. 紧固件用孔　当创建硬件类型的安装凸台时，用户可以创建一个具有用于紧固件的通孔或用于螺纹的盲孔凸台。下面将首先创建通孔凸台，如图 8-49 所示的剖视图。

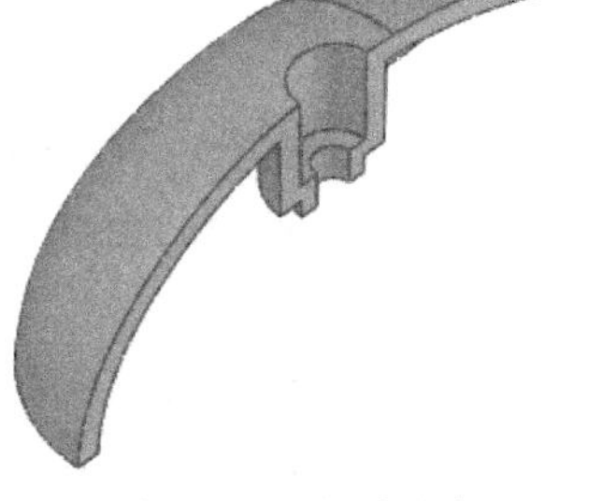

图 8-49　通孔凸台

步骤 3　装配凸台　单击【装配凸台】并定位零件以便可以查看到底部。

步骤 4　选取面　选择实体“Lower Housing”后部的一个面。

在【凸台类型】选择【硬件凸台】，如图 8-50 所示。

步骤 5　定义凸台方向　选取上视基准面以指定装配凸台的方向。凸台的正确方向应参照模具拔模的方向。

凸台的位置取决于用户所选面的位置。系统会在该位置自动绘制 3D 草图点以定位凸台。若要编辑位置，则需要编辑 3D 草图点。结果如图 8-51 所示。单击【确定】✔。

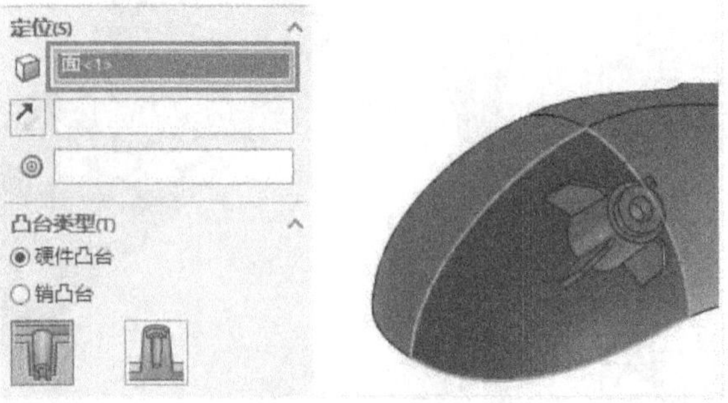

图 8-50　选取面

步骤 6　凸台定位　在特征树上展开“装配凸台 1”特征并编辑 3D 草图。在点和右视基准面之间添加【在平面上】的几何关系，如图 8-52 所示。

> **提示**　凸台与原点之间的距离并不重要，但其应该位于主体（遥控器）的后部。

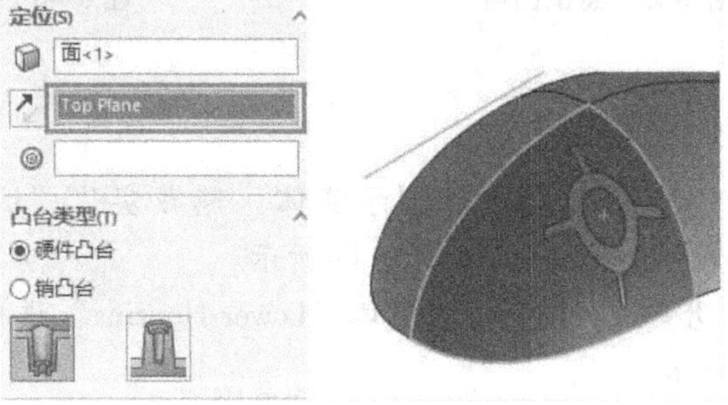

图 8-51　定义凸台方向

退出草图，重建装配凸台。定位视图方位以便方便地观察“Lower Housing”的内部，如图 8-53 所示。

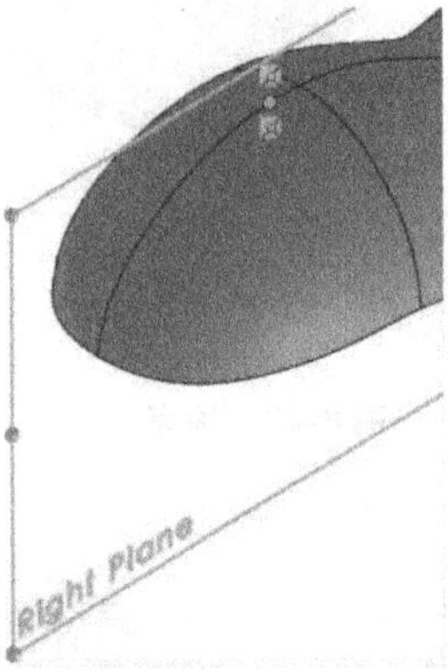

图 8-52　凸台定位

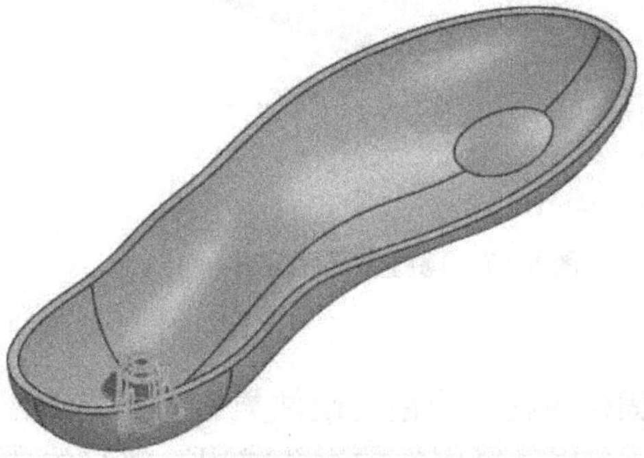

图 8-53　定位凸台

步骤 7　定义凸台参数　编辑“装配凸台 1”参数，如图 8-54 所示，凸台参数设置如下：

- A：凸台的高度 = 10.00mm。
- B：凸台的直径 = 10.28mm。
- C：凸台步长的直径 = 6.20mm。
- D：凸台步长的高度 = 1.50mm。
- E：主凸台的拔模斜度 = 1.00°。
- F：内孔的直径 = 3.20mm。

- G：柱孔的内径 = 6.35mm。
- H：柱孔的内部深度 = 1.50mm。
- I：内孔的拔模斜度 = 1.00°。
- 凸台高度间隙值 = 清除选中。

步骤 8　定义翅片参数　此凸台没有翅片(角撑板)，因此【翅片数】设为 0，单击【确定】✔。装配凸台被添加到实体“Lower Housing”的内部，如图 8-55 所示。

步骤 9　外观　显示实体“Upper Housing”。将实体“Lower Housing”设为半透明显示，如图 8-56 所示。

技巧　展开【显示窗格】，使用一种简单的方法为实体添加透明度，如图 8-57 所示。

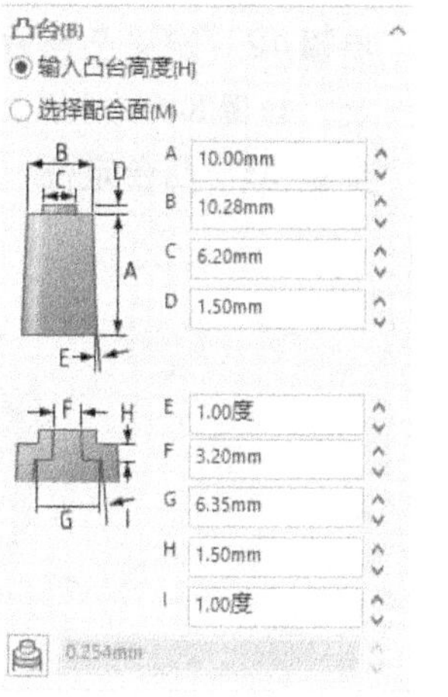

图 8-54　定义凸台参数

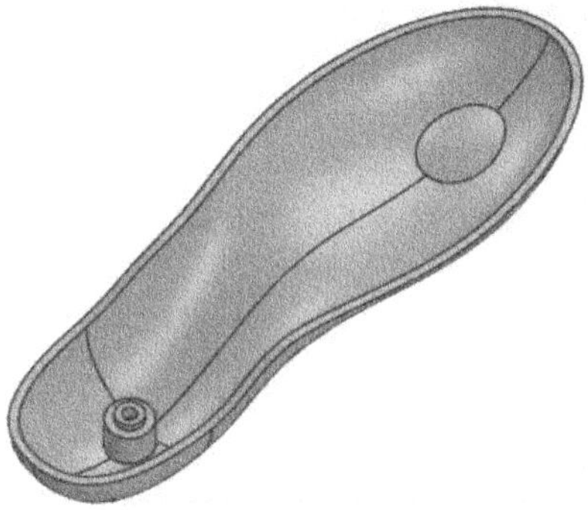

图 8-55　定义翅片参数

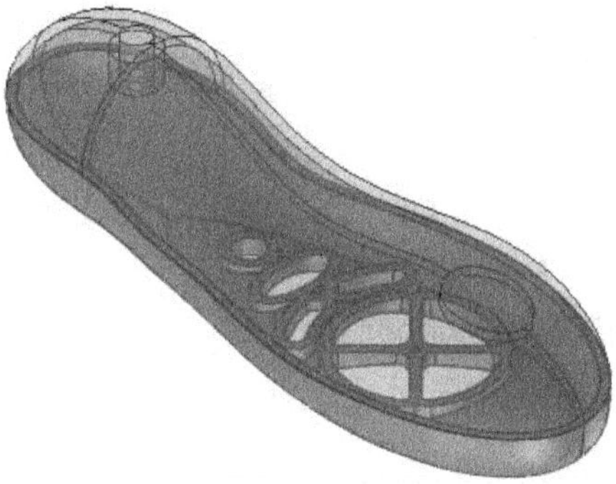

图 8-56　外观

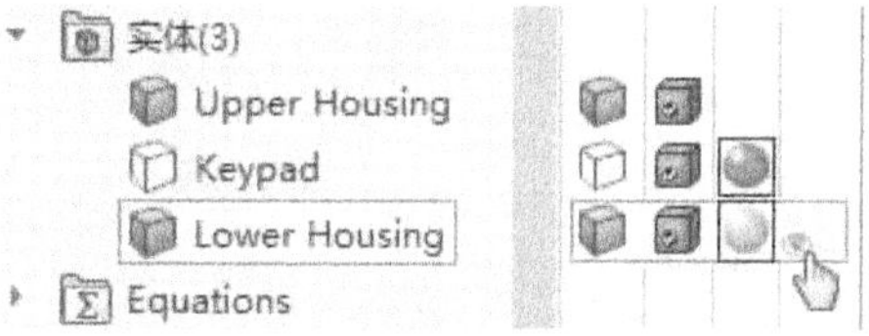

图 8-57　添加实体透明度

2. 带螺纹凸台　前面已经创建了含通孔的凸台，这将有利于创建相对应的带螺纹凸台，因为可以参考已有几何体去给凸台定位和定义其高度。

步骤 10　装配凸台　单击【装配凸台】。

步骤 11　选取面　切换到下视视图方位，选择实体“Upper Housing”的内表面，透过凸台通孔选择内表面是一种较好的方法，如图 8-58 所示。

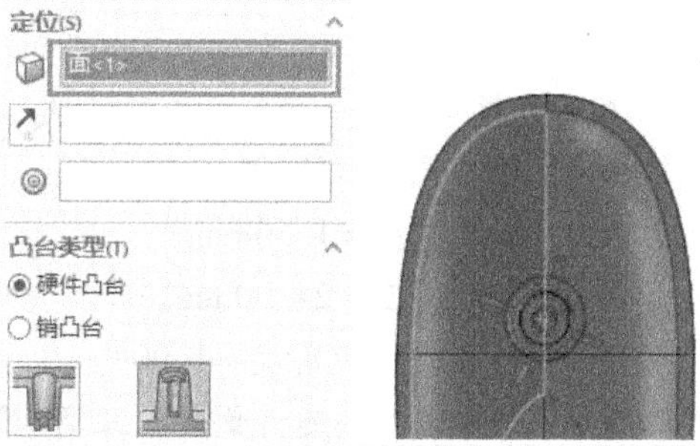

图 8-58　选取面

步骤 12　定义凸台方向　选择上视基准面并单击【反向】，装配凸台的方向与拔模方向一致，如图 8-59 所示。

步骤 13　凸台定位　选择通孔边线定位凸台，如图 8-60 所示。

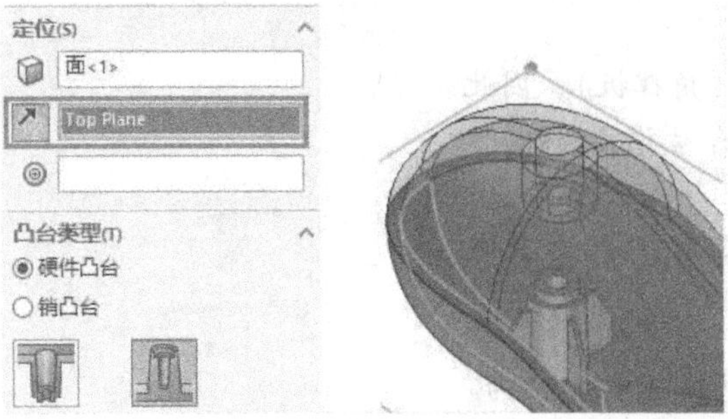

图 8-59　定义凸台方向

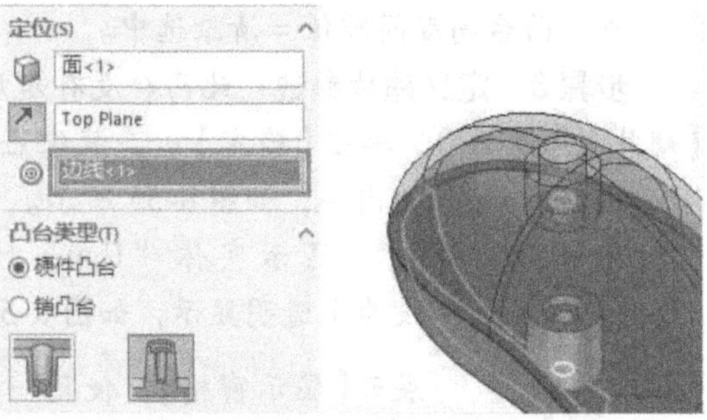

图 8-60　凸台定位

技巧　使用快捷菜单中的【选择其他】工具可以隐藏选区前面的面。启用此工具后，右键单击面可以将其隐藏，进而允许用户更加深入地研究零件以进行选择。

步骤 14　定义凸台高度　单击【选择配合面】并选择如图 8-61 所示的“Lower Housing”内部平面。

步骤 15　定义凸台参数

如图 8-62 所示，凸台参数设置如下：

- B：凸台的直径 = 10.28mm。
- C：主凸台的拔模角度 = 1.00°。
- D：凸台步长的直径 = 6.20mm。
- E：内孔的直径 = 2.40mm。
- F：凸台步长的高度 = 1.50mm。
- G：内孔的深度 = 25.00mm。
- H：内部步长的拔模角度 = 1.00°。
- I：内孔的拔模角度 = 1.00°。
- 凸台高度的间隙值 = 选中，设为 0.254mm。

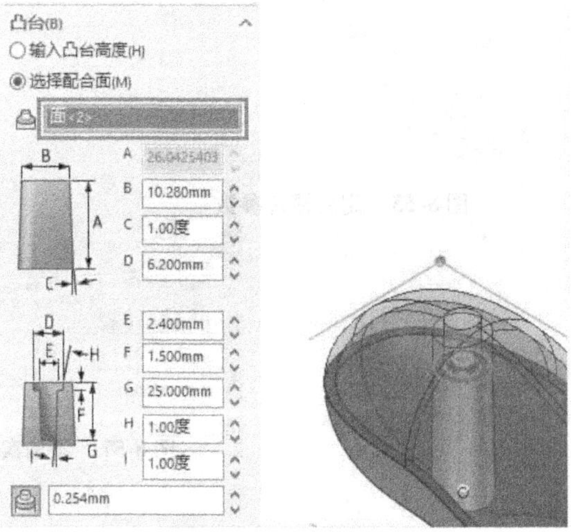

图 8-61　定义凸台高度

步骤 16　定义翅片参数　选择右视基准面定位翅片。如图 8-63 所示，翅片参数设置如下：

- 翅片数 = 4。
- A：翅片长度 = 10.00mm。
- B：翅片宽度 = 1.50mm。
- C：翅片高度 = 24.00mm。
- D：翅片的拔模角度 = 1.00°。
- E：翅片边线到翅片倒角的距离 = 7.00mm。
- F：翅片倒角的角度 = 70.00°。

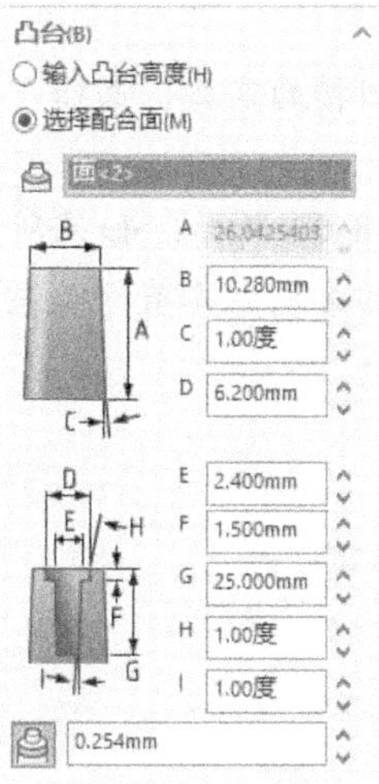

图 8-62　定义凸台参数

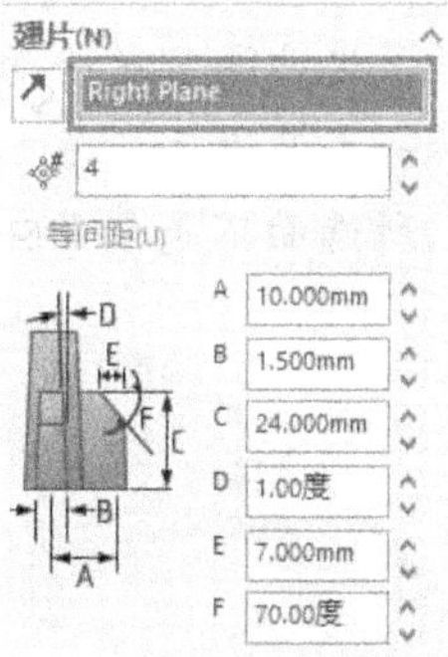

图 8-63　定义翅片参数

步骤 17　结果　单击【确定】✓，装配凸台已经被添加至实体“Upper Housing”的内侧，如图 8-64 所示。

提示　装配凸台在图中以高亮颜色显示。

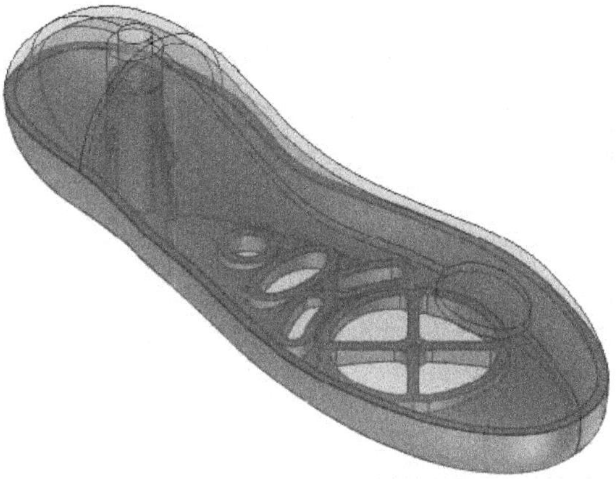

扫码看视频

图 8-64　结果

8.4.2　接缝

下面将在上下壳体之间创建外观缝隙或接缝。接缝广泛应用于塑料制品中，以防止两个零件的边线相碰触。边线相碰触的地方通常表明模型分型线处的不同。接缝也显示出了模型的边线或两个曲面之间的分离位置，如图 8-65 所示。

下面将采用【唇缘/凹槽】特征来创建接缝。

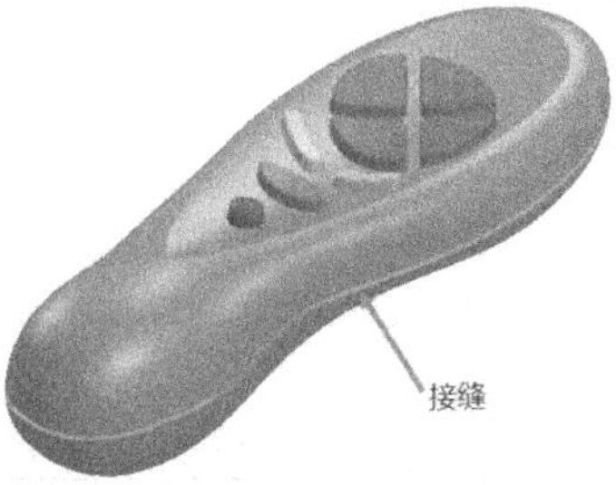

图 8-65　接缝

操作步骤

步骤 1　外观　移除零件“Lower Housing”的外观。【唇缘/凹槽】特征可以自动管理实体的外观，以使选择面和边线更加容易，如图 8-66 所示。

步骤 2　唇缘/凹槽　单击【唇缘/凹槽】。

步骤 3　选择实体　选择“Upper Housing”作为生成凹槽的实体，选择“Lower Housing”作为生成唇缘的实体。

选择“Top Plane”定义【唇缘/凹槽】的方向，如图 8-67 所示。如果所有用来创建唇缘和凹槽的所选曲面都是平面且具有相同法向，则默认的方向就垂直于这些平面，而不需要用户选择一个基准面。

本例中，所选面不是平面，因此需要选择模型的分型面。

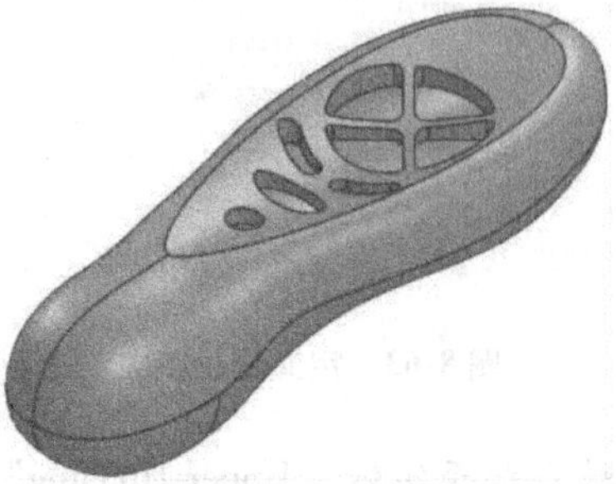

图 8-66　唇缘/凹槽

图 8-67　选择实体

步骤 4　凹槽面选择　系统激活了【凹槽选择】中的面选择列表框，并使“Lower Housing”变为透明显示。按住〈Shift〉键并单击两次向上箭头键以旋转视图，选择构成“Upper Housing”的边界的面，如图 8-68 所示。

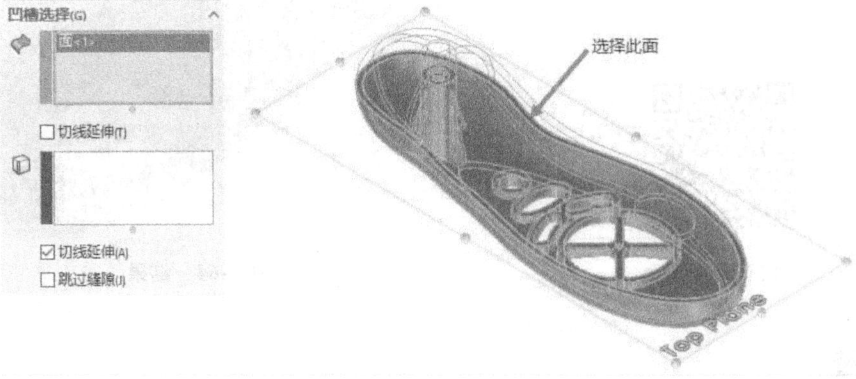

图 8-68　凹槽面选择

步骤 5　凹槽选择　在 PropertyManager 中单击边线选择列表框。按键盘中的字母键“G”以激活放大镜。这将有助于选择边线。单击“Upper Housing”的内部边界，如图 8-69 所示。

步骤 6　唇缘面及边线选择　在【唇缘选择】项中，单击面选择列表框。系统将使“Lower Housing”不透明显示，并使“Upper Housing”显示为透明状态。

按住〈Shift〉键并单击两次向上箭头键以旋转视图。

选择构成“Lower Housing”的边界的面，在 PropertyManager 中单击边线选择列表框，单击“Lower Housing”的内部边线，如图 8-70 所示。

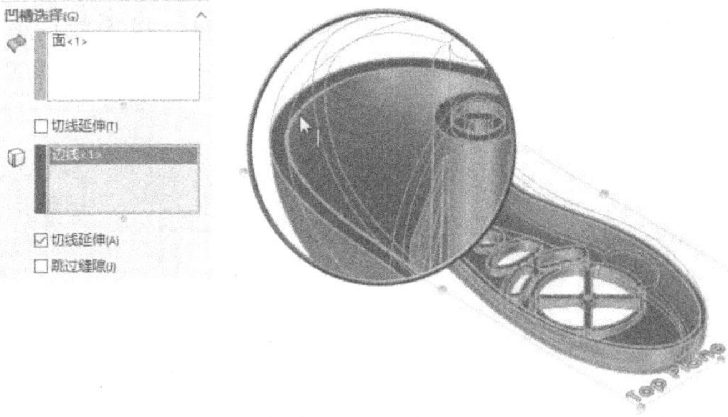

图 8-69　凹槽选择

步骤 7　唇缘及凹槽参数　勾选【连接相符的值】复选框会自动将拔模角度等数值关联到一起。如图 8-71 所示，设置参数如下：

- A：凹槽宽度 = 1.00mm。
- B：唇缘和凹槽之间的间距 = 0.00mm。
- C：凹槽拔模角度 = 1.00°。
- D：唇缘和凹槽之间的上部缝隙 = 0.00mm。
- E：唇缘高度 = 2.00mm。
- F：唇缘宽度 = 1.00mm。
- G：唇缘拔模角度 = 1.00°(连接到凹槽拔模角度)。
- H：唇缘和凹槽之间的缝隙 = 1.00mm。

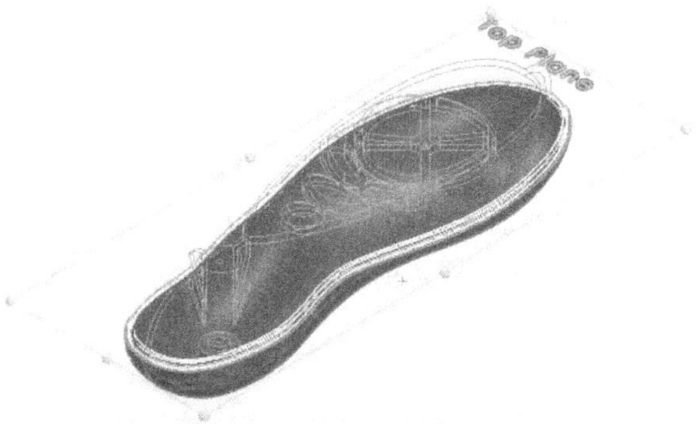

图 8-70　唇缘面及边线选择

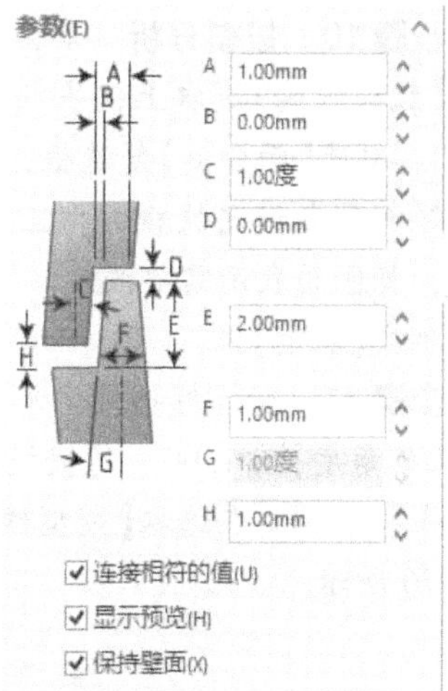

图 8-71　设置参数

确保勾选【保持壁面】复选框，单击【确定】✔，如图 8-72 所示。

提示　剖面视图的切除面以其他颜色表示，以方便观察。

步骤 8　消息　当单击【确定】时，系统将弹出以下消息：“不能保持现有边侧壁面，已有其他非拔模面添加到了模型。这些必须手工拔模，或者使用不同方法重新建模特征。”

这表明当创建唇缘时，系统无法延伸“Lower Housing”内部的已有曲面，如图 8-73 所示。

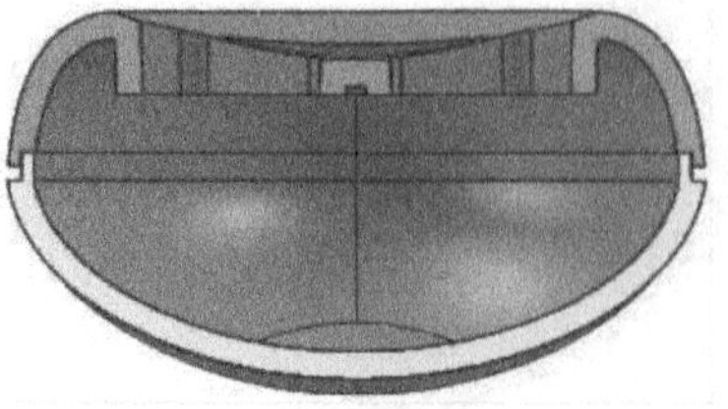

图 8-72　剖面视图

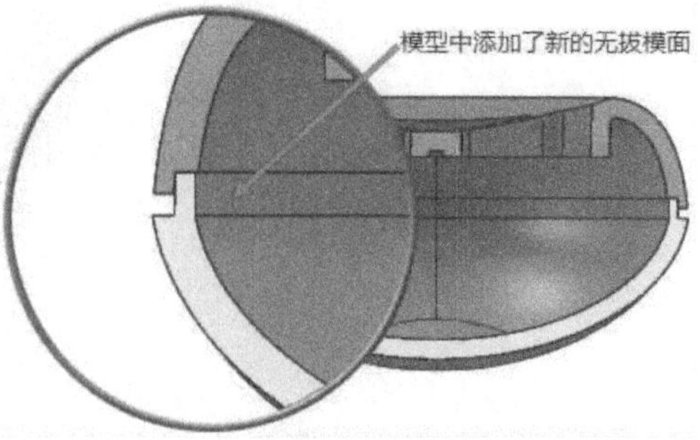

图 8-73　新的无拔模面

系统将自动取消勾选【保持壁面】复选框，以避免当零件重建时再次弹出相应的提示信息框。

知识卡片

拔模分析	【拔模分析】工具可用于根据设定的拔模角度确定零件是否有足够的拔模量从模具中移出。
操作方法	• CommandManager：【评估】/【拔模分析】。 • 菜单：【视图】/【显示】/【拔模分析】。

步骤 9　外观　隐藏实体“Upper Housing”，如图 8-74 所示。

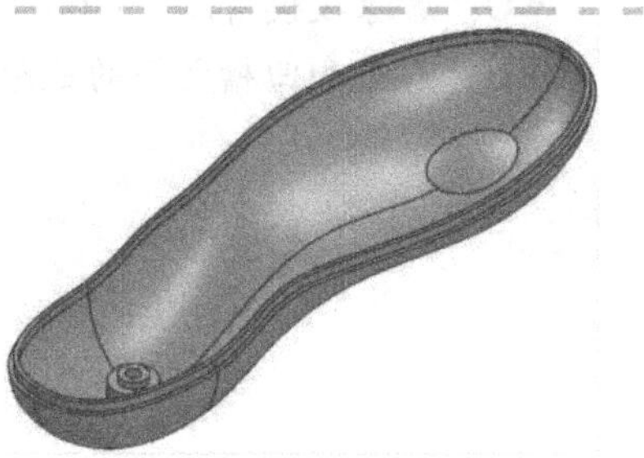

图 8-74　隐藏实体“Upper Housing”

步骤 10　拔模分析　单击【拔模分析】。

【拔模方向】选取上视基准面，设置【拔模角度】为 1.00°。勾选【面分类】复选框，结果如图 8-75 所示。

绿色面在指定拔模方向上为正拔模，红色面为负拔模，黄色面表示需要拔模。

单击【取消】。

步骤 11　分型线拔模　单击【拔模】，单击【手工】，【拔模类型】选择【分型线】，设置【拔模角度】为 1.00°，【拔模方向】选取上视基准面。确认拔模方向是否正确，若不对，可单击【反向】。在选取【分型线】时，可右键单击模型的内侧边线并选择【选择相切】，如图 8-76 所示。

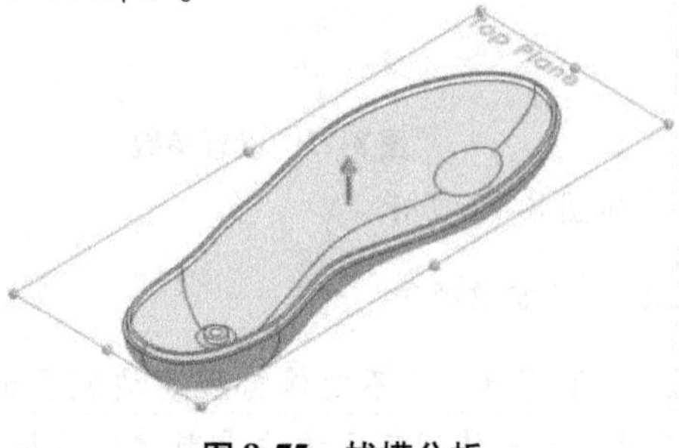

图 8-75　拔模分析

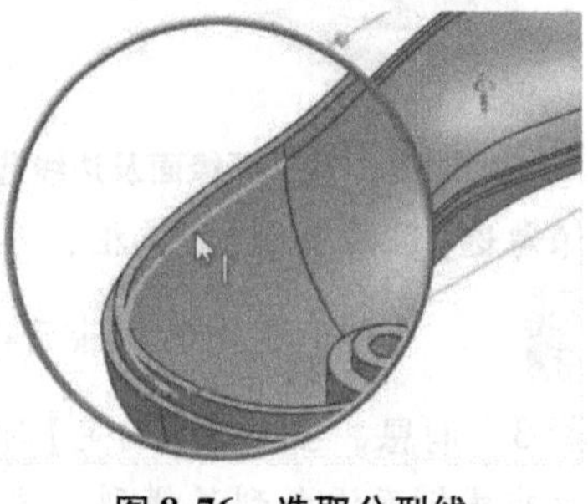

图 8-76　选取分型线

单击【确定】✓，结果如图 8-77 所示。

提示 M3 扣件上的孔也需要进行拔模，但这需要一个单独的操作，因为模具该部分的拔模方向是相反的。此处将跳过对该面添加拔模的步骤，因为这并不是本例所关注的内容。

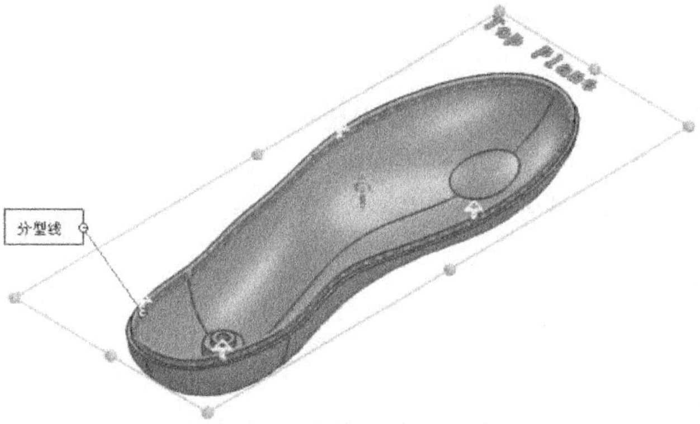

图 8-77 分型线拔模

8.4.3 弹簧扣凹槽

弹簧扣和它们对应的凹槽在塑料件中是较为常用的特征，无需工具或紧固件，便能快速完成装配。

操作步骤

步骤 1 偏移面 显示前面作为库特征插入的按键区切除草图(8.3.2 节步骤 2)。创建一个平行于前视基准面且经过草图圆形按键区中心点的基准面，如图 8-78 所示。

步骤 2 新建 3D 草图 新建 3D 草图，绘制两个【点】■，并在这两个点与实体“Lower Housing”内边线间添加【重合】约束，与等距的基准面间添加重合【在平面上】约束。

退出草图，如图 8-79 所示。

扫码看视频

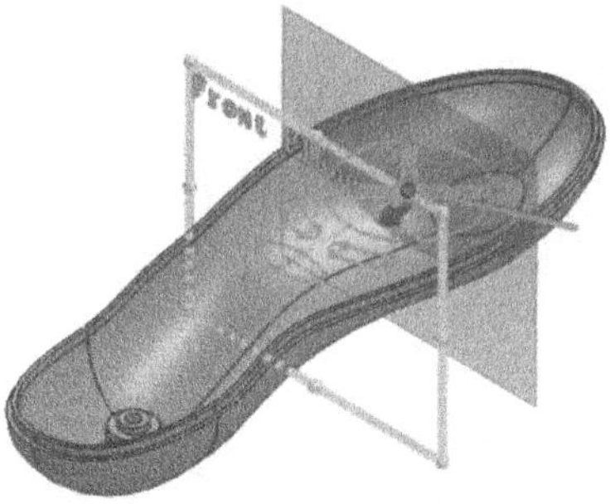

图 8-78 偏移面

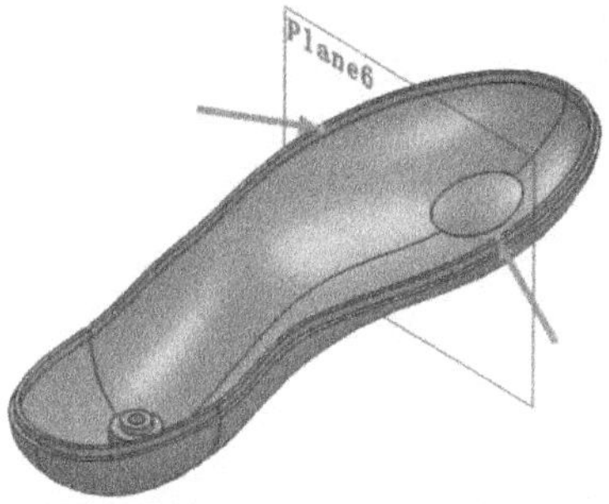

图 8-79 新建 3D 草图

步骤 3 添加弹簧扣 单击【弹簧扣】。选取 3D 草图中的其中一个点，选取上视基准面以定义扣钩的竖直方向，选取右视基准面以定义扣钩的水平方向。预览检查，若方向不对，可以勾选【反向】复选框。单击【输入实体高度】，如图 8-80 所示。

步骤 4 设置弹簧扣数据 输入如图 8-81 所示的【弹簧扣数据】。

- A：扣钩顶部的深度 = 1.25mm。
- B：扣钩高度 = 1.00mm。

- C：扣钩唇缘高度 =0.38mm。
- D：实体高度 =1.75mm。
- E：扣钩基体的深度 =1.50mm。
- F：扣钩悬垂片 =0.65mm。
- G：总宽度 =4.00mm。
- H：顶部拔模角度 =2.00°。

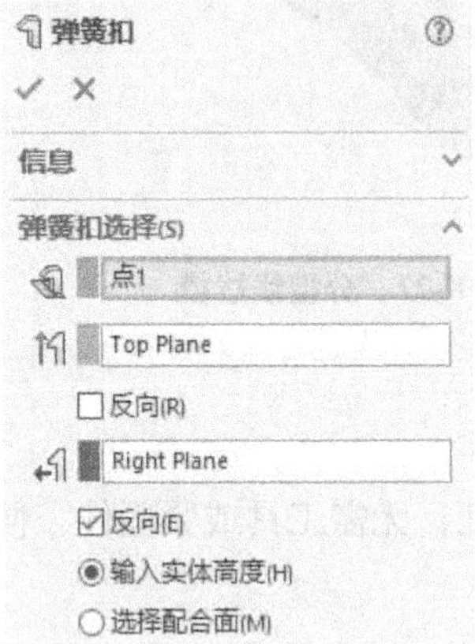

图 8-80 添加弹簧扣

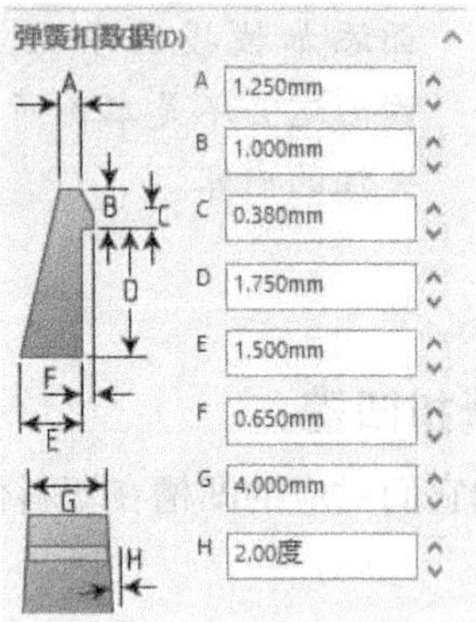

图 8-81 弹簧扣数据

结果如图 8-82 所示，不要单击【确定】✔。

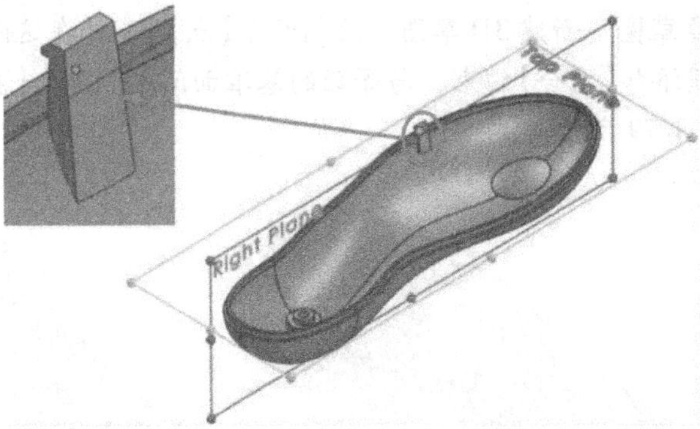

图 8-82 结果

8.4.4 收藏

这个尺寸会被下一个弹簧扣重复使用。用户可以使用收藏来避免重复输入尺寸。

知识卡片

收藏

收藏被保存在模型中，但是可以被导出并加载到其他模型。

收藏可以被添加到模板中，这有助于特征尺寸满足公司的标准或者被重复使用。

步骤5　添加收藏　单击【添加或更新收藏】按钮，命名为“弹簧扣”，如图8-83所示。单击【确定】创建收藏，再次单击【确定】✔创建弹簧扣。

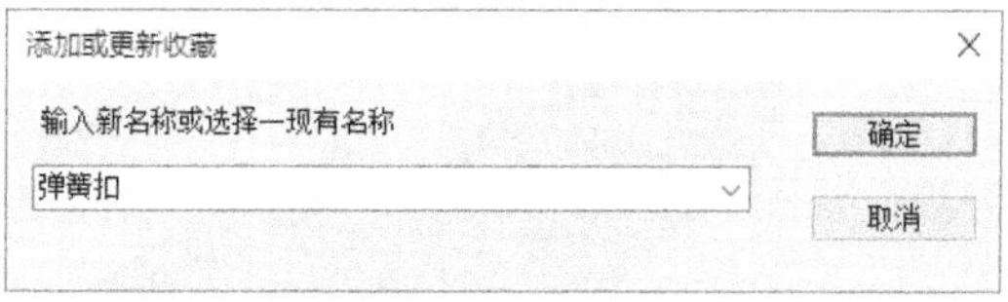

图8-83　添加收藏

步骤6　创建第二个弹簧扣　使用3D草图的另一个点来创建第二个弹簧扣，如图8-84所示。在【弹簧扣选择】中使用相同的设置，但是取消勾选【反向】复选框。对于收藏，从下拉菜单中选择“弹簧扣”，单击【确定】✔。

> **提示**　创建第二个弹簧扣时，系统会记住原始弹簧扣的尺寸。因此，在这种情况下使用收藏夹并不是完全必要的。

步骤7　显示实体　显示实体“Upper Housing”。

步骤8　弹簧扣凹槽　在创建弹簧扣凹槽前必须先创建弹簧扣特征。单击【弹簧扣凹槽】。选取特征“弹簧扣1”，选取实体“Upper Housing”作为生成弹簧扣凹槽的实体，如图8-85所示。

> **提示**　弹簧扣凹槽的尺寸自动由所选弹簧扣来驱动，PropertyManager中各项值都是等距尺寸或者间隙值，用户可以指定凹槽略大于扣钩。

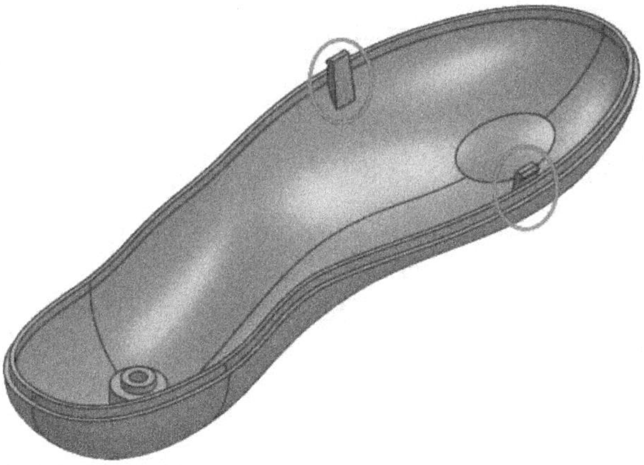

图8-84　创建第二个弹簧扣

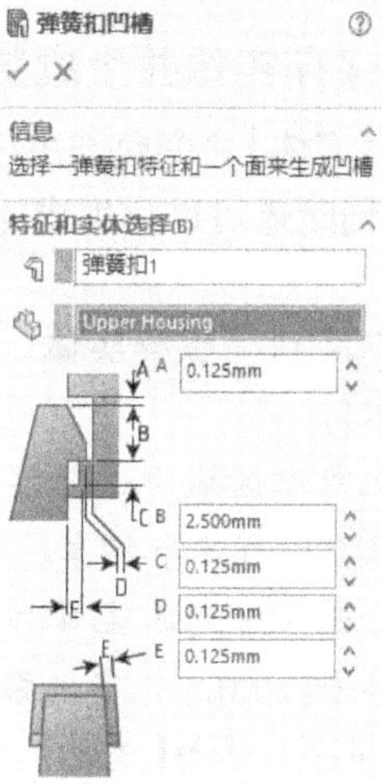

图8-85　弹簧扣凹槽

输入如下数值：

- A：从弹簧扣的等距高度＝0.125mm。
- B：缝隙高度＝2.50mm。
- C：凹槽间隙＝0.125mm。
- D：缝隙距离＝0.125mm。
- E：从弹簧扣的等距宽度＝0.125mm。

单击【确定】✔。

步骤9　第二个弹簧扣凹槽　对特征“弹簧扣2”重复操作步骤8，结果如图8-86所示。

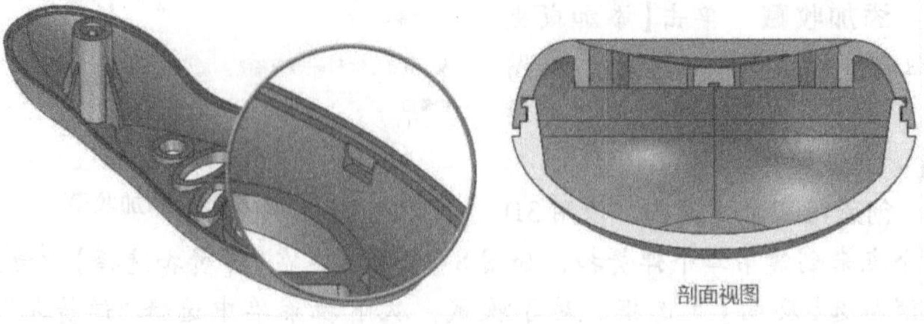

图 8-86　第二个弹簧扣凹槽

提示　为了显示清晰，剖面视图的切割面已着色。

步骤 10　显示所有实体并根据需要修改外观（可选步骤）　结果如图 8-87 所示。

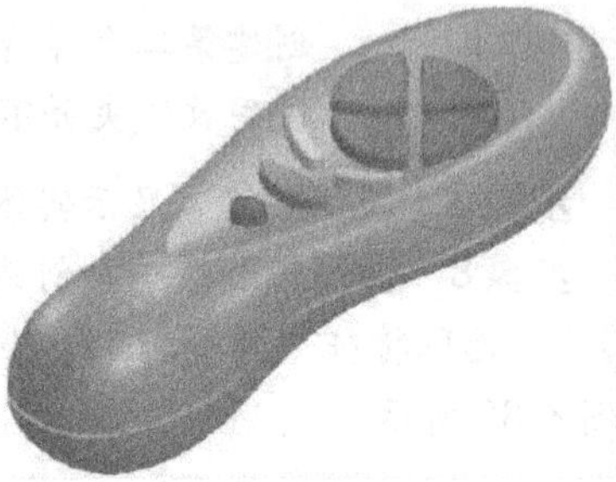

图 8-87　显示所有实体并修改外观

8.4.5　保存实体并生成装配体

【保存实体】命令允许用户将零件中的单个实体保存为零件文件。用户可以指定需要保存哪个实体，同时还可以由生成的零件直接生成装配体。

步骤 11　保存实体　右键单击“实体”文件夹，选择【保存实体】。

在图形区域中选择实体，或在 PropertyManager 中勾选复选框以保存所有 3 个实体。勾选【延伸视象属性】复选框，以将主模型外观应用到派生零件，如图 8-88 所示。在【生成装配体】中，单击【浏览】并定义装配体的文件名称为“Remote_Control_Assembly”。单击【确定】✔完成 PropertyManager。如果弹出有关派生零件单位的消息，单击【是】以更改单位。

步骤 12　查看结果　已经创建新的装配体文件，并在另一个文档窗口中打开。从【窗口】菜单访问该装配体，并查看装配体及其零件。

步骤 13　保存并关闭所有文件

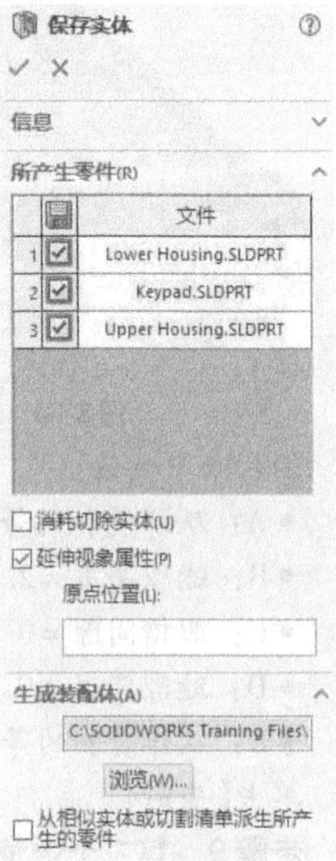

图 8-88　保存实体

练习　实体主模型

使用如图8-89所示的实体主模型来驱动装配体中的零件，然后运用文件管理技术更改个别零件名称。要求改名后文件的原有外部参考均不能被破坏。

本练习将应用以下技术：

- 实体主模型的应用。

扫码看3D

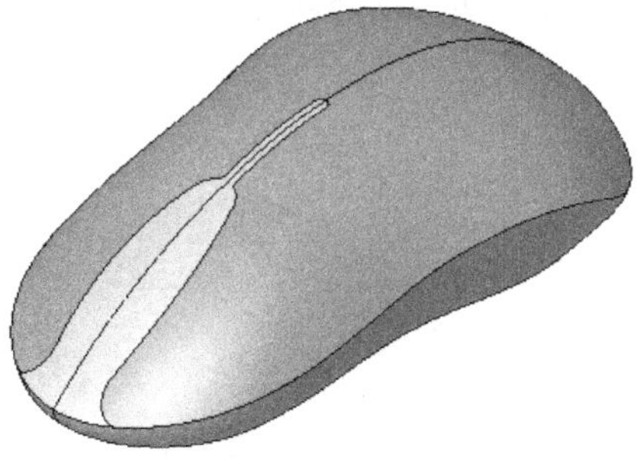

图8-89　实体主模型

操作步骤

步骤1　打开零件　打开“Lesson08\Exercises”文件夹内的已有零件“Mouse_Master_Model”。

步骤2　检查零件　本零件模型为练习7-1中创建所得到，在其基础上添加了部分构造曲面，如图8-90所示。

步骤3　显示构造曲面　展开“曲面实体”文件夹，显示曲面实体“Wheel Mount Split Surface”，如图8-91所示。

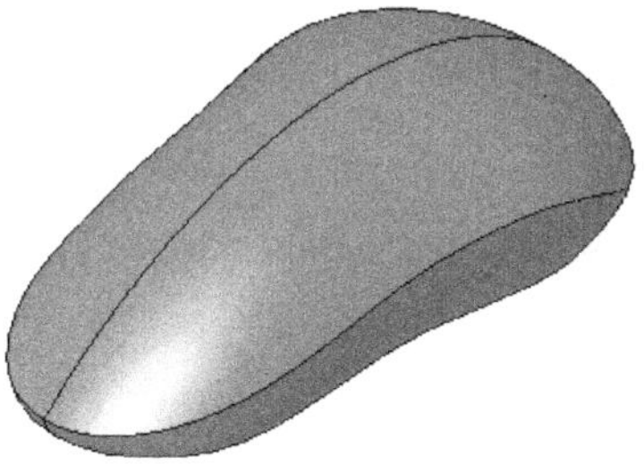

图8-90　零件“Mouse _Master _Model”

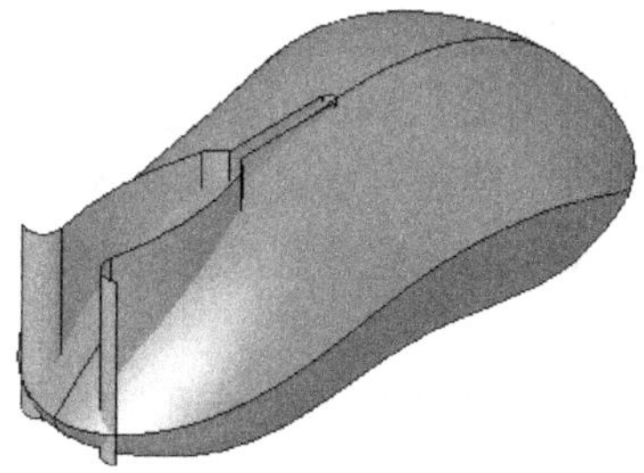

图8-91　显示构造曲面

提示：为了区分于主模型，构造曲面已被设置成不同的颜色。

零件需要被分割成3块，分别为“Top Cover”（上盖）、“Bottom”（底部）和“Wheel Mount”（轮架）。轮子将作为一个单独的零件被插入至装配体中。需要使用两个【分割】特征来完成所有的分割操作。第一个分割形成上盖与底部，第二个分割将轮架从上盖中分割出来。

在上盖与底部的分割过程中，将使用到由分型线生成的曲面。

步骤4　复制分型线　在右视基准面上新建草图，展开特征“PL Curve”。选取草图“PL Side Profile”，并单击【转换实体引用】。拖动转换后实体的端点，使其延伸至超出实体范围，如图8-92所示。

步骤 5　分型曲面　拉伸曲面，设置【终止条件】为【两侧对称】，深度只要满足曲面超出零件的实体以外即可，如图 8-93 所示。

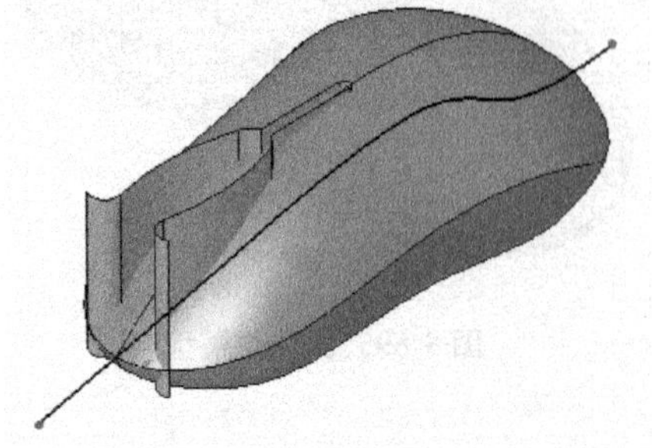

图 8-92　复制分型线

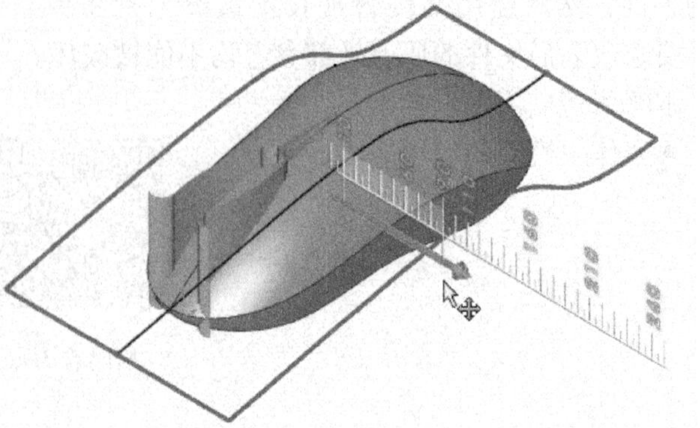

图 8-93　分型曲面

提示　用户不一定要用曲面来分割实体，也可以使用草图，但是使用曲面来分割零件看起来会更清楚和直观。

步骤 6　分割上盖与底部　因为曲面实体“Wheel Mount Split Surface”只能分割上盖部分，而不能分割底部，所以首先需要创建一个上-下分割。

单击【插入】/【特征】/【分割】，选取分型曲面并单击【切割实体】，从图形区域中选择顶部和底部实体。

确保不勾选【消耗切除实体】复选框，单击【确定】。

步骤 7　隐藏　隐藏在步骤 5 中创建的分型线曲面。

步骤 8　将上盖分割成两部分　使用曲面实体“Wheel Mount Split Surface”，将上盖分割成两部分。

注意不要分割底部，如图 8-94 所示。

技巧　直接在图形区域选取需要保留的实体比在 PropertyManager 的【所产生实体】列表中勾选复选框会更加容易。

单击【确定】。

步骤 9　隐藏　隐藏“Wheel Mount Split Surface”曲面。

步骤 10　重命名实体　在“实体”文件夹内，重命名实体，如图 8-95 所示。

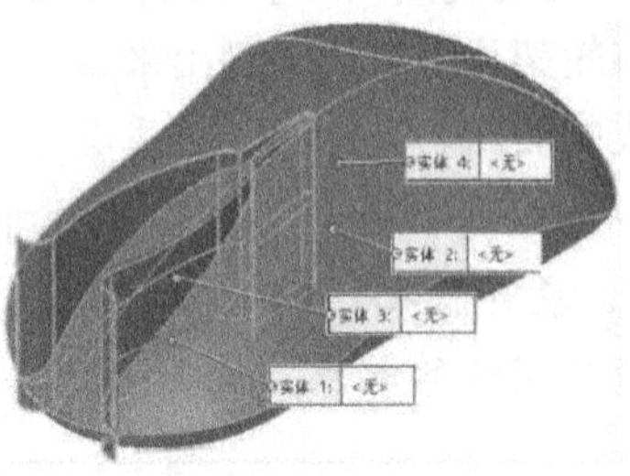

图 8-94　分割上盖

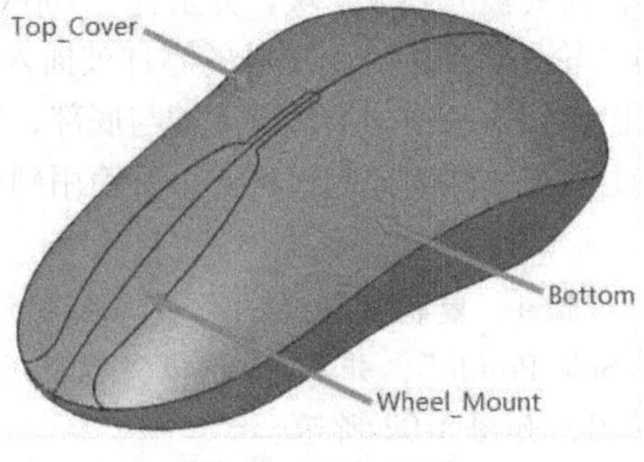

图 8-95　重命名实体

步骤 11　保存实体　右键单击“实体”文件夹，选择【保存实体】，选择所有 3 个要保存的实体。在【生成装配体】中，单击【浏览】并将装配体命名为“Mouse_Assembly”，如图 8-96 所示。

单击【确定】以完成 PropertyManager。如果显示有关派生零件单位的消息，单击【是】✓以更改单位。

步骤 12　查看文件　新的装配文件已在单独的文件窗口中打开。从【窗口】菜单访问它，并检查装配体和零部件，如图 8-97 所示。

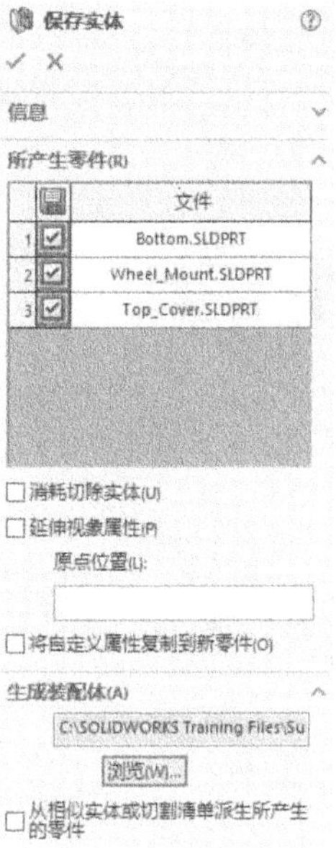

图 8-96　保存实体

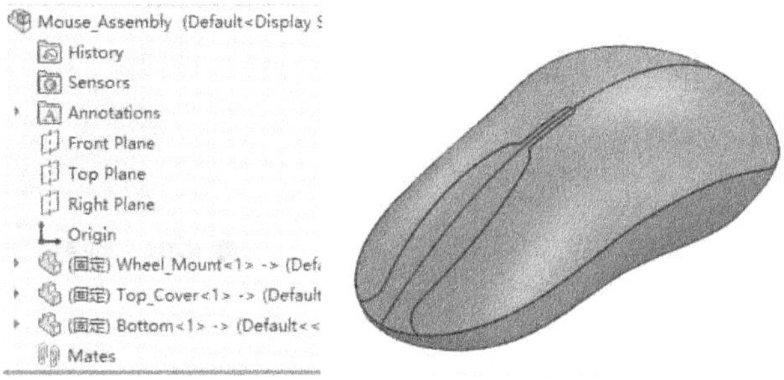

图 8-97　查看文件

步骤 13　修改每个独立文件　单独打开每个零件，并添加抽壳特征，抽壳厚度为 1.25mm，如图 8-98 所示。

改变零件颜色，以方便识别。如图 8-98 所示的装配体文件窗口使用了剖面视图。

步骤 14　修改主模型　切换至零件“Mouse_Master_Model”，视图切换至右视，按住〈Shift〉键，并按向下方向键一次。

编辑草图“PL Top Profile”。

按住〈Ctrl〉键，同时选取中间的 3 个样条曲线型值点，向下拖动这些点大约 6mm 的距离。

用户可以适当延长样条曲线端点处的控标，使得鼠标模型端部形状显得更为突出，如图 8-99 所示。

步骤 15　重建　退出草图并重建零件。

步骤 16　装配体　切换至装配体“Mouse_Assembly”窗口，重建装配体，所有零件均将自动更新。

步骤 17　保存并关闭所有文件

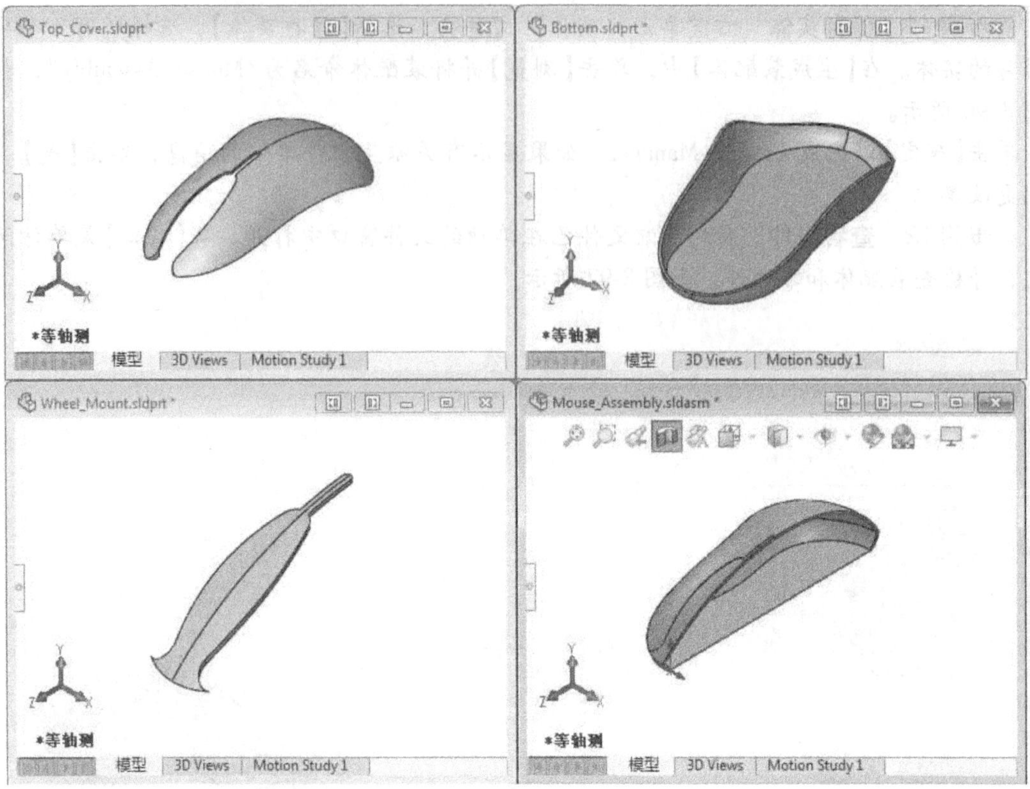

图 8-98 抽壳

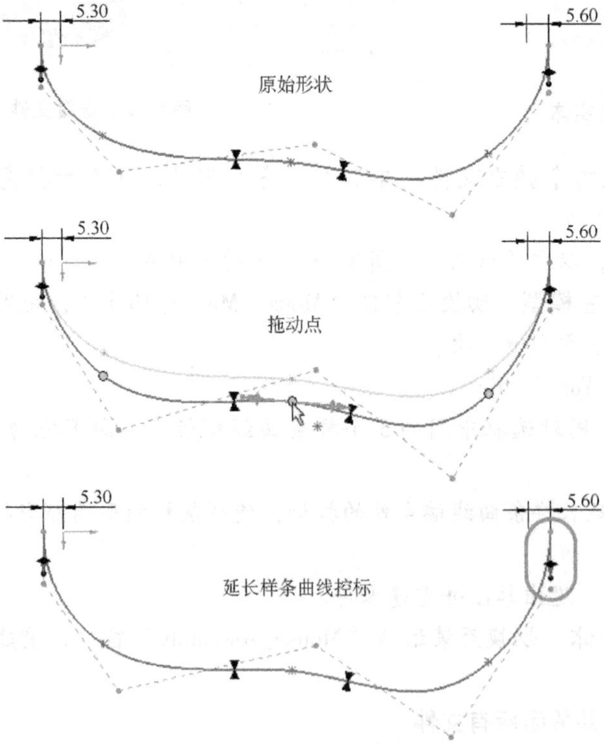

图 8-99 修改主模型